电子技术及应用

主　编　梁厚超　李景照

哈爾濱工業大學出版社

内容提要

本书按照高职高专人才培养的目标，在选材及内容上强化基础知识，在技术技能上突出应用训练，结合高职学生的特点，突出培养应用能力。本书的编写把器件作为起点，注重器件的功能、作用和综合应用，通过经典实例激发学生的兴趣。力求做到概念明晰，实例易懂。

全书共分7章，内容包括常用半导体元器件，放大电路及反馈，运算放大电路，功率放大电路，波形发生电路，稳压电源电路以及综合实践案例。

本书适合高职高专院校电类各专业及相关专业的学生使用，也可作为相关领域工程技术人员的参考书。

图书在版编目(CIP)数据

电子技术及应用/梁厚超，李景照主编.—哈尔滨：
哈尔滨工业大学出版社，2013.8
ISBN 978-7-5603-4174-3

Ⅰ.①电…　Ⅱ.①梁…②李…　Ⅲ.①电子技术-高等职业教育-
教材　Ⅳ.①TN

中国版本图书馆CIP数据核字(2013)第166358号

策划编辑　王桂芝　范业婷
责任编辑　范业婷　李长波
出版发行　哈尔滨工业大学出版社
社　　址　哈尔滨市南岗区复华四道街10号　邮编150006
传　　真　0451-86414749
网　　址　http://hitpress.hit.edu.cn
印　　刷　黑龙江省委党校印刷厂
开　　本　787mm×1092mm　1/16　印张15.5　字数　371千字
版　　次　2013年8月第1版　2013年8月第1次印刷
书　　号　ISBN 978-7-5603-4174-3
定　　价　32.00元

◎前 言

Preface

编者在总结多年教学改革实践的基础上,充分吸收、借鉴了传统普通本科教材和高职高专教材的特点,在编写体例上重视培养高级技术技能人才,教学内容精练,内容先进,实用性强。本书在系统介绍基础知识的同时,突出器件的功能与应用,引入了许多经典实用的实践教学案例,既保证了课程的基础性、内容的系统性,又突出了高职教学的特点,用案例激发学生的学习兴趣。基本技能的训练采用虚实结合编排,适应了电子技术的飞速发展,既适用于传统的讲授方式,也适用于理论与实践相结合的一体化教学实践。为了解决课时少而内容多的矛盾,本书采用层次式内容编排。第一层次是基本知识、基础理论和基本技能的内容,按章节顺序编排,有利于教师组织教学;第二层次(在内容中标注有“*”号)是在部分章节的后面安排了新知识、新器件的内容,可以作为选学内容,根据课时的多少灵活选学;第三层次是综合技能训练的内容,安排在最后一章。本书的典型实例,不仅丰富了课程的内容,还可激发学生的学习兴趣和欲望,既可作为学生课外自主式学习和探究式学习的素材,也可作为项目化教学的案例,组织学生学习经典电路的仿真设计与制作测试。

本书共分 7 章,第 1 章介绍了模拟电路中一些常用的半导体元器件的特性参数和使用方法;第 2 章介绍了基本放大电路的组成原理、分析方法、技术指标和反馈的基本概念及分析方法;第 3 章介绍了集成运算放大电路的应用;第 4 章介绍了功率放大电路;第 5 章介绍了信号产生与变换等电路;第 6 章介绍了由电子器件组成的直流稳压电源;第 7 章介绍了一些综合实践案例。本书在每一章的最后都配备了一定数量的习题,并在书的最后附有习题的参考答案。

本书由梁厚超、李景照主编,其中梁厚超老师编写了第 3 章和第 5 ~ 7 章,李景照老师编写了第 1 章、第 2 章和第 4 章。本书引用了许多专家、学者在著作和论文中的研究成果,在这里向他们表示衷心感谢。在本书的编写过程中,作者除了总结自己多年的教学经验外,还得到了许多同事的帮助,得到许多启发和教益,在此向他们表示诚挚的谢意。陈粟宋教授在百忙中审阅了全部书稿,提出了许多具体的修改意见,在此特别对陈粟宋教授的指导和帮助表示由衷的感谢。

由于水平有限,书中疏漏和不妥之处在所难免,希望使用本书的师生和其他读者给予批评指正。

编 者

2013 年 6 月

目　　录

第1章 常用半导体器件

◆**知识点**

PN 结；二极管单向导电性能；三极管的电流放大作用；场效应管的电压控制作用；可控硅器件的开关作用。

◆**技术技能点**

会用万用表识别二极管、三极管、场效应管和可控硅器件的管脚；会选择各种器件的型号和参数；掌握用 Proteus 软件仿真测试各种器件的伏安特性和极限参数的技术。

要学习和掌握模拟电路及其应用技术，首先必须了解模拟电路的各种组成元器件。组成模拟电路的常用元器件主要有半导体二极管、半导体三极管和场效应管，本章将对它们的外部特性、参数指标以及使用方法作重点介绍。

1.1 半导体二极管

1.1.1 PN 结及其单向导电性

有一种物质，其导电性能介于导体和绝缘体之间，如硅、锗、砷化镓等，当这些物质的原有特征未改变时被称为本征半导体。它们的导电能力都很弱，并与环境温度、光强有很大关系。当掺入少量其他元素后，如硼、磷等，就形成了所谓的杂质半导体，其导电能力会有很大提高。根据掺入元素的不同，杂质半导体可分 P 型和 N 型两种。P 型半导体和 N 型半导体结合后，在它们之间会形成一块导电能力极弱的区域，俗称 PN 结。这个 PN 结有一个非常重要的性质，即单向导电性。大体来讲，当 PN 结正向偏置，即 P 型半导体接电源的正极，N 型半导体接电源的负极时，PN 结变薄，流过的电流较大，呈导通状态；当 PN 结反向偏置，即 P 型半导体接电源的负极，N 型半导体接电源的正极时，PN 结变厚，流过的电流很小，呈截止状态。如图1.1 所示。

1.1.2 二极管的结构与符号

PN 结加上引出线和管壳即构成半导体二极管（简称二极管），其结构如图 1.2 所示。由 P 区引出的电极为正极（又称阳极或 P 极），由 N 区引出的电极为负极（又称阴极或 N 极）。二极管的符号如图 1.3 所示，常用二极管外形如图 1.4 所示，常用于电视机、收音机、稳压电源等电子产品中。

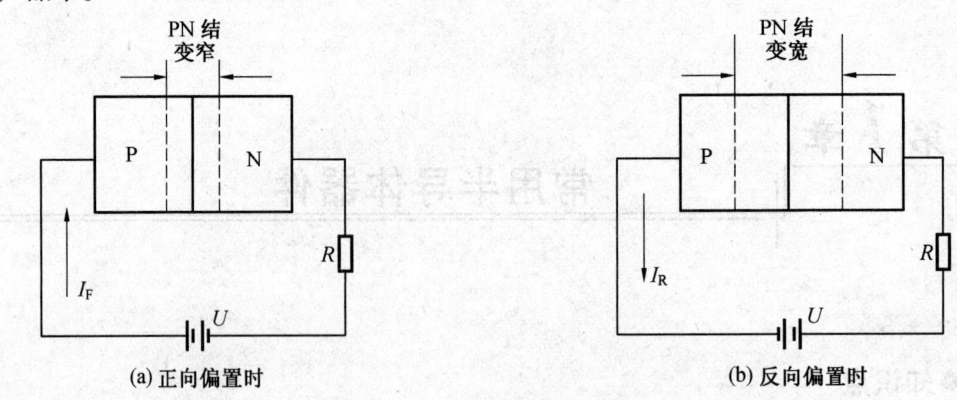

(a) 正向偏置时　　(b) 反向偏置时

图 1.1　PN 结的单向导电性

图 1.2　二极管的结构示意图　　图 1.3　二极管的符号

半导体二极管的类型很多。按材料分，最常用的有硅二极管和锗二极管两种；按用途又可分为整流二极管、稳压二极管、检波二极管和开关二极管等。

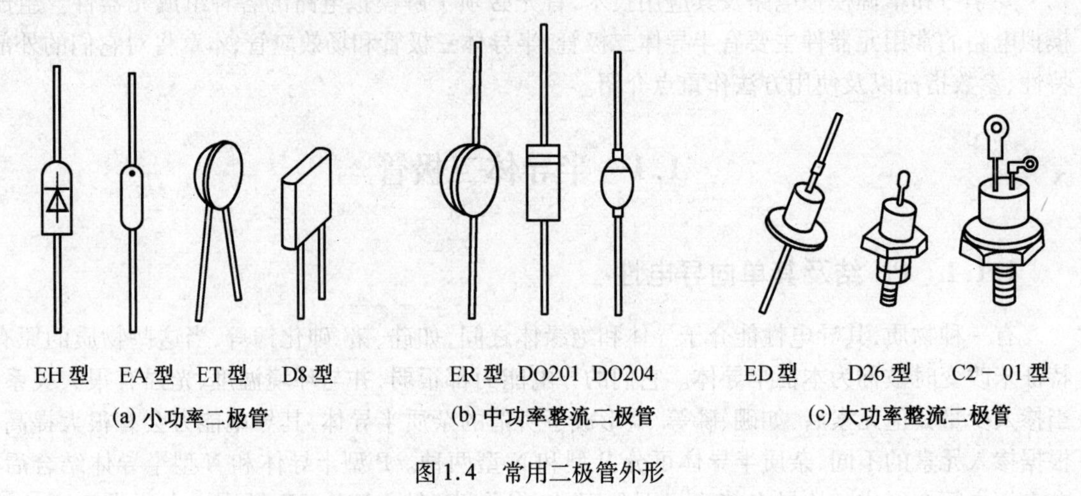

(a) 小功率二极管　(b) 中功率整流二极管　(c) 大功率整流二极管

图 1.4　常用二极管外形

1.1.3　二极管的伏安特性和参数

1. 二极管的单向导电性

(1) 加正向电压导通

在二极管的两电极加上电压，称为给二极管以偏置。如果将电源正极与二极管的正极相连，电源负极与二极管的负极相连，称为正向偏置，简称正偏。此时，二极管内部呈现较小的电阻，有较大的电流通过，二极管的这种状态称为正向导通状态。

(2) 加反向电压截止

与正向偏置相反，如果将电源负极与二极管的正极相连，电源正极与二极管的负极相连，称为反向偏置,简称反偏。此时,二极管内部呈现较大的电阻,几乎没有电流通过,二极管的这种状态称为反向截止状态。

综上所述,二极管具有“加正向偏压导通,加反向偏压截止”的导电特性,即单向导电性,这是二极管最重要的特性,可类比为图1.5所示的逆止水阀门。

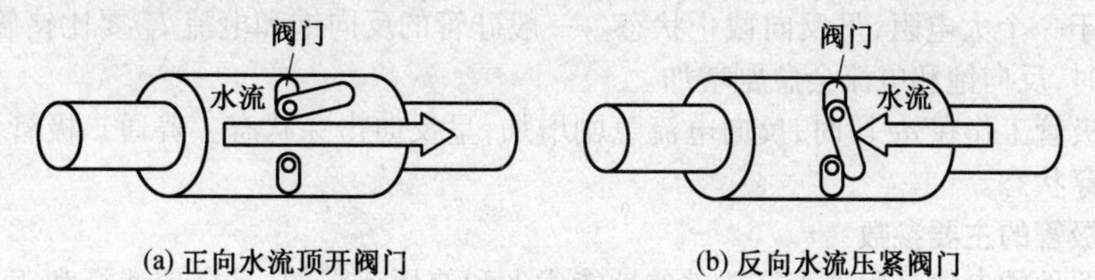

(a) 正向水流顶开阀门　　(b) 反向水流压紧阀门

图1.5　用逆止水阀门比喻二极管

为了观察二极管的单向导电特性,通过实验箱或电脑仿真将二极管串接到由电池和指示灯组成的电路中。按图1.6连接电路,分别观察两个电路中指示灯的亮灭情况。

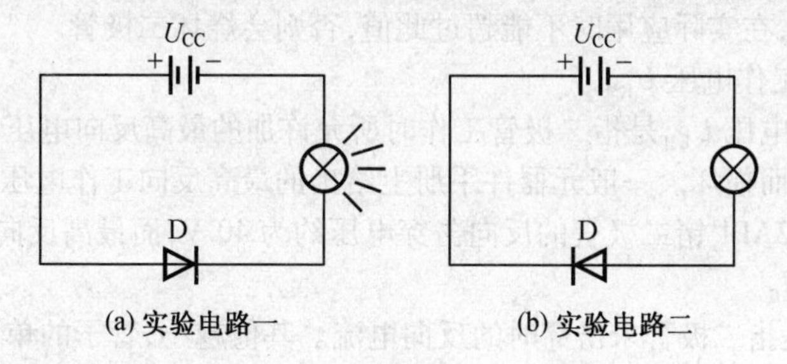

(a) 实验电路一　　(b) 实验电路二

图1.6　二极管单向导电性实验

2. 二极管的伏安特性曲线

加在二极管两电极间的电压 U 与流过二极管的电流 I 的对应关系称为二极管的伏安特性。伏安特性可用伏安特性曲线表示,如图1.7所示。特性曲线可以分为两部分,分述如下:

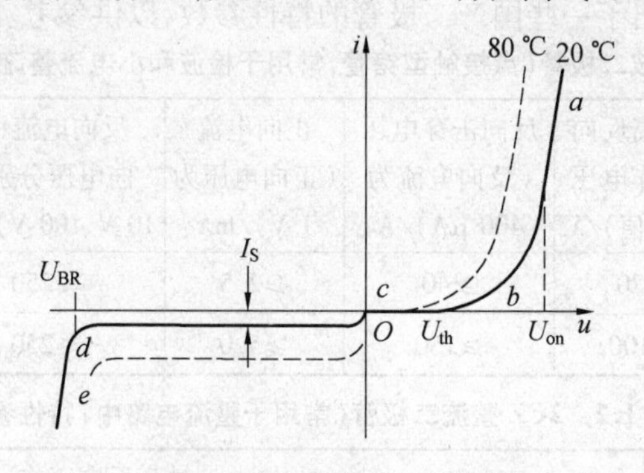

图1.7　二极管的伏安特性

(1)正向特性

二极管的正向特性对应于图1.7中的 ab 段和 bc 段。

当二极管工作在 ab 段时,正向电压虽只有零点几伏,电流相对来说却很大,且随电压的改变有较大的变化,或者说管子的正向静态和动态电阻都很小,呈正向导通状态。此时的电压称为导通电压,用 U_{on} 表示,硅管为0.6 V左右,锗管为0.2 V左右。

当二极管工作在 bc 段时,电流几乎为零,管子相当于一个大电阻,呈正向截止状态,好像有一个门槛。硅管的门槛电压 U_{th}(又称开启电压或死区电压)约为0.5 V,锗管约为0.1 V。

(2)反向特性

二极管的反向特性对应于图1.7中的 *cd* 段和 *de* 段。

当二极管工作在 *cd* 段时,反向电压增加,管子很快进入饱和状态,但反向饱和电流很小,管子相当于一个大电阻,呈反向截止状态。一般硅管的反向饱和电流 I_R 要比锗管的小得多。温度升高时,反向饱和电流会急剧增加。

当二极管工作在 *de* 段时,反向电流急剧增加,呈反向击穿状态。普通二极管不允许工作在反向击穿状态。

3. 二极管的主要参数

电子器件的参数是用来表征器件的性能优劣和使用范围的,是合理选择和正确使用器件的依据。二极管有以下主要参数:

(1)最大整流电流 I_{FM}

最大整流电流 I_{FM} 是指二极管长期运行时,允许通过的最大正向平均电流。I_{FM} 与环境温度和散热条件有关,在实际应用时不能超过此值,否则会烧坏二极管。

(2)最高反向工作电压 U_{RM}

最高反向工作电压 U_{RM} 是指二极管工作时所允许加的最高反向电压。超过此值二极管就有可能被反向击穿而损坏。一般元器件手册上给出的最高反向工作电压 U_{RM} 约为反向击穿电压 U_{BR} 的一半。如2AP1锗二极管的反向击穿电压约为40 V,而最高反向工作电压定为20 V。

(3)反向电流 I_R

反向电流 I_R 是指二极管未击穿时的反向电流。其值越小,管子的单向导电性越好。温度升高,I_R 会急剧增大,所以在使用二极管时要注意温度的影响。

(4)极间电容 C

极间电容 C 是指二极管阳极与阴极之间的电容。其值越小,管子的频率特性越好。在高频运行时,必须考虑极间电容对电路的影响。

表1.1和表1.2列出了一些国产二极管的特性参数,以供参考。

表1.1 2AP检波二极管(点接触型锗管,常用于检波和小电流整流电路中)特性参数

参数 型号	最大整流电流/mA	最高反向工作电压(峰值)/V	反向击穿电压(反向电流为400 μA)/A	正向电流(正向电压为1 V)/mA	反向电流(反向电压分别为10 V、100 V)/μA	最高工作频率/MHz	极间电容/pF
2AP1	16	20	≥40	≥2.5	≤250	150	≤1
2AP7	12	100	≥150	≥5.0	≤250	150	≤1

表1.2 2CZ整流二极管(常用于整流电路中)特性参数

参数 型号	最大整流电流/mA	最高反向工作电压(峰值)/V	最高反向工作电压下的反向电流(125 ℃)/μA	正向压降(平均值)(25 ℃)/V	最高工作频率/kHz
2CZ52	0.1	25,50,100,200,300,400,500,600,700,800,900,1 000,1 200,1 400,1 600,1 800,2 000,2 200,2 400,2 600,2 800,3 000	1 000	≤0.8	3
2CZ54	0.5		1 000	≤0.8	3
2CZ57	5		1 000	≤0.8	3

1.1.4　二极管的应用电路

在各种电子电路中,二极管是应用最频繁的器件之一。应用二极管主要是利用它的单向导电性。理想情况下,二极管导通时可以等效为短路,截止时可以等效为断路。

1. 整流电路

将交流电压转换成直流电压,称为整流。普通二极管也可以应用于整流电路,如图 1.8(a)所示为简单整流电路。图中 u_i 为交流电压,其幅度一般较大,为几伏以上。

通常在分析整流电路时将二极管近似为理想二极管。当输入电压 $u_i>0$ 时,二极管导通,$u_o=u_i$;当 $u_i<0$ 时,二极管截止,$u_o=0$,从而可以得到该电路的输入、输出电压波形,如图 1.8(b)所示。

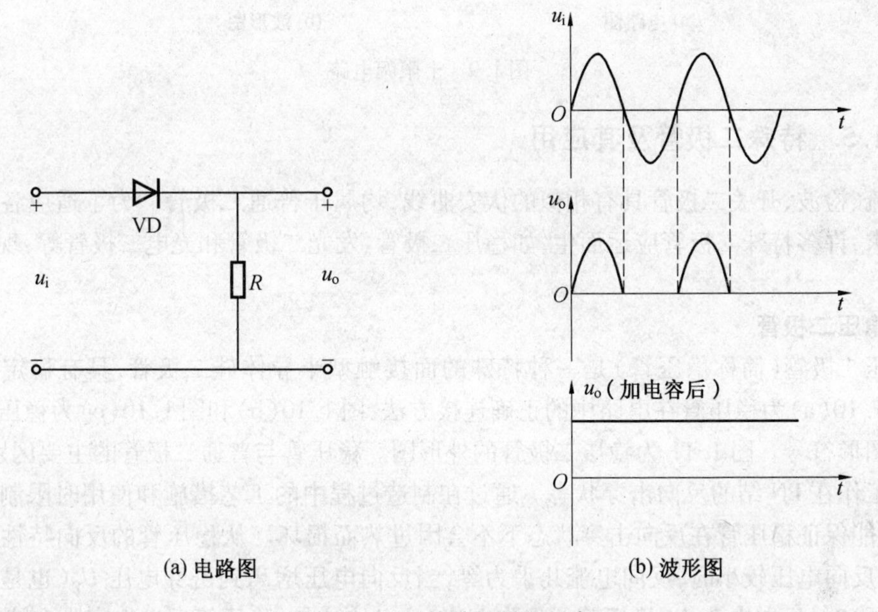

图 1.8　二极管单相整流电路

显然,该整流电路可以将双向交流电变为单向脉动交流电。脉动交流电中虽然含有较大的直流成分,但由于脉动成分仍较大,所以还不能直接用作直流电。通常在输出端并接电容以滤除交流分量,从而使输出电压中的脉动成分大大减小,比较接近于直流电。

2. 限幅电路

限幅电路的作用是把输出信号幅度限定在一定的范围内,即当输入电压超过或低于某一参考值后,输出电压将被限制在某一电平(称作限幅电平),且不再随输入电压变化。它分为上限幅、下限幅以及双向限幅电路。

简单上限幅电路如图 1.9(a)所示。假设 $0<E<U_m$,当 $u_i<E$ 时,二极管截止,$u_o=u_i$;当 $u_i>E$ 时,二极管导通,$u_o=E$。其输入、输出波形如图 1.9 (b)所示。

可见,该电路将输出电压的上限电平限定在某一固定值 E 上,所以称为上限幅电路。如将图中二极管的极性对调,则可得到将输出信号下限电平限定在某一数值上的下限幅电路。能同时实现上、下电平限制的称为双向限幅电路。

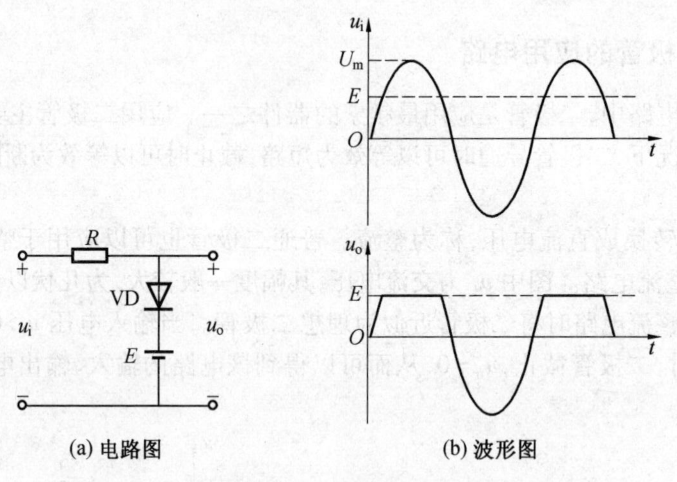

(a) 电路图 (b) 波形图

图 1.9 上限幅电路

1.1.5 特殊二极管及其应用

整流、检波、开关二极管具有相似的伏安曲线,均属于普通二极管。为了适应各种不同功能的要求,许多特殊二极管应运而生,如稳压二极管、发光二极管和光电二极管等,现分别介绍如下。

1. 稳压二极管

稳压二极管(简称稳压管)是一种特殊的面接触型半导体硅二极管,具有稳定电压的作用。图 1.10(a)为稳压管在电路中的正确连接方法,图 1.10(b)和图 1.10(c)为稳压管的伏安特性及图形符号。图 1.11 为稳压二极管的外形图。稳压管与普通二极管的主要区别在于,稳压管是工作在 PN 结的反向击穿状态。通过在制造过程中的工艺措施和使用时限制反向电流的大小,能保证稳压管在反向击穿状态下不会因过热而损坏。从稳压管的反向特性曲线可以看出,当反向电压较小时,反向电流几乎为零,当反向电压增高到击穿电压 U_Z(也是稳压管的工作电压)时,反向电流 I_Z(稳压管的工作电流)会急剧增加,稳压管反向击穿。在特性曲线 ab 段,当 I_Z 在较大范围内变化时,稳压管两端电压 U_Z 基本不变,具有恒压特性,利用这一特性可以起到稳定电压的作用。

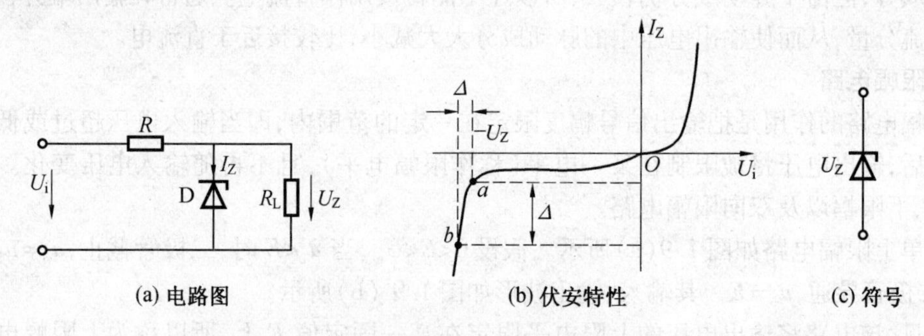

(a) 电路图 (b) 伏安特性 (c) 符号

图 1.10 稳压管电路、伏安特性及符号

稳压管与一般二极管不一样,它的反向击穿是可逆的,只要不超过稳压管的允许值,PN 结就不会过热损坏,当外加反向电压去除后,稳压管恢复原性能,所以稳压管具有良好的重复击穿特性。

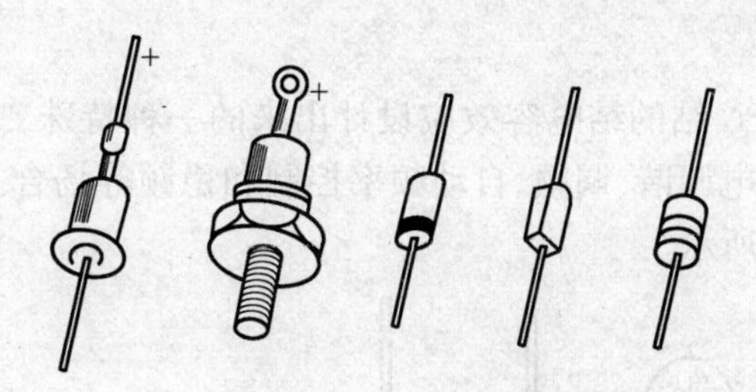

图 1.11　稳压二极管的外形图

稳压管的主要参数有：

(1)稳定电压 U_Z

稳定电压指在规定电流下稳压管的反向击穿电压。由于半导体器件参数的分散性，同一型号稳压管的 U_Z 存在一定的差别，因此一般都给出其范围。如型号为 2CW14 的稳压管的稳定电压为 6 ~ 7.5 V。但就某一只管子而言，U_Z 为一定值。

(2)稳定电流 I_Z

稳定电流 I_Z 指稳压管工作在稳压状态时的参考电流，电流低于此值时稳压效果变坏，甚至根本不稳压，故也称最小工作电流 I_{Zmin}，一般为 mA 数量级。只要不超过稳压管的额定功率，电流越大，稳压效果越好。

(3)最大稳定电流 I_{Zmax}

最大稳定电流指允许通过的最大反向电流，$I>I_{Zmax}$ 管子会因过热而损坏。

(4)最大允许功耗 P_{ZM}

最大允许功耗指管子不致发生热击穿的最大功率损耗，$P_{ZM}=U_Z \times I_{Zmax}$。

(5)动态电阻 r_Z

动态电阻指稳压管工作在稳压区时，端电压的变化量与对应的电流变化量之比，即 $r_Z=\Delta U_Z/\Delta I$。r_Z 越小，表明在电流变化时 U_Z 的变化越小，反向特性越陡，即稳压管的稳压特性越好。r_Z 一般为几欧至几十欧。对于同一只管子，工作电流越大，r_Z 越小。

(6)温度系数 α

温度系数表示温度每变化 1 ℃时稳压管稳压值的变化量，即 $\alpha=\Delta U_Z/\Delta T$。稳定电压小于 4 V 的管子具有负温度系数，即温度升高时稳定电压值下降；稳定电压大于 7 V 的管子具有正温度系数，即温度升高时稳定电压值上升；而稳定电压在 4 ~ 7 V 之间的管子温度系数非常小，近似为零。

几种典型稳压管的技术参数见表 1.3。

表 1.3　几种典型稳压管的技术参数

型号	稳定电压 U_Z/V	稳定电流 I_Z/mA	最大稳定电流 I_{Zmax}/mA	最大允许功率 P_{ZM}/W	动态电阻 r_Z/Ω	温度系数 α/℃$^{-1}$
2CW11	3.2 ~ 4.5	10	55	0.25	<70	−0.05 ~ +0.03
2CW15	7.0 ~ 8.5	5	29	0.25	≤15	+0.01 ~ +0.08
2DW7A	5.8 ~ 6.6	10	30	0.25	≤25	0.05
2DW7C	6.1 ~ 6.5	10	30	0.20	≤10	≤0.12

稳压管正常工作的条件有两条：一是工作在反向击穿状态，二是稳压管中的电流要在稳定电流 I_Z 和最大允许电流 I_{Zmax} 之间。当稳压管正偏时，它相当于一个普通二极管。图 1.10(a)为最常用的稳压电路，当 U_i 或 R_L 变化时，稳压管中的电流发生变化，但在一定范围内其端电压变化很小，因此起到稳定输出电压的作用。

2. **变容二极管**

变容二极管是利用 PN 结的结电容效应设计出来的一种特殊二极管,可作为可变电容使用,常用于高频电路中的电调谐、调频、自动频率控制和稳频等场合。变容二极管器件的外形图及电路符号如图 1.12 所示。

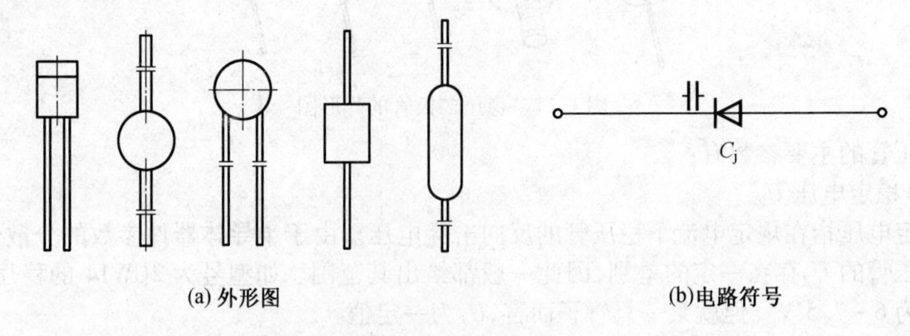

图 1.12　变容二极管的外形图及电路符号

利用 PN 结的势垒电容随外加反向电压变化的特点可制作变容二极管。变容二极管主要用作可变电容(受电压控制),其单向导电性已无多大实际意义。需要注意的是,变容二极管必须工作在反偏状态下,因为在正偏状态下,二极管有较大的导通电流,相当于电容两端并接了一个阻值很小的电阻,从而失去电容应有的作用。图 1.13 为变容二极管的 C-U 关系曲线。

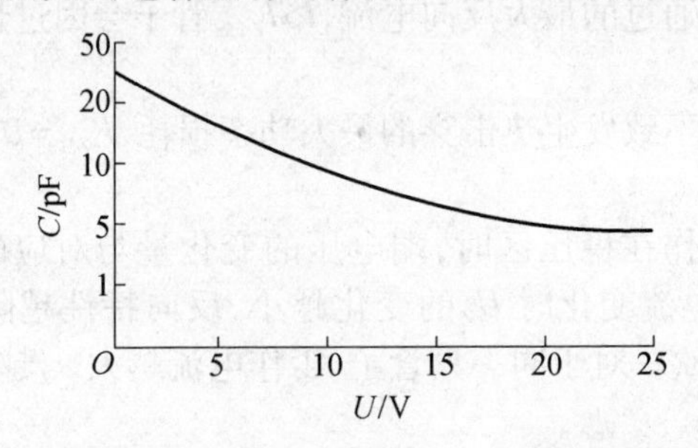

图 1.13　变容二极管的 C-U 关系曲线

在很多无线电设备的选频或其他电路中,经常要用到调谐电路。与机械调谐电路相比,电调谐电路因具有体积小、成本低、可靠性高和易与 CPU 接口等优点而得到广泛应用。由变容二极管构成的简单电调谐电路如图 1.14 所示。在该电路中,实际的输入信号是交流电压 u_i,而不是直流电压 U。电压 U 的作用是使变容二极管处于反偏状态,同时控制变容二极管的容量大小,以控制谐振电路的谐振频率而达到选频的目的。

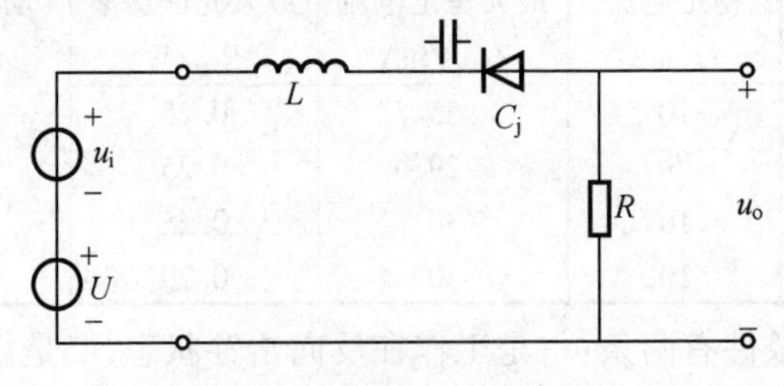

图 1.14　简单电调谐电路

3. **发光二极管**

发光二极管简称 LED,是一种能将电能转换成光能的半导体器件,当它通过一定的电流时就会发光,发光颜色取决于所用材料,目前有红、黄、绿、橙等色。它具有体积小、工作电压低、工作电流小、发光均匀稳定、响应速度快和寿命长等特点,常用作显示器件,如指示灯、七段显示器和矩阵显示器等。各种发光二极管的外形图及电路符号如图 1. 15 所示。

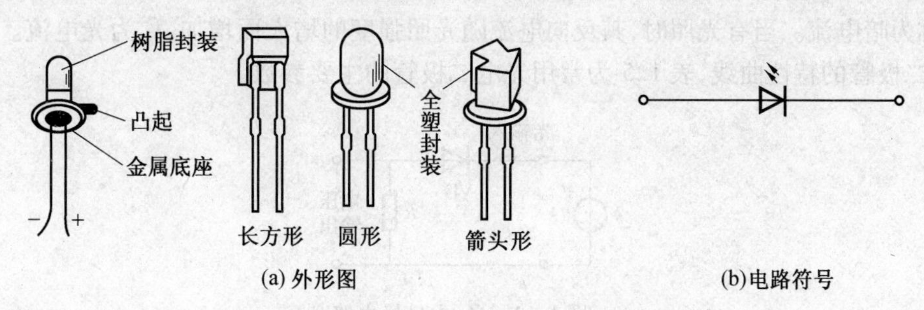

图 1. 15　发光二极管的外形图及电路符号

发光二极管工作于正偏状态,如图 1. 16 所示。发光二极管也具有单向导电性,只有在外加正向电压及正向电流达到一定值时才能发光。它的正向导通压降比普通二极管大,一般在 1. 5 ~2. 3 V 之间;工作电流一般为几至几十毫安,典型值为 10 mA。正向电流越大,发光越强。表 1. 4 为几种常见的发光二极管的参数。

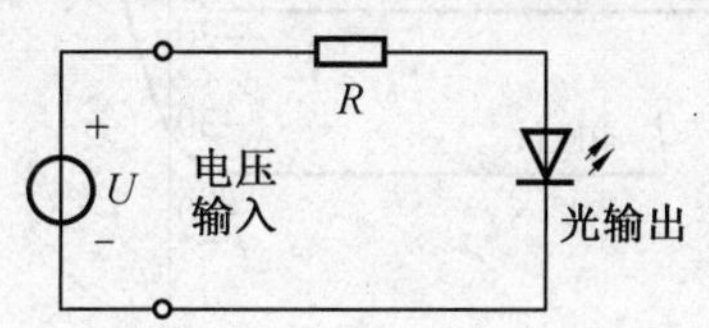

图 1. 16　电-光转换电路

表 1. 4　几种常见的发光二极管的参数

型号	参　数					
	正向工作电流 /mA	正向电压 /V	反向击穿电压 /V	极限工作电流 /mA	发光波长 λ /(10^{-10} m)	发光颜色
2EF31	1 mA 起辉	≤2	≥5	30	6 600 ~6 800	红色
2EF32	0. 8 mA 起辉	≤2	≥5	20	6 600 ~6 800	红色
2EF33	0. 5 mA 起辉	≤2	≥5	15	6 600 ~6 800	红色

4. 光电二极管

光电二极管又称光敏二极管,是一种能将光信号转换为电信号的器件,常用于光电转换及光控、测光等自动控制电路中。各种光电二极管器件的外形图及电路符号如图 1. 17 所示。

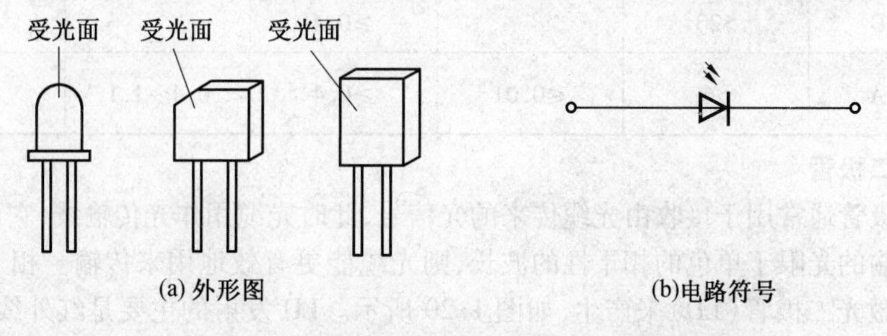

图 1. 17　光电二极管外形图及电路符号

半导体材料具有光敏特性,利用此特性可制成光电二极管,它能把光信号转化为电信号。

为了便于接受光照,光电二极管的管壳上有一个玻璃窗口,让光线透过窗口照射到 PN 结的光敏区。

光电二极管工作于反偏状态,如图 1.18 所示。在无光照时,与普通二极管一样,反向电流很小,称为暗电流。当有光照时,其反向电流随光照强度的增大而增加,称为光电流。图 1.19 为光电二极管的特性曲线,表 1.5 为常用光电二极管的主要参数。

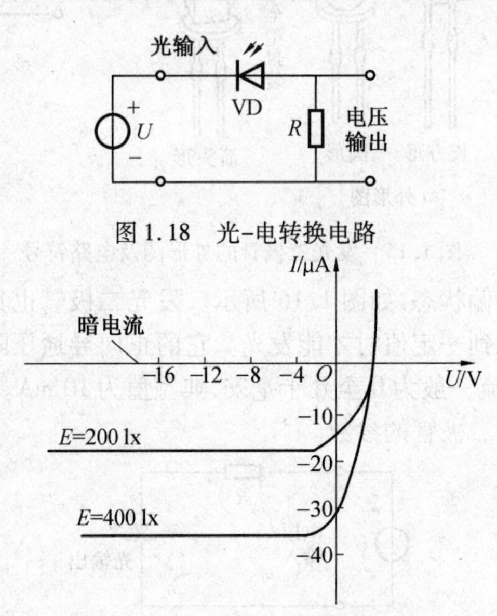

图 1.18　光-电转换电路

图 1.19　光电二极管的特性曲线

表 1.5　常用光电二极管的主要参数

参数 型号	光电流 /μA	暗电流 /μA	灵敏度 /(μA/μW)	光谱范围 λ /(10^{-10} m)	峰值波长 λ /(10^{-10} m)
2AUA	30 ~ 39	≤10	<1.5	4 000 ~ 21 400	14 650
2AUB	40 ~ 49				
2AUC	50 ~ 59				
2AUD	≥60				
2CU1	>80	≤0.01	≥0.5	4 000 ~ 11 000	9 000
2CU2	>30		≥0.5		
2CUA	>6		≥0.4		
2CUB	>20		≥0.4		
2DUA	>6	≤0.01	≥0.4	0.4 ~ 1.1	0.98

5. 激光二极管

光电二极管通常用于接收由光缆传来的光信号,此时光缆用作光传输线,它由玻璃或塑料制成。若传输的光限于单色的相干性的波长,则光缆能更有效地用来传输。相干性的单色光信号可以用激光二极管(LD)来产生,如图 1.20 所示。LD 发射的主要是红外线,这与所用半导体材料的物理性质有关。它在小功率光电设备中得到广泛的应用,如计算机上的光盘驱动器以及激光打印机中的打印头等。

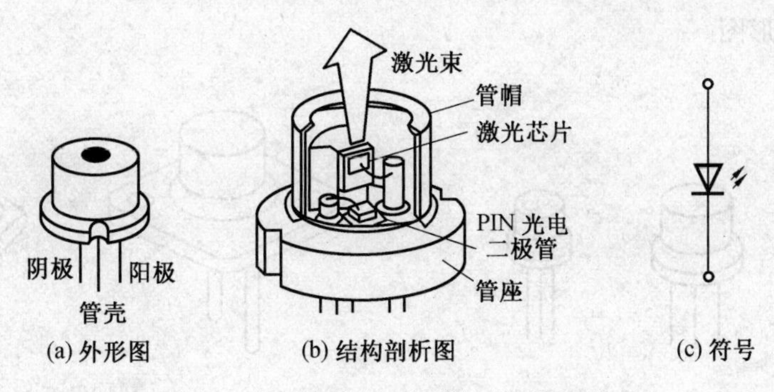

图1.20　半导体激光二极管的外形图及符号

1.2　半导体三极管

半导体三极管(BJT),又称晶体管,俗称三极管,是通过一定的工艺,将两个PN结结合在一起的器件。由于PN结之间的相互影响,使半导体三极管表现出不同于单个PN结的特性而具有电流控制作用,从而使PN结的应用发生了质的飞跃。

1.2.1　结构类型及符号

三极管的种类很多,按频率分,有高频管和低频管;按功率分,有大、中、小功率管;按材料分,有硅管和锗管等;按内部结构的不同又分为NPN型和PNP型两大类。图1.21、图1.22所示分别为NPN型和PNP型三极管的内部结构示意图和电路符号。

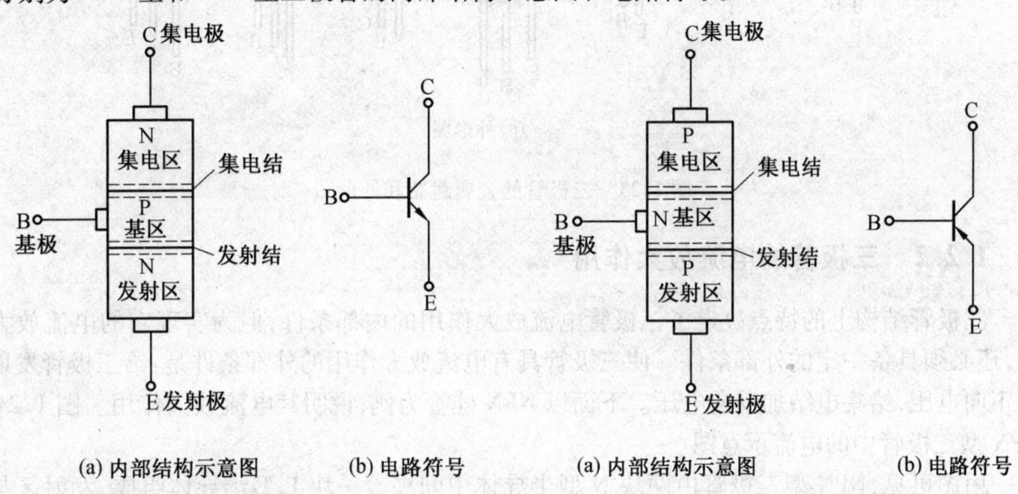

图1.21　NPN型三极管　　图1.22　PNP型三极管

三极管的管芯由三层半导体构成,三层半导体形成两个背靠背的PN结。三层半导体分别称为发射区、基区和集电区,各区引出一个电极依次称为发射极E、基极B和集电极C,两个PN结分别称为发射结和集电结。三极管符号中箭头的方向表示发射结加正向电压时,发射极电流的方向。

由于三极管的性能要求,在制造三极管时应具备以下结构特点:发射区掺杂浓度要高,基区很薄且掺杂浓度低,集电区面积大。所以三极管的各个极不能互换使用。图1.23为三极管的金属封装和外形图。

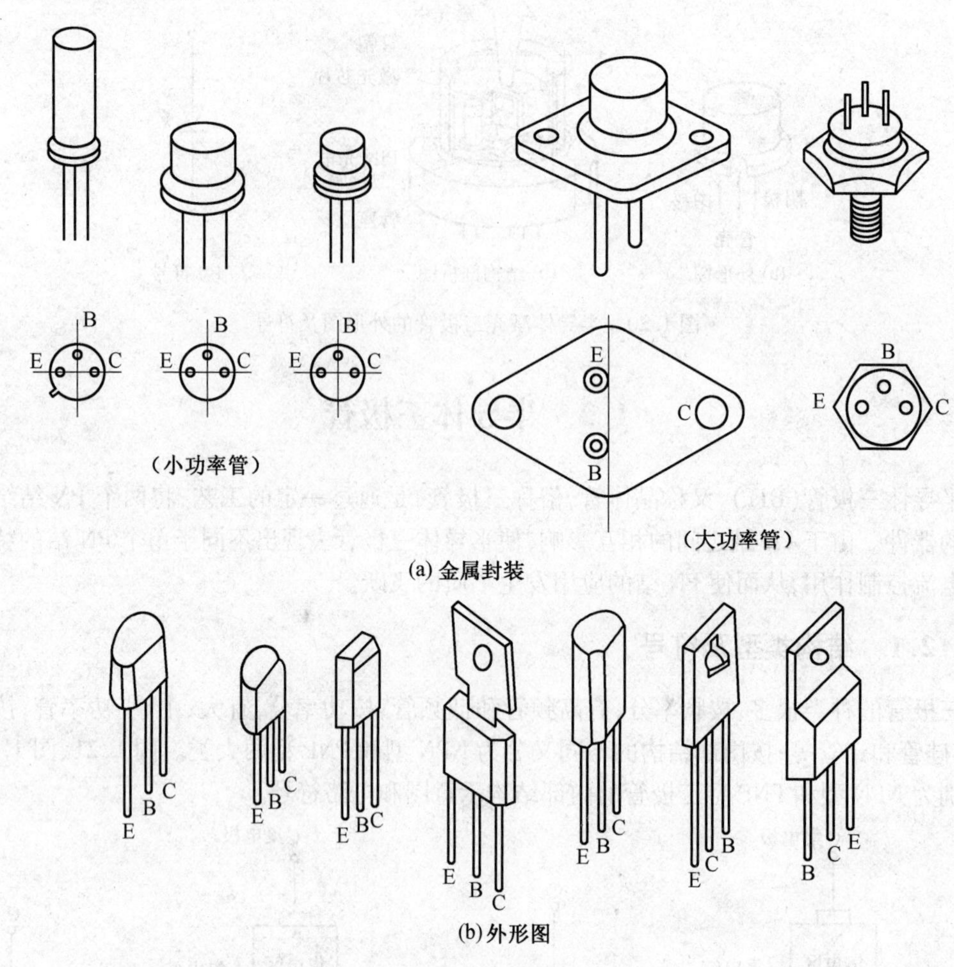

图 1.23 三极管的金属封装和外形图

1.2.2 三极管的电流放大作用

三极管结构上的特点决定了三极管电流放大作用的内部条件,但为实现它的电流放大作用,还必须具备一定的外部条件。使三极管具有电流放大作用的外部条件是:给三极管发射结加正向电压,给集电结加反向电压。下面以 NPN 硅管为例,说明其电流放大作用。图 1.24 是 NPN 型三极管中的电流示意图。

由图可见,NPN 型三极管由两块 N 型半导体中间夹着一块 P 型半导体组成,发射区与基区之间形成的 PN 结称为发射结,而集电区与基区形成的 PN 结称为集电结,三条引线分别称为发射极 E、基极 B 和集电极 C。当 B 点电位高于 E 点电位零点几伏时,发射结处于正偏状态,而 C 点电位高于 B 点电位几伏时,集电结处于反偏状态,集电极电源 E_c 要高于基极电源 E_b。

在制造三极管时,有意识地使发射区的多数载流子浓度大于基区,同时基区做得很薄,而且,要严格控制杂质含量,这样,一旦接通电源后,由于发射结正偏,发射区的多数载流子(电子)及基区的多数载流子(空穴)很容易越过发射结互相向反方向扩散,但因前者的浓度大于

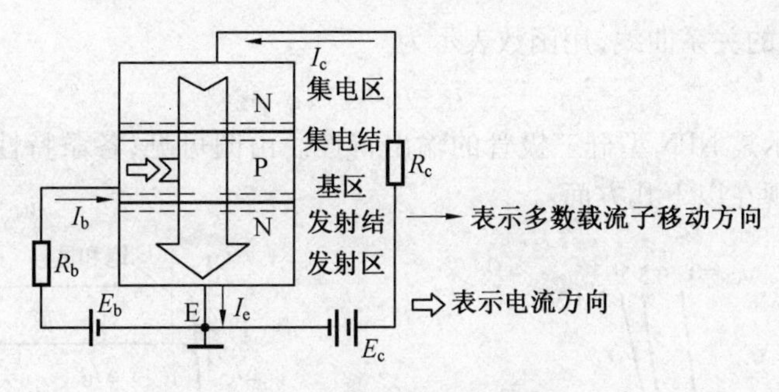

图 1.24　NPN 型三极管中的电流

后者，所以通过发射结的电流基本上是电子流，这股电子流称为发射极电流 I_e。由于基区很薄，加上集电结的反偏，注入基区的电子大部分越过集电结进入集电区而形成集电极电流 I_c，只剩下很少（1% ~10%）的电子在基区的空穴进行复合，被复合掉的基区空穴由基极电源 E_b 重新补给，从而形成了基极电流 I_b。根据电流连续性原理得

$$I_e = I_b + I_c$$

这就是说，在基极补充一个很小的 I_b，就可以在集电极上得到一个较大的 I_c，这就是所谓的电流放大作用。I_c 与 I_b 维持一定的比例关系，即

$$\beta_1 = I_c / I_b$$

式中，β_1 称为直流放大倍数，集电极电流的变化量 ΔI_c 与基极电流的变化量 ΔI_b 之比为

$$\beta = \Delta I_c / \Delta I_b$$

式中，β 称为交流电流放大倍数，由于低频时 β_1 和 β 的数值相差不大，所以有时为了方便起见，对两者不进行严格区分，β 值为几十至一百多。三极管是一种电流放大器件，但在实际使用中常常利用三极管的电流放大作用，通过电阻转变为电压放大作用。

1.2.3　特性曲线

三极管的特性曲线是指各电极电压与电流之间的关系曲线。由于三极管与二极管一样也是一个非线性元件，所以通常用它的特性曲线进行描述。但三极管有 3 个电极，其特性曲线就不像二极管那样简单了，工程上常用到的是它在共发射极接法电路中的输入特性和输出特性曲线。

1. 输入特性

输入特性是指当集电极与发射极之间的电压 u_{CE} 为某一常数时，输入回路中加在三极管基极与发射极之间的电压 u_{BE} 与基极电流 i_B 之间的关系曲线，用函数表示为

$$i_B = f(u_{BE})\big|_{u_{CE}=\text{常数}} \tag{1.1}$$

图 1.25 所示是 NPN 型硅三极管的输入特性。图中仅给出了 u_{CE}=0 V、0.5 V 和 1 V 的三条输入特性曲线，实际上，任何一个 u_{CE} 都有一条输入特性与之对应。当 u_{BE} 较小时 i_B 几乎为 0，这段常被称为死区，所对应的电压被称为死区电压（又称门槛电压），用 U_{th} 表示，硅管的 U_{th} 约为 0.5 V。当 u_{BE}>0.5 V 以后，i_B 增加越来越快。另外，随着 u_{CE} 的增加，曲线右移，u_{CE} 越大，右移幅度越小。u_{CE}>1 V 以后，曲线基本重合。由于实际使用时，u_{CE} 总是大于 1 V，所以常将 u_{CE}=1 V 的输入特性曲线作为三极管电路的分析依据。

2. 输出特性

输出特性是指基极电流 i_B 为某一常数时，输出回路中三极管集电极与发射极电压 u_{CE} 与集

电极电流 i_C之间的关系曲线,用函数表示为

$$i_C = f(u_{CE})\big|_{i_B=\text{常数}} \tag{1.2}$$

图1.26所示是NPN型硅三极管的输出特性。由图可见,各条特性曲线的形状基本上是相同的,具体体现在以下几方面:

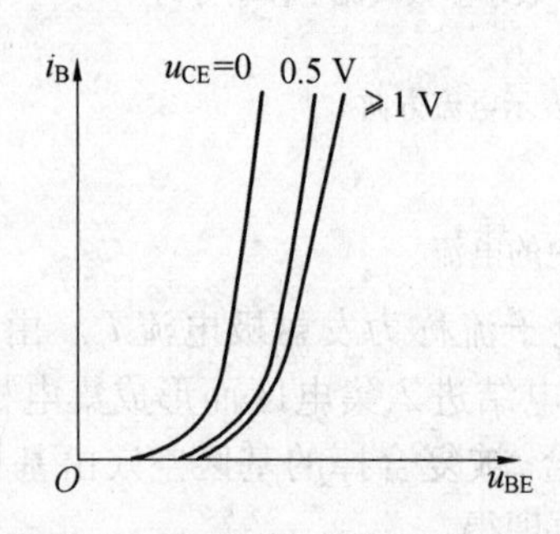

图1.25 NPN型硅三极管的输入特性

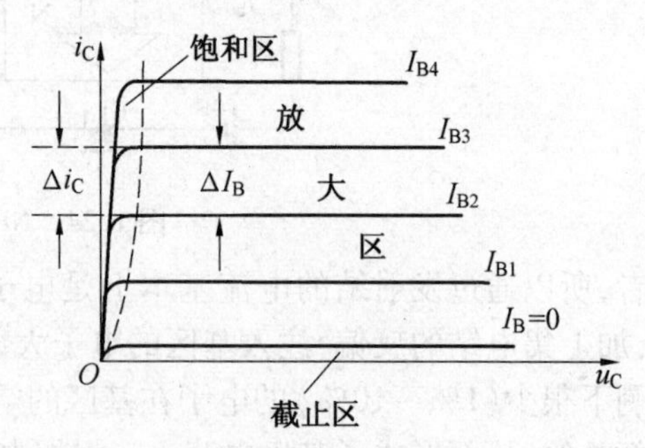

图1.26 NPN型硅三极管的输出特性

(1)输出特性的起始部分很陡,u_{CE}略有增加时,i_C增加很快。

(2)当u_{CE}超过一定数值(约1 V)后,特性曲线变得比较平坦。对于曲线的平坦部分,各条曲线的分布比较均匀且相互平行,并随着u_{CE}的增加略微向上倾斜。

(3)在电路中有三种工作状态,分别对应于图1.26中标注的3个工作区域,可实现电流放大和开关两种功能:

① 放大区。其特征是i_C几乎仅仅决定于i_B,或者说i_B对i_C具有控制作用,可实现电流放大。工作在放大区的条件是发射结正向偏置、集电极反向偏置。也就是NPN管必须满足:$V_C>V_B>V_E$;而PNP管则须满足:$V_C<V_B<V_E$。

② 截止区。其特征是i_B和i_C几乎为零。其条件是三极管的发射结反向偏置或者正向偏置,但结电压小于开启电压U_{th};集电结反向偏置。

③ 饱和区。其特征是三极管的三个极间的电压均很小,i_C不仅与i_B有关,还与u_{CE}有关。其条件是三极管的发射结正向偏置,且结电压大于开启电压U_{th};集电结正向偏置。

工作在截止和饱和状态,具有开关作用,利用它可以组成开关电路。

对于锗三极管,其输入特性与硅管相比,死区电压较小,一般只有0.2 V左右;其输出特性在初始上升部分较陡,但集电极-发射极间的反向饱和电流(又称穿透电流)I_{CEO}较大。

1.2.4 主要参数

三极管的参数说明了管子的特性和使用范围,也是选用三极管的依据,了解这些参数的意义对如何使用三极管,充分利用其性能来设计合理的电路是非常必要的。对于计算机仿真来说,了解参数只是为三极管建模的第一步。

1. 电流放大倍数

三极管在共射极接法时,集电极的直流电流I_C,与基极的直流电流I_B的比值,是三极管的共射直流电流放大系数$\bar{\beta}$,即

$$\bar{\beta} = \frac{I_C}{I_B} \tag{1.3}$$

但是,三极管常常工作在有信号输入的情况下,这时基极电流产生一个变化量Δi_B,相应

有集电极电流变化量为Δi_C，则Δi_C与Δi_B之比称为三极管的共射交流电流放大系数β，即

$$\beta=\frac{\Delta i_C}{\Delta i_B} \tag{1.4}$$

显然，$\bar{\beta}$和β的含义是不同的，$\bar{\beta}$反映静态（直流工作状态）时集电极电流与基极电流之比，β则反映动态（交流工作状态）时的电流放大特性。由于三极管特性曲线的非线性，所以各点的$\bar{\beta}$和β是不同的。只有在恒流特性比较好，曲线间距均匀，并且工作于这一区域时，才可以认为$\bar{\beta}$和β是基本不变的，此时$\bar{\beta}$和β几乎相等，通常可以混用。

由于制造工艺的分散性，即使同型号的管子，它的β值也有差异，常用的三极管的β值在10～100之间。三极管的β值过小放大能力小；但是β值过大，稳定性差。另外，手册上常用h_{FE}表示β值。

2. 极间反向饱和电流

（1）集电极-基极反向饱和电流I_{CBO}

I_{CBO}是指发射极E开路时集电极C和基极B之间的反向电流。一般小功率锗管的I_{CBO}为几微安至几十微安；硅三极管的要小得多，有的可以达到纳安数量级。

（2）集电极-发射极间的穿透电流I_{CEO}

I_{CEO}是指基极B开路时集电极C和发射极E间加上一定电压时所产生的集电极电流，$I_{CEO}=(1+\bar{\beta})I_{CBO}$。

因为I_{CBO}和I_{CEO}都是少数载流子运动形成的，所以对温度非常敏感。I_{CBO}和I_{CEO}越小，表明三极管的质量越高。

3. 极限参数（表1.6）

表1.6 几种常用三极管的主要参数

名 称	封装	极性	功 能	耐压	电 流	功 率	频 率	配对管
9014	21	NPN	低噪放大	50 V	0.1 A	0.4 W	150 HMz	9015
9015	21	PNP	低噪放大	50 V	0.1 A	0.4 W	150 MHz	9014
8050	21	NPN	高频放大	40 V	1.5 A	1 W	100 MHz	8550
8550	21	PNP	高频放大	40 V	1.5 A	1 W	100 MHz	8050
2N2222	21	NPN	通用	60 V	0.8 A	0.5 W	25/200 NS	
TIP41C	30	NPN	音频功放开关	100 V	6 A	65 W	3 MHz	TIP42
TIP42C	30	PNP	音频功放开关	100 V	6 A	65 W	3 MHz	TIP41
TIP142	30	NPN	音频功放开关	100 V	10 A	125 W		TIP147
TIP147	30	PNP	音频功放开关	100 V	10 A	125 W		TIP142
TIP152	BCE		电梯用达林顿	400 V	3 A	65 W		
TL431	21		电压基准源					

（1）最大集电极允许电流I_{CM}

I_{CM}是指三极管的参数变化不允许超过允许值时的最大集电极电流。当电流超过I_{CM}时，管子的性能显著下降，集电结温度上升，甚至烧坏管子。

（2）反向击穿电压$U_{(BR)CEO}$

$U_{(BR)CEO}$是指三极管基极开路时，允许加到C-E极间的最大电压。一般三极管为几十伏，高反压的管子的反向击穿电压大到上千伏。

（3）集电极最大允许功耗P_{CM}

三极管工作时，消耗的功率$P_C=I_C U_{CE}$，三极管的功耗增加会使集电结的温度上升，过高的

温度会损坏三极管。因此,$I_C U_{CE}$不能超过 P_{CM}。小功率的管子 P_{CM} 为几十毫瓦,大功率的管子 P_{CM}可达几百瓦以上。

(4)特征频率 f_T

由于极间电容的影响,频率增加时管子的电流放大倍数下降,f_T是三极管的 β 值下降到 1 时的频率。高频率三极管的特征频率可达 1 000 MHz。

1.3 场效应管

半导体三极管是电流控制型器件,它工作在放大状态时,由基极电流控制集电极电流。场效应管是电压控制型器件,它利用输入电压在半导体内产生的电场效应来控制输出电流的大小,其外形如图 1.27 所示。场效应管的输入端几乎不吸取信号源电流,有极高的输入电阻,可达 $10^8 \sim 10^{15}$ Ω。场效应管还具有热稳定性好、噪声低、抗辐射能力强、制造工艺简单、便于大规模集成化等优点,因此,得到广泛应用。

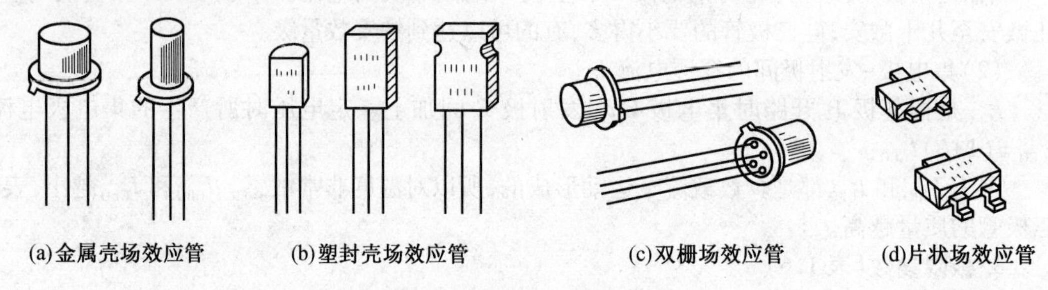

图 1.27 场效应管的外形图

场效应管根据结构的不同,可分为结型和绝缘栅型两大类,每一类又有 N 沟道和 P 沟道之分。本节将介绍这些场效应管的结构类型、特性曲线和主要参数。

1.3.1 结构类型及符号

场效应管有结型和绝缘栅型两种结构。与晶体管 E、B 和 C 相对应,场效应管也有三个电极,分别是源极 S、栅极 G 和漏极 D。

(1)结型场效应管(JFET)按源极和漏极之间的导电沟道又分为 N 型和 P 型两种,符号如图 1.28 所示。

(2)绝缘栅场效应管(IGFET)的源极、漏极与栅极之间常用 SiO_2绝缘层隔离,栅极常用金属铝,故又称 MOS 管。与 JFET 相同,MOS 管也有 N 型和 P 型两种导电沟道,且每种导电沟道又分为增强型和耗尽型两种。因此,MOS 管有 4 种类型:N 沟道增强型、N 沟道耗尽型、P 沟道增强型和 P 沟道耗尽型,符号如图 1.29 所示,B 为衬底。

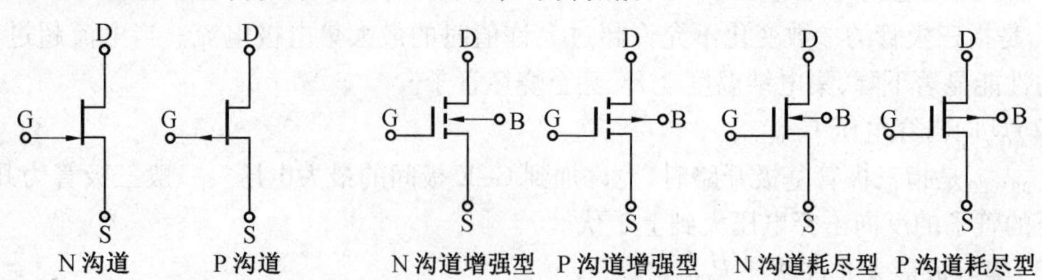

图 1.28 结型场效应管的符号　　图 1.29 绝缘栅场效应管(MOS 管)的符号

1.3.2　工作原理

N沟道和P沟道结型场效应管的工作原理完全相同，现以N沟道结型场效应管为例，分析其工作原理。

N沟道结型场效应管工作时，也需要外加如图1.30所示的偏置电压，即在栅-源极间加一负电压（$u_{GS}<0$），使栅-源极间的PN结反偏，栅极电流$i_G\approx 0$，场效应管呈现很高的输入电阻（高达$10^8\ \Omega$）。在漏-源极间加一正电压（$u_{DS}>0$），使N沟道中的多数载流子（电子）在电场作用下由源极向漏极做漂移运动，形成漏极电流i_D。i_D的大小主要受栅-源电压u_{GS}控制，同时也受漏-源电压u_{DS}的影响。因此，讨论场效应管的工作原理就是讨论栅-源电压u_{GS}对漏极电流i_D（或沟道电阻）的控制作用，以及漏-源电压u_{DS}对漏极电流i_D的影响。

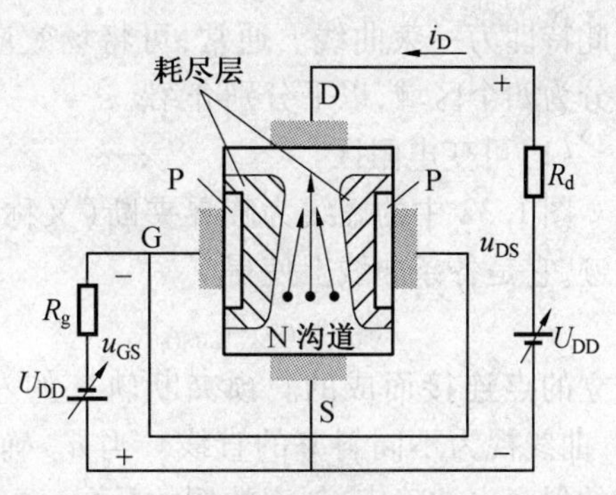

图1.30　N沟道结型场效应管的工作原理

图1.31所示电路说明了u_{GS}对沟道电阻的控制作用。为便于讨论，先假设漏-源极间所加的电压$u_{DS}=0$。当栅-源电压$u_{GS}=0$时，沟道较宽，其电阻较小，如图1.31（a）所示。当$u_{GS}<0$，且其大小增加时，在这个反偏电压的作用下，两个PN结耗尽层将加宽。由于N区掺杂浓度小于P区，因此，随着$|u_{GS}|$的增加，耗尽层将主要向N沟道中扩展，使沟道变窄，沟道电阻增大，如图1.31（b）所示。当$|u_{GS}|$进一步增大到一定值$|u_P|$时，两侧的耗尽层将在沟道中央合拢，沟道全部被夹断，如图1.31（c）所示。由于耗尽层中没有载流子，因此这时漏-源极间的电阻将趋于无穷大，即使加上一定的电压u_{DS}，漏极电流i_D也将为零。这时的栅-源电压称为夹断电压，用u_P表示。

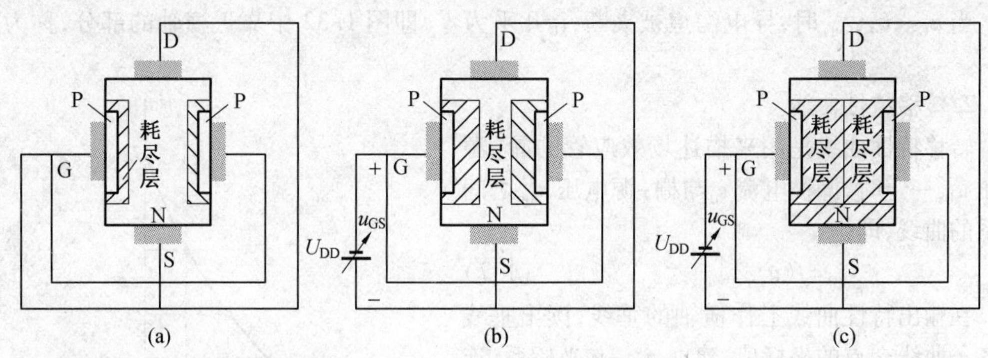

图1.31　u_{GS}对导电沟道的影响

可见，栅-源电压u_{GS}起着控制漏极电流i_D大小的作用。场效应管和三极管一样，可以看作一种受控制电流源，不过它是一种电压控制型电流源。

1.3.3　特性曲线

1. 输出特性曲线

输出特性曲线是用来描述场效管栅-源电压u_{GS}一定时，漏极电流i_D与漏-源电压u_{DS}之间

关系的曲线,即

$$i_D = f(u_{DS})|_{u_{GS}=常数} \quad (1.5)$$

图 1.32 所示为 N 沟道结型场效应管(JFET)的输出特性曲线,对应于一个 u_{GS},就有一条曲线,因此特性为一束曲线。通常,可将场效应管工作划分为四个区域,以下分别介绍。

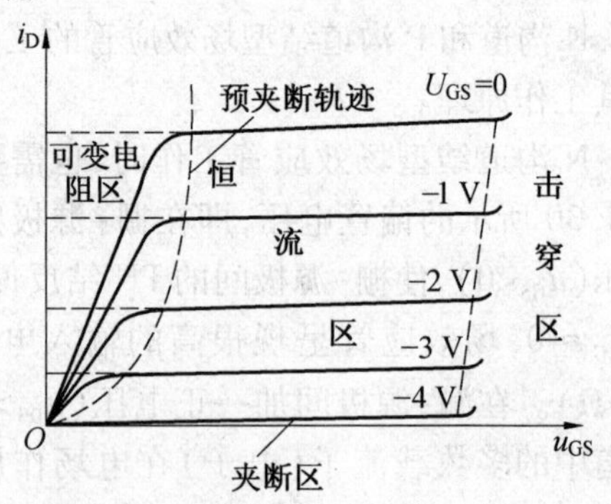

图 1.32 N 沟道结型场效应管(JFET)的输出特性

(1)可变电阻区

图 1.32 中的虚线为临界夹断(又称预夹断)轨迹,它是各条曲线上使得

$$u_{DS} = u_{GS} - U_{GS(off)} \quad (1.6)$$

成立的点连接而成的。预夹断轨迹的左边区域中,曲线视为不同斜率的直线。当 u_{GS} 确定后,直线的斜率也被确定,斜率的倒数是漏-源间的等效电阻。因此,在此区域中,可以通过改变 u_{GS}(压控方式)来改变漏-源电阻,故称此区域为可变电阻区。

(2)线性放大区(又称恒流区或饱和区)

预夹断轨迹的右侧有一块区域,i_D 几乎不再随着 u_{GS} 的增加而增加,故称此区域为恒流区或饱和区。由于在此区域中可以通过改变 u_{GS}(压控方式)来改变 i_D,进一步可组成放大电路以实现电压和功率的放大,故又称此区域为线性放大区。

(3)击穿区

u_{DS}增加到一定数值后,i_D会骤然增加,管子被击穿,因此在线性放大区的右边就是击穿区。

(4)夹断区

当 $u_{GS} < U_{GS(off)}$ 时,导电沟道被夹断,i_D 几乎为零,即图 1.32 中靠近横轴的部分,称为夹断区。

2. 转移特性曲线

转移特性曲线是用来描述场效应管的漏-源电压 u_{DS}一定时,漏极电流 i_D与栅-源电压 u_{GS}之间关系的曲线,即

$$i_D = f(u_{GS})|_{u_{DS}=常数} \quad (1.7)$$

在输出特性曲线上作横轴的垂线,读出垂线与各条曲线交点的坐标值,建立 $u_{GS}-i_D$ 坐标系,连接各点所得曲线即是转移特性曲线,如图 1.33 所示。

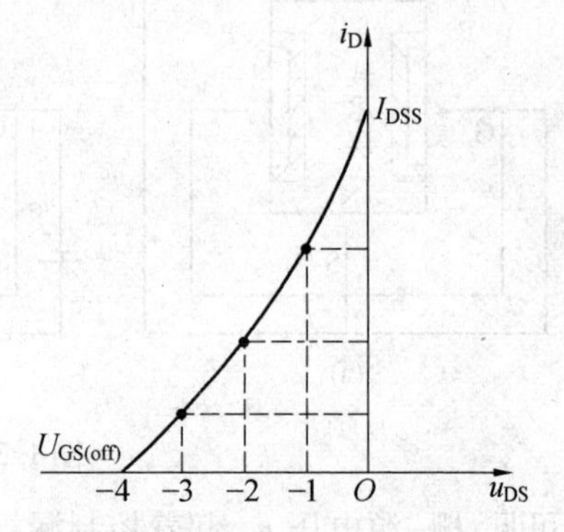

图 1.33 N 沟道结型场效应管(JFET)的转移特性

可见,转移特性曲线与输出特性曲线有严格的对应关系。当场效应管工作在可变电阻区时,转移特性曲线的差异性很大。但当场效应管工作在线性放大区时,由于输出特性曲线可近似为横轴的一组平行线,所以可用一条转移特性曲线代替线性放大区的所有曲线,且这条曲线可近似表示为

$$i_D = I_{DSS}\left(1 - \frac{u_{GS}}{U_{GS(off)}}\right)^2, \quad U_{GS(off)} < u_{GS} < 0 \tag{1.8}$$

需要指出的是，以上介绍的只是N沟道结型场效应管（JFET）的特性曲线，场效应管其他类型的特性曲线与其相似。对于增强型MOS管，只需用I_{DO}和$U_{GS(th)}$替代式中的I_{DSS}和$U_{GS(off)}$即可。为便于比较，表1.7列出了各种场效应管的符号和特性曲线。

表1.7　各种场效应管特性的比较

分类			符号	转移特性曲线	输出特性曲线
结型场效应管	N沟道		D G S	i_D　I_{DSS}　$U_{GS(off)}$　O　u_{GS}	i_D　$U_{GS}=0$　O　$U_{GS(off)}$　u_{DS}
结型场效应管	P沟道		D G S	i_D　$U_{GS(off)}$　O　u_{GS}　I_{DSS}	i_D　$U_{GS(off)}$　O　u_{DS}　$U_{GS}=0$
绝缘栅型场效应管	N沟道	增强型	D G B S	i_D　O　$U_{GS(th)}$　u_{GS}	i_D　O　$U_{GS(th)}$　u_{DS}
绝缘栅型场效应管	N沟道	耗尽型	D G B S	i_D　$U_{GS(off)}$　O　u_{GS}	i_D　$U_{GS}=0$　O　$U_{GS(off)}$　u_{DS}
绝缘栅型场效应管	P沟道	增强型	D G B S	$U_{GS(th)}$　i_D　O　u_{GS}	i_D　$U_{GS(th)}$　O　u_{DS}
绝缘栅型场效应管	P沟道	耗尽型	D G B S	i_D　$U_{GS(off)}$　O　u_{GS}	i_D　$U_{GS(off)}$　O　u_{DS}　$U_{GS}=0$

1.3.4 主要参数

1. 静态参数

(1)开启电压 $U_{GS(th)}$

开启电压是 u_{DS} 为常数(如 10 V)时,使 i_D 大于零的最小 $|u_{GS}|$ 值。手册中给出的是在 I_D 为规定的微小电流(如 5 μA)时的 u_{GS}。$U_{GS(th)}$ 是增强型 MOS 管的参数。

(2)夹断电压 $U_{GS(off)}$

与开启电压相类似,$U_{GS(off)}$ 是 u_{DS} 为常数(如 10 V)时,使 i_D 大于零的最小 u_{GS} 值。手册中给出的是在 I_D 为规定的微小电流(如 5 μA)时的 u_{GS}。$U_{GS(off)}$ 是 JFET 和耗尽型 MOS 管的参数。

(3)饱和漏极电流 I_{DSS}

饱和漏极电流是在 $u_{GS}=0$ 的情况下,当 $u_{DS}>|U_{GS(off)}|$ 时的漏极电流。I_{DSS} 是 JFET 和耗尽型 MOS 管的参数。与之对应,增强型 MOS 管用 $2U_{GS(th)}$ 时的 i_D,即 I_{DO} 表示。

(4)直流输入电阻 $R_{GS(DC)}$

$R_{GS(DC)}$ 等于栅-源电压与栅极电流之比。JFET 的 $R_{GS(DC)}$ 大于 $10^7\ \Omega$,而 MOS 管的 $R_{GS(DC)}$ 大于 $10^9\ \Omega$。手册中一般只给出栅极电流的大小。

2. 动态参数

(1)低频跨导 g_m

g_m 是在 u_{DS} 一定的情况下,i_D 的微小变化 Δi_D 与引起这个变化的 u_{GS} 的微小变化 Δu_{GS} 的比值,即

$$g_m=\left.\frac{\Delta i_D}{\Delta u_{GS}}\right|_{U_{DS}=常数} \tag{1.9}$$

g_m 反映了 u_{GS} 对 i_D 控制作用的强弱,是用来表征场效应管放大能力的一个重要参数,其单位与导纳单位一样。其值一般在 0.1 ~ 10 mS 范围内,特殊的可达 100 mS,甚至更高。值得注意的是,g_m 与场效应管的工作状态密切相关,在不同的工作点上有不同的 g_m 值。

(2)极间电容

场效应管的 3 个极之间均存在极间电容。通常,栅-源电容 C_{GS} 和栅-漏电容 C_{GD} 为 1 ~ 3 pF,漏-源电容 C_{DS} 为 0.1 ~ 1 pF。虽然都很小,但在高频情况下对电路的影响可能很大。

3. 极限参数(表 1.8)

(1)最大漏极电流 I_{DM}

I_{DM} 是场效应管在正常工作时,漏极电流的上限值。

(2)漏-源击穿电压 $U_{(BR)DS}$

增加 u_{DS},场效应管进入击穿状态(i_D 骤然增大)时的 u_{DS} 称为漏-源击穿电压 $U_{(BR)DS}$。

(3)栅-源击穿电压 $U_{(BR)GS}$

使得 JFET 栅极与导电沟道间的 PN 结反向击穿,以及使得 MOS 管绝缘层击穿,或者栅极与导电沟道间的 PN 结反向击穿的电压称为栅-源击穿电压 $U_{(BR)GS}$。

(4)最大耗散功率 P_{DM}

P_{DM} 决定于场效应管允许的温升。

表1.8　几种常用场效应管的主要参数

型号	类型	管脚	反压/V	电流/A	功率/W	开关时间/ns	频率/MHz	用途
2SJ118	PMOS	GDS	140	8	100	50~70		高速功放开关
2SK192	NJFET	DSG	18	0.024	0.2		100	高频低噪放大
2SK241	NMOS	DSG	20	0.03	0.2		100	高频放大
2SK790	NMOS	GDS	500	15	150			高速功放开关,可驱电机
2SK791	NMOS	GDS	850	3	100			电源功放开关,可驱电机
IRF830	NMOS	GDS	500	4.5	75	23		功放开关
IRF840	NMOS	GDS	500	8	125	33		功放开关
IRF9530	PMOS	GDS	100	12	75	140		功放开关
IRF9531	PMOS	GDS	60	12	75	140		功放开关

1.3.5　场效应管与三极管的比较

场效应管与三极管的比较见表1.9。

表1.9　场效应管与普通三极管比较表

项目	晶体三极管	场效应管
极型特点	双极型	单极型
控制方式	电流控制	电压控制
类型	PNP型、NPN型	N沟道、P沟道
放大参数	$\beta=50\sim200$	$g_m=1\,000\sim5\,000$ A/V
输入电阻	$10^2\sim10^4\ \Omega$	$10^7\sim10^{15}\ \Omega$
噪声	较大	较小
热稳定性	差	好
抗辐射能力	差	强
制造工艺	较复杂	简单、成本低

(1)场效应管用栅-源电压 u_{GS} 控制漏极电流 i_D,栅极电流几乎为零;三极管用基极电流控制集电极电流,基极电流不为零。因此,要求输入电阻高的电路应选用场效应管。若信号源可以提供一定电流,可选用三极管。

(2)场效应管比三极管的温度稳定性好,抗辐射能力强。在环境条件变化很大的情况下,应选用场效应管。

(3)场效应管的噪声系数很小,因此低噪声放大器的输入级及信噪比较高的电路选用场效应管。当然,也可选用特制的低噪声三极管。

(4)场效应管的漏极和源极可以互换使用(除非产品封装时已将衬底与源极连在一起),互换后特性变化不大;三极管的发射极与集电极互换后特性差异很大,除了特殊需要,一般不能互换。

(5)场效应管比三极管的种类多,特别是耗尽型MOS管,栅-源电压 u_{GS} 可正可负,也可以是零。因此,场效应管在组成电路时比三极管有更大的灵活性。

(6)场效应管和三极管均可用于放大电路和开关电路,它们构成了品种繁多的集成电路。但由于场效应管集成工艺简单,且具有耗电少、工作电源电压范围宽等优点,所以被大规模和超大规模集成电路更为广泛地应用。

可见,在许多性能上,场效应管都比三极管优越。但是,在使用场效应管时,还需特别注意以下几点:

①在 MOS 管中,有的产品将衬底引出,使用时一般将 P 沟道管的衬底接高电位,N 沟道管的衬底接低电位。但在某些特殊电路中,当源极的电位很高或很低时,为了减轻源-衬间的电压对管子性能的影响,可将源极与衬底连接在一起。

②一般场效应管的栅-源电压不能接反。结型场效应管可以在开路状态下保存,但 MOS 管由于输入电阻极高,不使用时需将各电极短路,以免由于外电场作用而损坏管子。

③焊接时,电烙铁必须有外接地线,以屏蔽交流电场。特别是对于 MOS 管,最好断电后再焊接。

*1.4 晶 闸 管

晶闸管是晶体闸流管的简称,又称可控硅,是一种以硅单晶为基本材料的四层三端器件。从其结构不同,可分为单向晶闸管、双向晶闸管、快速晶闸管、可关断晶闸管、逆导晶闸管和光控晶闸管等,是一种大功率的半导体器件,外形如图 1.34 所示。可控硅具有体积小、质量轻、耐压高、效率高、控制灵敏和使用寿命长等优点,并使半导体器件的应用从弱电领域进入强电领域,广泛用于整流、逆变和调压等大功率电子电路中。

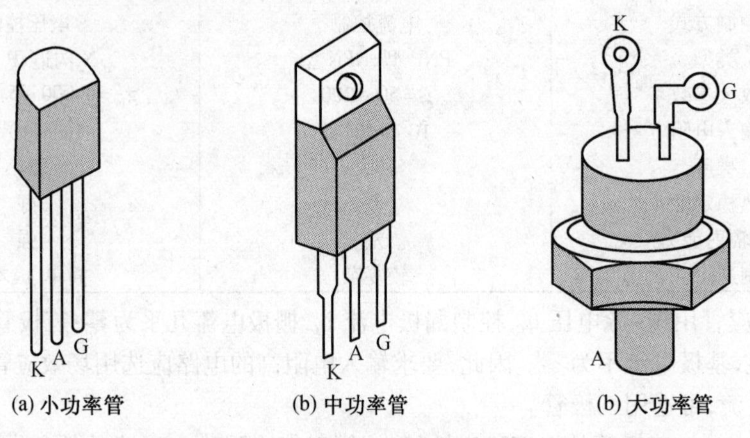

图 1.34 可控硅的常见外形图

1.4.1 单向可控硅

单向晶闸管的结构和符号如图 1.35 所示。其内部结构有四层半导体区、三个 PN 结,外部有三个端子,即阳极 A、阴极 K 和控制极 G(又称门极)。这四层半导体可以等效为由两个三极管 $V_1(P_1、N_1、P_2)$ 和 $V_2(N_1、P_2、N_2)$ 组成,如图 1.36 所示。

1.4.2 单向可控硅的工作原理

当单向晶闸管的阳极和阴极之间加上正向电压而门极不加电压时,即 J_2 处于反偏状态,管子不导通,称为正向阻断。其工作原理如图 1.37 所示,即开关 S 打开时,等效的 V_1、V_2 中没有

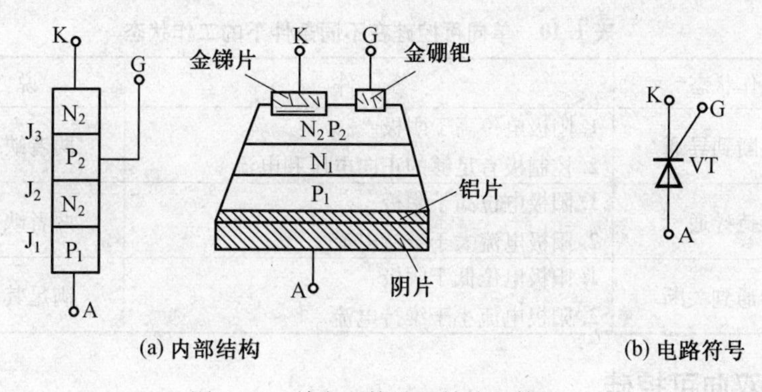

(a) 内部结构　　(b) 电路符号

图 1.35　单向可控硅的结构和符号

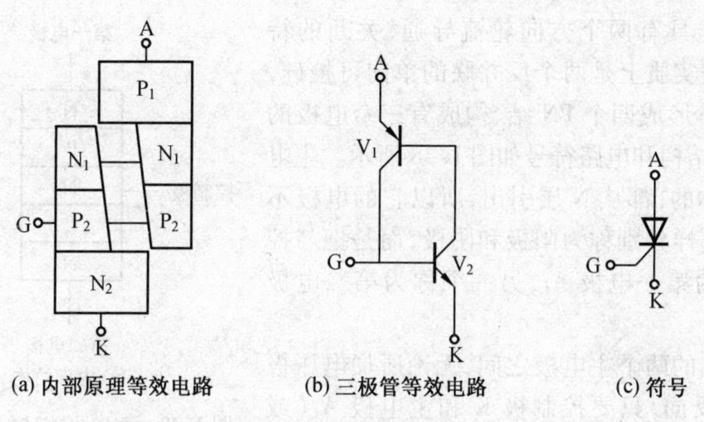

(a) 内部原理等效电路　　(b) 三极管等效电路　　(c) 符号

图 1.36　单向可控硅的三极管等效电路及符号

输入门极电流，只有极小的漏电流，晶闸管处于阻断状态。

当在晶闸管阳极与阴极之间加上正向电压，并且门极与阴极之间也加上正向电压 U_G 时，从门极流入足够的门极电流 I_G，晶闸管就能导通。即开关 S 闭合时，从门极流入足够的触发电流 I_G，V_1 的集电极电流 I_{c1} 就是 V_2 的基极电流 I_{b2}，V_2 的集电极电流 I_{c2} 就是 V_1 管的基极电流 I_{b1}。经过 V_1、V_2 的放大作用，形成强烈的正反馈，使得三极管迅速饱和导通，晶闸管由阻断转为导通状态。

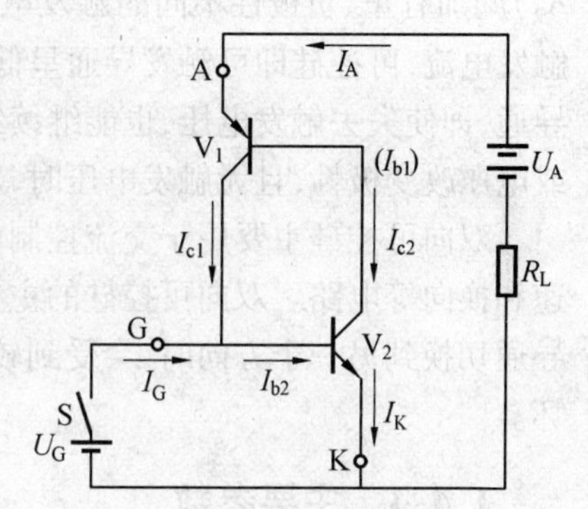

图 1.37　单向可控硅的工作原理

晶闸管流入的门极电流称为触发电流，其导通方式称为触发导通。晶闸管导通后，电流只能从阳极流向阴极，具有与二极管一样的单向导电性，此电流称为晶闸管的阳极电流或正向电流。此时如果去掉门极电压，晶闸管仍然处于导通状态，门极电压在晶闸管导通后就失去了控制作用，说明晶闸管具有正向导通的可控特性。要想让晶闸管恢复阻断状态，只有通过降低阳极电压或增大阳极回路电阻以减小阳极电流。当阳极电流小于维持电流时，晶闸管就重新处于阻断状态。之后即使再增大阳极电压或减小阳极回路电阻，晶闸管的阳极电流也不会增大，说明晶闸管已恢复正向阻断状态。

综上所述，晶闸管具有开关特性，在一定条件下可以工作在导通或者关断状态，具体见表 1.10。

表 1.10 单向可控硅在不同条件下的工作状态

工作状态	条件	说明
从关断到导通	1. 阳极电位高于阴极 2. 控制极有足够的正向电压和电流	两者缺一不可
维持导通	1. 阳极电位高于阴极 2. 阳极电流大于维持电流	两者缺一不可
从导通到关断	1. 阳极电位低于阴极 2. 阳极电流小于维持电流	满足其一即可

1.4.3 双向可控硅

双向可控硅具有两个方向轮流导通、关断的特性。双向可控硅实质上是两个反并联的单向可控硅，是由五层半导体形成四个 PN 结、构成有三个电极的半导体器件，其结构和电路符号如图 1.38 所示。主电极的构造是对称的，都从 N 层引出，所以它的电极不像单向可控硅那样分别称为阳极和阴极，而是把与控制极相近的称为第一电极 A_1，另一个称为第二电极 A_2。

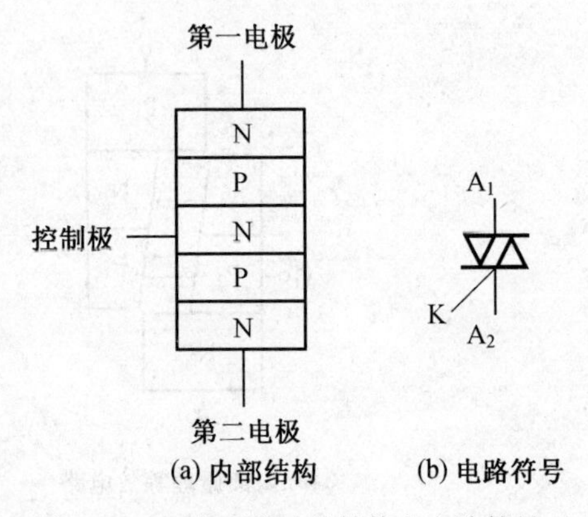

图 1.38 双向可控硅的结构和电路符号

双向可控硅的两个主电极之间，无论所加电压极性是正向还是反向，只要控制极 K 和主电极 A_1（或 A_2）间加有正、负极性不同的触发电压，满足其必需的触发电流，可控硅即可触发导通呈低阻状态。此时，主电极间压降约为 1 V。双向可控硅一旦导通，即使失去触发电压，也能继续维持导通状态。当两个主电极的电流减小至维持电流以下或电压改变极性，且无触发电压时，双向可控硅关断，只有重新施加触发电压，才能再次导通。

双向可控硅主要用于交流控制电路，如温度控制、灯光控制、防爆交流开关及直流电机调速和换向等电路。双向可控硅的主要缺点是承受电压上升率的能力较低，当它从一个方向的导通切换到另一个方向时，会受到较大的电压变化率，这时必须采取相应的保护措施，以防损坏。

1.4.4 主要参数

(1) 额定正向平均电流 I_F

I_F是指在环境温度小于 40 ℃ 和标准散热条件下，允许连续通过晶闸管阳极的工频(50 Hz)正弦波半波电流的平均值。

(2) 维持电流 I_H

I_H是指在门极开路且规定的环境温度下，晶闸管维持导通时的最小阳极电流。正向电流小于 I_H时，晶闸管自动阻断。

(3) 触发电压 U_g和触发电流 I_g

它们指在室温下，阳极电压为 6 V 时，使晶闸管从阻断到完全导通所需最小的门极直流电压和电流，一般 U_g为 1 ~ 5 V，I_g为几十至几百毫安。

(4)正向重复峰值电压 U_{DRM}

U_{DRM}是指门极开路条件下,允许重复作用在晶闸管上的最大正向电压。一般 $U_{DRM}=U_{BO}\times 80\%$,$U_{BO}$是晶闸管在 I_g为零时的转折电压。

(5)反向重复峰值电压 U_{RRM}

U_{RRM}是指门极开路的条件下,允许重复作用在晶闸管上的最大反向电压。一般 $U_{RRM}=U_{BR}\times 80\%$。

除以上参数外,还有正向平均电流、门极反向电压等。

*1.5　电路仿真实例

1. 分析二极管双向限幅作用

利用 Proteus 软件画出图 1. 39 所示二极管双向限幅电路,然后进行仿真得到图1. 40所示的分析结果。

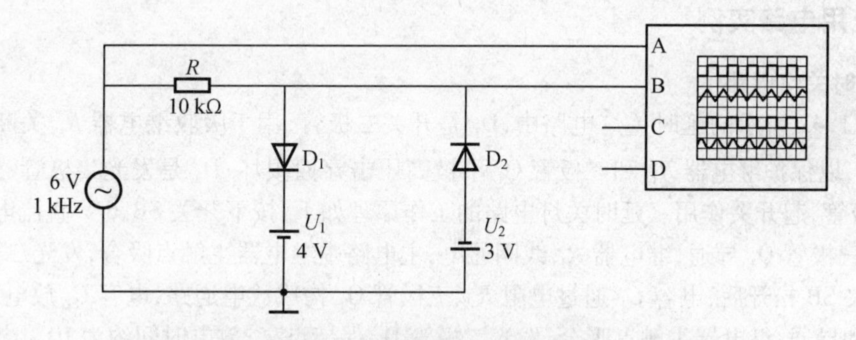

图 1. 39　二极管双向限幅电路图

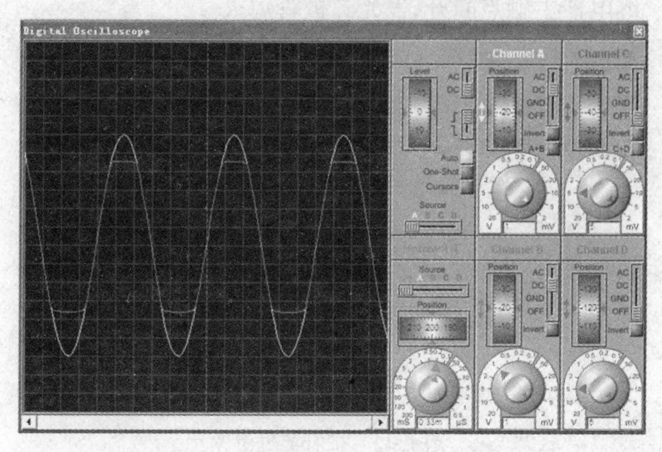

图 1. 40　二极管双向限幅电路仿真结果

2. 三极管输出特性曲线的分析

利用 Proteus 软件画出图 1. 41(a)所示三极管输出特性曲线分析仿真电路,然后进行仿真得到图 1. 41(b)所示的仿真结果。

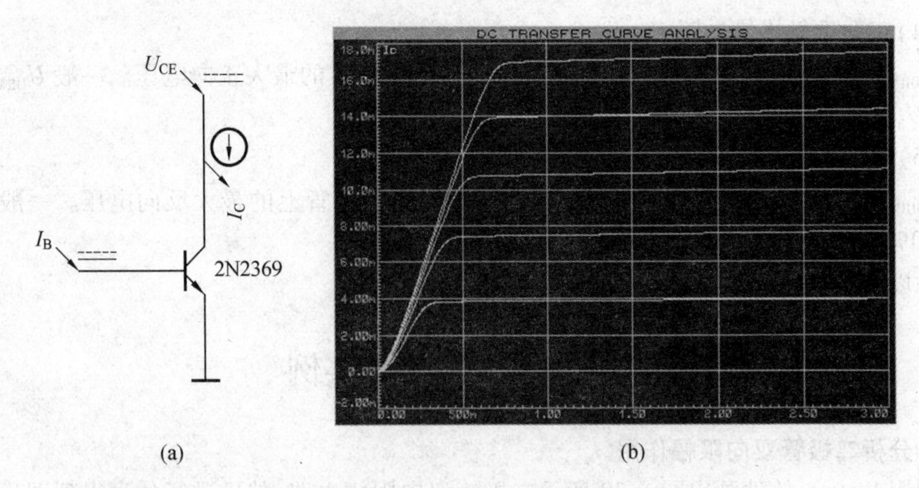

图 1.41　三极管输出特性曲线分析仿真电路图及仿真结果

◆应用电路实例

1. 延时关灯电路

在图 1.42 所示的延时关灯电路中，D_1 是开关二极管，用于吸收继电器 R_{L1} 关断时产生的高压脉冲，以保护继电器 R_{L1} 和三极管 Q_1 不被高压击穿而损坏；D_2 是发光二极管，做负载用；Q_1 是三极管，起开关作用。延时关灯电路的工作原理如下：按下开关 SB，6 V 直流电源向电容 C_1 充电，三极管 Q_1 导通，继电器 R_{L1} 线圈通电，主电路中继电器主触点吸合，发光二极管 D_2 被点亮；开关 SB 松开后，电容 C_1 通过电阻 R_1、三极管 Q_1 构成放电通路，电容 C_1 放电，维持三极管 Q_1 饱和导通，继电器主触点吸合，发光二极管 D_2 保持点亮；放电时间约为 10 s，放电过程结束，三极管 Q_1 截止，继电器主触点断开，发光二极管熄灭。

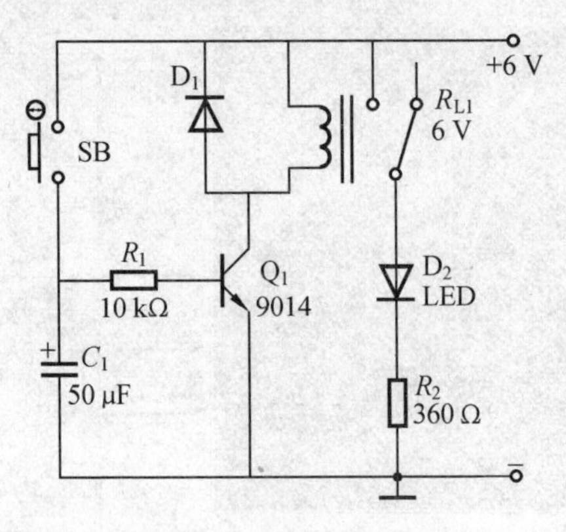

图 1.42　延时关灯电路

2. 无级调光台灯电路

图 1.43 所示是无级调光台灯电路，R_{V1} 是调光电位器，通过调整 R_{V1} 电位器中心抽头的位置可以对台灯的亮度实现无级连续调整。U_2 是双向可控硅，是台灯功率的调整器件，D_1、D_2 和电阻 R_4、R_6 组成一个或门电路，其作用是将 TCA785 输出的触发脉冲引导到双向可控硅的触发端，R_{11}、C_4、C_5 和稳压管 D_5、二极管 D_6 组成阻容降压电路，为 TCA785 提供 15 V 的直流工作电压，其他器件与 TCA785 组成晶闸管单片移相触发集成电路，为双向可控硅提供触发脉冲

信号。

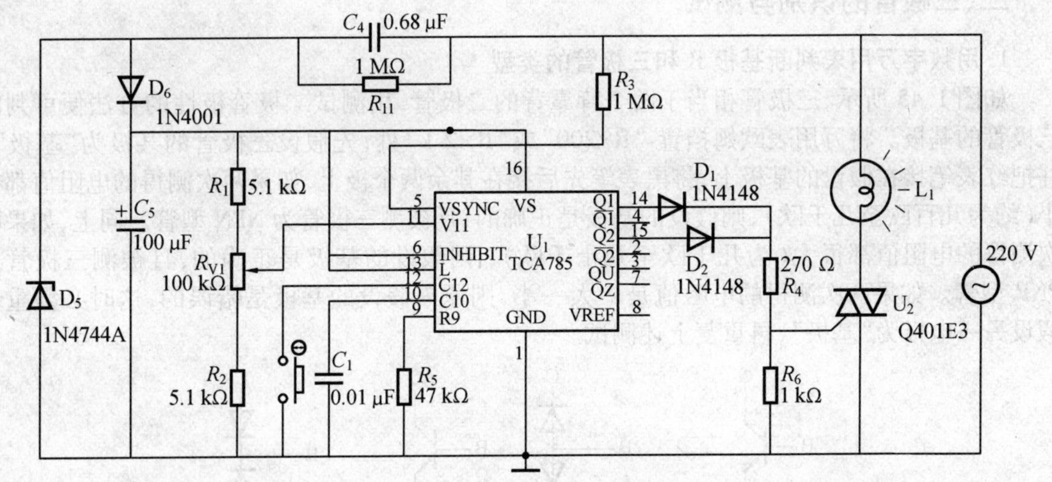

图1.43　无级调光台灯电路

实践技能训练:几种半导体器件的识别与测试

一、二极管极性的判断与识别

1. 通过外观判断极性

二极管常见封装为两脚直插和贴片,负极(N)一端一般都标有一条横线,另一端为正极(P),如图1.44所示。

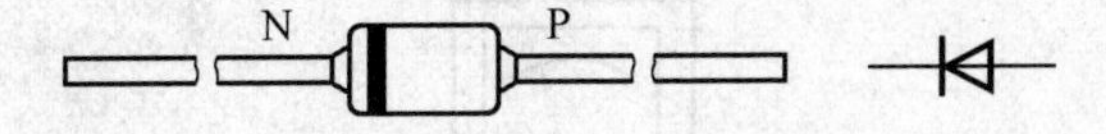

图1.44　直插封装二极管的极性

2. 指针式万用表判断极性

如果二极管的正负极标记模糊不清,可以用万用表进行测试判别。将指针万用表打到电阻1 k挡,用红、黑表笔分别与二极管的两个电极相接,会出现一次阻值很小,而反过来阻值就很大的现象。在阻值很小的情况下,黑表笔接的是正极。因为在用指针万用表电阻挡测试时,电表内的电池正极是接在黑表笔一端的。

3. 数字万用表判断极性

同样可以用电阻1 k挡测量,测得阻值小的那次,红表笔接的为二极管的正极。这与指针万用表刚好相反,因为数字万用表的红表笔是与电池正极连在一起的。另外,大部分数字万用表还提供二极管测试挡,用红黑表笔分别与二极管的两个电极相接,有一次的读数为无穷大,而另一次则有一个读数,有读数的那次红表笔所连的一端为二极管的正极。

注意:在测试二极管时可能需要将其与工作电路分离。

二、三极管的识别与测试

1. 用数字万用表判断基极 B 和三极管的类型

如图 1.45 所示，三极管相当于两个背靠背的二极管，用测试二极管极性的方法便可判断三极管的基极。将万用表欧姆挡置“R×200”或“R×2 k”处，先假设三极管的某极为“基极”，并把红表笔接在假设的基极上，将黑表笔先后接在其余两个极上，如果两次测得的电阻值都很小（约为几百欧至几千欧），则假设的基极是正确的，且被测三极管为 NPN 型管。同上，如果两次测得的电阻值都很大（为几千欧至几十千欧），则假设的基极是正确的，且被测三极管为 PNP 型管。如果两次测得的电阻值是一大一小，则原来假设的基极是错误的，这时必须重新假设另一电极为“基极”，再重复上述测试。

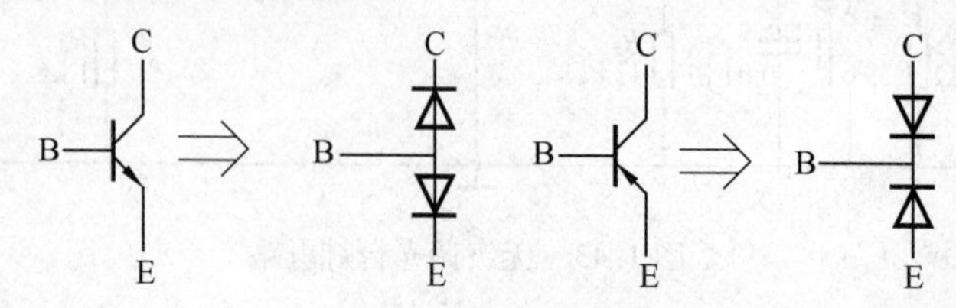

图 1.45 基极的判别示意图

2. 判断集电极 C 和发射极 E

将数字万用表欧姆挡置“R×200”或“R×2 k”处，以 NPN 管为例，如图 1.46 所示，把红表笔接在假设的集电极 C 上，黑表笔接到假设的发射极 E 上，并用手捏住 B 和 C 极（不能使 B、C 直接接触），通过人体，相当于 B、C 之间接入偏置电阻，读出表头所示的阻值，然后将两表笔反接重测。若第一次测得的阻值比第二次小，说明原假设成立，因为 C、E 间电阻值小说明通过万用表的电流大，偏置正常。数字万用表都有测三极管放大倍数（h_{FE}）的接口，可以估测一下三极管的放大倍数。

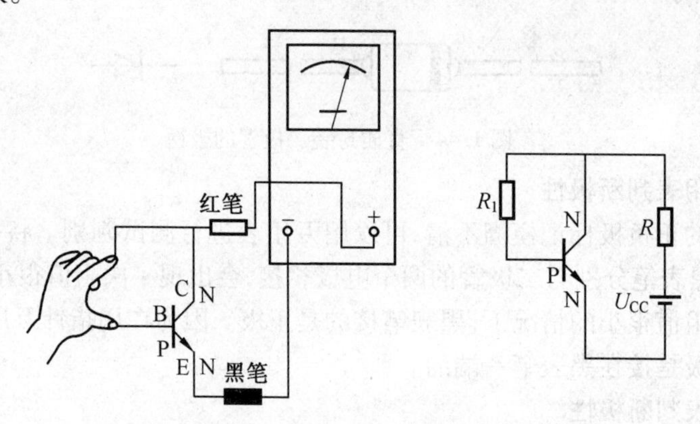

图 1.46 C、E 的判别电路示意图

用指针万用表测试三极管的方法与数字万用表基本相同，只是表笔极性相反而已。要注意在测试三极管时可能需要将其与工作电路分离。

三、场效应管的检测

用万用表欧姆挡测场效应管的管脚时，因 MOS 型场效应管极易被感应电荷击穿，不便测量。所以下面只介绍对结型场效应管的检测方法。

1. **结型场效应管的极性检测**

结型场效应管的极性检测如图1.47所示。选择数字万用表的R×1 k挡,用红、黑表笔任意接场效应管的两只引脚,测量它们之间的正、反向电阻。在测量中,若某两只引脚的正、反向电阻相等且为几千欧,说明这两只引脚分别为源极S和漏极D,则另一只引脚为栅极G。

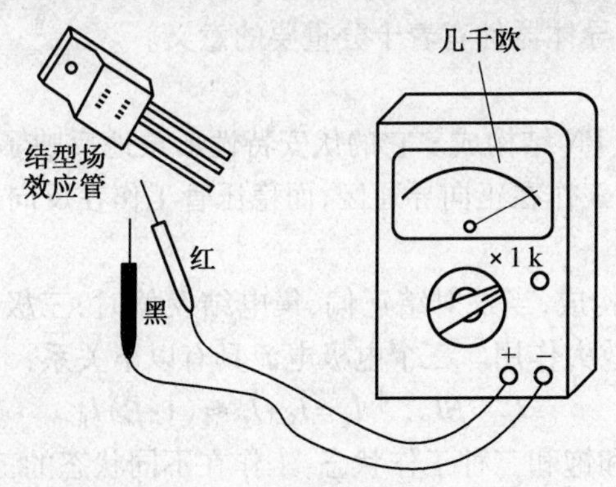

图1.47　结型场效应管的极性检测判断

2. **N沟道和P沟道的判断**

N沟道场效应管和P沟道场效应管的判断如图1.48所示。选择数字万用表的R×1 k挡,将黑表笔接场效应管的栅极,红表笔分别接其他两只引脚。若测得的两个阻值均较小,表明被测管为P沟道场效应管;若测得的两个阻值均较大,表明被测管为N沟道场效应管。若测得数值不符合上述情况,表明该场效应管性能不良或已损坏。

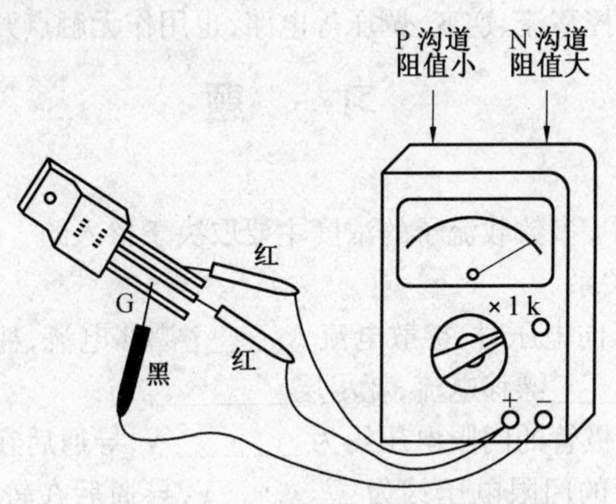

图1.48　结型场效应管的沟道类型检测判断

四、可控硅的识别与测试

普通可控硅的三个电极可以用数字万用表欧姆挡R×100挡位来测。如图1.35所示,可控硅控制极G、阴极K之间是一个PN结,相当于一个二极管,G为正极、K为负极,所以,按照测试二极管的方法,测量G与K之间的正、反向电阻,电阻小时,数字万用表红表笔接的是控制极G,黑表笔接的是阴极K,剩下的一个是阳极A。

本章小结

1. PN 结

PN 结是制造半导体器件的基础。它最主要的特性是单向导电性,正确地理解它的导电特性对于了解和使用各种半导体器件有着十分重要的意义。

2. 半导体二极管

半导体二极管由一个 PN 结构成。它的伏安特性形象地反映了二极管的单向导电性和反向击穿特性。普通二极管工作在正向导通区,而稳压管工作在反向击穿区。

3. 半导体三极管

三极管由两个 PN 结构成,当发射结正偏、集电结反偏时,三极管的基极电流对集电极电流具有控制作用,即电流放大作用。三个电极电流具有以下关系:

$$I_C \approx \beta I_B,\quad I_E = I_B + I_C \approx (1+\beta) I_B$$

三极管有截止、放大和饱和三种工作状态,工作在不同状态的三极管需要不同的外部偏置条件,具有不同的特点。

4. 场效应管

场效应管是一种新型晶体管,它的工作原理与三极管不同,具有很高的输入电阻和较低的噪声系数,适合做放大器的前置级。

5. 晶闸管

晶闸管是晶体闸流管的简称,最初被称为可控硅整流器,是由三个 PN 结构成的一种大功率半导体器件,多用于可控整流、逆变、调压等电路,也用作无触点开关。

习 题

1.1 填空题

(1) 在杂质半导体中,多数载流子的浓度主要取决于掺入的________,而少数载流子的浓度则与________有很大关系。

(2) 当 PN 结外加正向电压时,扩散电流________漂移电流,耗尽层________。当外加反向电压时,扩散电流________漂移电流,耗尽层________。

(3) 在常温下,硅二极管的门限电压约为________V,导通后在较大电流下的正向压降约为________V;锗二极管的门限电压约为________V,导通后在较大电流下的正向压降约为________V。

(4) 在常温下,发光二极管的正向导通电压约为________,________硅二极管的门限电压;考虑发光二极管的发光亮度和寿命,其工作电流一般控制在________mA。

(5) 利用硅 PN 结在某种掺杂条件下反向击穿特性陡直的特点而制成的二极管,称为________二极管。请写出这种管子的四种主要参数,分别是________、________、________和________。

1.2 选择题

(1) 二极管加正向电压时,其正向电流是由(　　)。

A. 多数载流子扩散形成　　B. 多数载流子漂移形成

C. 少数载流子漂移形成　　D. 少数载流子扩散形成

(2)PN结反向偏置电压的数值增大,但小于击穿电压,(　　)。

A.其反向电流增大　　B.其反向电流减小

C.其反向电流基本不变　　D.其正向电流增大

(3)稳压二极管是利用PN结的(　　)。

A.单向导电性　　B.反偏截止特性

C.电容特性　　D.反向击穿特性

(4)二极管的反向饱和电流在20 ℃时是5 μA,温度每升高10 ℃,其反向饱和电流增大一倍,当温度为40 ℃时,反向饱和电流值为(　　)。

A.10 μA　　B.15 μA　　C.20 μA　　D.40 μA

1.3　判断题

(1) 由于P型半导体中含有大量空穴载流子,N型半导体中含有大量电子载流子,所以P型半导体带正电,N型半导体带负电。(　　)

(2) 在N型半导体中,掺入高浓度三价元素杂质,可以改为P型半导体。(　　)

(3) 扩散电流是由半导体的杂质浓度引起的,即杂质浓度大,扩散电流大;杂质浓度小,扩散电流小。(　　)

(4) 温度升高时,PN结的反向饱和电流将减小。(　　)

(5) PN结加正向电压时,空间电荷区将变宽。(　　)

计算题

1.4　写出如图1.49所示各电路的输出电压值,设二极管均为理想二极管。

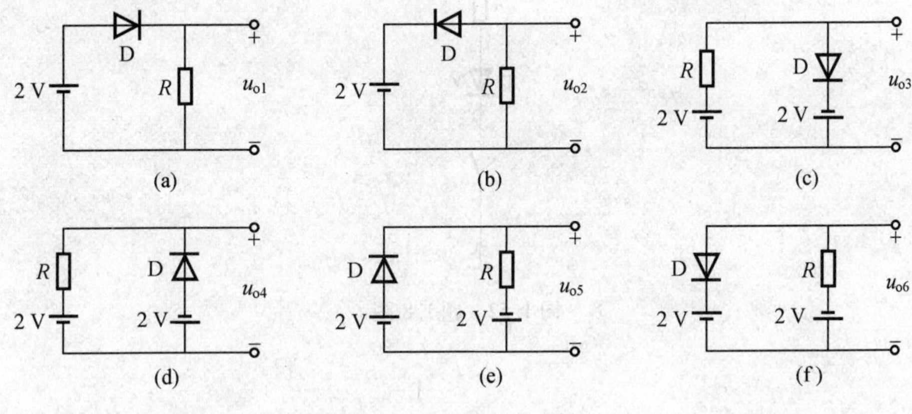

图1.49　题1.4图

1.5　电路如图1.49所示,设二极管均为恒压降模型,且导通电压 $U_D=0.7$ V,写出各电路的输出电压值。

1.6　设图1.50中的二极管均为理想的(正向可视为短路,反向可视为开路),试判断其中的二极管是导通还是截止,并求出电压 U_o。

1.7　电路如图1.51(a)(b)所示,稳压管的稳定电压 $U_Z=3$ V,R 的取值合适,u_i 的波形如图1.51(c)所示。试分别画出 u_{o1} 和 u_{o2} 的波形。

1.8　在图1.52所示电路中,发光二极管导通电压 $U_D=1.5$ V,正向电流在5~15 mA时才能正常工作。试问:

(1) 开关S在什么位置时发光二极管才能发光?

（2）R 的取值范围是多少？

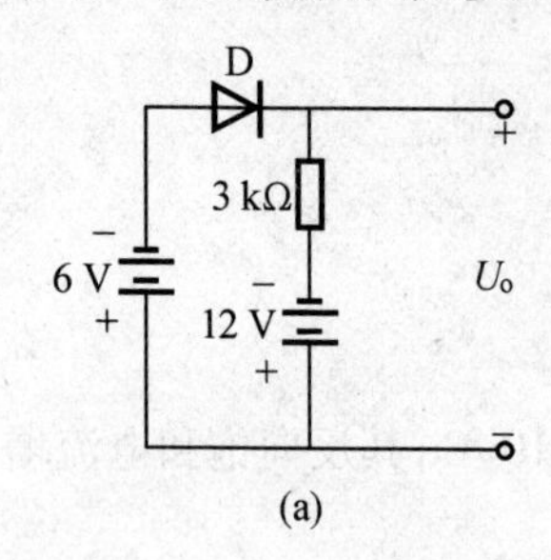

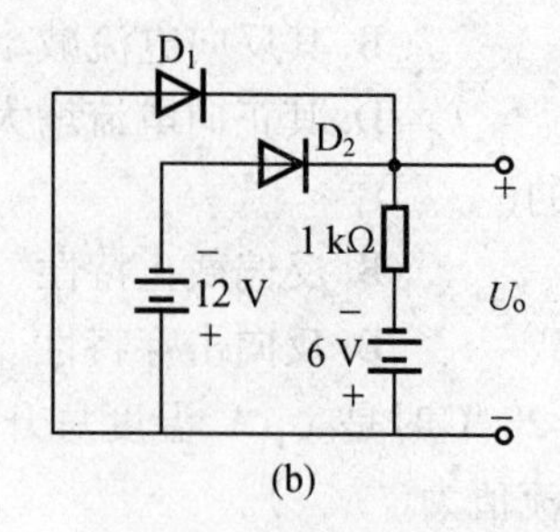

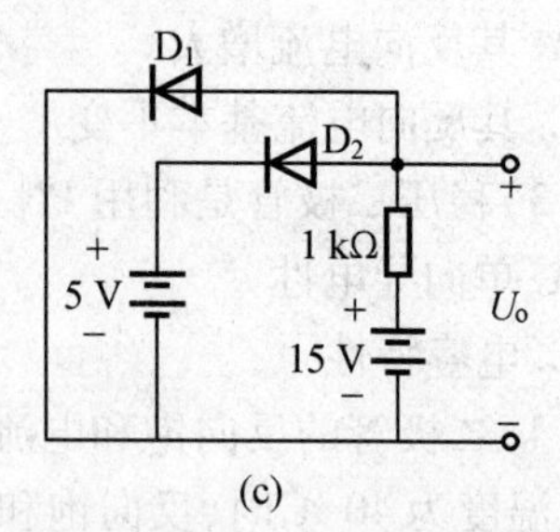

图 1.50 题 1.6 图

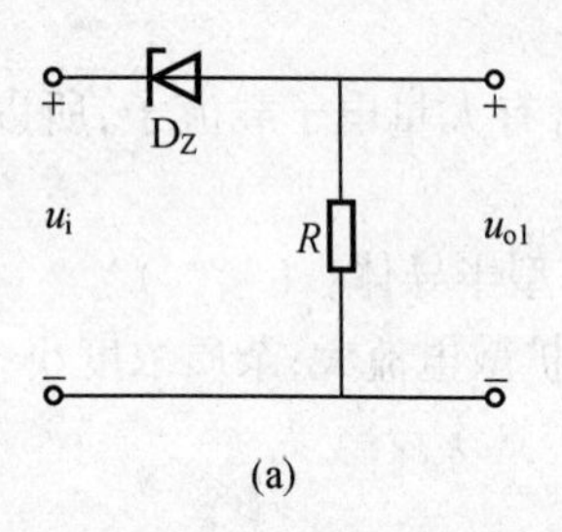

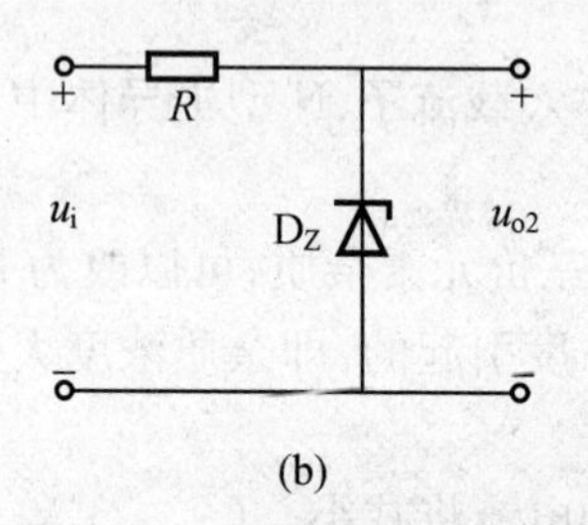

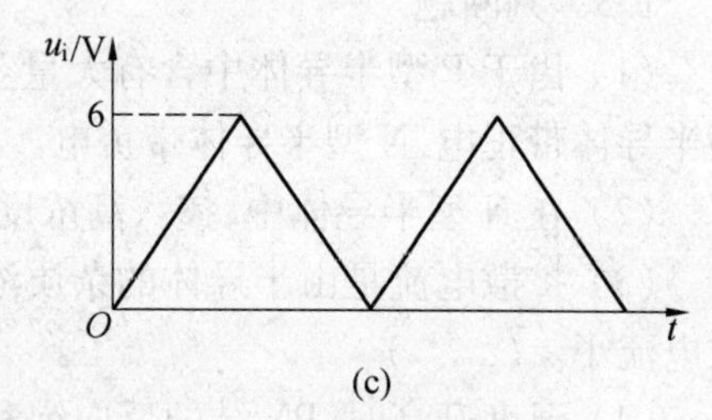

图 1.51 题 1.7 图

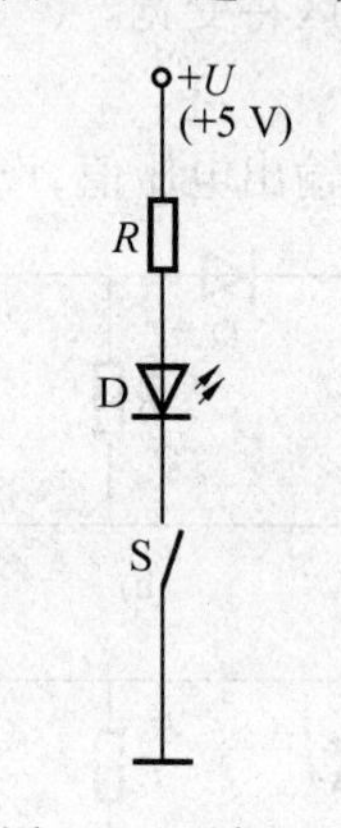

图 1.52 题 1.8 图

第2章 放大电路及反馈

◆**知识点**

放大电路的组成原则和工作原理;放大电路的静态分析和动态计算;放大电路工作点稳定的原理;非线性失真;多级放大电路的耦合;运算放大器的组成;线性区和非线区的特点;反馈组态、反馈极性和反馈的作用。

◆**技术技能点**

了解组成放大电路的技术;会读放大电路图;会画放大电路的直流通路、交流通路和微变等效电路图;会用常用电子仪表观察放大电路的参数;会读反馈电路,分析电路的反馈组态及极性;会制作和测试常用的放大电路;掌握用 Proteus 软件仿真设计常用放大电路的技术。

在电子设备中,经常要把微弱的电信号放大,以便推动执行元件工作。例如,在测量或自动控制的过程中,常常需要检测和控制一些与设备运行有关的非电量,如温度、湿度、流量、转速、声、光、力和机械位移等,虽然这些非电量的变化可以用传感器转换成相应的电信号,但这样获得的电信号一般都比较微弱,必须经过放大电路放大以后,才能驱动继电器、控制电机、显示仪表或其他执行机构动作,以达到测量或控制的目的。可见,放大电路是自动控制、检测装置、通信设备、计算机以及扩音机、电视机等电子设备中最基本的组成部分。

2.1 放大电路的组成及其工作原理

由于三极管具有电流放大能力,可以对小信号进行放大,因此三极管是放大电路的核心器件。本节首先介绍放大电路的一些基本知识,然后以共射放大电路为例,介绍放大电路的组成和工作原理。

2.1.1 放大电路的技术指标

一个放大电路质量的优劣,需要用若干项性能指标来衡量。测试指标时,一般在放大电路的输入端加上一个正弦测试电压,如图 2.1 所示。放大电路的主要技术指标有以下几项。

1. 放大倍数

放大倍数(又称“增益”)是衡量一个放大电路放大能力的指标。放大倍数越大,则放大电路的放大能力越强。

放大倍数定义为输出信号与输入信号的变化量之比。根据输入、输出端所取的是电压信

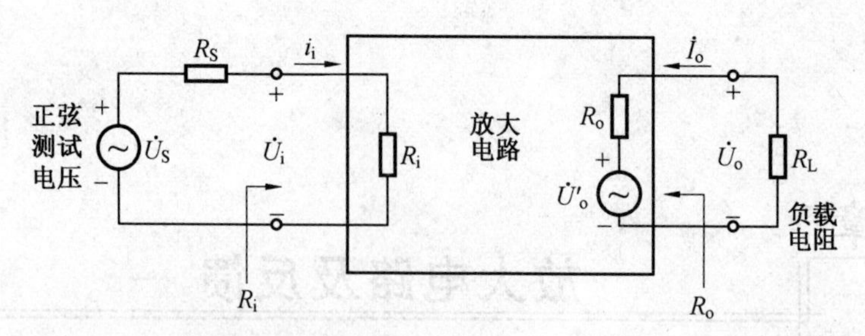

图 2.1 放大电路性能指标测试电路

号还是电流信号，放大倍数又分为电压放大倍数、电流放大倍数等。

(1)电压放大倍数

测试电压放大倍数指标时，通常在放大电路的输入端加一个正弦波电压信号，假设其相量为 $\dot{U}_o$，然后在输出端测得输出电压此时可用 $\dot{U}_o$ 与 $\dot{U}_i$ 之比表示放大电路的电压放大倍数 $\dot{A}_u$，即

$$\dot{A}_u=\frac{\dot{U}_o}{\dot{U}_i} \tag{2.1}$$

一般情况下，放大电路中输入与输出信号近似为同相，可用电压有效值之比表示电压放大倍数，即 $A_u=U_o/U_i$。

(2)电流放大倍数

同理，可用输出电流与输入电流相量之比表示电流放大倍数，即

$$\dot{A}_i=\frac{\dot{I}_o}{\dot{I}_i} \tag{2.2}$$

也可用有效值之比 $A_i=I_o/I_i$ 表示电流放大倍数。

放大倍数是无量纲的常数。以上两式中，最常用的是电压放大倍数 A_u。

2. 输入电阻

输入电阻可以衡量一个放大电路向信号源索取信号大小的能力。输入电阻越大，放大电路向信号源索取信号的能力越强，也就是放大电路输入端得到的电压 U_i 与信号源电压 U_S 的数值越接近。

放大电路的输入电阻是指从输入端看进去的等效电阻，用 R_i 表示。R_i 是输入电压有效值 U_i 与输入电流有效值 I_i 之比，即

$$R_i=\frac{U_i}{I_i} \tag{2.3}$$

3. 输出电阻

输出电阻是衡量一个放大电路带负载能力的指标，用 R_o 表示，输出电阻越小，则放大电路的带负载能力越强。

任何放大电路的输出回路均可等效成一个有内阻的电压源，如图 2.2 所示，从放大电路输出端看进去的等效内阻就是输出电阻。输出电阻定义为：信号源 U_S 置零，输出端开路（即 $R_o\to\infty$）时，在输出端外加一个端口电压 $\dot{U}_o$，得到相应端口电流 $\dot{I}_o$，两者之比就是输出电阻，即

$$R_o=\left.\frac{\dot{U}_o}{\dot{I}_o}\right|_{\substack{U_S=0\\R_L\to\infty}} \tag{2.4}$$

上述的理论依据是戴维宁定理。

4. 通频带

通频带是衡量一个放大电路对不同频率的输入信号适应能力的指标。

一般来说，由于放大电路中耦合电容、三极管极间电容及其他电抗元件的存在，使放大倍数在信号频率比较低或比较高时，不但数值下降，还产生相移。可见放大倍数是频率的函数。通常在中间一段频率范围内（中频段），由于各种电抗性元件的作用可以忽略，因此放大倍数基本不变，而当频率过高或过低时，放大倍数都将下降，当信号频率趋近于零或无穷大时，放大倍数的数值将趋近于零。这种特性称为放大电路的频率特性，可直接用放大电路的电压放大倍数 A_u 与频率 f 的关系描述，如图 2.2 所示。

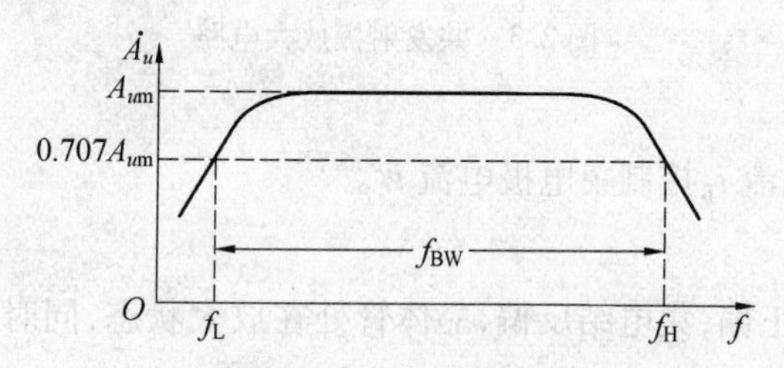

图 2.2　放大电路的通频带

把放大倍数下降到中频放大倍数 A_{um} 的 70.7% 倍的两个点所限定的频率范围定义为放大电路的通频带，用符号 f_{BW} 表示，如图 2.2 所示，其中 f_L 称为下限频率，f_H 称为上限频率，f_L 与 f_H 之间的频率范围即为通频带，用公式表示为

$$f_{BW}=f_H-f_L \tag{2.5}$$

放大电路的性能指标还有最大输出幅度、最大输出功率与效率、抗干扰能力、信号噪声比和允许工作温度范围等。

2.1.2　放大电路的组成原则

放大电路由三极管、直流电源及一些阻容器件构成，根据器件连接方式的不同，放大电路有三种基本的结构类型，它们是组成复杂电路系统的基础。虽然不同类型电路的功能各异，但它们的组成都遵循以下三个原则：

①发射极正偏，集电极反偏；

②放大电路能够不失真地工作；

③信号能够正常输入、输出。

在一般的放大电路中，有两个端点与输入信号相接，而由另两个端点引出输出信号。所以放大电路是一个四端网络。作为放大电路中的晶体管，只有三个电极。因此，必有一个电极作为输入、输出电路的公共端。由于公共端选择不同，晶体管有三种连接方式：即共发射极电路、共集电极电路和共基极电路。图 2.3（a）所示为根据上述电路组成原则由 NPN 型晶体管构成的共发射极放大电路原理图。下面是共发射极放大电路中各元件的具体作用。

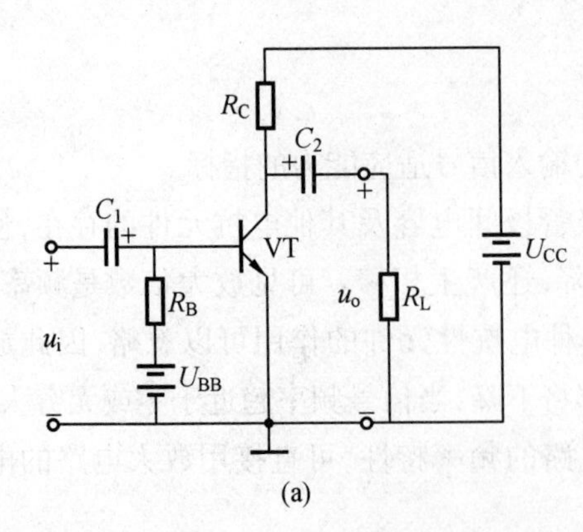

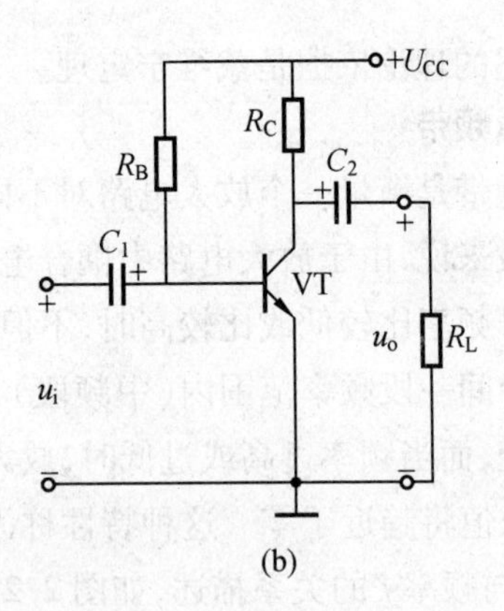

图 2.3 共发射极放大电路

1. 晶体管 VT

放大元件，用基极电流 i_B控制集电极电流 i_C。

2. 电源 U_{CC}和 U_{BB}

使晶体管的发射结正偏，集电结反偏，晶体管处在放大状态，同时也是放大电路的能量来源，提供电流 i_B和 i_C。U_{CC}一般在几伏到十几伏之间。

3. 偏置电阻 R_B

偏置电阻用来调节基极偏置电流 I_B，使晶体管有一个合适的工作点，一般为几十千欧到几百千欧。

4. 集电极负载电阻 R_C

R_C将集电极电流 i_C的变化转换为电压的变化，以获得电压放大，一般为几千欧。

5. 耦合电容 C_1和 C_2

C_1和 C_2分别接在放大电路的输入端和输出端，起隔直通交作用。利用电容器对直流的阻抗很大，对交流的阻抗很小这一特性，一方面隔断放大电路的输入端与信号源、输出端与负载之间的直流通路，保证放大电路的静态工作点不因输入、输出的连接而发生变化；另一方面又要保证交流信号畅通无阻地经过放大电路，沟通信号源、放大电路和负载三者之间的交流通路。通常要求 C_1、C_2上的交流压降小到可以忽略不计，即对交流信号可视为短路。所以电容值要求取值较大，对交流信号其容抗近似为零。一般取值 5 ~50 μF，用的是极性电容器，因此连接时一定要注意其极性。由此可见，在 C_1与 C_2之间为直流与交流信号叠加，而在 C_1与 C_2外侧只有交流信号。

图 2.3(b)所示电路是用 U_{CC}替代 U_{BB}为三极管发射结提供正向偏置，省去了电源 U_{BB}，变成了单电源供电的共射放大电路，是常用的画法。

通常为了便于分析，我们将电压和电流的符号作统一规定，以便区分，详见表 2.1 所列。

表2.1　放大电路中电压、电流符号的含义

名称	直流值	交流分量		总电压或总电流		直流电源
		瞬时值	平均值	总瞬时值	平均值	
基极电流	I_B	i_b	I_b	i_B	$I_{B(AV)}$	
集电极电流	I_C	i_c	I_c	i_C	$I_{C(AV)}$	
发射极电流	I_E	i_e	I_e	i_E	$I_{E(AV)}$	
集-射极电压	U_{CE}	u_{ce}	U_{ce}	u_{CE}	$U_{CE(AV)}$	
基-射极电压	U_{BE}	u_{be}	U_{be}	u_{BE}	$U_{BE(AV)}$	
集电极电源						U_{CC}
基极电源					U_{BB}	
发射极电源				U_{EE}		

2.1.3　放大电路的工作原理

由图2.4电路可以看出,由于设置了直流电源$+U_{CC}$,共发射极电路在没有输入信号($u_i=0$)时,电路中就已经存在直流电流和直流电压,如图2.4所示的u_{BE}、i_B、i_C、u_{CE}信号图中t_0前的部分波形图。当有交流信号输入时,设$u_i=U_{im}\sin\omega t$(mV),由于交流信号的输入,电路中各个电流和电压就要随之发生变化。由于输入信号通过电容C_1加在三极管的B-E之间,此时B-E之间的电压就是在原来的直流电压上再叠加一个正弦交流电压,即$u_{BE}=U_{BE}+u_i$。然后u_i产生了i_b,基极电流也是直流和交流的叠加,即$i_B=I_B+i_b$。由于三极管具有电流放大作用,变化的i_b产生变化的i_c输出,即$i_c=\beta i_b$,三极管的集电极电流也是在原来的基础上叠加一个交流分量,即$i_C=I_C+i_c$。变化的i_c通过R_C将产生变化的u_{ce},且$u_{ce}=i_cR_C$,使三极管C-E之间的电压在原来的直流电压的基础上再叠加一个交流电压,即$u_{CE}=U_{CE}+u_{ce}$。最后由于电容C_2的隔直作用,使输出电压$u_o=u_{ce}$,如图2.4所示的u_i、u_{BE}、i_B、i_C、u_{CE}、u_o信号图中时间t_0后面的部分波形图。以上放大电路工作过程可总结如下:

放大电路在正确的偏置作用下,输入信号u_i的变化引起i_b的变化,i_b的变化又引起i_c的变化,i_c的变化引起u_{CE}的变化,经过C_2的隔直后,有$u_o=u_{ce}$输出。

由图2.4可以看出,在没有偏置的情况下,即U_{BE}、I_B、I_C、U_{CE}都等于零时,三极管发射结只在u_i的正半周期间导通,有电流i_b通过,在负半周时发射结反偏截止,没有电流通过,输出信号i_c、u_{ce}和u_o都只有半个周期的信号,产生严重的失真,因此放大电路必须设置正确的偏置。

由以上分析可知,放大电路有如下特点:

①放大电路中各物理量都是由交流分量与直流分量叠加而成,即

$$\begin{cases} u_{BE}=U_{BE}+u_i \\ i_B=I_B+i_b \\ i_C=I_B+i_c \\ u_{CE}=U_{CE}+u_{ce} \end{cases}$$

瞬时值=直流分量+交流分量

②输出u_o与输入u_i反相,即是同频反相。

③放大电路的放大(实质)是将直流电能转化成交流电能。其中,三极管是控制元件,输入信号是控制源,直流电源为控制对象。

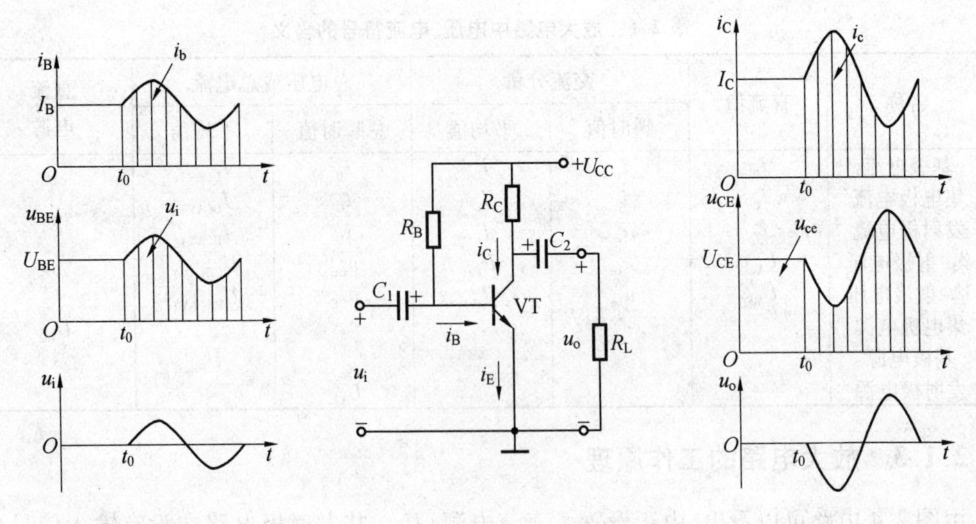

图 2.4 共发射放大电路工作情况

2.2 基本放大电路的分析

对于放大电路的分析一般包括两个方面的内容:静态工作情况和动态工作情况的分析。前者主要确定静态工作点,后者主要研究放大电路的性能指标,通常遵循“先静态,后动态”的原则。下面以共发射放大电路为例,分别介绍放大电路的静态工作情况和动态工作情况的分析方法。

2.2.1 静态分析——估算法

1. 直流通路及静态工作点

放大电路中无交流信号输入($u_i=0$)时的工作状态称为静态。静态时,电路中的电流和电压均为直流,静态值的计算必须在直流通路中进行。只考虑直流电源的作用而认为交流信号为零的电路称为直流通路,图 2.5 是图 2.3(b)所示电路的直流通路。画直流通路的方法是把电路中的电容视为开路,即把包含有电容的支路去掉。

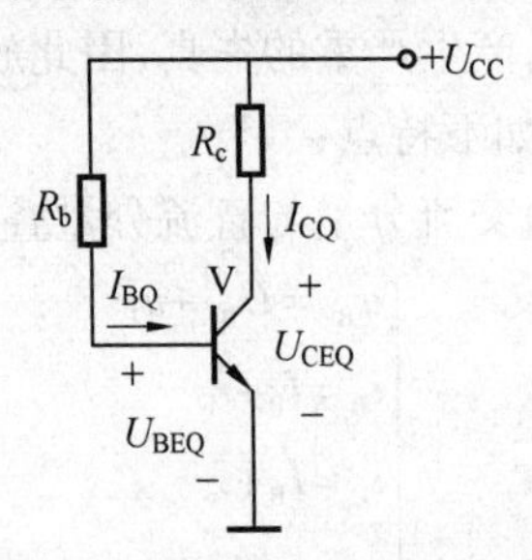

图 2.5 共射放大电路的直流通路

直流通路的输入回路(即$+U_{CC}\to R_b\to U_{BE}\to$地)和输出回路(即$+U_{CC}\to R_c\to U_{CE}\to$地)中的$I_B$、$U_{BE}$、$I_C$、$U_{CE}$四个物理量分别对应于输入、输出特性上的一个点,故称为静态工作点,如图 2.6所示。

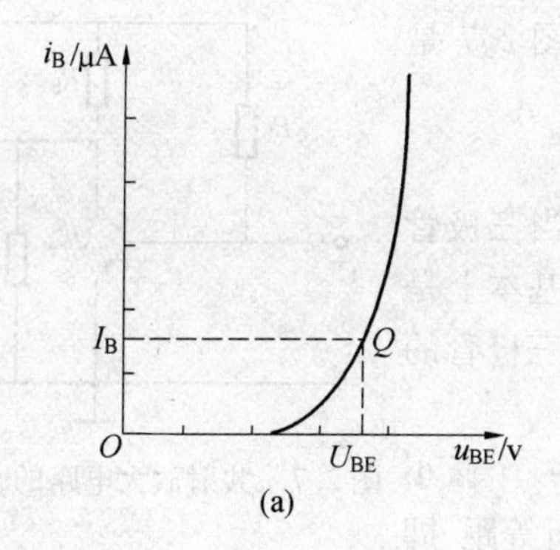

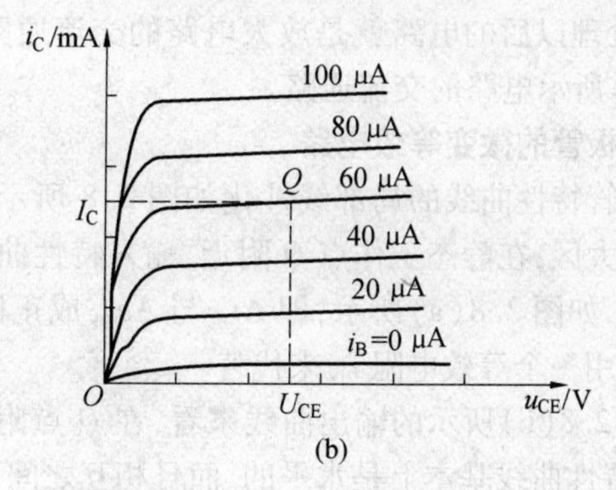

图2.6 静态工作点

2. 估算法分析电路的静态工作点

放大电路静态分析的目的是求解静态工作点;实际上就是求四个变量:I_{BQ}、U_{BEQ}、I_{CQ}和U_{CEQ}。通常U_{BEQ}作为已知量,只需求I_{BQ}、I_{CQ}和U_{CEQ}三个物理量。静态分析时,有时采用一些简单、实用的近似估算法,这在工程上是允许的。如图2.5所示的直流通路中,各直流量及其参考方向已标出,由图首先可以求出单管共射放大电路的基极静态偏置电流I_{BQ}为

$$I_{BQ}=\frac{U_{CC}-U_{BEQ}}{R_b} \tag{2.6}$$

于是

$$I_{CQ}\approx\beta I_{BQ} \tag{2.7}$$

由图2.5中的直流通路可得

$$U_{CEQ}=U_{CC}-I_{CQ}R_C \tag{2.8}$$

【例2.1】 图2.3(b)所示的单管共射放大电路中,已知$U_{CC}=12$ V,$R_b=300$ kΩ,$R_c=4$ kΩ,$R_L=4$ kΩ,NPN型硅管$\beta=37.5$,试估算电路的静态工作点。

解 电路对应的直流通路如图2.5所示。由于是硅三极管,可取$U_{BEQ}=0.7$ V

$$I_{BQ}=\frac{U_{CC}-U_{BEQ}}{R_b}=\frac{12-0.7}{300}\text{ mA}\approx 0.037\,7\text{ mA}=37.7\ \mu\text{A}$$

$$I_{CQ}=\beta I_{BQ}=37.5\times 0.037\,7\text{ mA}\approx 1.41\text{ mA}$$

$$U_{CEQ}=U_{CC}-R_C=12\text{ V}-1.41\times 4\text{ V}\approx 6.35\text{ V}$$

2.2.2 动态分析——微变等效电路法

如果放大电路的输入信号较小,就可以保证三极管工作在输入特性曲线和输出特性曲线的线性放大区(严格地说,应该是近似线性区)。对于微变量(小信号)来说,三极管可以近似看作一个线性元件,可以用一个与之等效的线性电路来表示。这样,放大电路的交流通路就可以转换为一个线性电路。此时,可以用线性电路的分析方法来分析放大电路。这种分析方法得出的结果与实际测量结果基本一致,此法称为微变等效电路法。微变等效电路法主要用于动态分析。

1. 交流通路

电路中交流信号传递的路径称为交流通路,它是电路动态分析的依据。在交流电路中,电容器的容抗很小,同时,理想的直流电源内阻为零,所以可以视电路中的电容和直流电源为短

路，这样处理以后的电路就是放大电路的交流通路，图 2.7 是图 2.3(b)所示电路的交流通路。

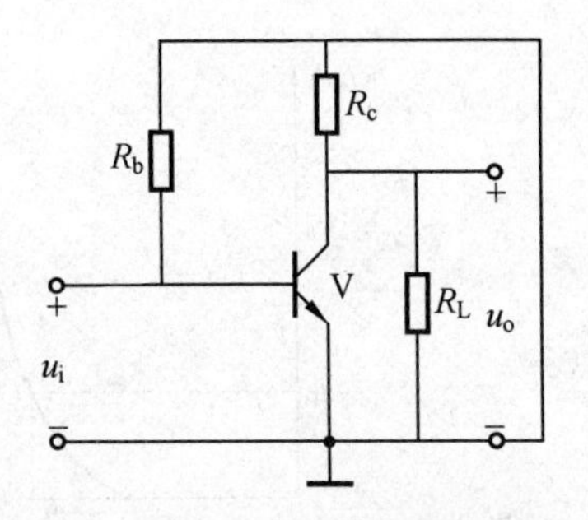

图 2.7 共射放大电路的交流通路

2. 三极管的微变等效电路

三极管特性曲线的局部线性化如图 2.8 所示。当三极管工作在放大区，在静态工作点 Q 附近，输入特性曲线基本上是一条直线，如图 2.8(a)所示，即 Δi_B 与 Δu_{BE}成正比，三极管的 B、E 间可用一个等效电阻 r_{be}来代替。

从图 2.8(b)所示的输出曲线来看，在 Q 点附近一个微小范围内，特性曲线基本上是水平的，而且相互之间平行等距，即 Δi_C 仅由 Δi_B 决定而与 u_{CE}无关，满足 $\Delta i_C=\beta\Delta i$。三极管的 C、E 间可以等效为一个线性的受控电流源，其大小为 $\beta\Delta i_B$。三极管的线性等效电路如图 2.9 所示。由于该等效电路忽略了 u_{CE}对 i_B、i_C 的影响，因此又称为简化的微变等效电路。

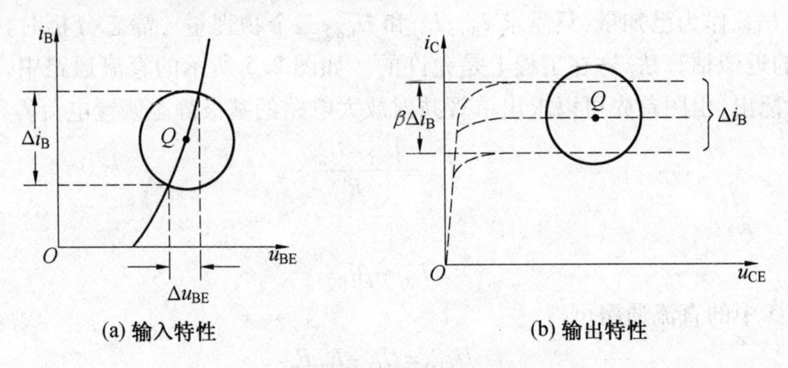

图 2.8 三极管特性曲线的局部线性化

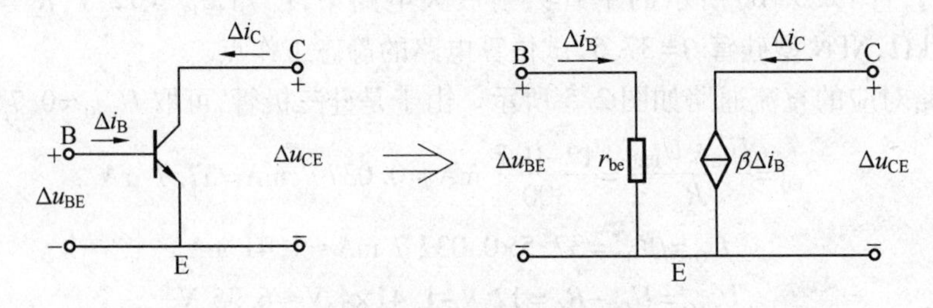

图 2.9 三极管的线性等效电路

由于输入特性曲线往往手册上不给出，而且也较难测准，因此对于参数 r_{be} 可以用下面的简便公式进行计算：

$$r_{be}=r_{bb'}+(1+\beta)\frac{26(\text{mV})}{I_{EQ}(\text{mA})}(\Omega) \tag{2.9}$$

式(2.9)中，I_{EQ}是发射极静态电流，$r_{bb'}$是三极管的基区体电阻。三极管的三个区对载流子的运动呈现一定的电阻，称为半导体的体电阻，阻值较小。$r_{bb'}$是其中的一个体电阻；对于小功率管，$r_{bb'}\approx300\ \Omega$。今后如无特别说明，$r_{bb'}$均取 300 Ω。

3. 用微变等效电路法分析基本放大电路

微变等效电路法是进行动态分析的常用方法。动态分析的目的是求解放大电路的几个主要性能指标，如电压放大倍数 $\dot{A}_u$、输入电阻 R_i 和输出电阻 R_o。

用微变等效电路法分析放大电路时，首先需要画出交流通路的微变等效电路，在微变等效电路中进行几个动态指标的求解。由交流通路画微变等效电路时，只需将交流通路中的三极管用其线性等效电路代替，其余部分按照交流通路原样画上即可。可见，关键还是画对交流通路。

单管共射放大电路如图 2.10(a)所示。根据以上分析可画出其微变等效电路如图 2.10(b)所示。现将输入端加上一个正弦输入电压 $\dot{U}_i$，图中 $\dot{U}_i$、$\dot{U}_o$、$\dot{I}_b$ 和 $\dot{I}_c$ 等分别表示相关电压和电流的正弦相量。

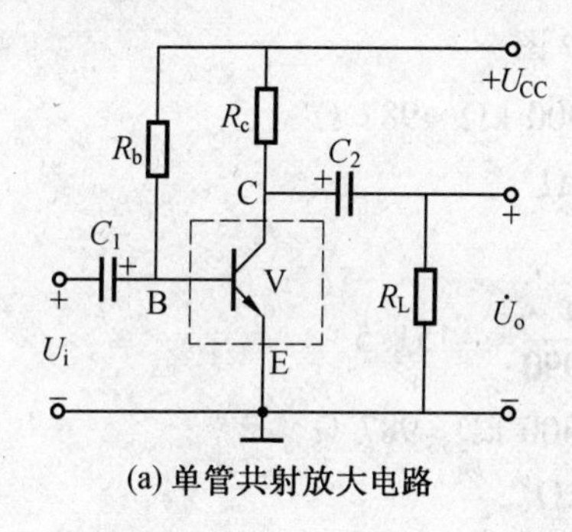

(a) 单管共射放大电路

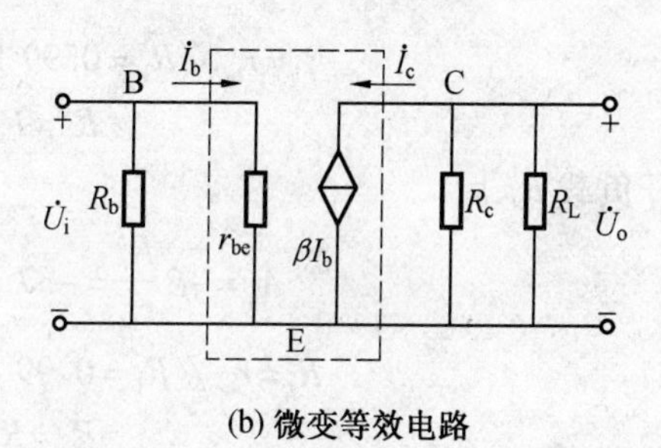

(b) 微变等效电路

图 2.10　单管共射放大电路的交流微变等效电路

由输入回路求得
$$\dot{U}_i=\dot{I}_b r_{be}$$
由输出回路求得
$$\dot{I}_c=\beta\dot{I}_b$$
$$\dot{U}_o=-\dot{I}_c R'_L$$
其中
$$R'_L=R_c /\!/ R_L$$
则
$$\dot{U}_o=\frac{\beta\dot{U}_i}{r_{be}}R'_L$$
电压放大倍数
$$\dot{A}_u=\frac{\dot{U}_o}{\dot{U}_i}=-\beta\frac{R'_L}{r_{be}} \tag{2.10}$$

式(2.10)中的负号表明输出电压与输入电压相反，由此可知，单管共射放大电路具有反相作用。由图 2.10(b)求出基本放大电路的输入电阻 R_i 为
$$R_i=r_{be} /\!/ R_b \tag{2.11}$$
三极管的 r_{ce} 相对较大，所以输出电阻 R_o 约为
$$R_o=r_{ce} /\!/ R_c\approx R_c \tag{2.12}$$

【例 2.2】　求例题 2.1 的动态参数 r_{be}、$\dot{A}_u$、R_i 和 R_o；断开负载 R_L 后，再求一遍 $\dot{A}_u$、R_i 和 R_o。

解　根据例题 2.1，作出图 2.3(b)的交流等效电路，如图 2.11 所示。

由例 2.1 可知，$I_{BQ}=0.0377\ \text{mA}$，那么
$$I_{EQ}=(1+\beta)I_{BQ}=(1+37.5)\times0.0377\ \text{mA}\approx1.45\ \text{mA}$$
则
$$r_{be}=r_{bb'}(1+\beta)\frac{26(\text{mV})}{I_{EQ}(\text{mA})}=300+(1+37.5)\times\frac{26\ \text{mV}}{1.45\ \text{mA}}\approx990\ \Omega$$
$$\dot{A}_u=-\beta\frac{R'_L}{r_{be}}=-\beta\frac{R_c /\!/ R_L}{r_{be}}=-37.5\times\frac{4 /\!/ 4}{0.990}\approx-75.8$$

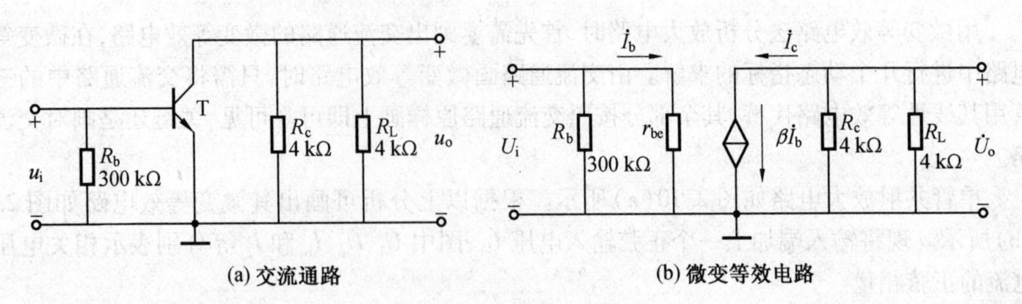

(a) 交流通路　　(b) 微变等效电路

图 2.11　例 2.2 图

$$R_i = r_{be} /\!/ R_b = 0.99\ \text{k}\Omega /\!/ 300\ \text{k}\Omega \approx 987\ \Omega$$

$$R_o = R_c = 4\ \text{k}\Omega$$

断开负载 R_L 后

$$\dot{A}_u = -\beta \frac{R_c}{r_{be}} = -37.5 \times \frac{4}{0.990} \approx -151.5$$

$$R_i = r_{be} /\!/ R_b = 0.99\ \text{k}\Omega /\!/ 300\ \text{k}\Omega = 987\ \Omega$$

$$R_o = R_C = 4\ \text{k}\Omega$$

由此可见，当 R_L 断开后，R_i、R_o 不变，但电压放大倍数增大了。

【例 2.3】　在图 2.12(a)所示的放大电路中，已知 $\beta = 50$、$R_b = 470\ \text{k}\Omega$、$R_e = 1\ \text{k}\Omega$、$R_c = 3.9\ \text{k}\Omega$、$R_L = 3.9\ \text{k}\Omega$。要求：

(1)用估算法求静态工作点；

(2)画出其微变等效电路；

(3)电压放大倍数 $\dot{A}_u$、输入电阻 R_i、输出电阻 R_o。

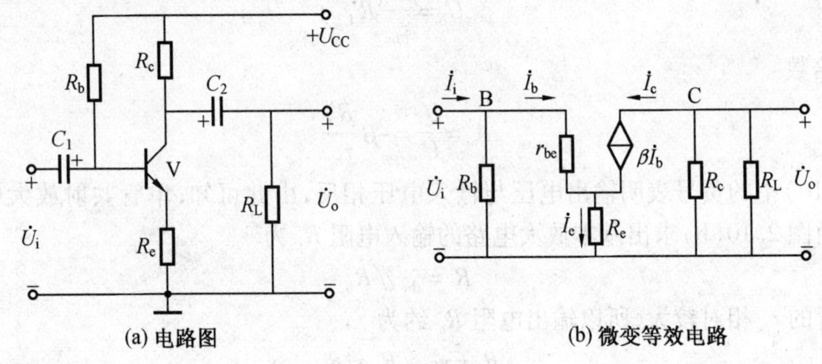

(a) 电路图　　(b) 微变等效电路

图 2.12　例 2.3 图

解　(1)根据直流通路可列出输入回路的电压方程为

$$U_{CC} = I_{BQ}R_b + U_{BEQ} + I_{EQ}R_e$$

而 $I_{BQ} = (1+\beta)I_{BQ}$，所以可解出

$$I_{BQ} = \frac{U_{CC} - U_{BEQ}}{R_b + (1+\beta)R_e} = \frac{12-0.6}{470+51\times1}\ \text{mA} \approx \frac{12}{521}\ \text{mA} = 0.023\ \text{mA}$$

$$I_{CQ} = \beta I_{BQ} = 50 \times 0.023\ \text{mA} = 1.15\ \text{mA}$$

根据直流通路又可列出输出回路的电压方程为

$$U_{CC} = I_{CQ}R_c + U_{CEQ} + I_{EQ}R_e$$

所以

$$U_{CEQ}=U_{CC}-I_{CQ}(R_c+R_e)=12\ V-1.15\times(3.9+1)\ V\approx6.4\ V$$

所以静态工作点 Q 为

$$I_{BQ}=23\ \mu A,\quad U_{BEQ}=0.6\ V,\quad I_{CQ}=1.15\ mA,\quad U_{CEQ}=6.4\ V$$

(2)画出微变等效电路,如图2.12(b)所示。

(3)由图2.12(b)可以列出以下关系式:

$$\dot{U}_i=\dot{I}_b r_{be}+\dot{I}_e R_e$$

其中

$$\dot{I}_e=(1+\beta)\dot{I}_b$$

所以

$$\dot{U}_i=[r_{be}+(1+\beta)R_e]\dot{I}_b$$

式中

$$r_{be}=300+(1+\beta)\frac{26\ mV}{I_{EQ}}=300\ \Omega+51\times\frac{26}{1.15}\Omega\approx1.5\ k\Omega$$

而

$$\dot{U}_o=-\dot{I}R'_L=-\beta\dot{I}_b R'_L$$

式中

$$R'_L=R_c//R_L=\frac{1}{2}\times3.9\ k\Omega=1.95\ k\Omega$$

电压放大倍数为

$$\dot{A}_u=\frac{\dot{U}_o}{\dot{U}_i}=-\beta\frac{R'_L}{r_{be}+(1+\beta)R_e}=-\frac{50\times1.95}{1.5+51\times1}=-1.86$$

可见,引入发射极电阻 R_e 之后,电压放大倍数下降了,但改善了放大电路其他一些性能。

放大电路的输入电阻为

$$R_i=[r_{be}+(1+\beta)R_e]//R_b=470\ k\Omega//(1.5+51\times1)k\Omega=47.2\ k\Omega$$

由计算结果可知,引入 R_e 之后,输入电阻增大了。

放大电路的输出电阻为

$$R_o=R_c=3.9\ k\Omega$$

2.2.3 图解法分析放大电路

图解法是利用三极管的特性曲线,用作图的方法分析放大电路的基本性能,它能直观地反映放大电路的工作原理。用图解法可以进行静态分析,也可以进行动态分析。进行动态分析时,图解法适用于分析大信号输入的情况,而微变等效电路法适用于小信号的输入情况。

1. 图解法分析静态情况

用图解法分析图2.3(b)所示放大电路的静态工作点的方法如下:

(1)利用公式 $I_{BQ}=\dfrac{U_{CC}-U_{BE}}{R_B}$ 求出 I_{BQ},并在三极管的输出特性曲线图上找出对应 I_{BQ} 的特性曲线。

(2)根据 $U_{CEQ}=U_{CC}-I_{CQ}R_C$,画出与之对应的直线,这条直线称为直流负载线。

(3)在与 I_{BQ} 对应的输出特性曲线上找出直流负载线的交点,此交点就是所要找的静态工作点,然后根据 Q 点找出相关的 I_{BQ} 和 U_{CEQ} 的值。

【例2.4】 在图2.13(a)所示的单管共射放大电路中,已知 $R_b=280\ k\Omega$、$R_c=3\ k\Omega$,集电极直流电源 $U_{CC}=12\ V$,三极管的输出特性曲线如图2.13(b)所示。试用图解分析法确定静态工作点。

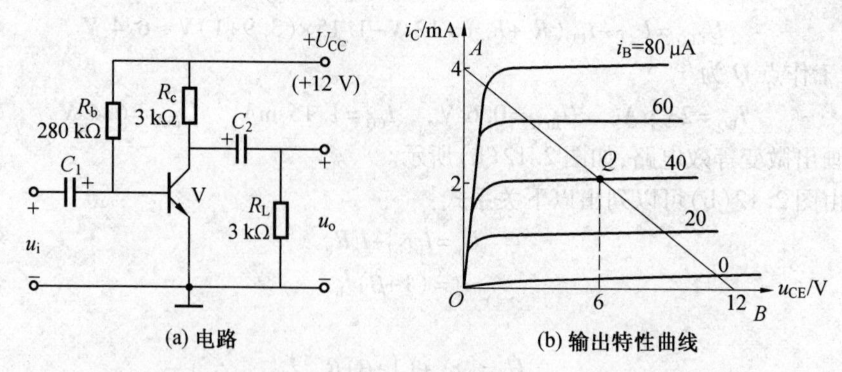

图 2.13 例 2.4 图

解 首先利用近似估算法估算出 I_{BQ}。

$$I_{BQ}=\frac{U_{CC}-U_{BE}}{R_b}=\frac{12-0.7}{280}\text{mA}\approx 40\ \mu\text{A}$$

然后在输出特性曲线上作直流负载线,如图 2.13(b)所示。

直流负载线上两个特殊点为:当 $I_C=0$ 时,$U_{CE}=12$ V;当 $U_{CE}=0$ 时,$I_C=\frac{U_{CC}-U_{CE}}{R_c}=\frac{12-0}{3}$ mA = 4 mA。连接以上两点,即可以作出直流负载线 AB,如图 2.13(b)所示。直流负载线 AB 与 I_{BQ} = 40 μA 输出特性曲线的交点 Q 就是电路的静态工作点。

2. 图解法分析动态情况

用图解法分析放大电路的动态参数的方法如下。

(1)由放大电路的交流通路计算等效交流负载 $R'_L=R_L /\!/ R_C$

在三极管输出特性曲线上,过 Q 作斜率是$-1/R'_L$ 的直线,即可得到交流负载线,如图 2.14(b)所示。

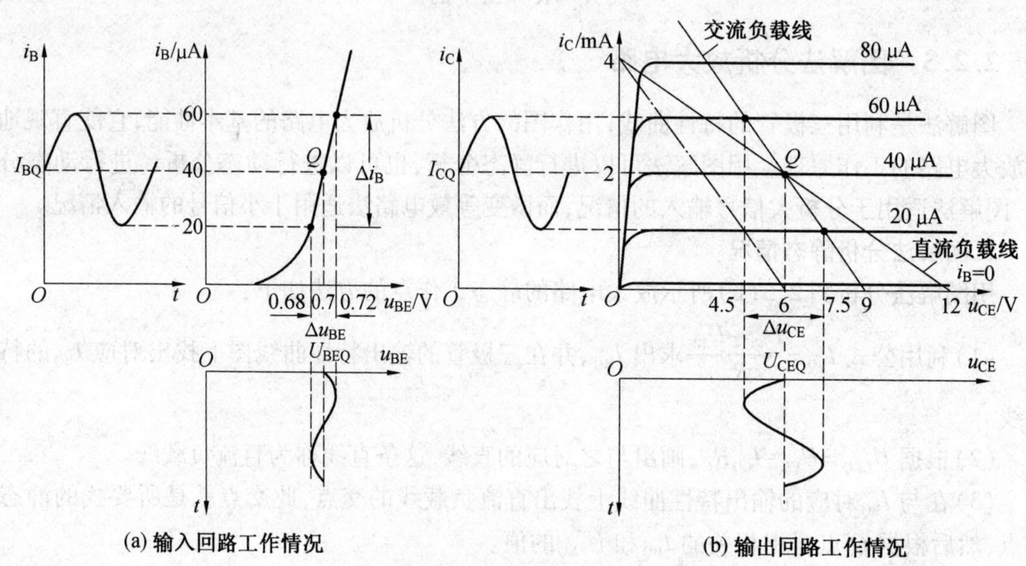

图 2.14 加正弦输入信号时放大电路的工作情况

(2)求放大电路的电压放大倍数

首先假设基极电流在静态工作点附近有一个变化量 Δi_B,在输入特性曲线上找到相应的 Δu_{BE},如图2.14(a)所示;然后再根据 Δi_B 在输出特性的交流负载线上找到 Δu_{CE},如图2.14(b)所示,则放大电路的电压放大倍数为

$$A_u=\frac{u_o}{u_i}=\frac{\Delta u_{CE}}{\Delta u_{BE}}$$

2.2.4　放大电路的非线性失真

放大电路除了希望有足够的放大倍数以外,还要求输出信号的波形尽可能与输入信号一致。在图2.15中,静态工作点 Q 基本设置在直流负载线的中间,电路可以对较大的输入交流信号进行不失真的放大。如果静态工作点不合适或信号太大,使放大电路的工作范围超出了晶体管特性曲线上的线性范围,就可能造成输出信号的波形不能很好地重现输入信号波形的形状,也就是说电路产生了失真,这种失真称为非线性失真。

1. 截止失真

当静态工作点设置得太低,接近截止区时,如图2.15中的 Q_2 点,这时在输入信号的负半周,i_C 的变化将进入管子的截止区,使 i_C 的负半周和 u_{CE} 的正半周的波形产生畸变,出现 u_o 波形的顶部被削的情况,这种失真是由于晶体管进入截止工作状态而引起的,故称为截止失真。消除截止失真的方法是提高放大电路的静态工作点至合适的位置。

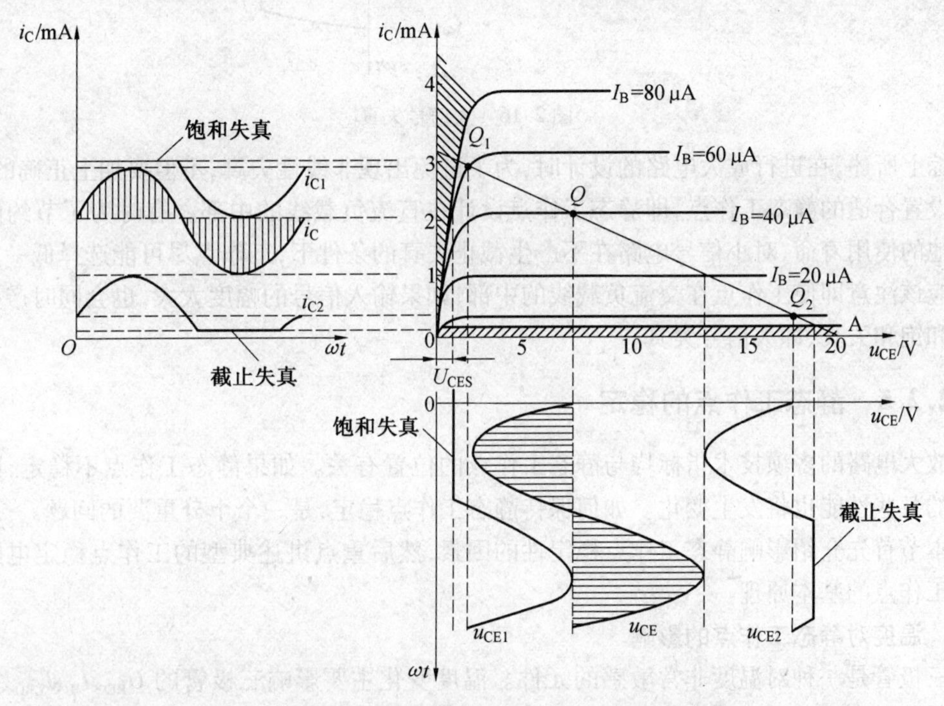

图2.15　静态工作点对波形失真的影响

2. 饱和失真

当静态工作点设置得太高,接近饱和区时,如图2.15中的 Q_1 点,这时在输入信号的正半周期,i_C 的变化将进入管子的饱和区,使 i_C 的正半周和 u_{CE} 的负半周的波形产生畸变,出现 u_o 波

形的底部被削的情况，这种失真是由于晶体管进入饱和工作状态而引起的，故称饱和失真。消除饱和失真的方法是降低放大电路的静态工作点至合适的位置。

3. 大信号失真

即使静态工作点设置在直流负载线的中点 Q，如果输入信号过大，i_C 的变化将进入管子的饱和区和截止区，使 i_C 和 u_{CE} 的正、负半周的波形都产生畸变，出现 u_o 波形的顶部和底部都被削的情况，这种失真是由于输入信号太大使晶体管进入饱和、截止工作状态而引起的，故称为大信号失真，如图 2.16 所示。消除大信号失真的方法是减小输入信号的幅值。

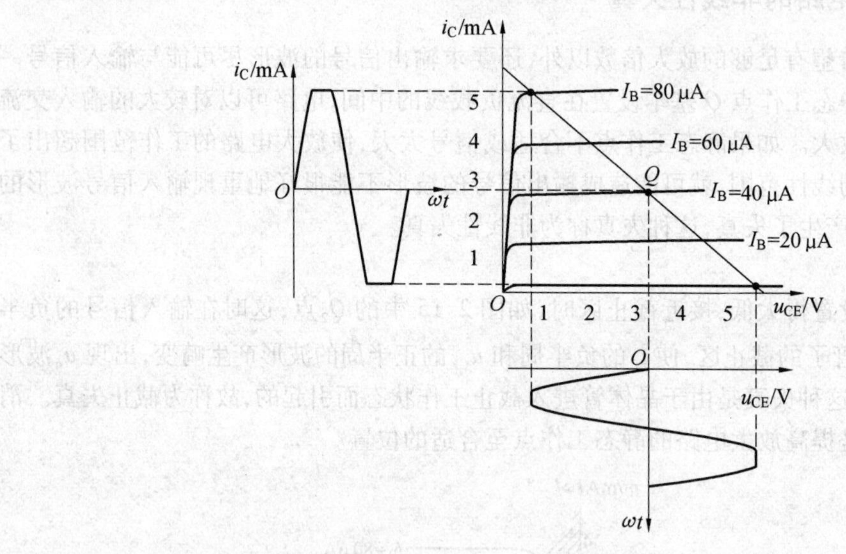

图 2.16 大信号失真

综上所述，在进行放大电路的设计时，为了避免出现非线性失真，不但要加上正确的偏置，还要设置合适的静态工作点，即静态工作点设计在直流负载线的中部。有时为了节约能量延长电池的使用寿命，对小信号电路在不产生截止失真的条件下，工作点尽可能选择低一点。但是还应该注意即使工作点在交流负载线的中部，如果输入信号的幅度太大，也会同时产生截止失真和饱和失真，即大信号失真。

2.2.5 静态工作点的稳定

放大电路的多项技术指标均与静态工作点的位置有关。如果静态工作点不稳定，则放大电路的某些性能也将发生变化。如何保持静态工作点稳定，是一个十分重要的问题。

本节首先介绍影响静态工作点稳定性的因素，然后重点讲述典型的工作点稳定电路及其稳定工作点的基本原理。

1. 温度对静态工作点的影响

三极管是一种对温度非常敏感的元件。温度变化主要影响三极管的 U_{BE}、I_B、I_{CBO}、β 等参数，而这些参数的变化最终都表现为使静态电流 I_{CQ} 变化。温度升高，I_{CQ} 增加，工作点上移；温度降低，I_{CQ} 减小，工作点下移。当工作点变动太大时，有可能使输出信号出现失真。在实际工作中，必须采取措施稳定静态工作点。根据上面的分析，只要能设法使 I_{CQ} 近似维持稳定，问题就可以得到解决。

2. 静态工作点稳定电路

(1)电路组成

图 2. 17(a)所示电路是实现上面设想的电路,图 2. 17(b)、(c)分别是它的直流通路和交流微变等效电路。

在图 2. 17(a)所示的电路中,发射极接有电阻 R_e 和电容 C_e;直流电源 U_{CC}经电阻 R_{b1}、R_{b2}分压接到三极管的基极,通常称为分压式工作点稳定电路。

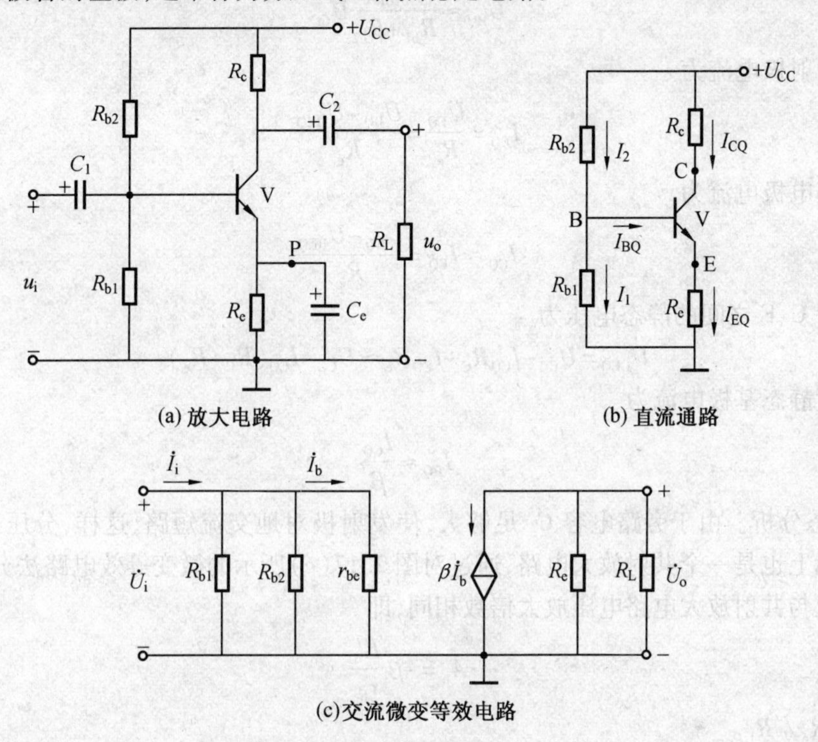

(a) 放大电路　　(b) 直流通路

(c)交流微变等效电路

图 2. 17　分压式工作点稳定电路

由于三极管的基极电位 U_{BQ}是由 U_{CC}分压后得到的,因此它不受温度变化的影响,基本是恒定的。当集电极电流 I_{CQ}随温度的升高而增大时,发射极电流 I_{EQ}相应增大,此电流流过 R_e,使发射极电压 U_{EQ}升高,则三极管的发射结电压 $U_{BEQ}-U_{BQ}-U_{EQ}$将降低,从而使静态基极电流 I_{BQ}减小,于是 I_{CQ}也随之减小,结果使静态工作点 Q 稳定。简述以上过程如下:

$$T\uparrow \rightarrow I_{CQ}\ (I_{EQ})\uparrow \rightarrow U_{EQ}\uparrow (\text{因为 } U_{BQ} \text{ 基本不变}) \rightarrow U_{BEQ}\downarrow \rightarrow I_{BQ}\downarrow$$

$$I_{CQ}\downarrow \leftarrow$$

同理可分析出,当温度降低时,各物理量与上述过程变化相反,即

$$T\downarrow \rightarrow I_{CQ}\ (I_{EQ})\downarrow \rightarrow U_{EQ}\downarrow (\text{因为 } U_{BQ} \text{ 基本不变}) \rightarrow U_{BEQ}\uparrow \rightarrow I_{BQ}\uparrow$$

$$I_{CQ}\uparrow \leftarrow$$

由于上述过程是通过发射极电阻 R_e 的负反馈作用牵制集电极电流的变化的,使静态工作点 Q 稳定,所以此电路也称为电流反馈式工作点稳定电路。

另外,接入 R_e 后,使电压放大倍数大大下降,为此,在 Q 两端并联一个大电容 C_e,此时电阻 R_e 和电容 C_e 的接入对电压放大倍数基本没有影响。C_e 称为旁路电容。

(2)电路的基本分析

现对图2.17所示电路进行如下分析。

① 静态分析。由图2.17(b)所示的直流通路,可进行分压式电路的静态分析。首先可先从估算U_{BQ}入手。由于电路设计使I_{BQ}很小,可以忽略,所以$I_1 \approx I_2$,R_{b1}、R_{b2}近似为串联,根据串联分压,可得

$$U_{BQ} \approx \frac{R_{b1}}{R_{b1}+R_{b2}} U_{CC} \tag{2.13}$$

静态发射极电流为

$$I_{EQ} = \frac{U_{EQ}}{R_e} = \frac{U_{BQ}-U_{BEQ}}{R_e} \tag{2.14}$$

静态集电极电流为

$$I_{CQ} \approx I_{EQ} = \frac{U_{BQ}-U_{BEQ}}{R_e} \tag{2.15}$$

三极管C、E之间的静态电压为

$$U_{CEQ} = U_{CC} - I_{CQ}R_C - I_{EQ}R_e \approx U_{CC} - I_{CQ}(R_C + R_e) \tag{2.16}$$

三极管静态基极电流为

$$I_{BQ} \approx \frac{I_{CQ}}{\beta} \tag{2.17}$$

② 动态分析。由于旁路电容C_e足够大,使发射极对地交流短路,这样,分压式工作点稳定电路实际上也是一个共射放大电路,通过对图2.17(c)所示的微变等效电路法分析,可知电压放大倍数与共射放大电路电压放大倍数相同,即

$$\dot{A}_u = -\beta \frac{R'_L}{r_{be}} \tag{2.18}$$

式中,$R'_L = R_c /\!/ R_L$。

输入电阻为

$$R_i = r_{be} /\!/ R_{b1} /\!/ R_{b2} \tag{2.19}$$

输出电阻为

$$R_o = R_c \tag{2.20}$$

【例2.5】 在图2.17(a)所示电路中,已知三极管为硅管,其$\beta=50$,$R_{b1}=10\ k\Omega$,$R_{b2}=20\ k\Omega$,$R_c=2\ k\Omega$,$R_e=2\ k\Omega$,$R_L=4\ k\Omega$,$U_{CC}=12\ V$,电容C_1、C_2、C_e足够大。求:

(1)静态工作点Q;

(2)电压放大倍数$\dot{A}_u$、输入电阻R_i、输出电阻R_o;

(3)若更换三极管使$\beta=100$,计算静态工作点,与(1)比较,说明什么?

解 (1)根据如图2.17(b)所示的直流通路,估算静态工作点:

$$U_{BQ} = \frac{R_{b1}}{R_{b1}+R_{b2}} U_{CC} = \frac{10\times 12}{10+20}\ V = 4\ V$$

$$U_{EQ} = U_{BQ} - U_{BEQ} = 4\ V - 0.7\ V = 3.3\ V$$

$$I_{EQ} = \frac{U_{EQ}}{R_e} = \frac{3.3}{2} mA = 1.65\ mA$$

$$I_{BQ} = I_{EQ}/(1+\beta) = 1.65\ \mu A/51 \approx 32.3\ \mu A$$

$$I_{CQ}=\beta I_{BQ}=32.3\ \mu A\times 50\approx 1.62\ mA$$

$$U_{CEQ}\approx U_{CC}-I_{CQ}(R_c+R_e)=12\ V-1.62\times 4\ V\approx 5.5\ V$$

(2)求$\dot{A}_u$、R_i、R_o。画出微变等效电路如图2.17(c)所示，由于C_e对交流短路，所以与共射基本放大电路的微变等效电路相同，即$\dot{A}_u=-\beta\frac{R'_L}{r_{be}}$，而$R'_L=R_c//R_L=2\ k\Omega//4\ k\Omega=1.33\ k\Omega$。

$$r_{be}=300+(1+\beta)\frac{26\ mV}{I_{EQ}}=300\ \Omega+51\times\frac{26\ mV}{1.65\ mA}\approx 1.1\ k\Omega$$

$$\dot{A}_u=-\frac{50\times 1.33}{1.1}\approx -60.4$$

$$R_i=r_{be}//R_{b1}//R_{b2}=0.94\ k\Omega$$

$$R_o=R_c=2\ k\Omega$$

(3)当$\beta=100$时

$$U_{BQ}=\frac{R_{b1}}{R_{b1}+R_{b2}}U_{CC}=\frac{10\times 12}{10+20}\ V=4\ V$$

$$U_{EQ}=U_{BQ}-U_{BEQ}=4\ V-0.7\ V=3.3\ V$$

$$I_{EQ}=\frac{U_{EQ}}{R_e}=\frac{3.3}{2}mA=1.65\ mA$$

$$I_{BQ}=I_{EQ}/(1+\beta)=1.65\ \mu A/101\approx 16.3\ \mu A$$

$$I_{CQ}=\beta I_{BQ}=100\times 16.3\ \mu A=1.63\ mA$$

$$U_{CEQ}\approx U_{CC}-I_{CQ}(R_c+R_e)=12\ V-6.52\ V=5.48\ V$$

与(1)的结果比较，说明该电路达到了稳定工作点的目的，稳定效果的取得是由于I_{BQ}自动调节的结果。当$\beta=50$时，$I_{CQ}=1.62\ mA$。当$\beta=100$时，根据三极管的性能，I_{CQ}应增大，但由于R_e的作用，使I_{BQ}由32.3 μA降到16.3 μA，其结果使I_{CQ}基本保持不变。

2.3　放大电路的三种组态

除了共发射极电路，晶体管还有两种连接方式：共集电极电路和共基极电路。下面进行具体分析。

2.3.1　共集电极放大电路

共集电极放大电路如图2.18(a)所示。图2.18(b)为其微变等效电路，由交流通路可见，基极是信号的输入端，集电极则是输入、输出回路的公共端，所以是共集电极放大电路，发射极是信号的输出端，又称射极输出器。各元件的作用与共发射极放大电路基本相同，只是R_e除具有稳定静态工作点外，还作为放大电路空载时的负载。

1. 静态分析

由图2.18(a)可得方程

$$U_{CC}=I_bR_b+U_{BE}+(1+\beta)I_bR_e \tag{2.21}$$

则

$$I_b=\frac{U_{CC}-U_{BE}}{R_b+(1+\beta)R_e} \tag{2.22}$$

$$I_C=\beta I_b \tag{2.23}$$

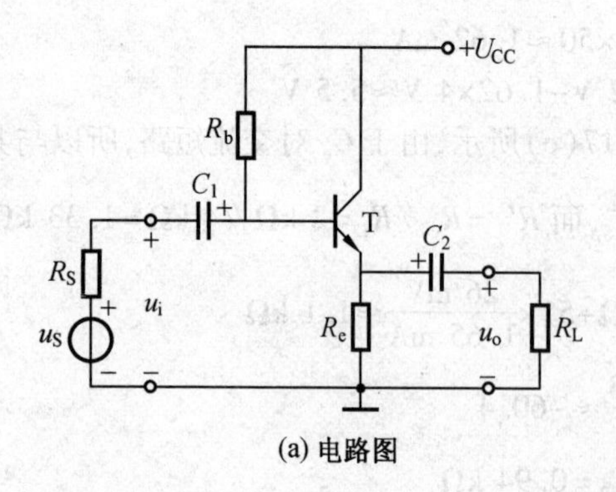

(a) 电路图

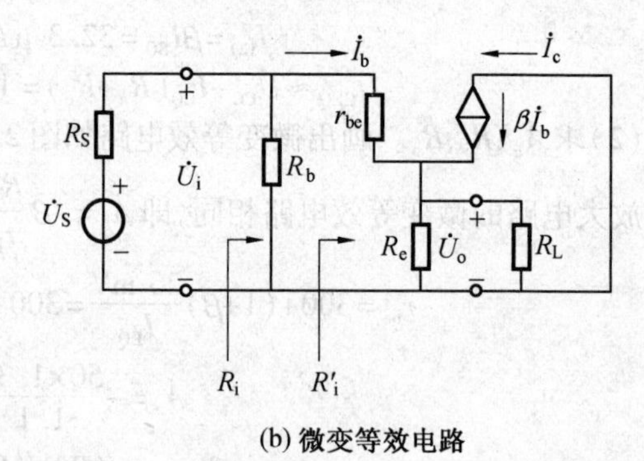

(b) 微变等效电路

图 2.18 共集电极放大电路

$$U_{CE}=U_{CC}-I_eR_e\approx U_{CC}-I_cR_e \tag{2.24}$$

2. 动态分析

(1)电压放大倍数 A_u

由图 2.18(b)可知

$$\dot{U}_i=\dot{I}_br_{be}+\dot{I}_eR'_L=\dot{I}_b[r_{be}+(1+\beta)R'_L]$$

$$\dot{U}_o=\dot{I}_eR'_L=(1+\beta)\dot{I}_bR'_L$$

式中,$R'_L=R_E/\!/R_L$。故

$$\dot{A}_u=\frac{\dot{U}_o}{\dot{U}_i}=\frac{\dot{I}_b(1+\beta)R'_L}{\dot{I}_b[r_{be}+(1+\beta)R'_L]}=\frac{(1+\beta)R'_L}{r_{be}+(1+\beta)R'_L} \tag{2.25}$$

一般$(1+\beta)R'_L\gg r_{be}$,故 $A_u\approx1$,即共集电极放大电路输出电压与输入电压大小近似相等,相位相同,没有电压放大作用。

(2)输入电阻 R_i

$$R'_L=\frac{\dot{U}_i}{\dot{I}_b}=\frac{\dot{I}_br_{be}+(1+\beta)\dot{I}_bR'_L}{\dot{I}_b}=r_{be}+(1+\beta)R'_L$$

故

$$R_i=R_B/\!/R'_L=R_b/\!/[r_{be}+(1+\beta)R'_L] \tag{2.26}$$

式(2.26)说明,共集电极放大电路的输入电阻比较高,它一般比共射基本放大电路的输入电阻高几十到几百倍。

(3)输出电阻 R_o

将图 2.18(b)中信号源 U_S 短路,负载 R_L 断开,计算 R_o 的等效电路如图 2.19 所示。

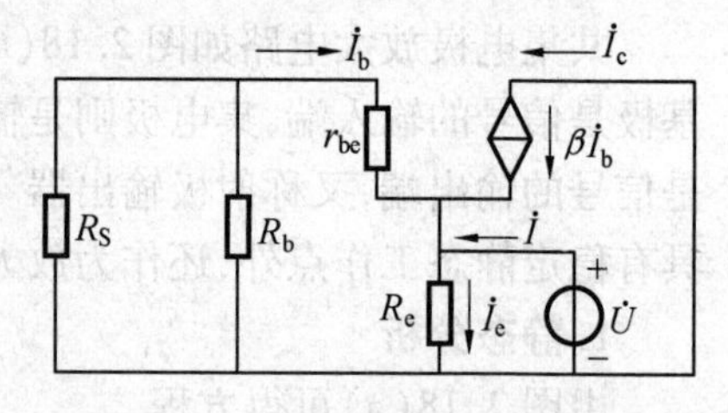

图 2.19 计算输出电阻的等效电路

由图 2.19 可得

$$\dot{I}=\dot{I}_e+\dot{I}_b+\beta\dot{I}_b=\dot{I}_e+(1+\beta)\dot{I}_b=\frac{\dot{U}}{R_e}+(1+\beta)\frac{\dot{U}}{r_{be}+R'_S}$$

式中,$R'_S=R_S/\!/R_b$。故

$$R_o=\frac{\dot{U}}{\dot{I}}=R_e/\!/\left(\frac{r_{be}+R'_S}{1+\beta}\right)$$

通常 $R_e\gg\frac{r_{be}+R'_S}{1+\beta}$,所以

$$R_0 \approx \frac{r_{be}+R'_S}{1+\beta}=\frac{r_{be}+(R_S /\!/ R_b)}{1+\beta} \tag{2.27}$$

式(2.27)中,信号源内阻和三极管输入电阻 r_{be} 都很小,而管子的 β 值一般较大,所以共集电极放大电路的输出电阻比共发射极放大电路的输出电阻小得多,一般在几十欧左右。

3. 特点和应用

共集电极电路具有输入电阻高、输出电阻低的特点,在与共射电路共同组成多级放大电路时,它可用作输入级、中间级或输出级,借以提高放大电路的性能。

(1)用作输入级

由于共集电极电路的输入电阻很高,因此用作多级放大电路的输入级。由于输入级采用射极输出器,可使信号源内阻上的压降相对来说比较小,因此,可以得到较高的输入电压,同时减小信号源提供的信号电流,从而减轻信号源负担。这样不仅提高了整个放大电路的电压放大倍数,而且减小了放大电路的接入对信号源的影响。在电子测量仪器中,利用射极输出器这一特点,减小对被测电路的影响,提高了测量精度。

(2)用作输出级

由于共集电极电路的输出电阻很小,因此也常用作多级放大电路的输出级。当负载电流变动较大时,输出(+)电压的变化较小,带负载能力较强。功率放大器的输出级就是采用射极输出器。

(3)用作中间级

作为一种电压跟随器,共集电极电路也常被用作前后两级的隔离级,进行阻抗变换。在多级放大电路中,有时前后两级间的阻抗匹配不当,会直接影响放大倍数的提高。若在两级之间加入一级共集电极电路,可起到阻抗变换的作用。具体而言,前一级放大电路的外接负载只是共集电极电路的输入电阻,这样前级的等效负载提高了,从而使前一级电压放大倍数也随之提高;同时,共集电极电路的输出是后一级的信号源,由于输出电阻很小,使后一级接收信号能力提高,即源电压放大倍数增加,从而使整个放大电路的电压放大倍数提高。

2.3.2 共基极放大电路

共基极放大电路的主要作用是高频信号放大,频带宽,其电路组成如图 2.20 所示。图中 R_{B1}、R_{B2} 为发射结提供正向偏置,公共端三极管的基极通过一个电容器接地,不能直接接地,否则基极上得不到直流偏置电压。输入端发射极可以通过一个电阻或一个绕组与电源的负极连接,输入信号加在发射极与基极之间(输入信号也可以通过电感耦合接入放大电路)。集电极为输出端,输出信号从集电极和基极之间取出。

1. 静态分析

由图 2.20 不难看出,共基极放大电路的直流通路与射极偏置电路的直流通路一样,所以与共射极放大电路的静态工作点的计算相同,见式(2.13)~(2.17)。

2. 动态分析

共基极放大电路的微变等效电路如图 2.21 所示,由图可知

$$\dot{A}_u=\frac{\dot{U}_o}{\dot{U}_i}=\frac{-\dot{I}_C(R_C /\!/ R_L)}{-\dot{I}_b r_{be}}=\beta\frac{R'_L}{r_{be}} \tag{2.28}$$

式(2.28)说明,共基极放大电路的输出电压与输入电压同相位,这是与共射极放大电路

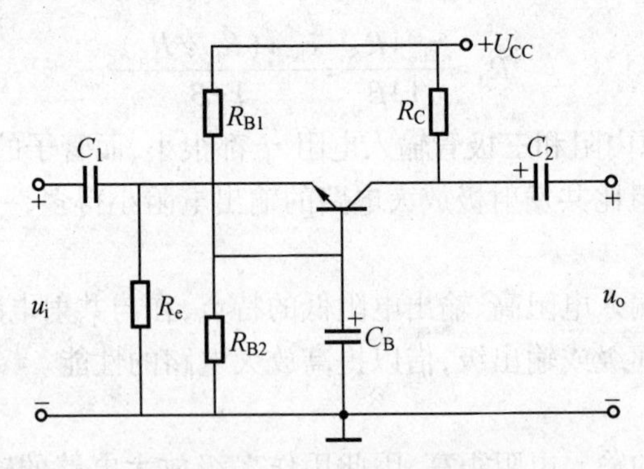

图 2.20　共基极放大电路

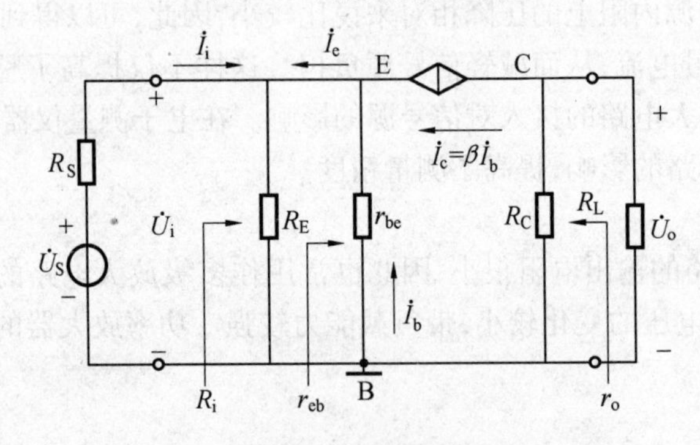

图 2.21　共基极放大电路的微变等效电路

的不同之处;它也具有电压放大作用,A_u 的数值与固定偏置共射极放大电路相同。

由图 2.21 可得

$$r_{eb}=\frac{\dot{U}_i}{-\dot{I}_e}=\frac{-\dot{I}_b r_{be}}{-(1+\beta)\dot{I}_b}=\frac{r_{be}}{1+\beta}$$

它是共射接法时三极管输入电阻的$\frac{1}{1+\beta}$,这是因为在相同的 $\dot{U}_i$ 作用下,共基接法三极管的输入电流 $\dot{I}=(1+\beta)\dot{I}_b$,比共射接法三极管的输入电流大 $1+\beta$ 倍。这里体现了折算的概念,即将 r_{be} 从基极回路折算到射极电路的输入电阻

$$R_i=R_E // r_{eb}=R_E // \frac{r_{be}}{1+\beta} \tag{2.29}$$

可见,共基极放大电路的输入电阻很小,一般为几欧到几十欧。

由于在求输出电阻 R_o 时令 $\dot{U}_S=0$,则有 $\dot{I}_b=0$,$\beta\dot{I}_b$ 受控电流源作开路处理,故输出电阻

$$R_o\approx R_c \tag{2.30}$$

由式(2.28)~(2.30)可知,共基极放大电路的电压放大倍数较大,输出和输入电压相位相同;输入电阻较小,输出电阻较大。由于共基极电路的输入电流为发射极电流,输出电流为集电极电流,电流放大倍数为 $\beta/(1+\beta)$,小于 1 且近似为 1,因此共基极放大电路又称电流跟随器。共基极放大电路主要应用于高频电子技术中。

2.3.3　三种基本组态放大电路的比较

上面介绍了基本放大电路的三种组态,现将它们的特点及其应用作一比较。

表2.2 基本放大电路三种组态的性能比较

接法	共射极电路	共集电极电路	共基极电路
电路图	图2.10(a)	图2.18(a)	图2.20
$\dot{A}_u$	大(几十至一百以上)	小(小于1)	大(几十至一百以上)
$\dot{A}_i$	大(β)	大($1+\beta$)	小(a,小于1)
R_i	中(几百欧至几千欧)	大(几十千欧至百千欧以上)	小(几十欧)
R_o	大(几千欧至十几千欧)	小(几十至几百欧)	大(几千欧至十几千欧)
通频带	窄	较宽	宽

①共射极电路的电压放大倍数及电流放大倍数都比较高,同时,输入电阻与输出电阻也比较适中,当对输入、输出电阻没有特殊要求时,均常采用。常用于低频电压放大的输入中间级和输出级。

②共集电极电路具有电压跟随的特点,输入电阻很高,输出电阻很低。利用它的输入电阻高的特点,用作多级放大电路的输入级,可以减小对信号源的影响;还可以放在多级放大电路的中间,起隔离作用。另外,利用它的输出电阻低、带负载能力强的特点,做输出级。

③共基极电路的特点是输入电阻低,使晶体管结电容的影响不明显,其截止频率很高,频响好,适用于高频电路中作为宽频带放大器。另外,还可以利用它的输出电阻高的特点做恒流源。

2.4 多级放大电路

在许多情况下,输入信号是很微弱的(毫伏或微伏级),要把这样微弱的信号放大到足以带动负载,仅用一级电路放大是做不到的,必须经多级放大,以满足放大倍数和其他性能方面的要求。一般多级放大器的组成框图如图2.22所示。

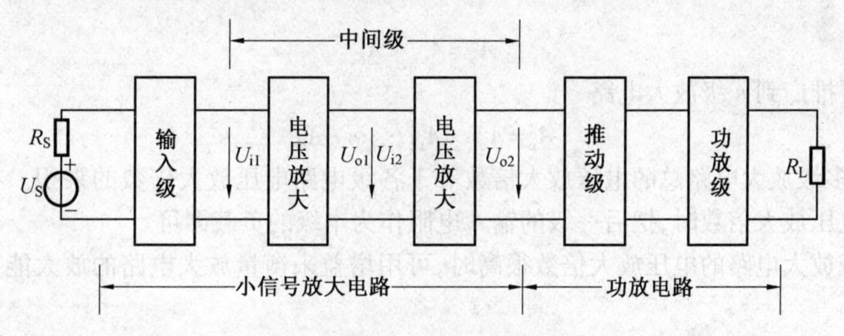

图2.22 多级放大器的组成框图

根据信号源和负载性质的不同,对各级电路有不同的要求,输入级一般要求有尽可能高的输入电阻和低的静态工作电流;中间级主要提高电压放大倍数,一般选2~3级,级数过多易产生自激振荡,在音频应用中表现为“啸叫”;推动级(或称激励级)输出一定的信号幅度推动功率放大电路工作;功放级则以一定的功率驱动负载工作。

2.4.1 多级放大电路的耦合方式及其特点

在多级放大器中,每两个单级放大电路之间的连接方式称为级间耦合。实现耦合的电路称级间耦合电路,其任务是将前级信号传送到后级。对级间耦合电路的基本要求是:不引起信号失真;尽量减小信号电压在耦合电路上的损失。目前,以阻容耦合(分立元件电路)和直接耦合(集成电路)的应用最为广泛。阻容耦合指用较大容量的电容连接两个单级放大电路的连接方式,其特点是各级静态工作点互不影响,电路调试方便,但信号有损失。直接耦合指用导线连接两个单级放大电路的连接方式,其特点是信号无损失,但各级静态工作点相互影响,电路调试麻烦。

2.4.2 多级放大电路的分析

实用中,多级放大电路的分析主要指确定电压放大倍数、输入电阻、输出电阻等动态性能指标。除功率放大电路外,其他组成部分都可用简化微变等效电路来分析、计算。

(1)多级放大电路电压放大倍数的计算

多级放大电路不论采用何种耦合方式和何种组态电路,从交流参数来看:前级的输出信号(如 U_{o1})为后级的输入信号(如 U_{i2});而后级的输入电阻(如 R_{i2})为前级的负载电阻。因此,由图 2.22 可知,两级电压放大器的放大倍数分别为

$$A_{u_1}=\frac{U_{o1}}{U_{i1}}$$

$$A_{u_2}=\frac{U_{o2}}{U_{i2}}$$

由于 $U_{o1}=U_{i2}$,故两级放大电路总的电压放大倍数为

$$A_u=\frac{U_{o2}}{U_{i1}}=\frac{U_{o1}}{U_{i1}}\cdot\frac{U_{o2}}{U_{i2}}$$

即

$$A_u=A_{u1}\cdot A_{u2} \tag{2.31}$$

该式可推广到 n 级放大电路

$$A_u=A_{u1}\cdot A_{u2}\cdot\cdots\cdot A_{un} \tag{2.32}$$

可见,多级放大电路总的电压放大倍数等于各级电路电压放大倍数的乘积。在计算单级放大电路电压放大倍数时,把后一级的输入电阻作为本级的负载即可。

当多级放大电路的电压放大倍数很高时,可用增益来衡量放大电路的放大能力。增益的定义为

$$G_u=20\ \lg|A_u|$$

增益的单位为分贝(dB)。由上式可知,电压放大倍数每增加 10 倍,增益增加 20 dB。

(2)多级放大电路的输入电阻和输出电阻

多级放大电路的输入电阻即为第一级放大电路的输入电阻;多级放大电路的输出电阻即为最后一级(第 n 级)放大电路的输出电阻。故

$$R_i=R_{i1} \tag{2.33}$$

$$R_o=R_{on} \tag{2.34}$$

【例2.6】 某电子设备的两级阻容耦合放大电路如图2.23(a)所示,各元件参数为:$U_{CC}=12\ V$,$R_{B_1}=100\ k\Omega$,$R_{B_2}=39\ k\Omega$,$R_{C_1}=5.6\ k\Omega$,$R_{E_1}=2.2\ k\Omega$,$R'_{B_1}=82\ k\Omega$,$R'_{B_2}=47\ k\Omega$,$R_{C_2}=2.7\ k\Omega$,$R_{E_2}=2.7\ k\Omega$,$R_L=3.9\ k\Omega$,$r_{be_1}=1.4\ k\Omega$,$r_{be_2}=1.3\ k\Omega$,$\beta_1=\beta_2=50$。求:电压放大倍数、输入电阻和输出电阻。

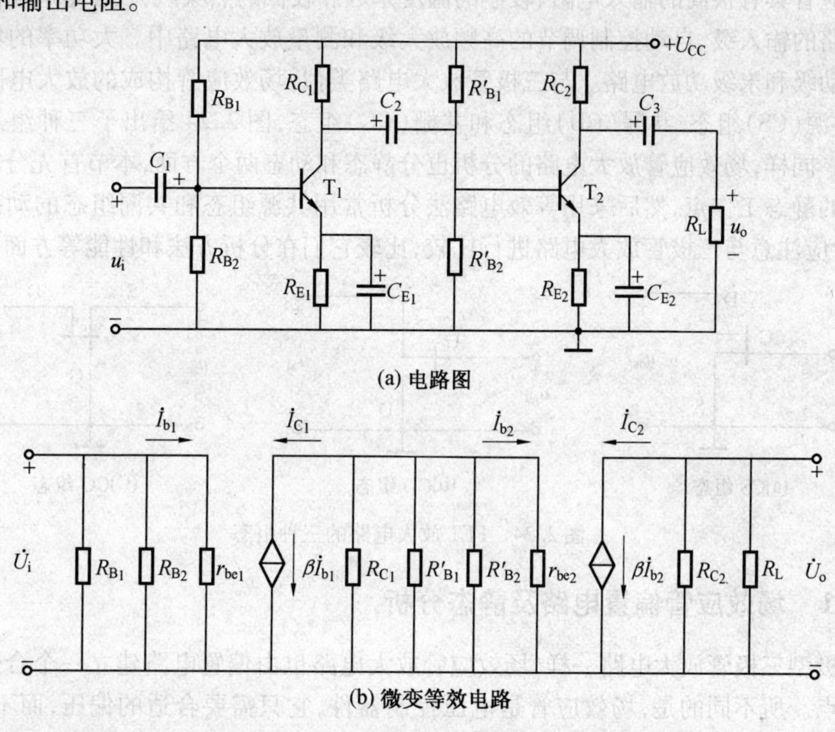

(a) 电路图

(b) 微变等效电路

图2.23 例2.6图

解 其微变等效电路如图2.23(b)所示。由于

$$R_{L_1}=R'_{B_1}/\!/R'_{B_2}/\!/r_{be_2}=82/\!/47/\!/1.3\ k\Omega\approx1.3\ k\Omega$$

$$R'_{L_1}=R_{C_1}/\!/R_{L_1}=5.6\ k\Omega/\!/1.3\ k\Omega\approx1.06\ k\Omega$$

由式(2.10)得

$$A_{u_1}=-\beta_1\frac{R'_{L_1}}{r_{be_1}}=-50\times\frac{1.06}{1.4}\approx-37.7$$

而

$$R'_{L_2}=R_{C_2}/\!/R_L=2.7\ k\Omega/\!/3.9\ k\Omega\approx1.6\ k\Omega$$

$$A_{u_2}=-\beta_2\frac{R'_{L_2}}{r_{be_2}}=-50\times\frac{1.6}{1.3}\approx-61.5$$

故

$$A_u=A_{u_1}A_{u_2}=-37.7\times(-61.5)=2\ 318.55$$

由式(2.33)、式(2.34)得

$$R_i=R_{i_1}=R_{B_1}/\!/R_{B_2}/\!/R_{be_1}=100\ k\Omega/\!/39\ k\Omega/\!/1.4\ k\Omega$$

$$R_o=R_{C_2}=2.7\ k\Omega$$

* 2.5 场效应管放大电路

场效应管具有很高的输入电阻、较小的温度系数和较低的热噪声,较多地应用于低频与高频放大电路的输入级、自动控制调节的高频放大级和测量放大电路中。大功率的场效应管也可用于推动级和末级功放电路。与三极管放大电路类似,场效应管构成的放大电路也有三种组态,即共源(CS)组态、共漏(CD)组态和共栅(CG)组态,图 2.24 给出了三种组态的输入和输出端口。同样,场效应管放大电路的分析也分静态和动态两个方面,本节首先分析场效应管放大电路的静态工作点,然后采用等效电路法分析常用共源组态和共漏组态的动态指标。学习过程中,应注意与三极管放大电路进行比较,比较它们在分析方法和性能等方面的异同。

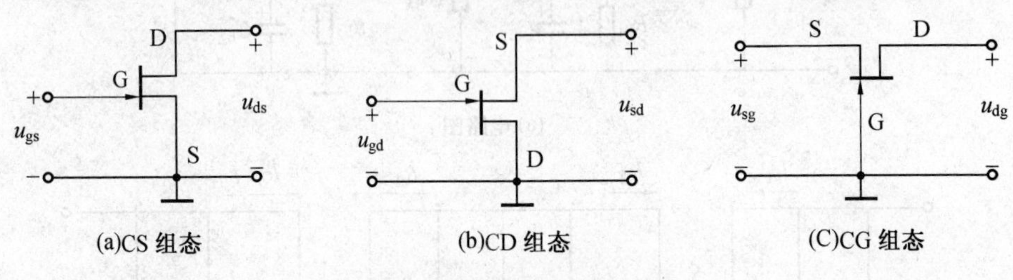

图 2.24 FET 放大电路的三种组态

2.5.1 场效应管偏置电路及静态分析

和双极型三极管放大电路一样,场效应管放大电路也由偏置电路建立一个合适而稳定的静态工作点。所不同的是,场效应管是电压控制器件,它只需要合适的偏压,而不要偏流;另外,不同类型的场效应管,对偏置电压的极性有不同的要求。

1. 直流偏置电路

为了减少外加电源的种类,栅极的偏压(简称栅偏压)一般采用自给偏压的办法。

(1)自偏压电路

图 2.25 所示是耗尽型 NMOS 管组成的共源极放大电路的自偏压电路。对于耗尽型场效应管,即使在栅源之间不外加电压,也有漏极电流 i_D,它流经电阻 R_S 时,产生源极电位 $u_S=i_DR_S$;由于栅极不取电流,R_G 上没有压降,栅极电位 $u_G=0$,所以栅极偏压为

$$u_{GS}=u_G-u_S=-i_DR_S \tag{2.35}$$

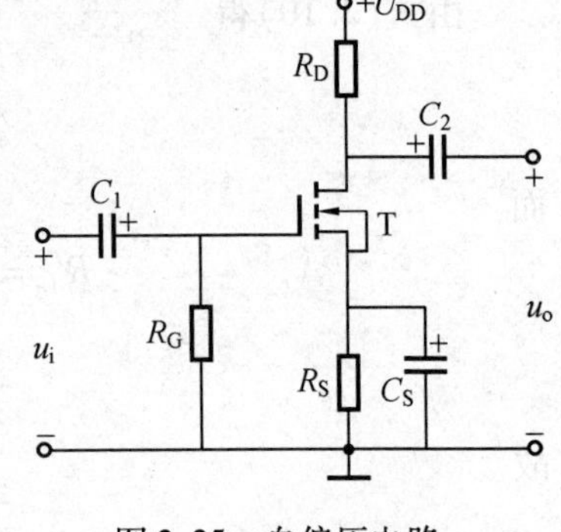

图 2.25 自偏压电路

可见,这种偏压是依靠场效应管自身电流 i_D 产生的,故称为自偏压电路。图 2.25 中 R_G 的阻值很大,但通常不超过 5 MΩ。因为这种管子只有当 $U_{GS}\geqslant U_{GS(th)}$ 时才有漏极电流产生,所以这种偏压形式只适用于由耗尽型场效应管(含 JFET)构成的放大电路,而不能用于由增强型 MOS 管构成的放大电路。

(2)分压偏置电路

自偏压电路只适用由耗尽型 MOS 管或结型场效管组成的放大电路。对增强型 MOS 管,其偏置电压必须通过分压器来产生,如图 2.26 所示。静态时,源极电压为 $U_S=I_DR_S$;由于栅极

电流为零，R_{G_3} 上没有电压降，故栅极电位 $U_D = U_{DD}\frac{R_{G_2}}{R_{G_1}+R_{G_2}}$，因此栅源电压

$$U_{GS}=U_G-U_S=\frac{R_{G_2}}{R_{G_1}+R_{G_2}}\cdot U_{DD}-I_DR_S \quad (2.36)$$

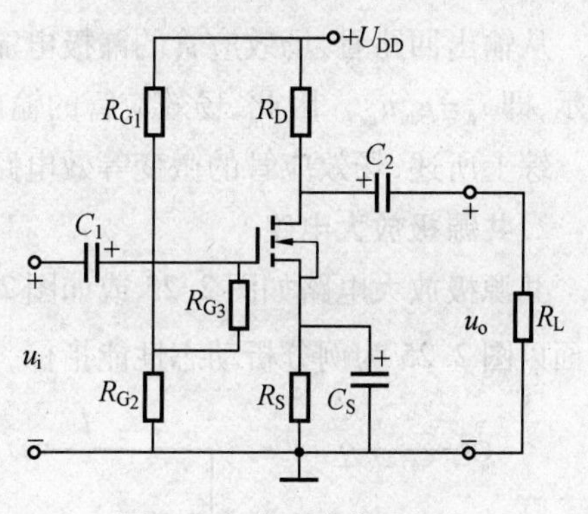

图 2.26 分压式偏置电路

2. 静态工作点的确定

场效应管放大电路的静态工作点是指直流量 U_{GS}、I_D 和 U_{DS}，它们同样对应于曲线上某一点 Q。对于场效应管放大电路的静态分析也可以采用图解法或公式估算法。图解法的步骤与双极型三极管放大电路的图解法相似。下面讨论用公式估算法求静态工作点。

当结型场效应管和耗尽型 MOS 管工作在放大区时，漏极电流由式(1.8)确定。故对于如图 2.25 所示的电路，求静态工作点时，可联立式(2.35)和式(1.8)，即

$$\begin{cases} U_{GS}=-I_DR_S \\ I_D=I_{DSS}\left(1-\dfrac{U_{GS}}{U_{GS(off)}}\right) \quad (u_{GS}>U_{GS(off)}) \end{cases}$$

求得 I_D 和 U_{GS}。

对于图 2.26 所示电路，可联立式(2.36)和式(1.8)，即

$$\begin{cases} U_{GS}=\dfrac{R_{G_2}U_{DD}}{R_{G_1}+R_{G_2}}-I_DR_S \\ I_D=I_{DSS}\left(1-\dfrac{U_{GS}}{U_{GS(off)}}\right) \quad (u_{GS}>U_{GS(off)}) \end{cases}$$

求得 I_D 和 U_{GS}。

若图 2.26 所示电路中的场效应管是增强型 MOS 管，则求静态工作点时，可联立式(2.36)和式(1.8)，即

$$\begin{cases} U_{GS}=\dfrac{R_{G_2}U_{DD}}{R_{G_1}+R_{G_2}}-I_DR_S \\ I_D=I_{DO}\left(\dfrac{U_{GS}}{U_{GS(th)}}-1\right) \quad (u_{GS}>U_{GS(th)}) \end{cases}$$

求得 I_D 和 U_{GS}。

用以上三组联立方程求得 I_D 和 U_{GS}后，再分别用 $U_{DS}=U_{DD}-I_D(R_D+R_5)$，求得相应的 U_{DS}。

2.5.2 场效应管放大电路的微变等效电路分析

1. 场效应管微变等效电路

场效应管也是非线性器件，但当工作信号幅度足够小，且工作在恒流区时，场效应管也可用微变等效电路来代替。

从输入电路看，由于场效应管输入电阻 r_{gs} 极高($10^8 \sim 10^{15}\ \Omega$)，栅极电流 $i_g\approx0$，所以，可认为场效应管的输入回路(G、S 极间)开路。

从输出回路看,场效应管的漏极电流 i_d 主要受栅源电压 u_{gs} 控制,这一控制能力用跨导 g_m 表示,即 $i_d=g_m u_{gs}$。因此,场效应管的输出回路可用一个受栅源电压控制的受控电流源等效。

综上所述,场效应管的微变等效电路如图 2.27 所示。

2. 共源极放大电路

共源极放大电路如图 2.25 或如图 2.26 所示,两者交流通路没有本质区别,只是 R_G 不同。下面以图 2.25 为例分析动态性能指标,其微变等效电路如图 2.28 所示。

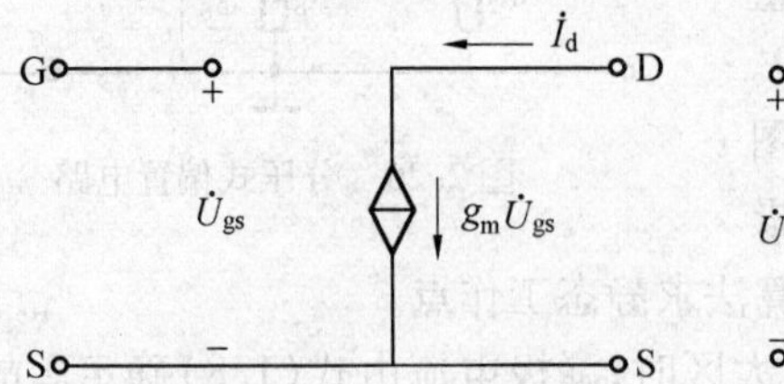

图 2.27 场效应管的微变等效电路

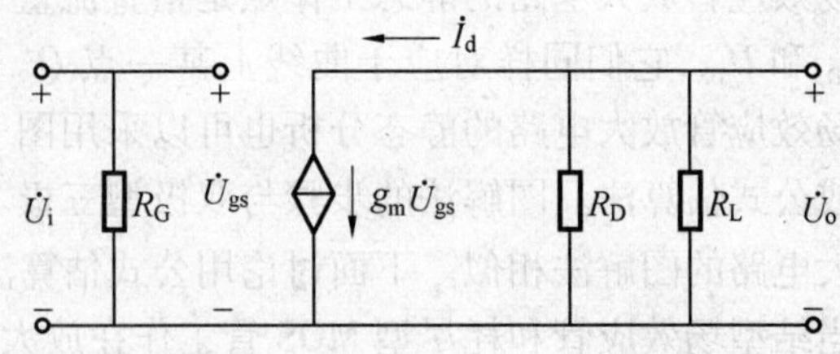

图 2.28 共源极放大电路的微变等效电路

(1)电压放大倍数 A_u

由图 2.28 知

$$\dot{U}_o=-g_m\dot{U}_{gs}(R_D /\!/ R_L)=-g_m\dot{U}_i R'_L$$

式中,$\dot{U}_{gs}=\dot{U}_i$;$R'_L=R_D /\!/ R_L$。故

$$\dot{A}_u=\frac{\dot{U}_o}{\dot{U}_i}=-g_m R'_L \tag{2.37}$$

式中,负号表示输出电压与输入电压反相。

(2)输入电阻 R_i 和输出电阻 R_o

由图 2.28 可知

$$R_i=R_G \tag{2.38}$$

$$R_o=R_D \tag{2.39}$$

3. 共漏极放大电路

共漏极放大电路又称源极输出器,其电路如图 2.29(a)所示,图 2.29(b)为其微变等效电路。

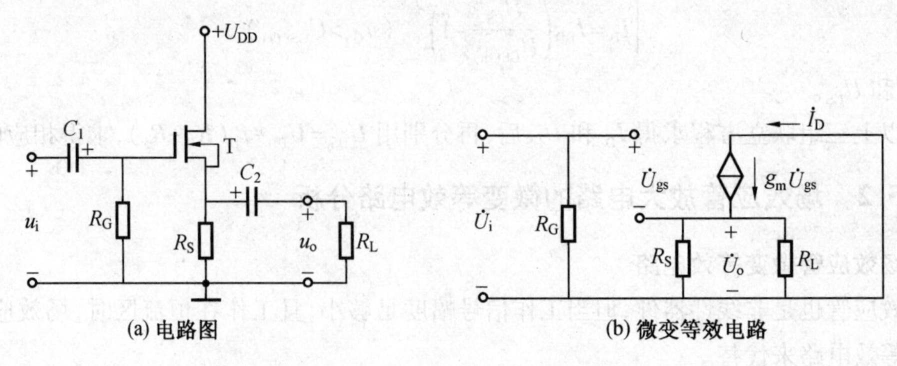

图 2.29 共漏极放大电路

(1)电压放大倍数 A_u

由图2.29(b)可知

$$\dot{A}_u=\frac{\dot{U}_o}{\dot{U}_i}=\frac{g_m\dot{U}_{gs}R'_L}{U_{gs}+g_m\dot{U}_{gs}R'_L}=\frac{g_mR'_L}{1+g_mR'_L} \tag{2.40}$$

式中,$R'_L=R_S/\!/R_L$。

从式(2.40)可见,输出电压与输入电压同相,且由于 $g_mR'_L\gg1$,故 A_u 小于1,但接近1。

(2)输入电阻 R_i 和输出电阻 R_o

由图2.29(b)可知

$$R_i=R_G \tag{2.41}$$

求输出电阻的等效电路如图2.30所示,由图可知

$$\dot{I}=\dot{I}_S-\dot{I}_D=\frac{\dot{U}}{R_S}-g_m\dot{U}_{gs}$$

由于栅极电流 $\dot{I}_g=0$,故

$$\dot{U}_{GS}=-\dot{U}$$

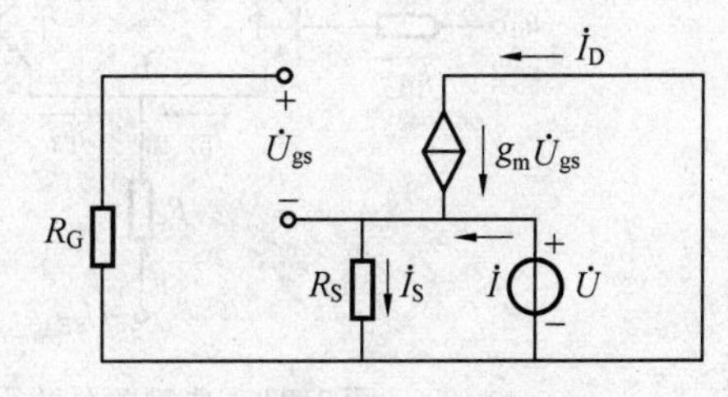

图2.30　求 R_o 的等效电路

所以

$$\dot{I}=\frac{\dot{U}}{R_S}+g_m\dot{U}$$

即

$$R_o=\frac{\dot{U}}{\dot{I}}=\frac{1}{\frac{1}{R_S}+g_m}=R_S/\!/\frac{1}{g_m} \tag{2.42}$$

场效应管还可接成共栅极(与共基极组态对应)放大电路,这里不再赘述。

*2.6　差动放大电路

如前所述,直接耦合放大电路既能放大交流信号,又能放大直流信号,但由于直流通路相互关联,一旦前级静态工作点稍有偏移,这种不定而又不断的偏移对后级来讲相当于一个缓慢变化着的信号,它就会被逐级放大,致使放大器输出电压发生偏移,严重时甚至将原有信号淹没。这种输入电压为零,输出电压不为零的现象称为零点漂移。在实际放大电路中,不解决零点漂移问题,电路是无法正常工作的。

产生零点漂移的原因很多,主要有电源电压的波动、元件的老化和半导体器件对温度的敏感性等。原因知道了,似乎可以从这里入手解决零点漂移问题,但事实上是不行的,因为半导体器件的性能参数受环境温度的影响是很难克服的,这也是常将零点漂移表示为温度漂移的原因。负补偿技术为我们提供了一个很好的解决手段:利用电路结构参数的对称性,将产生的零点漂移抵消。这就是差分放大电路最原始的设计思想。

2.6.1　差分放大电路

图2.31所示为典型差分放大电路,它的结构参数具有对称性,即 $R_{b1}=R_{b2}=R_b$,$R_{c1}=R_{c2}=R_c$,T_1 和 T_2 在各种环境下具有相同的特性。电路采用 U_{CC} 和 U_{EE} 两路电源供电。可以利用其

对称性得到半边等效电路进行分析。

1. 静态分析

静态时，$u_{i1}=u_{i2}=0$，T_1 和 T_2 的静态工作点相同，$I_{EQ1}=I_{EQ2}=I_{EQ}$，电阻 R_e 上流过的电流为 $2I_{EQ}$，可将电阻 R_e 看成是两个阻值为 $2R_e$ 的电阻并联，且每个并联电阻上流过的电流为 I_{EQ}，由此可得典型差分放大电路的直流半边等效电路如图 2.32 所示。

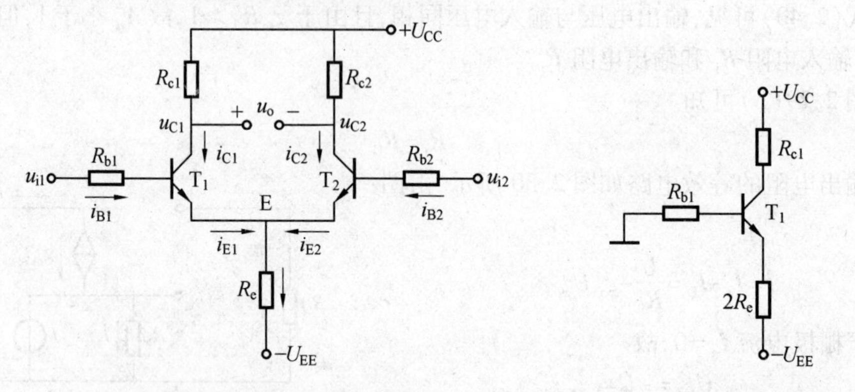

图 2.31　典型差分放大电路　　　图 2.32　直流半边等效电路

由图 2.32 可知，输入回路方程为

$$I_{BQ}R_b+U_{BEQ}+2I_{EQ}R_e-U_{EE}=0$$

因为 $I_{EQ}=(1+\beta)I_{BQ}$，所以

$$I_{BQ}=\frac{U_{EE}-U_{BEQ}}{R_b+2(1+\beta)R_e} \tag{2.43}$$

通常，$R_b \ll 2(1+\beta)R_e$，$U_{EE} \gg U_{BEQ}$，因此

$$I_{CQ}\approx I_{EQ}\approx\frac{U_{EE}}{2R_e} \tag{2.44}$$

又由输出回路方程得

$$U_{CEQ}=U_{CC}+U_{EE}-I_{CQ}(R_c+2R_e) \tag{2.45}$$

2. 动态分析

(1)共模分析

若在两个输入端上所加信号的电压大小相等、方向相同，则称之为共模信号，用 u_{ic} 表示，如图 2.33 所示，其交流通路所对应的半边等效电路如图 2.34 所示。

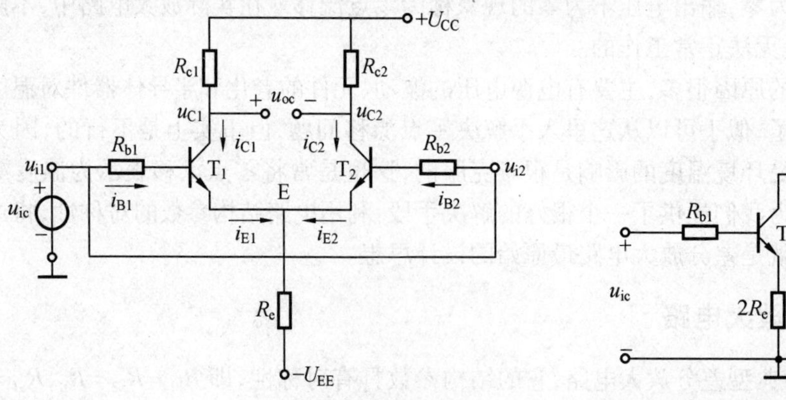

图 2.33　典型差分放大电路共模分析　　　图 2.34　共模分析半边等效电路

半边等效电路的共模电压放大倍数为

$$A_{c1}=\frac{u_{oc1}}{u_{ic}}=-\beta\frac{R_c}{R_b+r_{be}+2(1+\beta)R_e} \tag{2.46}$$

理想情况下，$u_{oc1}=u_{oc2}$，所以差分放大电路的共模电压放大倍数为

$$A_c=\frac{u_{oc}}{u_{ic}}=\frac{u_{oc1}-u_{oc2}}{u_{ic}}=0 \tag{2.47}$$

即差分放大电路在理想情况下对共模信号没有放大作用，或者说，对共模信号具有抑制作用。而环境温度变化导致管子的参数变化，等效于共模信号。因此，电路对环境温度变化产生的零点漂移具有抑制作用，且差分放大电路的共模电压放大倍数越小，抑制零点漂移的作用就越强。

(2)差模分析

若在两个输入端上所加信号的电压大小相等、方向相反，则称之为差模信号，用 u_{id} 表示，如图2.35所示。由于 $u_{id1}-u_{id2}=u_{id}/2$，因而 T_1 和 T_2 的各极电流变化大小相等、方向相反，流过电阻 R_e 的电流不变，或者说，在交流通路中电阻 R_e 两端的电压为零，T_1 和 T_2 的 E 极相当于接地，故交流通路所对应的半边等效电路如图2.36所示，半边等效电路的差模电压放大倍数为

$$A_{d1}=\frac{u_{od1}}{u_{id1}}=-\beta\frac{R_c}{R_b+r_{be}} \tag{2.48}$$

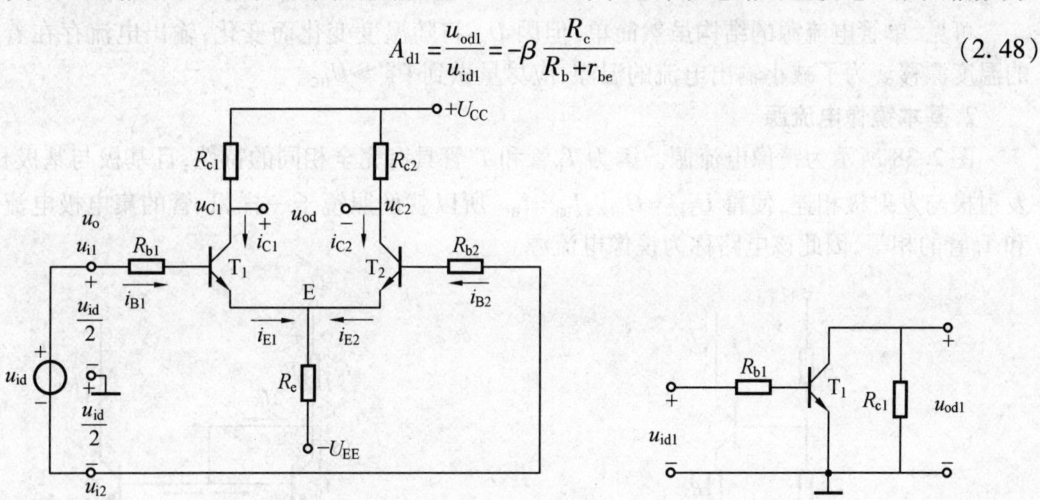

图2.35　典型差分放大电路差模分析　　图2.36　差模分析半边等效电路

理想情况下，$u_{od1}=-u_{od2}$，所以差分放大电路的差模电压放大倍数为

$$A_d=\frac{u_{od}}{u_{id}}=\frac{u_{od1}-u_{od2}}{2u_{id1}}=A_{d1} \tag{2.49}$$

输入电阻为

$$R_i=2(R_b+r_{be}) \tag{2.50}$$

输出电阻为

$$R_o=2R_{o1}=2R_c \tag{2.51}$$

从以上分析可以看到，差分放大电路对差模信号有放大作用，对共模信号具有抑制作用。为了综合评价两方面的性能，特引入共模抑制比

$$K_{CMR}=\left|\frac{A_d}{A_c}\right| \tag{2.52}$$

K_{CMR}越大越好。因此,增加 R_e,可以提高放大电路的共模抑制比。但 R_e的增大是有限的,因为在管子静态电流不变的情况下,R_e越大,所需的 U_{EE}将越高,电路的功耗和大电源本身的组成成本将显著增加,对管子极限指标的要求也将提高,同时大电阻难于在集成电路中实现。为此,需要在 U_{EE}较小的情况下,既能设置合适的静态电流,又能用对共模信号呈现很大电阻的等效电路取代 R_e。以下介绍的电流源就具有这样的特点。

2.6.2 电流源

1. 单管电流源

单管电流源如图 2.37 所示,电阻 R_2上的电流 I_2远远大于三极管 T 的基极电流 I_B,R_2上的电压为

$$U_{R_2} \approx \frac{R_2}{R_1+R_2} U_{CC} \tag{2.53}$$

三极管上的集电极电流为

$$I_C \approx I_E = \frac{U_{R_2}-U_{BE}}{R_3} \tag{2.54}$$

可见,单管电流源的结构虽然简单,但因 U_{BE}将随温度变化而变化,输出电流存在着一定的温度漂移。为了减小输出电流的温漂,应尽量做到 $U_{R_2} \gg U_{BE}$。

2. 基本镜像电流源

图 2.38 所示为镜像电流源。因为 T_0管和 T_1管具有完全相同的特性,且基极与基极相连、发射极与发射极相连,使得 $U_{BE0}=U_{BE1}$,$I_{B0}=I_{B1}$,所以就像照镜子一样,T_1管的集电极电流永远和 T_0管的相等,因此该电路称为镜像电流源。

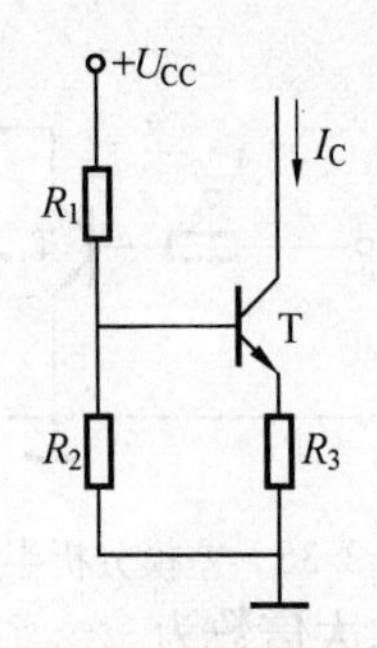

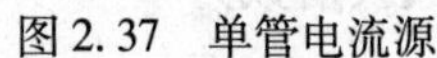
图 2.37 单管电流源

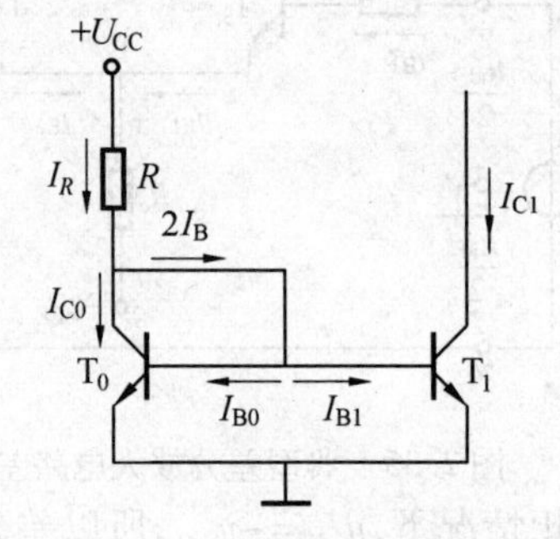

图 2.38 基本镜像电流源

由于 T_0管的 B、C 极相连,T_0管处于临界放大状态,电阻 R 中的电流 I_R为基准电流,表达式为

$$I_R = \frac{U_{CC}-U_{BE}}{R} \tag{2.55}$$

且 $I_R = I_{C0}+I_{B0}+I_{B1} = I_{C1}+2I_{B1} = \left(1+\frac{2}{\beta}\right) I_{C1}$,所以

$$I_{C1} = \frac{\beta}{\beta+2} I_R \tag{2.56}$$

若$\beta \gg 2$,则 $I_{C1} \approx I_R$。因此,只要电源 U_{CC}和电阻 R 确定,I_{C1}就确定。

在电路中,若温度升高使 I_{C1}增大,与此同时,I_{C0}也增大,则 R 的压降增大,从而使 U_{BE0}

(U_{BE1})减小,I_{B1}随之减小,I_{C1}必然减小;当温度降低时,各物理量与上述变化相反。可见,T_0的发射结对 T_1具有温度补偿作用,可有效抑制 I_{C1}的温漂,使之在温度变化时基本稳定。

3. 基本微电流源

镜像电流源电路适用于毫安数量级工作电流的场合,若需要微安数量级工作电流的电流源,则要求镜像电流源电路中的 R 值太大,不易集成。此时,一般使用微电流源,其电路如图 2.39 所示。显然,T_1管的集电极电流

$$I_{C1}\approx I_{E1}=\frac{U_{BE0}-U_{BE1}}{R_e} \tag{2.57}$$

式中,$U_{BE0}-U_{BE1}$的最大值只有几十毫伏,因而 R_e只要几千欧,就可得到几十微安的 I_{C1}。由于管子的发射极电流与 B-E 间的电压关系为

$$I_E\approx I_S e^{\frac{U_{BE}}{U_T}} \tag{2.58}$$

且两只管子的特性完全相同,所以

$$U_{BE0}-U_{BE1}\approx U_T\ln\frac{I_{E0}}{I_{E1}}=U_T\ln\frac{I_{C0}}{I_{C1}} \tag{2.59}$$

当 $\beta\gg 2$ 时,$I_{C0}\approx I_R=\dfrac{U_{CC}-U_{BE0}}{R}$,所以

$$I_{C1}\approx\frac{U_T}{R_e}\ln\frac{I_R}{I_{C1}} \tag{2.60}$$

4. 基本比例电流源

比例电流源可以改变镜像电流源中 $I_{C1}\approx I_R$的关系,而使 I_{C1}与 I_R成比例关系,其电路如图 2.40 所示。由图可知

$$U_{BE0}+I_{E0}R_{e0}=U_{BE1}+I_{E1}R_{e1}$$

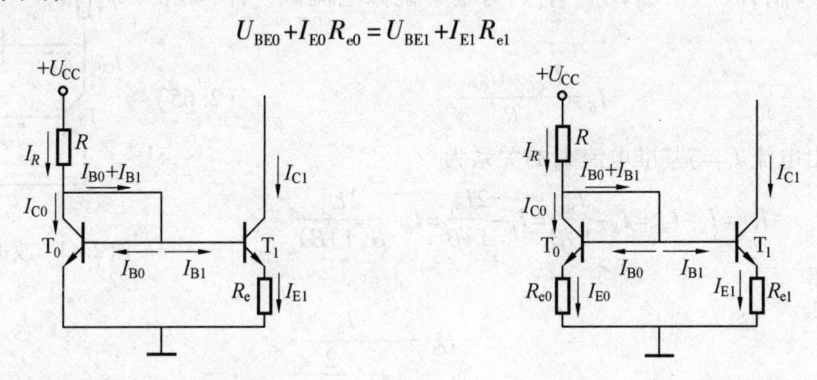

图 2.39　基本微电流源　　　图 2.40　基本比例电流源

只要 β 足够大,即可认为 $I_R\approx I_{E0}$,$I_{C1}\approx I_{E1}$。由于 $U_{BE0}\approx U_{BE1}$,所以

$$I_{C1}\approx\frac{R_{e0}}{R_{e1}}I_R \tag{2.61}$$

5. 多路电流源

由三极管组成的多路电流源如图 2.41 所示,由于所有管子的特性相同,所以可以近似认为

$$I_{E0}R_{e0}\approx I_{E1}R_{e1}\approx I_{E2}R_{e2}\approx I_{E3}R_{e3} \tag{2.62}$$

若 β 足够大,则

$$I_{C0}R_{e0} \approx I_{C1}R_{e1} \approx I_{C2}R_{e2} \approx I_{C3}R_{e3} \tag{2.63}$$

由场效应管同样可以构成镜像电流源、比例电流源和多路电流源等，常见的多路电流源如图 2.42 所示，$T_0 \sim T_3$均为 N 沟道增强型 MOS 管，它们的开启电压等参数相等，在 $U_{GS0}=U_{GS1}=U_{GS2}=U_{GS3}$时，它们的漏极电流 I_D正比于沟道的宽长比。设宽长比 $W/L=S$，且 $T_0 \sim T_3$的宽长比分别为 $S_0 \sim S_1$，则

$$I_{Dj}=\frac{S_j}{S_0}I_R \quad (j=1,2,3) \tag{2.64}$$

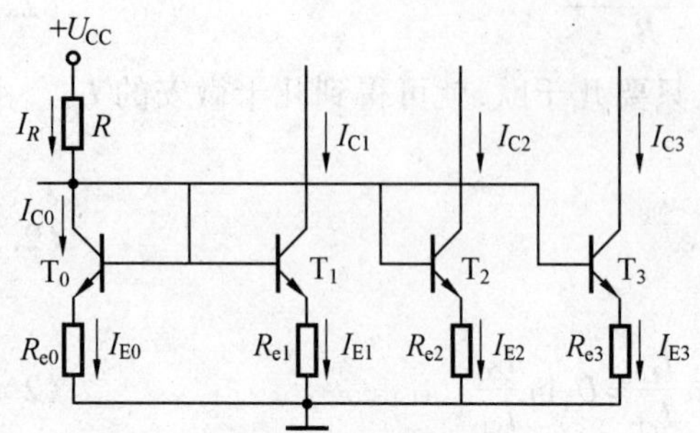

图 2.41 多路电流源

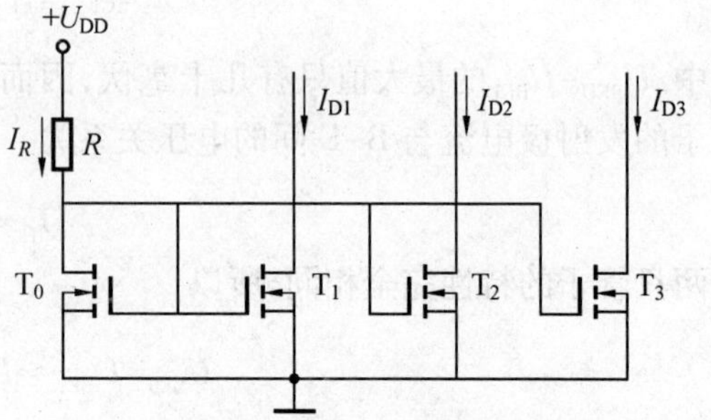

图 2.42 场效应管构成的多路电流源

6. **改进型电流源**

对于前面所描述的由三极管实现的基本镜像电流源、基本微电流源和基本比例电流源，当 β 不够大时存在较大的误差。为此，常在其基础上加以改进，以获取更高精度的电流源。

图 2.43 所示电路是在基本镜像电流源的基础上加一个射极输出器，T_0、T_1和 T_2具有完全相同的特性，因而 $\beta_0=\beta_1=\beta_2=\beta$。由于 $U_{BE0}=U_{BE1}$，故 $I_{B0}=I_{B1}$，$I_{C0}=I_{C1}$。与基本镜像电流源一样，基准电流为

$$I_R=\frac{U_{CC}-U_{BE0}}{R} \tag{2.65}$$

输出电流 I_{C1}与基准电流 I_R的关系为

$$I_{C1}=I_R-I_{B2}=I_R-\frac{I_{E2}}{1+\beta}=I_R-\frac{2I_{B1}}{1+\beta}=I_R-\frac{2I_{C1}}{\beta(1+\beta)}$$

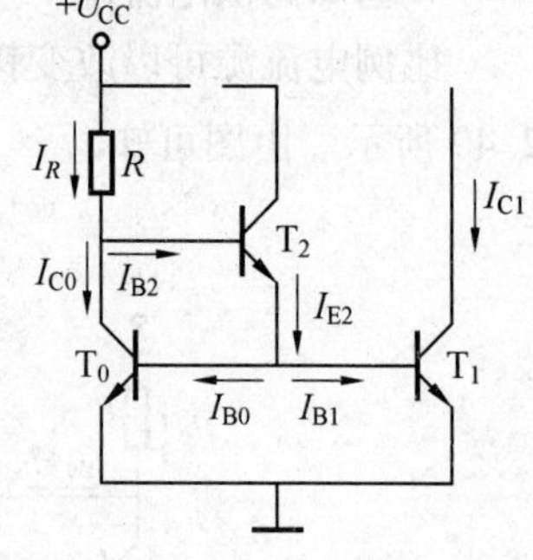

图 2.43 改进型镜像电流源

整理可得

$$I_{C1}=\frac{I_R}{1+\frac{2}{\beta(1+\beta)}} \tag{2.66}$$

可见，加射极输出器后，输出电流与基准电流更加接近。用同样的思路可以构成精度更高的微电流源和多路电流源。

2.6.3 含电流源的差分放大电路

1. **用电流源取代发射极电阻**

在差分放大电路中，用电流源取代发射极电阻可以提高抑制共模信号的能力，典型电路如图 2.44 所示。

2. 用电流源取代集电极电阻

在放大电路中,用电流源作为有源负载取代集电极电阻,可以提高电路的放大能力,所以差分放大电路中的集电极电阻经常用电流源取代。典型电路如图 2.45 所示,T_1 和 T_2 为放大管,T_3 和 T_4 组成镜像电流源取代集电极电阻。

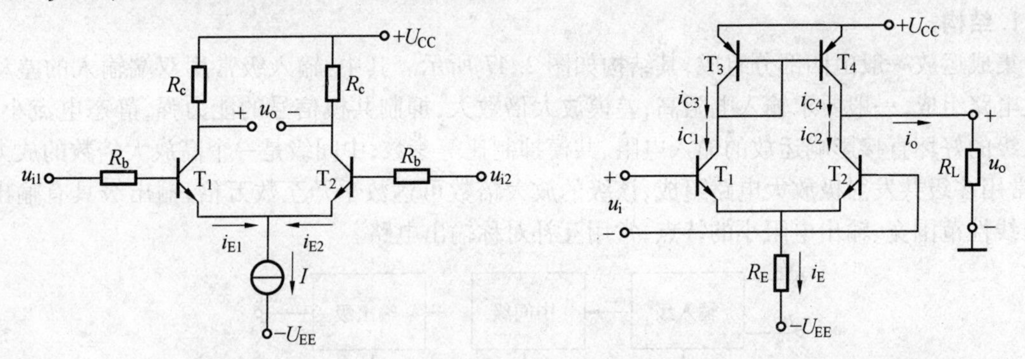

图 2.44　用电流源取代发射极电阻的差分放大电路　图 2.45　用电流源取代集电极电阻的差分放大电路

2.6.4　差分放大电路的接法

如图 2.46 所示,差分放大电路有四种接法,分别是双端输入双端输出、双端输入单端输出、单端输入双端输出和单端输入单端输出。但不管哪种接法,都可以利用半边等效电路进行分析,只是需要注意接入负载后对半边等效电路的影响。这四种接法有着不同的接地情况、技术指标及其应用。

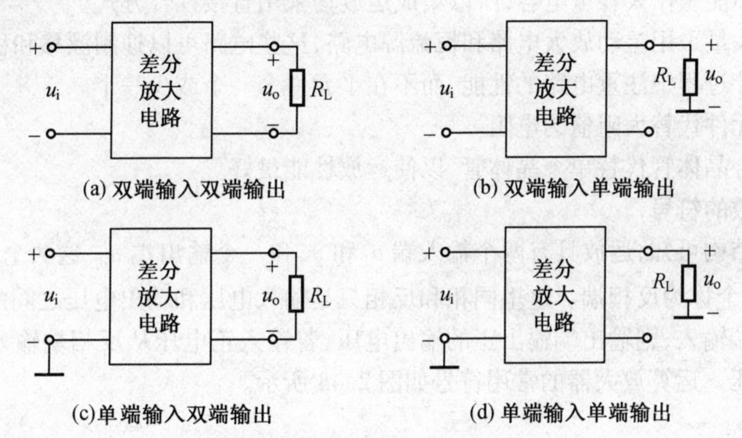

图 2.46　差分放大电路的接法

2.7　集成运算放大器的概述

将电路的元器件和连线制作在同一硅片上,制成了集成电路。随着集成电路制造工艺的日益完善,目前已能将数以千万计的元器件集成在一片面积只有几十平方毫米的硅片上。按照集成度(每一片硅片中所含元器件数)的高低,将集成电路分为小规模集成电路(简称 SSI)、中规模集成电路(简称 MSI)、大规模集成电路(简称 LSI)和超大规模集成电路(VLSI)。

运算放大器实质上是高增益的直接耦合放大电路,集成运算放大器是集成电路的一种,简称集成运放,它常用于各种模拟信号的运算,例如比例运算、微分运算和积分运算等,由于它的高性能、低价位,在模拟信号处理和发生电路中几乎完全取代了分立元件放大电路。

2.7.1 集成运放的结构与符号

1. 结构

集成运放一般由四部分组成,其结构如图 2. 47 所示。其中:输入级常用双端输入的差动放大电路组成,一般要求输入电阻高,差模放大倍数大,抑制共模信号的能力强,静态电流小,输入级的好坏直接影响运放的输入电阻、共模抑制比等参数;中间级是一个高放大倍数的放大器,常用多级共发射极放大电路组成,该级的放大倍数可达数千乃至数万倍;输出级具有输出电压线性范围宽、输出电阻小的特点,常用互补对称输出电路。

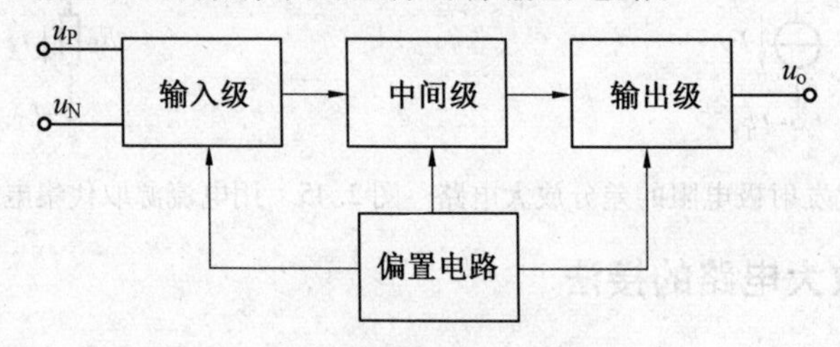

图 2. 47 集成运放结构方框图

偏置电路向各级提供静态工作点,一般采用电流源电路组成。

2. 特点

①硅片上不能制作大容量电容,所以集成运放均采用直接耦合方式。

②运放中大量采用差动放大电路和恒流源电路,这些电路可以抑制漂移和稳定工作点。

③电路设计过程中注重电路的性能,而不在乎元件多一个或少一个。

④用有源元件代替大阻值的电阻。

⑤常用复合晶体管代替单个晶体管,以使运放性能最好。

3. 集成运放的符号

从运放的结构可知,运放具有两个输入端 u_P 和 u_N 和一个输出端 u_o,这两个输入端一个称为同相端,另一个称为反相端。这里同相和反相只是输入电压和输出电压之间的关系,若输入正电压从同相端输入,则输出端输出正的输出电压;若输入正电压从反相端输入,则输出端输出负的输出电压。运算放大器的常用符号如图 2. 48 所示。

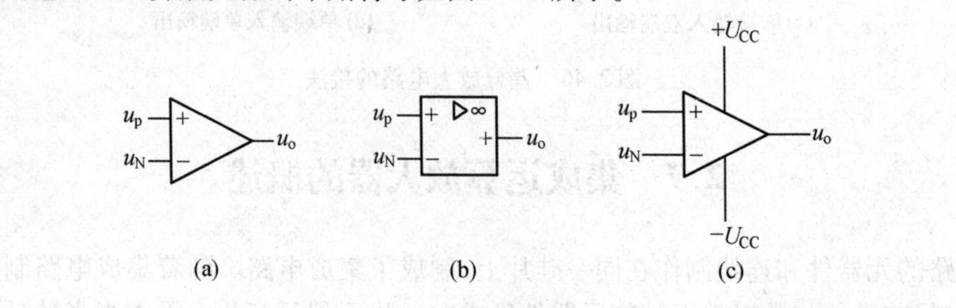

图 2. 48 运算放大器的常用符号

其中图2.48(a)是集成运放的国际流行符号,图2.48(b)是集成运放的国标符号,而图2.48(c)是具有电源引脚的集成运放国际流行符号。从集成运放的符号看,可以把它看作一个双端输入、单端输出、具有高差模放大倍数、高输入电阻、低输出电阻、具有抑制温度漂移能力的放大电路。

2.7.2　集成运放的主要技术指标

集成运放的主要技术指标,大体上可以分为输入误差特性、开环差模特性、共模特性、输出瞬态特性和电源特性参数。

1. 输入误差特性参数

输入误差特性参数用来表示集成运放的失调特性,描述这类特性的主要是以下几个参数。

(1)输入失调电压 U_{OS}

对于理想运放,当输入电压为零时,输出也应为零。实际上,由于差动输入级很难做到完全对称,零输入时,输出并不为零。在室温及标准电压下,输入为零时,为了使输出电压为零,输入端所加的补偿电压称为输入失调电压 U_{OS}。U_{OS}大小反映了运放的对称程度。U_{OS}越大,说明对称程度越差。一般 U_{OS}的值为 1 μV~20 mV,F007 的 U_{OS}为 1~5 mV。

(2)输入失调电压的温漂$\frac{dU_{OS}}{dT}$

$\frac{dU_{OS}}{dT}$是指在指定的温度范围内,U_{OS}随温度的平均变化率,是衡量温漂的重要指标。$\frac{dU_{OS}}{dT}$不能通过外接调零装置进行补偿,对于低漂移运放,$\frac{dU_{OS}}{dT}<1$ μV/℃,普通运放为 10~20 μV/℃。

(3)输入偏置电流 I_B

输入偏置电流是衡量差动管输入电流绝对值大小的标志,指运放零输入时,两个输入端静态电流 I_{B1}、I_{B2}的平均值,即

$$I_B=\frac{1}{2}(I_{B1}+I_{B2})$$

差动输入级集电极电流一定时,输入偏置电流反映了差动管β值的大小。I_B越小,表明运放的输入阻抗越高。I_B太大,不仅在不同信号源内阻时对静态工作点有较大的影响,而且也影响温漂和运算精度。

(4)输入失调电流 I_{OS}

零输入时,两输入偏置电流 I_{B1}、I_{B2}之差称为输入失调电流 I_{OS},即 $I_{OS}=|I_{B1}-I_{B2}|$,I_{OS}反映了输入级差动管输入电流的对称性,一般希望 I_{OS}越小越好。普通运放的 I_{OS}为 1 nA~0.1 μA,F007 的 I_{OS}为 50~100 nA。

(5)输入失调电流温漂$\frac{dI_{OS}}{dT}$

输入失调电流温漂$\frac{dI_{OS}}{dT}$指在规定的温度范围内,I_{OS}的温度系数,是对放大器电流温漂的量度。它同样不能用外接调零装置进行补偿。典型值为几个 nA/℃。

2. 开环差模特性参数

开环差模特性参数用来表示集成运放在差模输入作用下的传输特性。描述这类特性的参数有开环差模电压增益、最大差模输入电压、差模输入电阻、开环频率响应及其 3 dB 带宽。

(1)开环差模电压增益 A_{od}

开环差模电压增益 A_{od} 指在无外加反馈情况下的直流差模增益,它是决定运算精度的重要指标,通常用分贝表示,即

$$A_{od}=20\lg\frac{\Delta U_{o}}{\Delta(U_{i1}-U_{i2})}$$

不同功能的运放,A_{od} 相差悬殊,F007 的 A_{od} 为 100 ~ 106 dB,高质量的运放可达 140 dB。

(2)最大差模输入电压 U_{idmax}

U_{idmax} 指集成运放反相和同相输入端所能承受的最大电压值,超过这个值输入级差动管中的管子将会出现反相击穿,甚至损坏。利用平面工艺制成的硅 NPN 管的 U_{idmax} 为±5 V 左右,而横向 PNP 管的 U_{idmax} 可达±30 V 以上。

(3)差模输入电阻 R_{id}

$R_{id}=\frac{\Delta U_{id}}{\Delta I_{i}}$是衡量差动管向输入信号源索取电流大小的标志,F007 的 R_{id} 约为 2 MΩ,用场效应管作差动输入级的运放,R_{id} 可达10^{6} MΩ。

(4)3 dB 带宽

输入正弦小信号时,A_{od} 是频率的函数,随着频率的增加,A_{od} 下降。当 A_{od} 下降 3 dB 时所对应的信号频率称为 3 dB 带宽。一般运放的 3 dB 带宽为几 Hz ~ 几 kHz,宽带运放可达到几 MHz。

3. 共模特性参数

共模特性参数用来表示集成运放在共模信号作用下的传输特性,这类参数有共模抑制比和最大共模输入电压等。

(1)共模抑制比 K_{CMRR}

共模抑制比的定义与差动电路中介绍的相同,F007 的 K_{CMRR} 为 80 ~ 86 dB,高质量的可达 180 dB。

(2)最大共模输入电压 U_{icmax}

U_{icmax} 指运放所能承受的最大共模输入电压,共模电压超过一定值时,将会使输入级工作不正常,因此要加以限制。F007 的 U_{icmax} 为±13 V。

4. 输出瞬态特性参数

输出瞬态特性参数用来表示集成运放输出信号的瞬态特性,描述这类特性的参数主要是转换速率。转换速率 $S_{R}=\left|\frac{dv_{o}}{dt}\right|_{max}$ 是指运放在闭环状态下,输入为大信号(如阶跃信号)时,放大器输出电压对时间的最大变化速率。转换速率的大小与很多因素有关,其中主要与运放所加的补偿电容、运放本身各级三极管的极间电容、杂散电容,以及放大器的充电电流等因素有关。只有信号变化斜率的绝对值小于 S_{R} 时,输出才能按照线性的规律变化。S_{R} 是在大信号和高频工作时的一项重要指标,一般运放的 S_{R} 在 1 V/μs,高速运放可达到 65 V/μs。

5. 电源特性参数

电源特性参数主要有静态功耗等。静态功耗指运放零输入情况下的功耗。F007 的静态

功耗为 120 mW。

2.7.3　运算放大器的种类

1. 按制作工艺分类

按照制造工艺,集成运放分为双极型、COMS 型和 BiFET 型三种,其中双极型运放功能强、种类多,但是功耗大;CMOS 运放输入阻抗高、功耗小,可以在低电源电压下工作;BiFET 是双极型和 CMOS 型的混合产品,具有双极型和 CMOS 运放的优点。

2. 按照工作原理分类

(1)电压放大型

输入是电压,输出回路等效成由输入电压控制的电压源,F007,LM324 和 MC14573 属于这类产品。

(2)电流放大型

输入是电流,输出回路等效成由输入电流控制的电流源,LM3900 就是这样的产品。

(3)跨导型

输入是电压,输出回路等效成由输入电压控制的电流源,LM3080 就是这样的产品。

(4)互阻型

输入是电流,输出回路等效成由输入电流控制的电压源,AD8009 就是这样的产品。

3. 按照性能指标分类

(1)高输入阻抗型

对于这种类型的运放,要求开环差模输入电阻不小于 1 MΩ,输入失调电压 U_{OS} 不大于 10 mV。实现这些指标的措施主要是,在电路结构上,输入级采用结型或 MOS 场效应管,这类运放主要用于模拟调解器、采样保持电路、有源滤波器中。国产型号 F3030,输入采用 MOS 管,输入电阻高达 10^{12} Ω,输入偏置电流仅为 5 pA。

(2)低漂移型

这种类型的运放主要用于毫伏级或更低的微弱信号的精密检测、精密模拟计算以及自动控制仪表中。对这类运放的要求是:输入失调电压温漂$\frac{dU_{OS}}{dT}<2\ \mu V/℃$,输入失调电流温漂$\frac{dI_{OS}}{dT}<200\ pA/℃$,$A_{od}\geqslant 120$ dB,$K_{CMRR}\geqslant 110$ dB。实现这些功能的措施通常是,在电路结构上除采用超 β 管和低噪声差动输入外,还采用热匹配设计和低温度系数的精密电阻,或在电路中加入自动控温系统以减小温漂。目前,采用调制型的第四代自动稳零运放,可以获得 0.1 μV/℃ 的输入失调电压温漂。国产型号有 FC72、F032、XFC78 等。国产 FC73 的主要指标为$\frac{dU_{OS}}{dT}=0.5\ \mu V/℃$,$A_{od}=120$ dB,$U_{OS}=1$ mV。国产 5G7650 的 $U_{OS}=1\ \mu V$,$\frac{dU_{OS}}{dT}=10\ nV/℃$。另外市场上常见的 OP07 和 OP27 也属于低漂移型运放。

(3)高速型

对于这类运放,要求转换速率 $S_R>30\ V/\mu s$,单位增益带宽>10 MHz。实现高速的措施主要是,在信号通道中尽量采用 NPN 管,以提高转换速率;同时加大工作电流,使电路中各种电容上的电压变化加快。高速运放用于快速 A/D 和 D/A 转换器、高速采样-保持电路、锁相环精密比较器和视频放大器中。国产型号有 F715、F722、F3554 等,F715 的 $S_R=70\ V/\mu s$,单位增益带宽为 65 MHz。国外的 μA-207 型,$S_R=500\ V/\mu s$,单位增益带宽为 1 GHz。

(4)低功耗型

对于这种类型的运放,要求在电源电压为±15 V 时,最大功耗不大于 6 mW;或要求工作在低电源电压时,具有低的静态功耗并保持良好的电气性能。在电路结构上,一般采用外接偏置电阻和用有源负载代替高阻值的电阻。在制造工艺上,尽量选用高电阻率的材料,减少外延层以提高电阻值,尽量减小基区宽度以提高 β 值。目前国产型号有 F253、F012、FC54、XFC75 等。其中,F012 的电源电压可低到 1.5 V,$A_{od}=110$ dB,国外产品的功耗可达到 μW 级,如 ICL7600 在电源电压为 1.5 V 时,功耗为 10 μW。低功耗的运放一般用于对能源有严格限制的遥测、遥感、生物医学和空间技术设备中。

(5)高压型

为得到高的输出电压或大的输出功率,在电路设计和制作上需要解决三极管的耐压、动态工作范围等问题,在电路结构上常采取以下措施:利用三极管的 CB 结和横向 PNP 的耐高压性能;用单管串接的方式来提高耐压;用场效应管作为输入级。目前,国产型号有 F1536、F143 和 BG315。其中,BG315 的参数是:电源电压为 48 ~ 72 V,最大输出电压大于 40 ~ 46 V。国外的 D41 型,电源电压可达±150 V,最大共模输入电压可达±125 V。

2.7.4 集成运放的电压传输特性

集成运放输出电压 u_o 与输入电压(u_P-u_N)之间的关系曲线称为电压传输特性。对于采用正负电源供电的集成运放,电压传输特性如图 2.49 所示。

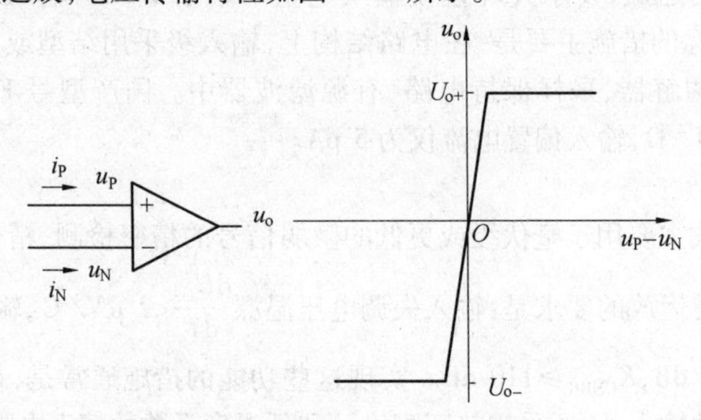

图 2.49 集成运放的电压传输特性

从传输特性可以看出,集成运放有两个工作区,线性放大区和饱和区:在线性放大区,曲线的斜率就是放大倍数;在饱和区域,输出电压不是 U_{o+} 就是 U_{o-}。由传输特性可知集成运放的放大倍数为

$$A_o=\frac{U_{o+}-U_{o-}}{u_P-u_N}$$

一般情况下,运放的放大倍数很高,可达几十万、甚至上百万倍。

通常,运放的线性工作范围很小,比如,对于开环增益为 100 dB,电源电压为±10 V 的 F007,开环放大倍数 $A_d=10^5$,其最大线性工作范围约为

$$u_P-u_N=\frac{|U_o|}{10^5}=\frac{10}{10^5}\text{V}=0.1\text{ mV}$$

2.7.5 集成运放的理想化模型

1. 理想运放的技术指标

由于集成运放具有开环差模电压增益高、输入阻抗高、输出阻抗低及共模抑制比高等特点,实际中为了分析方便,常将它的各项指标理想化。理想运放的各项技术指标为:

①开环差模电压放大倍数 $A_d\to\infty$;

②输入电阻 $R_{id}\to\infty$;

③输出电阻 $R_o\to 0$;

④共模抑制比 $K_{CMRR}\to\infty$;

⑤3 dB 带宽 $BW\to\infty$;

⑥输入偏置电流 $I_{B1}=I_{B2}=0$;

⑦失调电压 U_{OS}、失调电流 I_{OS}及它们的温漂均为零;

⑧无干扰和噪声。

由于实际运放的技术指标与理想运放比较接近,因此,在分析电路的工作原理时,用理想运放代替实际运放所带来的误差并不严重。在一般的工程计算中是允许的。

2. 理想运放的工作特性

理想运放的电压传输特性如图 2.50 所示。工作于线性区和非线性区的理想运放具有不同的特性。

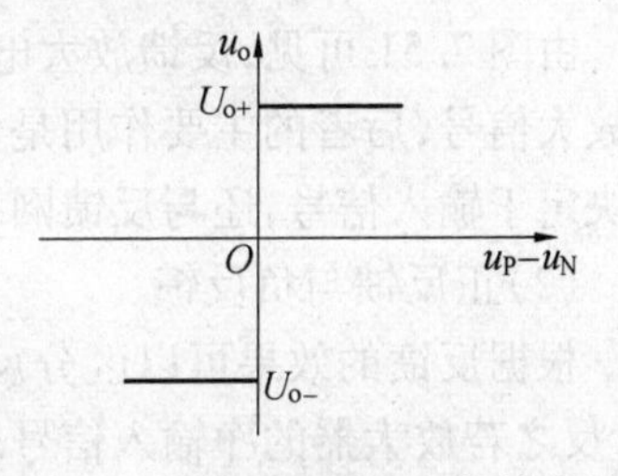

图 2.50 理想运放的电压传输特性

(1)线性区

当理想运放工作于线性区时,$u_o=A_d(u_P-u_N)$,而 $A_d\to\infty$,因此 $u_P-u_N=0$,$u_P=u_N$,又由输入电阻 $r_{id}\to\infty$ 可知,流进运放同相输入端和反相输入端的电流 I_P、I_N为 $I_P=I_N=0$;可见,当理想运放工作于线性区时,同相输入端与反相输入端的电位相等,流进同相输入端和反相输入端的电流为0。$u_P=u_N$就是 u_P和 u_N两个电位点短路,但是由于没有电流,所以称为虚短路,简称虚短;而 $I_P=I_N=0$ 表示流过电流 I_P、I_N的电路断开了,但是实际上没有断开,所以称为虚断路,简称虚断。

(2)非线性区

工作于非线性区的理想运放仍然有输入电阻 $R_{id}\to\infty$,因此 $I_P=I_N=0$;但由于 $u_o\neq A_d(u_P-u_N)$,不存在 $u_P=u_N$,由电压传输特性可知其特点为:当 $u_P>u_N$时,$u_o=U_{o+}$;当 $u_P<u_N$时,$u_o=U_o=U_{o-}$;$u_P=u_N$为 U_{o+}与 U_{o-}的转折点。

2.8 电路中的反馈

反馈是一个非常重要的概念,在电子技术中有着非常广泛的应用,在放大电路中引入适当的反馈,可以大大改善放大电路的性能,因此了解反馈的基本概念,理解反馈的分类方法,掌握反馈的判断方法和反馈对放大电路性能的改善作用是研究实用电路的基础。

2.8.1 反馈的类型与判别方法

1. 反馈的基本概念

(1)什么是反馈

在电子电路中,将输出量的一部分或全部通过一定的电路形式作用到输入回路,与输入信号一起共同作用于放大器的输入端,称为反馈。反馈放大电路可以画成图2.51所示的框图。

反馈放大器由基本放大器和反馈网络组成,所谓基本放大器就是保留了反馈网络的负载效应的、信号只能从它的输入端传输到输出端的放大器,而反馈网络一般是将输出信号反馈到输入端而忽略了从输入端向输出端传输效应的阻容网络。

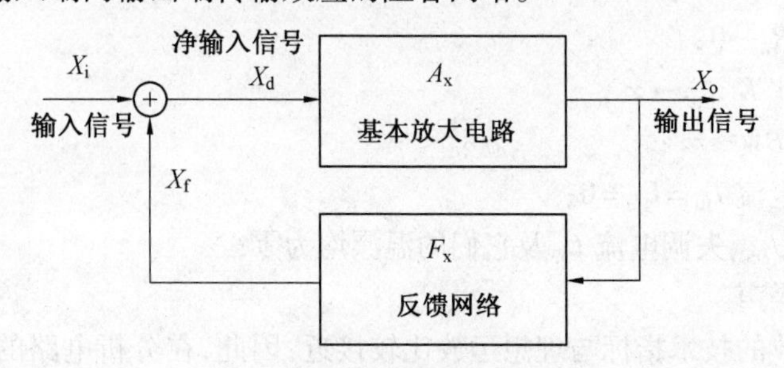

图2.51 反馈放大电路框图

由图2.51可见,反馈放大电路由基本放大电路和反馈网络两部分组成。前者的主要作用是放大信号,后者的主要作用是传输反馈信号。基本放大器的输入信号称为净输入信号,它不但决定于输入信号,还与反馈网络的输出信号(反馈信号)有关。

(2)正反馈与负反馈

根据反馈的效果可以区分反馈的极性,若放大器的净输入信号比输入信号小,则为负反馈,反之若放大器的净输入信号比输入信号大,则为正反馈。就是说若 $X_i<X_d$,则为正反馈,若 $X_i>X_d$,则为负反馈。

(3)直流反馈与交流反馈

若反馈量只包含直流信号,则称为直流反馈,若反馈量只包含交流信号,就是交流反馈,直流反馈一般用于稳定工作点,而交流反馈用于改善放大器的性能。在集成运算放大器反馈电路中,往往是两者兼有。直流反馈的主要作用是稳定静态工作点;交流反馈的作用是影响电路的动态性能。

交、直流反馈的判断方法:如果反馈信号中只含有直流成分,则称之为直流反馈;如果反馈信号只含有交流成分,则称之为交流反馈;如果反馈信号中包含交、直流两种成分,则称之为交直流反馈。

(4)开环与闭环

从反馈放大电路框图可以看出,放大电路加上反馈后就形成了一个环,若有反馈,则说反馈环闭合了,若无反馈,则说反馈环被打开了。所以常用闭环表示有反馈,开环表示无反馈。

2. 反馈的判断

(1)有无反馈的判断

若放大电路中存在将输出回路与输入回路连接的通路,即反馈通路,并由此影响了放大器的净输入,则表明电路引入了反馈。

例如，在图2.52所示的电路中，图2.52(a)所示的电路由于输入回路与输出回路之间有一个公共支路R_e，输出信号通过R_e送到输入回路并与输入信号一起共同作用于三极管的输入端，所以具有反馈；图2.52(b)所示的电路由于输入与输出回路之间没有通路，所以没有反馈；图2.52(c)所示的电路中，电阻R_2将输出信号反馈到输入端与输入信号一起共同作用于放大器输入端，所以具有反馈；而图2.52(d)所示的电路中虽然有电阻R_1连接输入输出回路，但是由于输出信号对输入信号没有影响，所以没有反馈。

判断放大电路中有无反馈网络的方法：如果放大电路的输出回路与输入回路有“公共部分”，或是存在“桥”电路，则电路存在反馈网络，否则电路不存在反馈网络。

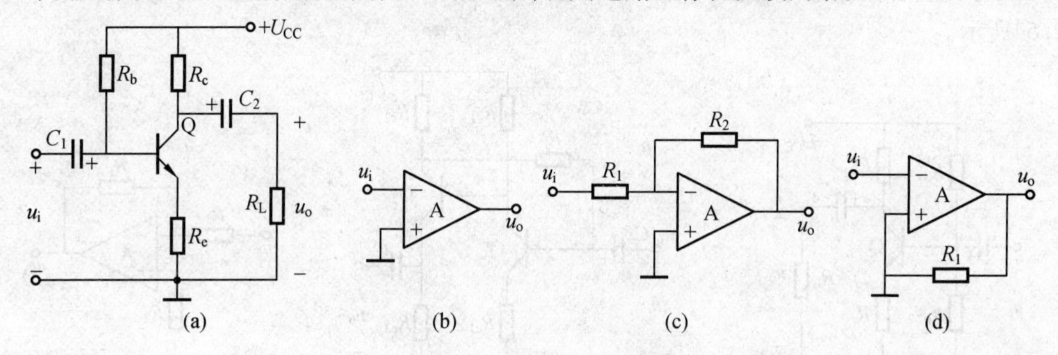

图2.52　反馈是否存在的判断

(2)反馈组态的判断

①电压与电流反馈的判断。在反馈放大电路中，如果反馈量取自输出电压，和输出电压(有时不一定是输出电压，而是取样处的电压)成正比，这种方式称为电压反馈；如果反馈量取自输出电流，和输出电流(有时不一定是输出电流，而是取样处的电流)成正比，这种方式称为电流反馈。

判断电压反馈与电流反馈的方法：首先假设输出电压u_o等于零，即将放大电路的输出负载两端短路，然后看反馈信号是否依然存在。如果短路后反馈信号消失，则为电压反馈；如果反馈信号依然存在，则为电流反馈。更简单的判断电压反馈与电流反馈的方法是：反馈网络直接从放大器的输出端取得信号者为电压反馈，否则为电流反馈。如图2.53所示。

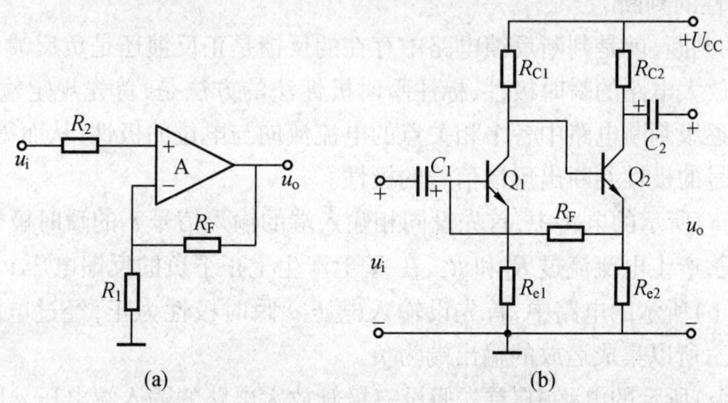

图2.53　电压反馈与电流反馈的判断

在图2.53(a)所示电路中，反馈电阻R_F直接从放大器的输出端取得反馈信号，因此属于电压反馈。

在图2.53(b)所示的电路中,反馈电阻 R_F 没有直接从放大电路的输出端取得反馈信号,因此属于电流反馈。

②串联反馈与并联反馈的判断。在反馈放大电路的输入端,如果基本放大器和反馈网络串联,则反馈对输入信号的影响可通过电压求和形式(相加或相减)反映出来,这种方式称为串联反馈;反之,如果在反馈放大电路的输入端,基本放大器和反馈网络并联,则反馈对输入信号的影响可通过电流求和形式反映出来,这种方式称为并联反馈。

判断串联反馈与并联反馈的方法:当反馈信号与输入信号在输入端的同一个节点引入时,为并联反馈,若反馈信号与输入信号不在输入端的同一个节点引入时,则为串联反馈。如图2.54所示。

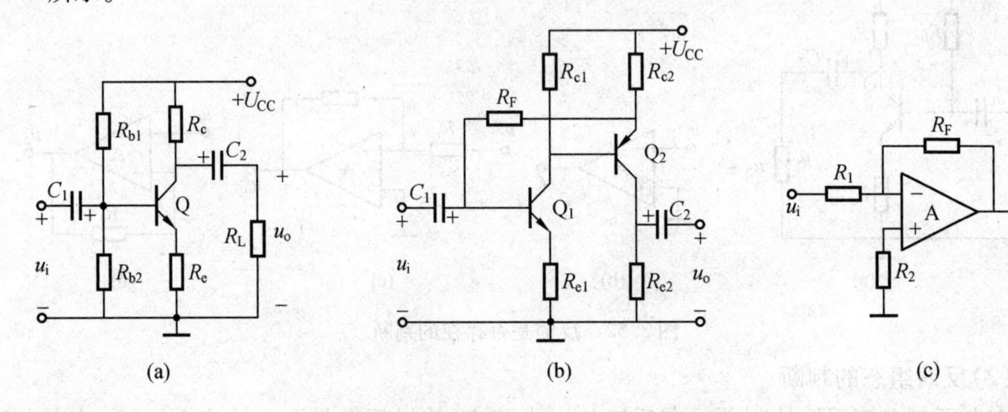

图2.54 串联反馈与并联反馈的判断

在图2.54(a)中,电阻 R_e 取得的反馈信号与输入信号不在输入端(基极)同一点输入,因此属于串联反馈。

在图2.54(b)中,电阻 R_F 取得的反馈信号与输入信号在输入端(基极)同一点输入,因此属于并联反馈。

在图2.54(c)中,电阻 R_F 取得的反馈信号与输入信号在输入端(反相端)同一点输入,因此属于并联反馈。

(3)反馈极性的判断

反馈极性的判断,就是判断反馈电路中存在的反馈是正反馈还是负反馈,判断反馈极性的步骤:首先标出放大电路的瞬时极性,标注瞬时极性法的方法是,首先规定输入信号在某一时刻的极性;然后逐级判断电路中各个相关点的电流流向与电位的极性,从而得到输出信号的极性;根据输出信号的极性判断出反馈信号的极性。

在图2.55(a)所示的电路中,首先设同相输入端的输入信号 u_i 的瞬时极性为正,所以集成运放的输出为正,产生电流流过 R_F 和 R_1,在 R_1 上产生上正下负的反馈电压 u_f。

在图2.55(b)所示的电路中,首先设输入电压 u_i 瞬时极性为正,经过电阻 R_1 后反相输入端的极性还为正,所以集成运放的输出端为负。

在图2.55(c)所示的电路中,首先假设三极管放大电路的输入端电压 u_i 瞬时极性为正,经过三极管放大后再发射输出信号的瞬时极性也是正。

其次是判断反馈极性,若反馈信号使净输入信号增加,则是正反馈,若反馈信号使净输入信号减小,则是负反馈。

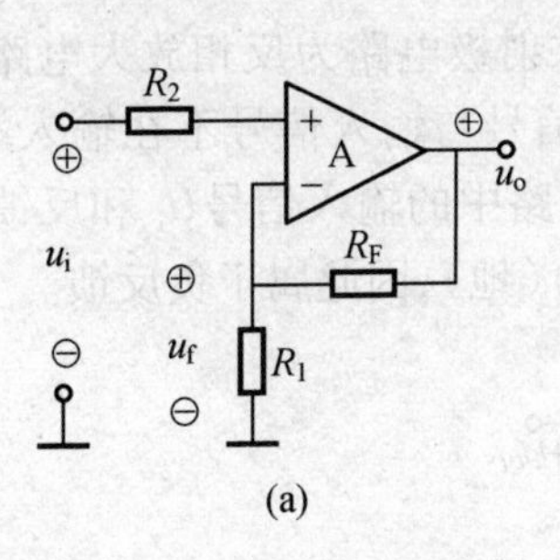

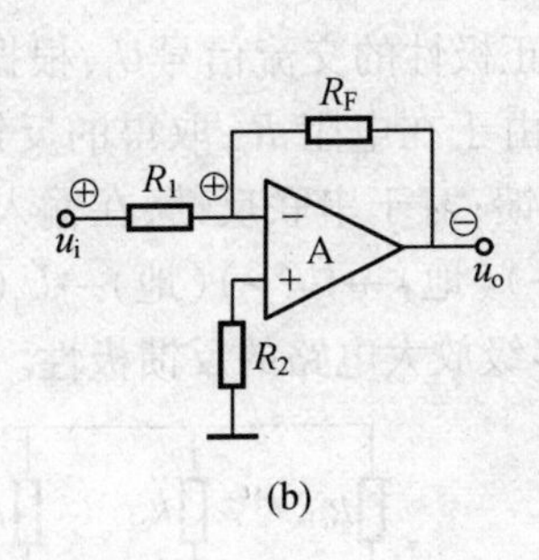

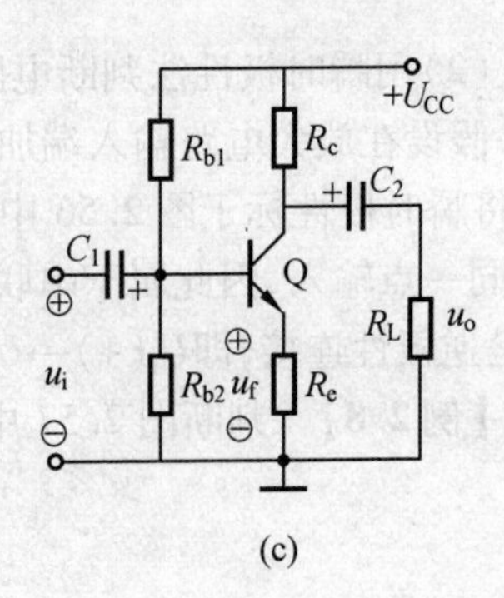

图 2.55 反馈极性的判断

判断反馈极性的原则：

①串联反馈，顺极性为正，逆极性为负。这里的顺极性（或逆极性）是指输入电压与反馈电压在输入回路中是顺极性串联还是逆极性串联。

②并联反馈，同极性为正，异极性为负。这里的同极性（或异极性）是指跨接在放大电路的输入端与输出端之间的反馈网络两端的瞬时极性。

在图 2.55(a)所示的电路中，由于反馈电阻 R_F 取得的反馈信号与输入信号不在输入端（同相端）同一点输入，属于串联反馈，而输入电压与反馈电压在输入回路中连接的情况是：u_i(+)→u_i(−)（地）→u_f(−)（地）→u_f(+)（地），即+ → − → − → +，是逆向连接，属于负反馈。

在图 2.55(b)所示的电路中，电阻 R_F 取得的反馈信号与输入信号在输入端（反相端）同一点输入，属于并联反馈，而反馈电阻 R_F 两端的极性为左正右负，两端的极性相异，属于负反馈。

在图 2.55(c)所示的电路中，由于反馈电阻 R_e 取得的反馈信号与输入信号不在输入端（基极）同一点输入，属于串联反馈，而输入电压与反馈电压在输入回路中连接的情况是：u_i(+)→u_i(−)（地）→u_f(−)（地）→u_f(+)（地），即+ → − → − → +，是逆向连接，属于负反馈。

【例 2.7】 分析判断图 2.56 中两级放大电路的反馈极性。设图中所有电容对交流信号而言，其容抗为零。

解 (1)判别电路中是否存在反馈网络

图 2.56 是两级阻容耦合共射放大电路。观察可知在两级放大电路之间，在 Q_2 的输出端集电极和 Q_1 的输入回路发射极支路上跨接了 R_F、C_F，显然，电路中引入两级之间的反馈。

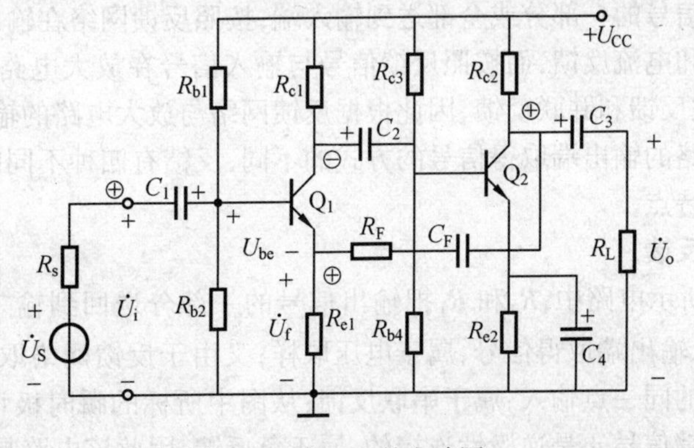

图 2.56 例 2.7 的电路图

(2)用瞬时极性法判断电路的反馈极性。

假设在放大电路输入端加上正极性的交流信号$\dot{U}_i$,根据共射极电路为反相放大电路的特点,将瞬时极性标于图2.56中。由于在电阻R_{e1}取得的反馈信号与输入信号不在输入端(基极)同一点输入,因此属于串联反馈;对于串联反馈,在输入回路中的输入信号$\dot{U}_i$和反馈信号$\dot{U}_f$是逆极性连接,即$\dot{U}_i(+)\to\dot{U}_i(-)$(地)$\to\dot{U}_f(-)$(地)$\to\dot{U}_f(+)$(地),因此属于负反馈。

【例2.8】 判断图2.57中多级放大电路的反馈极性。

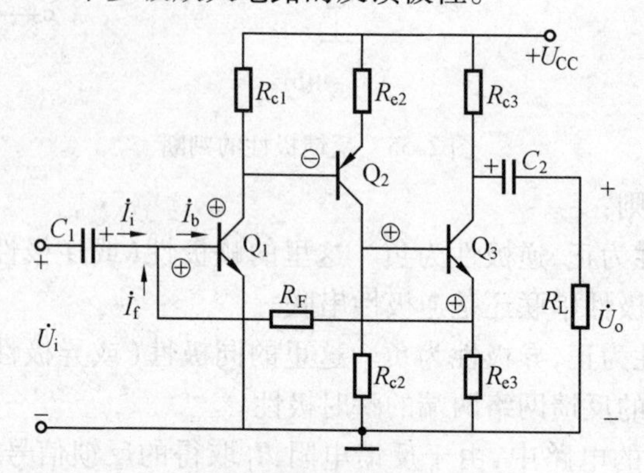

图2.57 例2.8的电路图

解 (1)判别电路中是否存在反馈网络

图2.57是三级直接耦合共射极放大电路。观察可知在三级放大电路之间,在Q_1的输入端和Q_3的输出回路发射极支路上跨接了电阻R_F,显然,电路中引入级间的反馈。由于在电阻R_f取得的反馈信号与输入信号不在输入端(基极)同一点输入,属于串联反馈。

(2)用瞬时极性法判断电路的反馈极性

假设在放大电路输入端加上正极性的交流信号$\dot{U}_i$,根据共射电路为反相放大电路的特点,将瞬时极性标于图2.57中。由于在电阻R_F取得的反馈信号与输入信号在输入端(基极)同一点输入,因此属于并联反馈;对于并联反馈,在反馈电阻R_F两端的极性为左正右正,两端的极性相同,属于正反馈。

2.8.2 反馈电路的四种反馈组态

反馈是将输出信号的一部分或全部送到输入端,按照反馈网络在输出端取样方式的不同,可以分为电压反馈和电流反馈,而按照反馈信号与输入信号在放大电路输入端的叠加方式的不同,可以分为串联反馈和并联反馈,因此根据反馈网络与放大电路的输入信号的叠加方式和反馈网络从放大电路的输出端取得信号的方式的不同,反馈有四种不同的组态,以下分别介绍它们的分析方法和特点。

1. 电压串联负反馈

在图2.58(a)所示电路中,R_2和R_1把输出信号的一部分送回到输入端,是电路的反馈网络;由于反馈网络从输出端取得信号,属于电压取样;又由于反馈网络取得的反馈信号与输入信号并不在输入端的同一点输入,属于串联反馈;从图中所标的瞬时极性可知,串联叠加的输入电压信号u_i与反馈信号u_f是逆极性连接的,属于负反馈,因此该电路是电压串联负反馈。图2.58(b)所示是电压串联负反馈电路的方框图。

电压串联负反馈电路的特点:由于是串联反馈,其输入电阻等于基本放大电路的输入电阻与反馈网络的等效电阻的串联叠加,因此输入电阻提高了;又由于是电压反馈,所以能稳定输出电压。

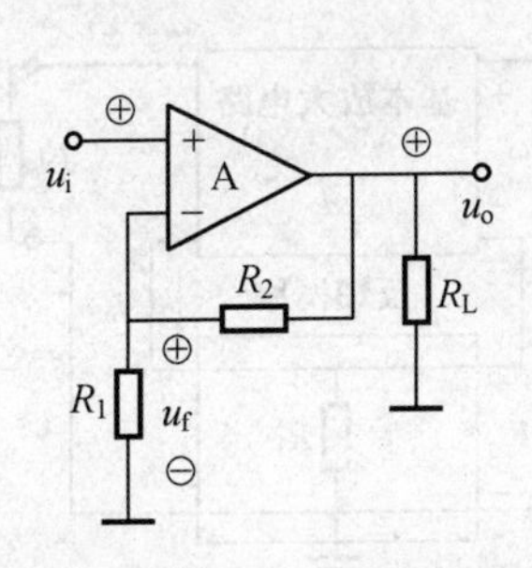

(a) 电压串联负反馈放大电路

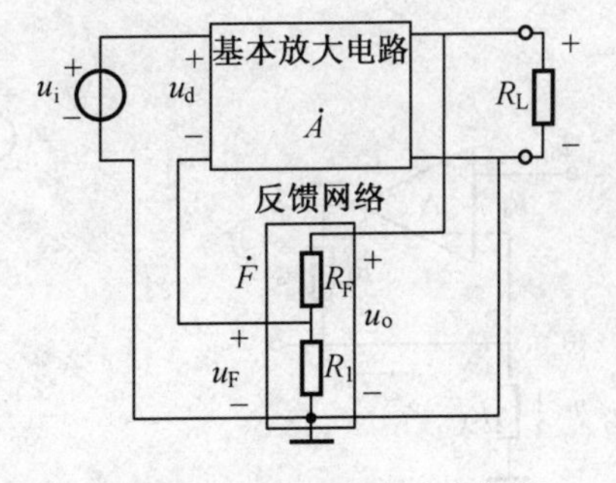

(b) 电压串联负反馈电路方框图

图 2.58　电压串联负反馈电路

2. 电压并联负反馈

在图 2.59(a)所示电路中,R_F把输出信号的一部分送回到输入端,是电路的反馈网络;由于反馈网络从输出端取得信号,属于电压取样;又由于反馈网络取得的反馈信号与输入信号在输入端的同一点输入,属于并联反馈;从图中所标的瞬时极性可知,并联叠加的反馈网络 R_F两端的极性相异,属于负反馈,因此该电路是电压并联负反馈。图 2.59(b)所示是电压并联负反馈电路的方框图。

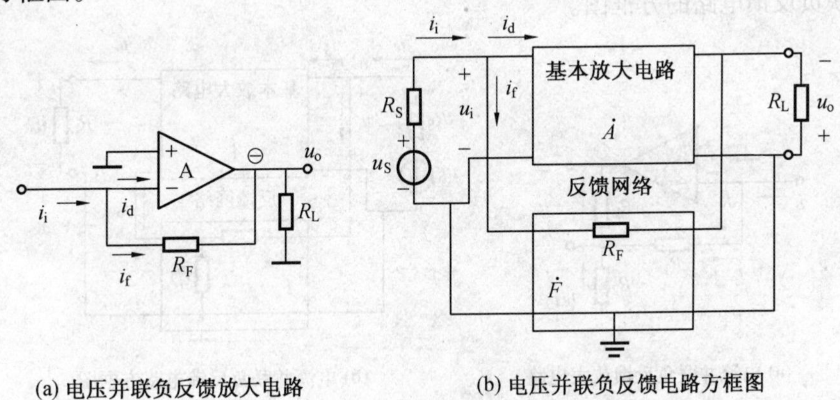

(a) 电压并联负反馈放大电路　　(b) 电压并联负反馈电路方框图

图 2.59　电压并联负反馈电路

电压并联负反馈电路的特点:由于是并联反馈,其输入电阻等于基本放大电路的输入电阻与反馈网络的等效电阻的并联叠加,因此输入电阻降低了;又由于是电压反馈,所以能稳定输出电压。

3. 电流串联负反馈

在图 2.60(a)所示电路中,R_1把输出信号送回到输入端,是电路的反馈网络;由于反馈网络不直接从输出端取得信号,属于电流取样;又由于反馈网络取得的反馈信号与输入信号并不在输入端的同一点输入,属于串联反馈;从图中所标的瞬时极性可知,串联叠加的输入电压信号 u_i与反馈信号 u_f是逆极性连接的,属于负反馈,因此该电路是电流串联负反馈。图 2.60(b)所示是电流串联负反馈电路的方框图。

电流串联负反馈电路的特点:由于是串联反馈,其输入电阻等于基本放大电路的输入电阻与反馈网络的等效电阻的串联叠加，因此输入电阻提高了；又由于是电流反馈，所以能稳定输出电流。

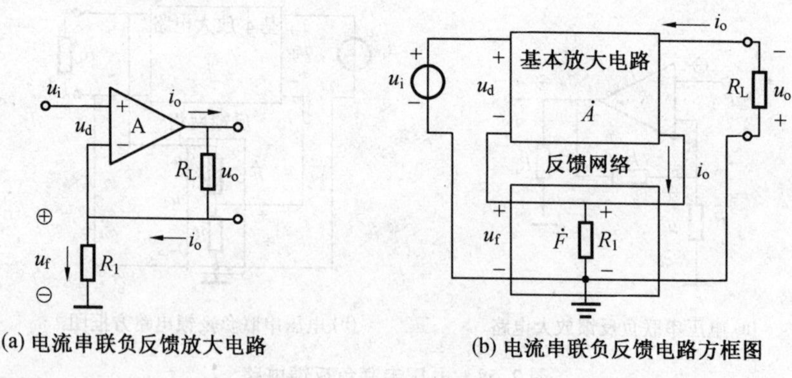

(a) 电流串联负反馈放大电路 (b) 电流串联负反馈电路方框图

图 2.60 电流串联负反馈电路

4. 电流并联负反馈

在图 2.61(a)所示电路中，R_2和 R_1把输出信号的一部分送回到输入端，是电路的反馈网络；由于反馈网络不直接从输出端取得信号，属于电流取样；又由于反馈网络取得的反馈信号与输入信号在输入端的同一点输入，属于并联反馈；从图中所标的瞬时极性可知，并联叠加的反馈网络 R_1两端的极性相异，属于负反馈，因此该电路是电流并联负反馈。图 2.61(b)所示是电流并联负反馈电路的方框图。

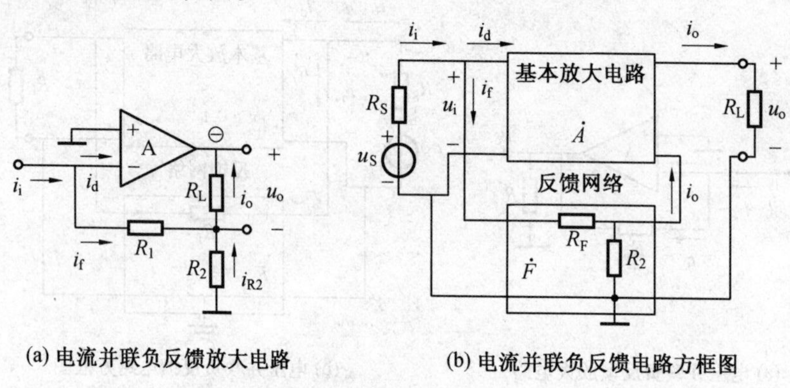

(a) 电流并联负反馈放大电路 (b) 电流并联负反馈电路方框图

图 2.61 电流并联负反馈电路

电流并联负反馈电路的特点：由于是并联反馈，其输入电阻等于基本放大电路的输入电阻与反馈网络的等效电阻的并联叠加，因此输入电阻降低了；又由于是电流反馈，所以能稳定输出电流。

2.8.3 反馈的一般表达式和近似估算

1. 反馈的一般表达式

由图 2.62 所示的反馈放大器框图。图中的信号是正弦信号，可以是电压相量，也可以是电流相量，其中，X_i是输入信号，X_f是反馈信号，X_d是净输入信号，X_o是输出信号；图中⊕表示比较环节，用以比较输入信号 X_i和反馈信号 X_f；A_x是基本放大电路的开环增益，F_x是反馈网络的反馈系数，不同的反馈组态具有不同的量纲。在负反馈放大电路中，X_i和 X_f的极性相反，因此

有

$$X_d = X_i - X_f$$

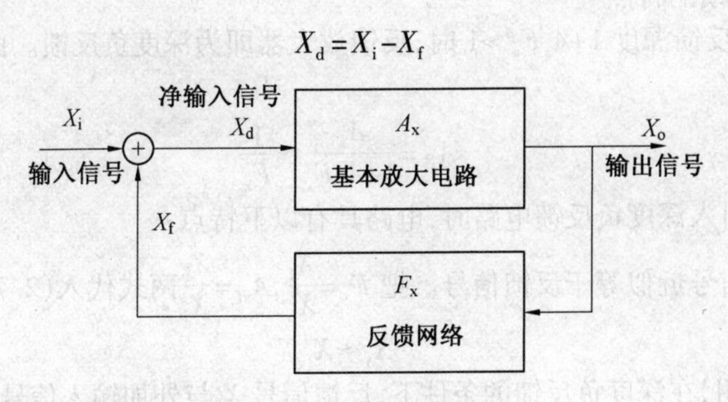

图2.62　反馈放大器框图

基本放大电路的输出信号 X_o 与净输入信号 X_d 之比，称为开环放大倍数，即

$$A_x = \frac{X_o}{X_d}$$

反馈网络的反馈系数 F_x 为反馈信号 X_f 与放大电路输出信号 X_o 之比，即

$$F_x = \frac{X_f}{X_o}$$

负反馈放大电路的输出信号与输入信号之比，称为闭环放大倍数，又称为闭环增益，即

$$A_{xf} = \frac{X_o}{X_i}$$

整理以上方程，即得

$$A_{xf} = \frac{X_o}{X_i} = \frac{X_o}{X_d + X_f} = \frac{A_x X_d}{X_d + X_d A_x F_x} \tag{2.67}$$

可得到一般的增益表达式为

$$A_{xf} = \frac{A_x}{1 + A_x F_x} \tag{2.68}$$

有关 $1+A_xF_x$——反馈深度的讨论：

若反馈深度 $1+A_xF_x$ 大于1，有 $A_{xf}<A_x$，则为负反馈。

若反馈深度 $1+A_xF_x$ 小于1，有 $A_{xf}>A_x$，则为正反馈。

若反馈深度 $1+A_xF_x$ 等于0，有 $A_{xf}\to\infty$，则没有输入有输出，这时放大器变成了振荡器。

若反馈深度 $1+A_xF_x\gg1$，则有 $1+A_xF_x=A_xF_x$，这时的增益表达式为

$$A_{xf} \approx \frac{1}{F_x} \tag{2.69}$$

就是说当引入深度负反馈时（即 $1+A_xF_x\gg1$ 时），增益仅仅由反馈网络决定，而与基本放大电路无关。由于反馈网络一般为无源网络，受环境温度的影响比较小，所以反馈放大器的增益是比较稳定的。从深度负反馈的条件可知，当反馈系数确定之后，A_x 越大越好，A_x 越大，A_{xf} 与 $1/F$ 的近似程度越好。

2. 深度负反馈放大电路的近似估算

随着电子技术的高速发展，集成运算放大器的开环增益已经做得很大，引入深度的负反馈不但实现线性放大，而且能大大改善放大电路的性能。

(1)深度负反馈的特点

如前所述,当反馈深度 $1+A_xF_x \gg 1$ 时,反馈放大器即为深度负反馈。此时放大电路的放大倍数为

$$A_{xf}=\frac{A_x}{1+A_xF_x}\approx\frac{1}{F_x} \tag{2.70}$$

当放大电路引入深度负反馈电路时,电路具有以下特点:

①外加输入信号近似等于反馈信号。把 $F_x=\frac{X_f}{X_o}$,$A_{xf}=\frac{X_o}{X_i}$两式代入(2.70)整理得

$$X_i\approx X_f \tag{2.71}$$

式(2.71)表明,在深度负反馈的条件下,反馈信号 X_f与外加输入信号 X_i近似相等,也就是说,深度负反馈放大电路的净输入信号 $X_d\approx 0$。

对于串联型反馈电路,外加信号 X_i和反馈信号 X_f是电压源,即 $U_i\approx U_f$,净输入电压为0;对于并联型反馈电路,外加信号 X_i和反馈信号 X_f是电流源,即 $I_i\approx I_f$,净输入电流为0。

②闭环输入电阻和输出电阻近似看成0或无穷大。在深度负反馈的条件下,由负反馈对输入电阻和输出电阻的影响可知,串联负反馈放大电路的输入电阻 $R_{if}=(1+A_xF_x)R_i$ 很大,可以近似认为 $R_{if}\to\infty$;并联负反馈放大电路的输入电阻 $R_{if}=\frac{R_i}{(1+A_xF_x)}$很小,可以近似认为 $R_{if}\to 0$。电压负反馈的输出电阻会很小,可以近似认为 $R_{of}\to 0$;电流负反馈的输出电阻 $R_{of}=\frac{R_o}{(1+A_xF_x)}$会很大,可以近似认为 $R_{of}\to\infty$。对不同的反馈类型,深度负反馈条件下的闭环增益及输入、输出电阻特性见表2.3。

表2.3 深度负反馈条件下的闭环增益及输入、输出电阻特性

参数 \ 组态	电压串联	电压并联	电流串联	电流并联
A_f	$A_{vf}\approx\frac{1}{F_v}$	$A_{rf}\approx\frac{1}{F_r}$	$A_{gf}\approx\frac{1}{F_g}$	$A_{if}\approx\frac{1}{F_i}$
R_{if}	∞	0	∞	0
R_{of}	0	0	∞	∞

(2)深度负反馈放大电路的近似估算

【例2.9】 假设图2.56中的电容对交流信号的容抗均可视为零,并设电路满足深度负反馈的条件,试估算电路的闭环电压放大倍数、输入阻抗和输出阻抗。

解 (1)电压放大倍数

由前面的分析可知,反馈电阻 R_f、R_{e1}和反馈电容 C_f构成了级间交流反馈,反馈的类型为电压串联负反馈。对于电压串联负反馈,在输入端有 $\dot{U}_{be}\approx 0$,$\dot{U}_i\approx\dot{U}_f$,反馈电压取的是射极电阻 R_{e1}对输出电压 $\dot{U}_o$ 的分压,即

$$\dot{U}_f\approx\dot{U}_{Re1}=\frac{R_{e1}}{R_f+R_{e1}}\dot{U}_o$$

对于三极管来说,$\dot{U}_{be}$就是三极管的发射结压降,所以有 $\dot{U}_{be}\approx 0$,那么

$$\dot{U}_i\approx\dot{U}_f=\dot{U}_{Re1}=\frac{R_{e1}}{R_f+R_{e1}}\dot{U}_o$$

可求出闭环电压放大倍数为

$$\dot{A}_{uf}=\frac{\dot{U}_o}{\dot{U}_i}=1+\frac{R_f}{R_{e1}}$$

(2)输入电阻

输入电阻为

$$r_i=R_{b1}/\!/R_{b2}/\!/r_{if}$$

因为是串联反馈,所以 r_{if} 较大。r_i 主要由 $R_{b1}/\!/R_{b2}$ 决定。

(3)输出电阻

输出电阻

$$r_o=R_{c2}/\!/r_{of}\to 0$$

因为电压串联负反馈放大电路的输入电阻高,对输入电压信号源的衰减小,输出电阻小,带负载能力强,所以这种负反馈组态的应用最广泛。

2.8.4 负反馈对放大器性能的影响

由式(2.68)可知,负反馈使放大电路的增益降低了,但负反馈却提高了放大器增益稳定性,拓宽了放大器的频带,减小了放大器非线性失真和改变放大器的输入、输出电阻等性能。

1.提高增益的稳定性

一般情况下,基本放大电路的放大倍数是不稳定的。原因之一是基本放大器的放大倍数与晶体管的电流放大能力 β 值有关,而 β 值与环境温度有关;原因之二是基本放大电路的放大倍数与负载有关,而放大电路的负载是随着使用场合而发生变化的。引入负反馈后,可使放大电路的信号趋于稳定,从而使闭环放大电路的放大倍数趋于稳定。放大倍数的稳定性可用放大倍数的相对稳定性来衡量。

对式(2.68)两边对 A_x 求导得

$$\frac{dA_f}{dA_x}=\frac{1}{1+A_xF_x}-\frac{A_xF_x}{(1+A_xF_x)^2}=\frac{1}{(1+A_xF_x)^2}=\frac{1}{1+A_xF_x}\frac{A_f}{A_x} \tag{2.72}$$

闭环放大倍数的相对变化量为

$$\frac{dA_f}{A_f}=\frac{1}{1+A_xF_x}\frac{dA_x}{A_x} \tag{2.73}$$

式(2.73)表明,闭环放大倍数的相对变化量只是开环放大倍数的相对变化量的 $1/(1+A_xF_x)$,也就是说引入负反馈后,闭环放大倍数的相对稳定性提高了 $1+A_xF_x$,$1+A_xF_x$ 越大,闭环放大倍数越稳定。

【例2.10】 已知某负反馈放大电路的开环放大倍数 $A=10\ 000$,反馈系数 $F=0.01$,由于三极管参数的变化使开环放大倍数减小了10%,试求变化后的闭环放大倍数 A_f 及其相对变化量。

解 三极管参数变化后的开环放大倍数为

$$A=10\ 000\times(1-10\%)=9\ 000$$

闭环放大倍数为

$$A_f=\frac{A}{1+AF}=\frac{9\ 000}{1+9\ 000\times 0.01}\approx 98.9$$

闭环放大倍数 A_f 的相对变化量为

$$\frac{dA_f}{A_f}=\frac{1}{1+AF}\frac{dA}{A}=\frac{1}{1+9\ 000\times0.01}\times10\%\approx0.11\%$$

由此可见,引入负反馈后,电压放大倍数下降,但其相对变化量却大大减小了,从而提高了电压放大倍数的稳定性。

2. 扩展通频带

在放大电路中,由于三极管结电容的存在,使得高频时的放大倍数下降;而阻容耦合放大电路中,由于耦合电容和旁路电容的存在,将使低频时的放大倍数下降。电路引入交流负反馈后,使放大倍数得到稳定,它可以减小由于信号频率变化等原因造成的放大倍数的变化。当输入幅度一定时,若频率变化使输出信号下降,输出信号就相应减小,因而使放大电路的净输入信号与中频时的相比有所提高,使得输出信号回升,通频带得以拓展。在通常情况下,放大电路的增益带宽为一常数,即

$$A_f(f_{HF}-f_{LF})=A_x(f_H-f_L)$$

一般情况下,$f_H\gg f_L$,$A_f\cdot f_{HF}=A_x\cdot f_H$,由此可见,引入负反馈后,闭环放大倍数减多少倍,其带宽就会拓宽多少倍,即引入负反馈可以拓展通频带,但要以闭环放大倍数下降为代价,如图 2.63 所示。

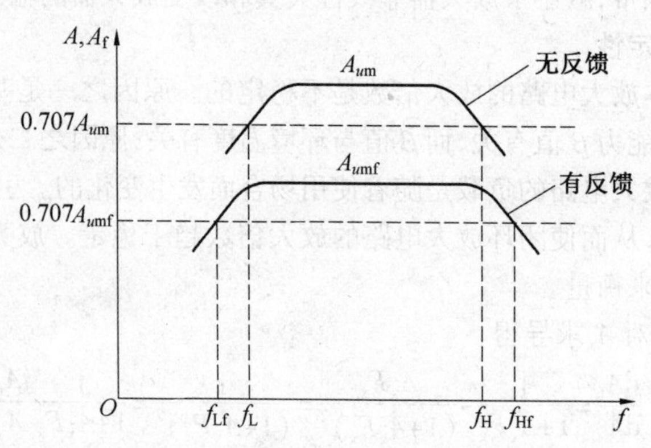

图 2.63 开环与闭环的幅频特性

3. 减小非线性失真

三极管的输入、输出特性曲线都是非线性的,只有在小信号输入的情况下才可以使用。当输入信号较大时,有可能使电路进入非线性区,使输出波形产生非线性失真。利用负反馈可以有效地改善放大电路的非线性失真。

如图 2.64(a)所示,放大电路在没有引入负反馈的情况下,当输入正弦波时,由于放大电路的非线性,使输出信号幅值出现大小、正负半周不对称的失真情况。但是,如果在电路中引入负反馈后,由于反馈信号取自输出信号,所以也呈上大下小的失真情形,这样,净输入信号就会出现上小下大的失真情形,如图 2.64(b)所示;经过放大电路的非线性放大的校正后,使得输出信号幅值的正、负半周幅值趋于对称,近似为正弦波,即引入负反馈可以改善输出波形。可以证明,在输出信号基波不变的情况下,引入负反馈后,电路的非线性失真可以减小到原来的 $\frac{1}{1+A_xF_x}$。

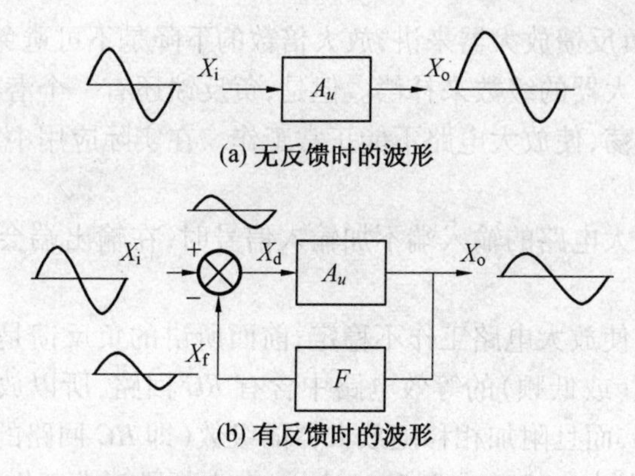

图2.64 负反馈减少非线性失真原理图

4. 改变放大器的输入、输出电阻

放大电路的输入电阻是从放大电路的输入端看进去的等效电阻,负反馈对输入电阻的影响取决于输入端连接方式。串联负反馈使输入电阻 R_i 增大,闭环输入电阻 $R_{if}=(1+A_xF_x)R_i$。并联负反馈使输入电阻减小,闭环 $R_{if}=\frac{R_i}{1+A_xF_x}$。

放大电路的输出电阻是从放大电路的输出端看进去的等效电源的内阻,负反馈对输出电阻的影响取决于在输出端的取样方式。电压负反馈使输出电阻 R_o 减小,闭环 $R_{of}=\frac{R_o}{1+A_xF_x}$,输出电阻减小决定了输出电压趋于稳定。电流负反馈使输出电阻增大,$R_{of}=(1+A_xF_x)R_o$,输出电阻增大决定了输出电流较稳定。负反馈对放大器输入、输出电阻的影响及效果见表2.4。

表2.4 负反馈对放大器输入、输出电阻的影响及效果

类型	串联负反馈	并联负反馈	电压负反馈	电流负反馈
影响	$R_{if}=(1+AF)R_i$	$R_{if}=\frac{R_i}{1+AF}$	$R_{of}=\frac{R_o}{1+A_oF}$	$R_{of}=(1+A_oF)R_o$
效果	提高输入电阻	降低输入电阻	降低输出电阻,使输出电压稳定	提高输出电阻,使输出电流稳定
注意			A_o 为 $R_L\to\infty$ 时的开环增益	A_o 为 $R_L=0$ 时的开环增益

5. 引入负反馈的一般原则

综上所述,放大电路引入负反馈不仅能改善性能,而且各组态的负反馈放大电路还具有不同的特点,为了方便学习,引入负反馈的原则总结如下:

①要稳定直流量(如静态工作点),必须引入直流负反馈;

②要改善交流性能(如放大倍数),必须引入交流负反馈;

③要稳定输出电压或减小输出电阻,必须引入电压负反馈;

④要稳定输出电流或增大输出电阻,必须引入电流负反馈;

⑤要提高输入电阻(提高放大器的灵敏度),必须引入串联负反馈,反之,就要引入并联负反馈。

2.8.5 负反馈放大电路的稳定性

从上面的分析可以看出,负反馈使放大器的性能得到改善是以降低放大器的放大倍数为代价换取的。因此,对负反馈放大器来讲,放大倍数的下降是不可避免的。但是这种放大倍数的下降可以通过增加放大器的级数来补偿。但是,负反馈还有一个潜在的缺点,即可能使负反馈放大电路产生自激振荡,使放大电路不能正常工作。在实际应用中,应尽量避免并设法消除自激振荡。

自激振荡是指在放大电路的输入端不加输入信号时,在输出端会产生一定频率和幅度信号的现象。

自激振荡的产生会使放大电路工作不稳定,前面所讲的负反馈是放大器工作在中频的情形。由于放大器在高频(或低频)的等效电路中含有 *RC* 回路,所以放大器工作在高频段或低频段时会产生附加相移,而且附加相移随放大器的级数(即 *RC* 回路的个数)的增加而变大,每增加一个 *RC* 回路相移增加-90°(或 90°)。这样,在中频段正常工作的负反馈电路,到了高频段(或低频段)便有可能因附加相移达到±180°,从而转变成正反馈。所以自激振荡的实质是放大电路的负反馈变成了正反馈。

1. 高频自激振荡的消除

在负反馈放大电路中,负反馈越强,越容易产生自激振荡,稳定性越差。消除高频自激振荡的基本方法是在基本放大电路中采用改变环路的附加相移(即相位补偿法)。相位补偿法是在基本放大电路或反馈电路中增加电阻、电容等元件,以改变电路参数,使它们的频率特性发生变化,从而破坏自激条件。相位补偿对电路的中频放大倍数基本没有影响。下面介绍两种补偿方法。

(1)滞后补偿

滞后补偿有电容滞后补偿、*RC* 滞后补偿和密勒电容补偿三种。

图 2.65(a)为电容滞后补偿电路,其中 *C* 为补偿电容,它并接在放大器时间常数最大的回路中,也就是接在电路中前级输出电阻和后级输入电阻都很大的节点和地之间。在中、低频时,由于 *C* 的容抗很大,其影响可以忽略;在高频时,由于 *C* 的容抗变小,使放大倍数下降,只要 *C* 的电容量合适,就能够在附加相移为±180°时,不满足自激振荡的条件以消除可能存在的高频振荡。由于接入 *C* 后使放大器在高频区的相位滞后,所以这种补偿为滞后补偿。由于放大电路的上限截止频率主要由时间常数最大回路决定,当并接补偿电容后,会使放大电路的上限截止频率变小,通频带变窄。因此,可采用图 2.65(b)所示的 *RC* 滞后补偿,它用串联的 *R*、*C* 代替 *C* 构成补偿电路。*RC* 滞后补偿比电容滞后补偿在通频带宽度方面有所改善,但补偿效果稍差。

上述两种补偿电路所需的补偿电容量较大,这对放大电路的集成化是不利的,因此可采用图 2.65(c)所示的密勒电容补偿。图中,补偿电容 *C* 接在 Q_2 的输出端和输入端之间,根据密勒效应的原理,相当于在 Q_2 的输入端和地之间接一个大电容。因此,在图 2.65(c)中只需接一个较小的补偿电容,就能达到图 2.65(a)、(b)所示电路中接较大补偿电容同样的效果。集成运放电路中常采用这种方法进行补偿。

(2)超前补偿

若在某一频率处负反馈放大电路产生自激振荡,加入补偿电容改变反馈网络或基本放大器的频率特性,使反馈电压的相位超前于输出电压,这样总移相角将小于-180°,即 $|\Delta\Phi| < 180°$,负反馈放大电路不会产生自激振荡。这种方法称为超前补偿,如图 2.66 所示。

图中,补偿电容 *C* 并接在 R_{E1} 的两端(R_{E1} 和恒流源 *I* 组成电平移动电路),故可改变基本放

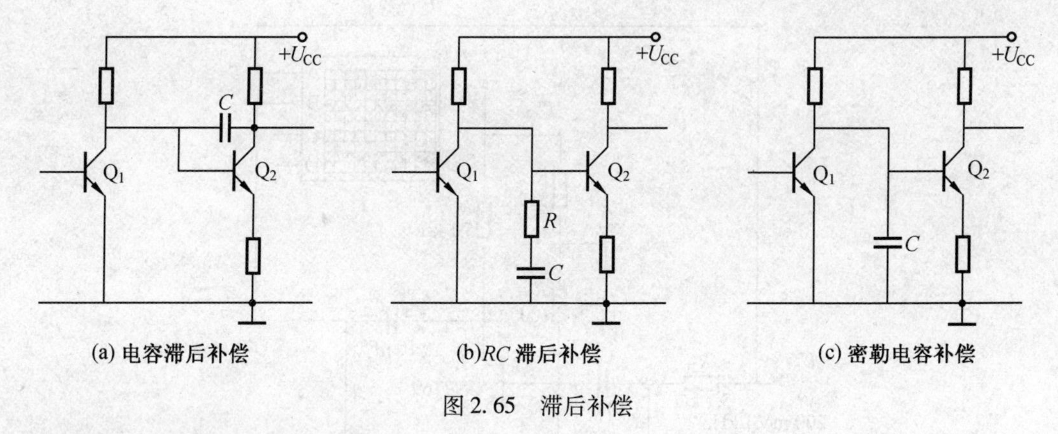

图 2.65　滞后补偿

大电路的频率特性。

2. 低频自激振荡的消除

低频自激振荡一般是由直流电源耦合引起的，由于直流电源对各级放大电路供电，各级的交流电流在电源内阻上产生的压降会随电源而相互影响，因此电源内阻的交流耦合作用可能使级间形成正反馈而产生自激。

消除这种自激的方法有两种：一是采用低内阻（零点几欧姆以下）的稳压电源；二是在电路的电源进线处加去耦电路，如图 2.67 所示。图中 R 一般选用几百至几千欧姆的电阻；C 选几十至几百微法的电解电容，用以滤除低频；C' 选小容量的无感电容，用以滤除高频。

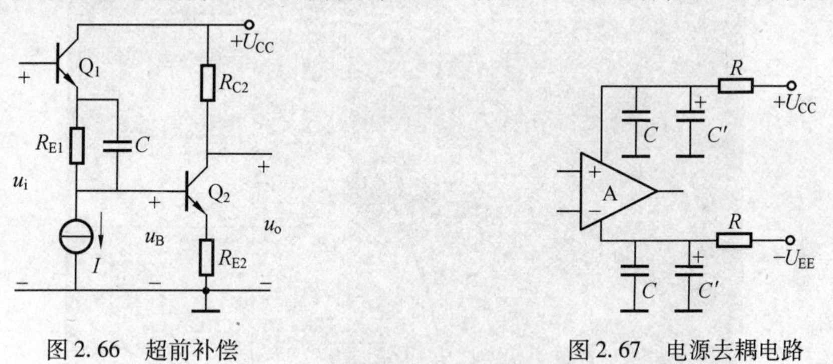

图 2.66　超前补偿　　图 2.67　电源去耦电路

*2.9　电路仿真实例

【例 2.11】　分析共发射极放大电路。

解　利用 Proteus 软件仿真分析图 2.68 所示电路。

分析步骤如下：

(1) 用 Proteus 软件画出图 2.68 所示电路。首先要调整三极管的静态工作点，把信号 U_i 断开后运行，调整 R_{V1} 电阻值，使万用表读数为 1.9 V 左右。

(2) 接上信号 U_i，运行，示波器结果如图 2.69 所示。可见输入波形被反相放大，电压放大倍数约为 3。

【例 2.12】　电压串联负反馈电路的非线性失真仿真分析。

解　利用 Proteus 软件仿真分析图 2.70 所示电压串联负反馈电路，观察输出结果。

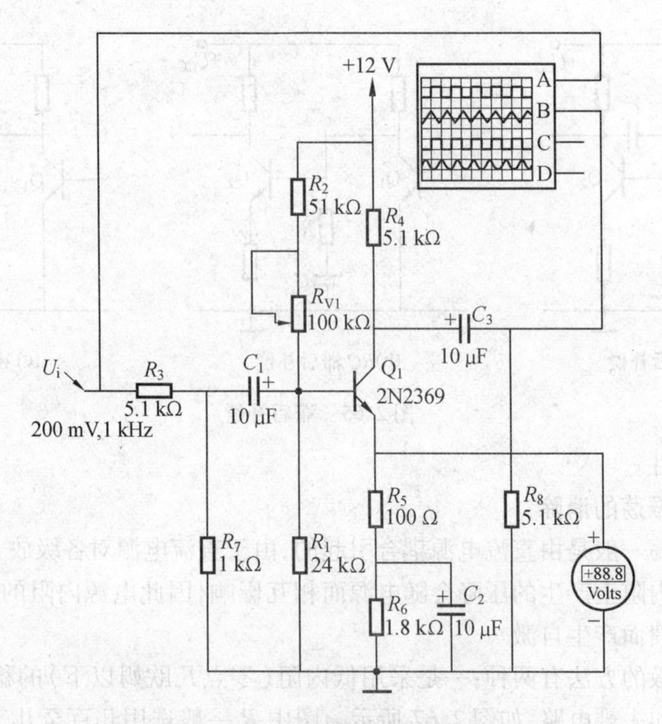

图 2.68　共发射极放大仿真电路

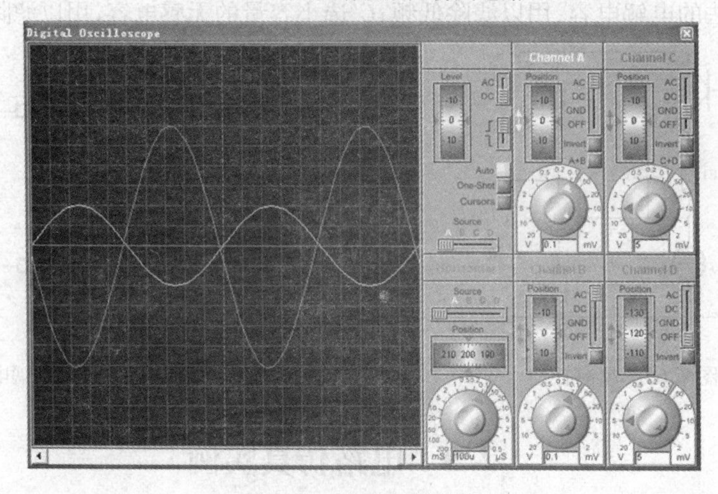

图 2.69　仿真结果分析

分析步骤如下：

(1)分析在开关 K 断开，没有接入反馈电路的情况下，电路的输入与输出信号仿真结果，如图 2.71 所示。

(2)分析在开关 K 接通，电路接入电压串联反馈的情况下，电路的输入与输出信号仿真结果，如图 2.72 所示。

由图 2.71 和图 2.72 可以看出，电路在无反馈时的输出信号产生严重的失真，输出信号的波形近似为方波；在引入电压串联负反馈网络后，输出信号的幅值由原来的 3.75 V 变为 30 mV，而输出信号与输入信号一样为正弦波，不存在失真。由此可见，集成运算放大器引入负反馈后电路的放大倍数会降低，非线性失真减小，这个结果与理论一致。

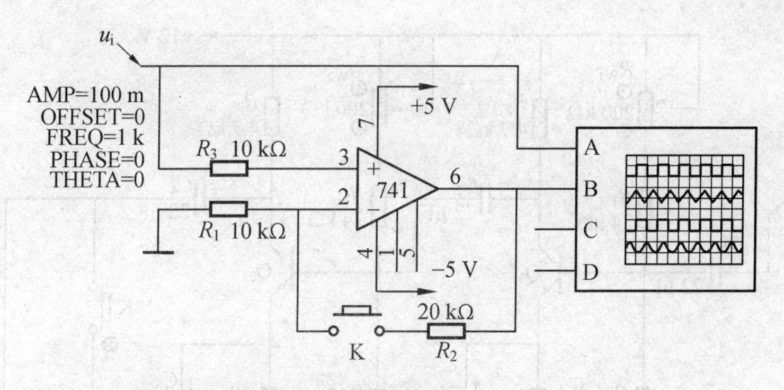

图 2.70　电压串联负反馈电路

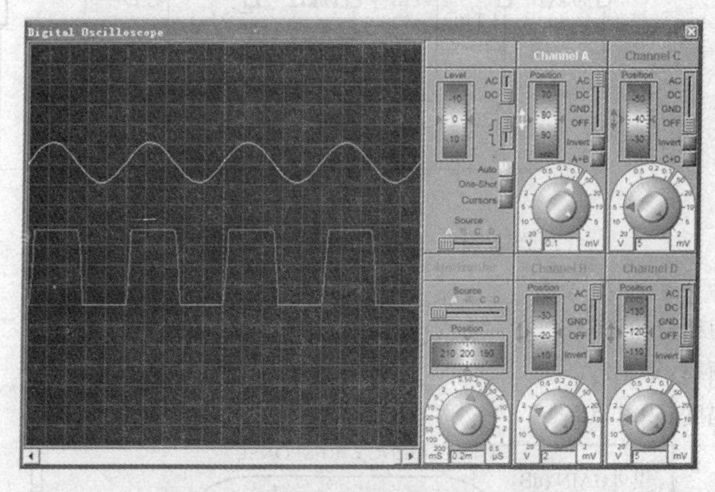

图 2.71　无反馈时电路的输入输出信号

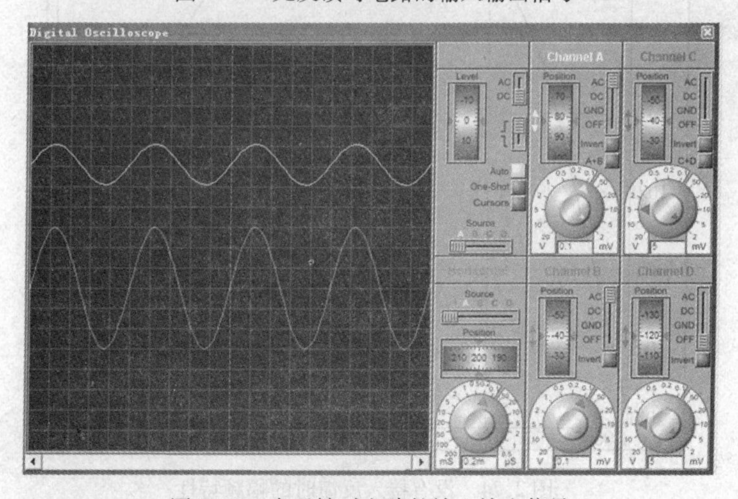

图 2.72　有反馈时电路的输入输出信号

【例 2.13】　二级电压串联负反馈电路的频率特性仿真分析。

解　利用 Proteus 软件仿真分析图 2.73 所示电路频率特性，观察输出结果。

分析步骤如下：

(1)分析在开关 K 断开，没有接入反馈电路的情况下，电路的幅频特性仿真结果，如图 2.74所示。

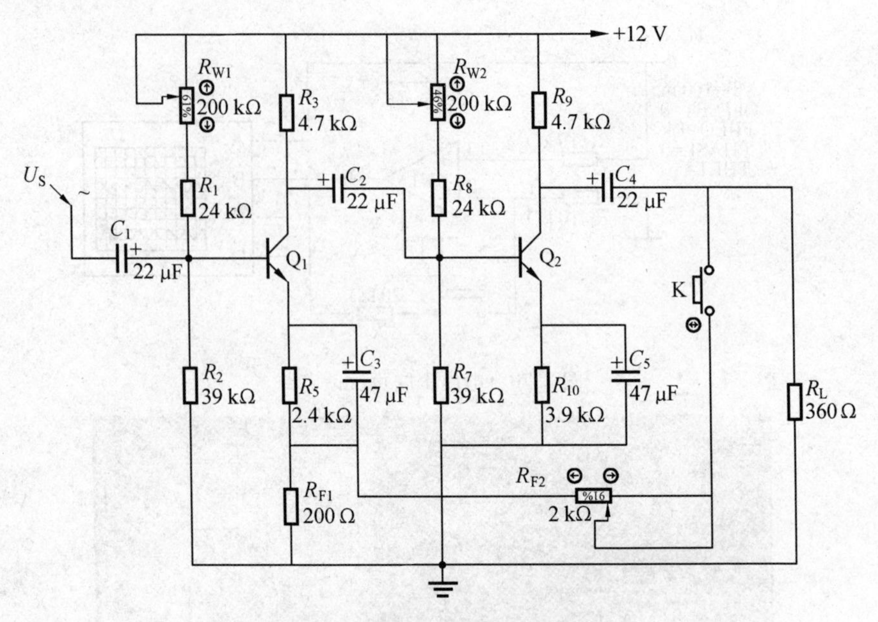

图 2.73　二级电压串联负反馈电路

仪表数据：
高端截止频率:700 kHz
低端截止频率:60 Hz
输出信号幅度:39.1 dB

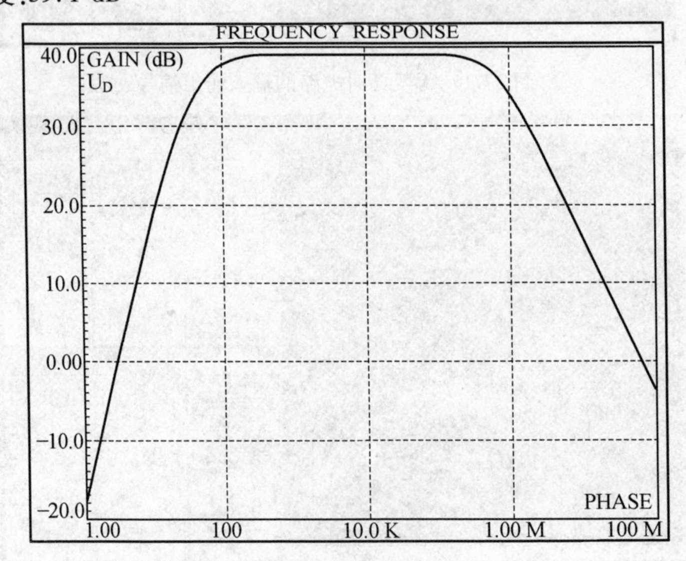

图 2.74　没有接入反馈时的幅频特性

(2)分析在开关 K 接通，接入反馈网络的情况下，电路的频率特性仿真结果，如图 2.75 所示。

仪表数据：
高端截止频率:7.34 MHz
低端截止频率:7.44 Hz

输出信号幅度:19.1 dB

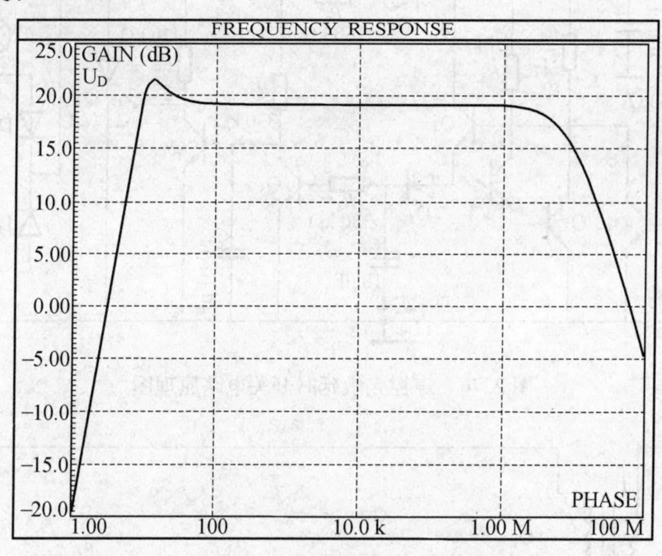

图2.75　接入反馈时的幅频特性

结论:二级放大电路引入反馈后的通频带明显变宽了10倍多,而电路的输出信号幅值也减小为原来的1/10。这个仿真测试结果与理论一致。

◆应用实例

1.声控光敏延时开关电路

图2.76是声控光敏延时开关电路。VT是光敏三极管3DU31A,白天光敏三极管VT受光照呈低阻状态,使晶体管Q_3导通,Q_4、Q_5截止,可控硅Q_7(MCR100)截止,灯泡LAMP处于熄灭状态。由于晶体管Q_3一直处于导通状态,因此不管有什么声音,灯泡LAMP都不会点亮。

夜晚光敏三极管无光照,内阻增大,使Q_3处于截止状态,若无声响,则电路仍不通,灯不亮。当有声响时(如有人走过的脚步声、拍手声、关门声等),话筒B接收声响信号并转换为电信号,经Q_1、Q_2后,使Q_4导通,电源经Q_4、D_2给电容C_3迅速充电,并使Q_5导通,Q_6截止,触发可控硅Q_7导通,点亮灯泡LAMP。声响消失后,由于Q_3慢慢放电的作用,使Q_5延时约5 s后才转为截止状态,并使Q_6导通,可控硅Q_7截止,灯泡熄灭。

2.电子灭鼠器电路

图2.77是电子灭鼠器电路。B是一只隔离、升压式变压器。次级6 V左右的低压经D_1整流、C_1滤波后得到6 V左右的直流电压做控制用。高压交流电由D_2整流后得到的脉动电压做触杀电源。单向可控硅Q_3(MCR100)用于控制高压的开与关,Q_3阴极通过灯泡LAMP接到电网上。工作时,三极管Q_1因基极电路悬浮而截止,Q_3也截止,电网与地之间只有直流低压,因而产生的电场很弱,不会使老鼠引起警觉。当有老鼠碰到电网时,Q_1立即导通,将Q_3触发,脉动高压通过LAMP立即加到电网上,将老鼠击倒。在Q_1导通的同时,Q_2也饱和导通,继电器J得电使开关J1吸合,电铃DL的电源接通而打响,提示有老鼠触电需及时清理。

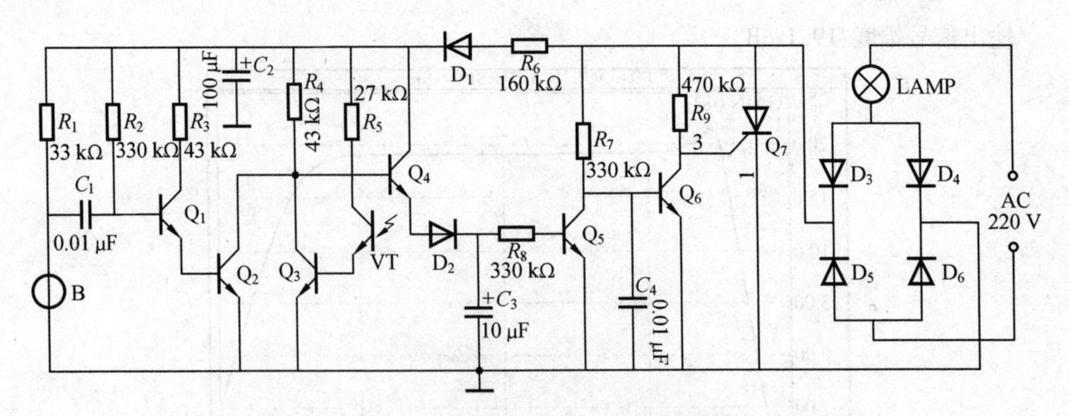

图 2.76　声控光敏延时开关电路原理图

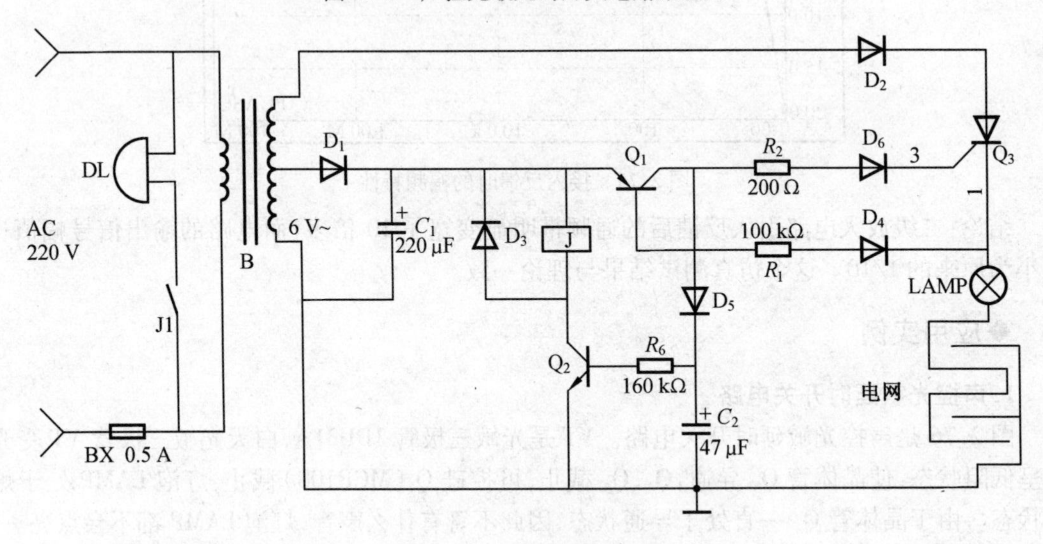

图 2.77　电子灭鼠器电路

实践技能训练:基本放大电路的测试

一、实训目的

(1)通过实验加深对单管共射极放大电路特点的了解;

(2)掌握共射极放大电路静态工作点的调节方法;

(3)掌握动态工作点改变对放大电路输出波形的影响;

(4)掌握放大电路动态指标的测试方法。

二、主要仪器和设备

信号发生器、万用表、示波器、模拟电子实验箱。

三、实训原理

图 2.78 所示是共射极放大电路,U_{CC}接+12 V 的直流电压,可变电阻 R_P用于调整共射极放

大电路的静态工作点，R_b作为信号源的附加内阻，以方便测量电路的输入电阻。

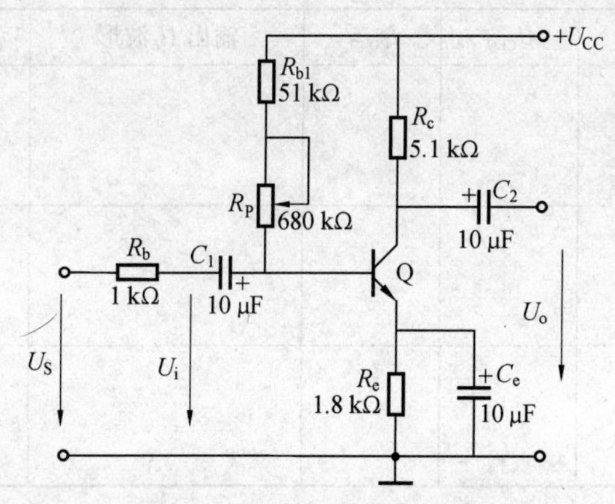

图 2.78　共发射极放大电路

1. **静态工作点**

$$I_{BQ}=\frac{U_{R_{b1}}}{R_{b1}},\quad I_{CQ}\approx\frac{U_{CC}-U_{CEQ}}{R_c+R_e}$$

2. **放大电路的交流参数——电压放大倍数、输入阻抗和输出阻抗**

当输入、输出电压波形不失真时，用示波器分别测量输入、输出电压的峰峰值 U_{ipp} 和 U_{opp}，则放大电路的交流参数为

$$r_i=\frac{U_{ipp}}{U_{Spp}-U_{ipp}}\cdot R_b,\quad r_o=\left(\frac{U'_{opp}}{U_{opp}}-1\right)R_L,\quad A_u=\frac{U_{opp}}{U_{ipp}}$$

四、实训内容与步骤

1. **调整静态工作点**

(1) 调整直流稳压电源，使其输出 12 V，并接在实验电路的 U_{CC} 和地之间；

(2) 调节 R_P 使 $U_{CEQ}=6$ V；

(3) 用万用表分别测量 U_{BEQ}、U_{CEQ}、U_{Rb1} 的数值，并计算出 I_{BQ}、I_{CQ} 和 β 值，填入表 2.5 中。

表 2.5　测量数据

R_P	R_{b1}	R_c	R_e	U_{BEQ}	U_{CEQ}/V	U_{Rb1}	I_{BQ}/μA	I_{CQ}/mA	β

2. **观察放大电路的非线性失真**

观察静态工作点对放大电路输出波形的影响。（要求 $R_L=2.4$ kΩ）

(1) 在 $U_{CEQ}=6$ V 的情况下，调节 $U_{ipp}=20$ mV，$f=1$ kHz 正弦波，观察 U_o波形是否失真？

(2) 改变 R_P中心抽头的位置，增大 U_{BEQ}直至观察到 U_o的负半周出现失真，断开 C_1、C_2，测出此时电路的静态工作点 U_{BEQ}，U_{CEQ}，记录于表 2.6 中。

(3) 接上 U_i信号，改变 R_P中心抽头的位置，减小 U_{BEQ}直至观察到 U_o的正半周出现失真，断开 C_1、C_2，测出此时电路的静态工作点 U_{BEQ}，U_{CEQ}，记录于表 2.6 中。

表 2.6　静态工作点对输出波形的影响

工作点状态	U_{BEQ}	U_{CEQ}	I_{CQ} =	输出 U_o波形	波形失真分析
工作点正常					
工作点过高					
工作点过低					

3. 测量电压放大倍数、输入阻抗和输出阻抗

(1)调节函数信号发生器,给电路输入 $U_{Spp}=30$ mV,$f=1$ kHz 的中频正弦信号。

(2)用示波器观察电路输出 U_o波形。在 U_o不失真时,测出电路的净输入电压 U_i及电路在带载时的 U_o与不带载时的 U'_o。记录于表 2.7 中。

表 2.7　放大电路的动态测试

测量值				计算值			
输入		输出		电压放大倍数计算		阻抗计算	
U_{Spp}	U_{ipp}	U_{opp}	U'_{opp}	$A_u=U_{opp}/U_{ipp}$	$A_u=U'_{opp}/U_{ipp}$	r_i	r_o

五、注意事项

(1)在连接电路时,要注意用不同的颜色来区分电源线、地线和其他信号线,要尽量选用较短的连接线,使用前要注意检查连接线是否断路。

(2)测试静态工作点时,应关闭信号源或使信号源电压为零;在测试交流参数时,要注意给电路加上直流电压。

(3)在用万用表测电路中的交、直流电压时,要注意选择正确的挡位,在转换挡位时,要先断开万用表与电路的连接,以免损坏电表。

(4)注意输入信号的数值大小,严禁将输入信号直接接在三极管的 B-E 之间(发射结),以免烧坏三极管;要特别注意不可带电接插元器件。

(5)注意示波器和信号源的使用方法,严禁盲目操作,特别要注意信号连接线的电气性能,保证连接线能正确连通信号。

本章小结

1. 放大电路的组成及其工作原理

放大电路的组成原则是:

①发射极正偏,集电极反偏;

②放大电路能够不失真地工作;

③信号能够正常输入、输出。

放大电路的工作原理:在正确偏置的作用下,变化的 u_i 引起变化的 i_b,变化的 i_b 又引起变化的 i_c,i_c 的变化引起 u_{ce} 的变化,经过 C_2 的隔直后,有 $u_o = u_{ce}$ 输出。放大电路放大的实质是将直流电能转化成交流电能。

2. 基本放大电路的分析

基本放大电路的分析方法有图解法和微变等效电路法两种。图解法主要用于大信号失真分析和静态工作点分析,小信号情况下的分析采用微变等效电路法。

放大电路的分析方法是:先静态,后动态。静态分析是为确定静态工作点 Q,即 I_{BQ}、I_{CQ}、I_{EQ};动态分析包括波形和动态指标,即 A_u、R_i 和 R_o。

在放大电路的分析中要掌握画放大电路直流通路、交流通路和微变等效电路的要领。画放大电路直流通路的方法是将电路中的电容器视为开路,画放大电路交流通路的方法是将电路中的电容器和直流电源都视为短路,画放大电路微变等效电路的方法是用三极管的等效模型将交流通路中的三极管替代即可。

由于三极管的参数易受温度影响,所以实用放大电路都采用工作点稳定的措施,常用工作点稳定的放大电路是分压式偏置电路。由于三极管是非线性器件,所以放大电路很容易出现非线性失真,非线性失真的类型有饱和失真、截止失真和大信号失真,失真的原因是工作点不合适或是输入信号过大,解决的办法是减小输入信号的幅值,调整静态工作点到合适的位置,即交流负载线在放大区内的中点。

3. 放大电路的三种组态

三极管放大电路有三种基本接法:共射极、共集电极和共基极电路。其中共射极放大电路能放大电压和电流,输出与输入同频反相,应用广泛;共集电极放大电路能放大电流,无电压放大能力,输入电阻大,输出电阻小,多用于放大系统的输入级、输出级和缓冲级;共基极放大电路能放大电流,无电流放大能力,且输入电阻低、输出电阻高,一般只用作高频放大。

4. 多级放大电路

多级放大电路有3种耦合方式,即阻容耦合、直接耦合、变压器耦合。多级放大电路的电压放大倍数等于各级放大倍数之积;输入电阻为第一级电路的输入电阻;输出电阻等于末级电路的输出电阻。

5. 集成运算放大器的概述

集成运算放大器的内部实质是一个高放大倍数的多级直接耦合放大电路。它的内部通常包括4个基本组成部分,即输入级、中间级、输出级和偏置电路。为了有效地抑制零漂,运算放大器的输入级常采用差分放大电路。

理想运算放大器就是将集成运算放大器的各项技术指标理想化。集成运算放大器有线性和非线性两种工作状态,在其传输特性曲线上对应两个区域,即线性区和非线性区。在线性工作区时,理想运算放大器满足“虚短”和“虚断”的特点,而在非线性工作区,理想运算放大器的输出为正、负两个饱和值。

6. 电路中的反馈

反馈按反馈信号的不同可以分为直流反馈和交流反馈,按反馈性质的不同可以分为正反馈和负反馈。根据反馈网络从输出端取样的不同,反馈可以分为电流反馈和电压反馈;根据反馈信号与输入信号的叠加方式的不同,可以分为串联反馈和并联反馈。利用瞬时极性法和相应的判别规则定性分析反馈放大电路的反馈极性和反馈类型是学习的重点。

反馈有四种组态:电压串联、电压并联、电流串联和电流并联。电压反馈能稳定电路的输出电压,电流反馈能稳定电路的输出电流,串联反馈可以提高电路的输入电阻,并联反馈降低电路的输入电阻,这是不同反馈型电路的特点。熟练掌握定性分析反馈电路的组态和特点的方法是学习的重点。

一般情况下,负反馈放大电路的定量计算是比较复杂的,但对于深度负反馈放大电路的分析计算比较简单。负反馈改善放大电路的性能是以牺牲放大倍数为代价的,引入的反馈越深,对放大倍数稳定性的提高,扩展通频带,减小非线性失真以及对输入和输出电阻的影响都会较明显。

习 题

2.1 填空题

(1) 射极输出器的主要特点是电压放大倍数小于而接近于1,________、________。

(2) 三极管的偏置情况为________________时,三极管处于饱和状态。

(3) 射极输出器可以用作多级放大器的输入级,是因为射极输出器的________。

(4) 射极输出器可以用作多级放大器的输出级,是因为射极输出器的________。

(5) 常用的静态工作点稳定的电路为________________电路。

(6) 为使电压放大电路中的三极管能正常工作,必须选择合适的________。

(7) 三极管放大电路静态分析就是要计算静态工作点,即计算________、________、________三个值。

(8) 共集电极放大电路(射极输出器)的________极是输入、输出回路公共端。

(9) 共集电极放大电路(射极输出器)是因为信号从________极输出而得名。

(10) 射极输出器又称为电压跟随器,是因为其电压放大倍数________。

(11) 画放大电路的直流通路时,电路中的电容应________。

(12) 画放大电路的交流通路时,电路中的电容应________。

(13) 若静态工作点选得过高,容易产生________失真。

(14) 若静态工作点选得过低,容易产生________失真。

(15) 放大电路有交流信号时的状态称为________。

(16) 当________时,放大电路的工作状态称为静态。

(17) 当________时,放大电路的工作状态称为动态。

(18) 放大电路的静态分析方法有________、________。

(19) 放大电路的动态分析方法有________、________。

(20) 放大电路输出信号的能量来自________。

(21) 负反馈使放大器性能得到了改善,________,________,________。

(22) 负反馈虽使放大电路的放大倍数________了,但其他的性能得到了改善。

(23) 正反馈使放大器的放大倍数________,负反馈使放大器的放大倍数________。

(24) 放大器中引入电流并联负反馈可以使输出电流________,输入电阻变________。

(25) 放大器中引入串联负反馈可以使________电阻增大。

(26) 放大器中引入并联负反馈可以使________电阻减小。

(27) 若要使放大器的输入电阻增大应引入________式负反馈。

(28) 若要使放大器的输入电阻减小应引入________式负反馈。

(29) 若要使放大器的输出电压稳定应引入________式负反馈。

(30) 若要使放大器的输出电流稳定应引入________式负反馈。

(31) 加入负反馈后,可以使放大器的通频带变________。

(32) 深度负反馈电路的放大倍数表达式为________。

2.2　选择题

(1) 要使一个放大器的输入电阻增大,输出电压稳定应引入________。

A. 电流串联负反馈　B. 电压并联负反馈　C. 电压串联负反馈

(2) 射极输出器属于________。

A. 电流串联负反馈　B. 电压并联负反馈　C. 电压串联负反馈

(3) 在负反馈放大器中,射极输出器具有________。

A. 最高的输入电阻和最高的输出电阻　B. 最高的输入电阻和最低的输出电阻

C. 最低的输入电阻和最稳定的放大倍数　D. 最小的非线性失真和最高的输出电阻

(4) 电压串联负反馈可以使电路________。

A. 输入电阻增大,输出电阻减小　B. 输入电阻增大,输出电阻增大

C. 输入电阻减小,输出电阻减小　D. 输入电阻减小,输出电阻增大

(5) 为了稳定共射极放大电路的静态工作点,在晶体管发射极电路串联电阻 R_e,实质是引入了直流________。

A. 电流串联负反馈　B. 电压串联负反馈

C. 电流并联负反馈　D. 电压并联负反馈

(6) 为了使放大电路的输入电阻减小,在电路中可引入________。

A. 电压串联负反馈　B. 电流串联负反馈　C. 电压并联负反馈

(7) 负反馈可以改善电路的性能,引入________可以提高放大器的灵敏度。

A. 直流电流串联负反馈　B. 交流电压串联负反馈

C. 直流电流并联负反馈　D. 交流电压并联负反馈

(8) 对于放大电路,所谓开环是指________,而所谓闭环是指________。

A. 无信号源,考虑信号源内阻　B. 无反馈通路,存在反馈通路

C. 无电源,接入电源　D. 无负载,接入负载

(9) 在输入量不变的情况下,若引入反馈后________,则说明引入的反馈是负反馈。

A. 输入电阻增大　B. 输出量增大

C. 净输入量增大　D. 净输入量减小

(10) 直流负反馈是指________。

A. 直接耦合放大电路中所引入的负反馈　B. 只有放大直流信号时才有的负反馈

C. 在直流通路中的负反馈　D. 有隔直电容的放大器中的负反馈

(11) 交流负反馈是指________。

A. 阻容耦合放大电路中所引入的负反馈　B. 只有放大交流信号时才有的负反馈

C. 在交流通路中的负反馈　D. 有旁路电容的放大器中的负反馈

（12）若希望放大器从信号源索取的电流小，可采用________；若希望电路负载变化时，输出电流稳定，则可引入________；若希望电路负载变化时，输出电压稳定，则可引入________。

A. 串联负反馈；电流负反馈；电压负反馈

B. 电流负反馈；串联负反馈；电压负反馈

C. 串联负反馈；电压负反馈；电流负反馈

D. 并联负反馈；电流负反馈；电压负反馈

（13）如图 2.79 所示电路只是原理性电路，只存在交流负反馈的电路是________；只存在直流负反馈的电路是________；交、直流负反馈都存在的是________；存在正反馈的电路是________。

A.（a），（c），（d），（b）

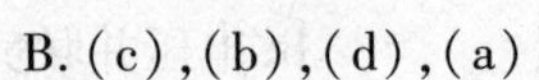
B.（c），（b），（d），（a）

C.（c），（d），（b），（a）

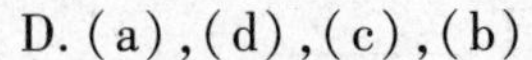
D.（a），（d），（c），（b）

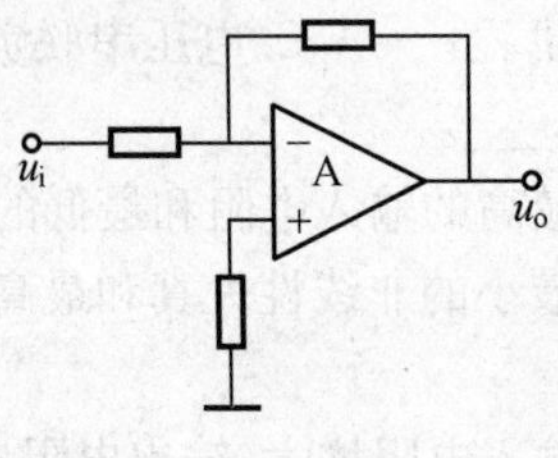

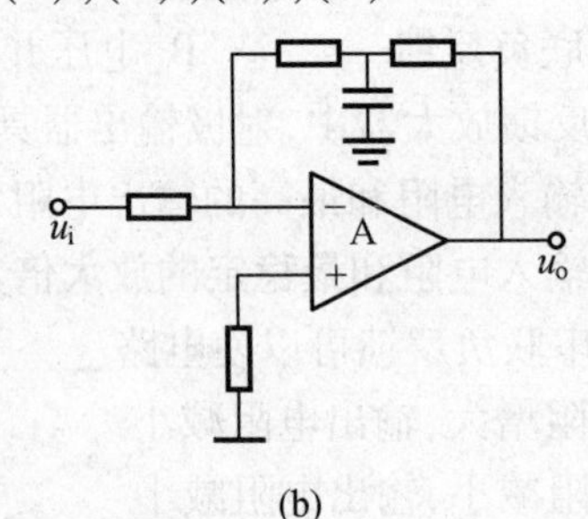

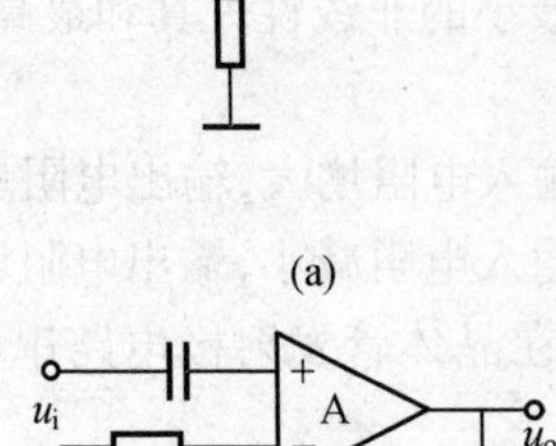

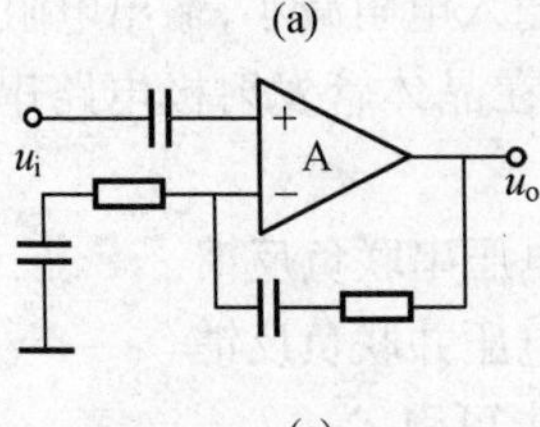

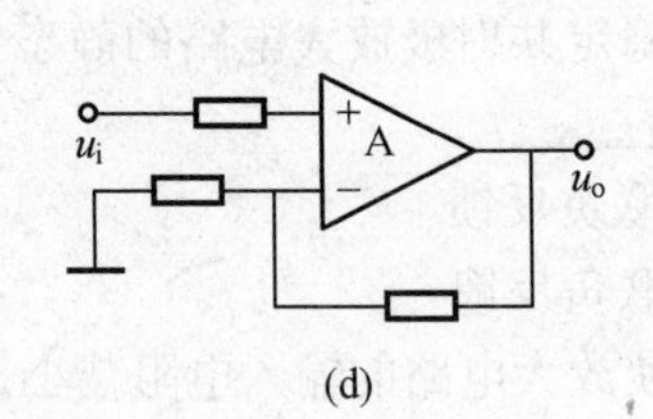

图 2.79 题 2.2(13)图

（14）判断如图 2.80 所示电路中负反馈类型；图 2.28（a）存在________；图 2.28（b）存在________；图 2.28（c）存在________。

A. 电压并联，电压串联，电流串联

B. 电压串联，电压并联，电流串联

C. 电压并联，电流串联，电流并联

D. 电流并联，电压串联，电流串联

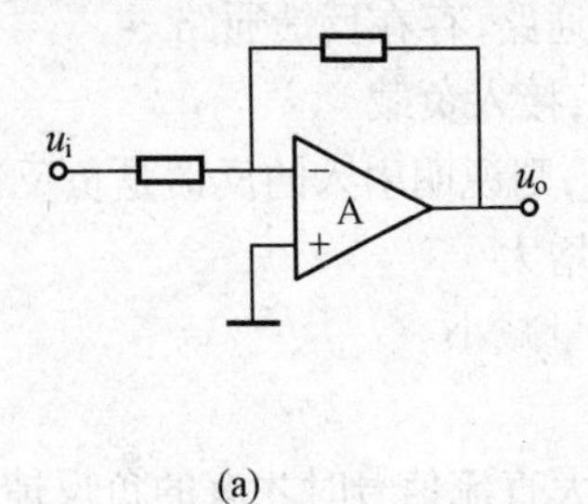

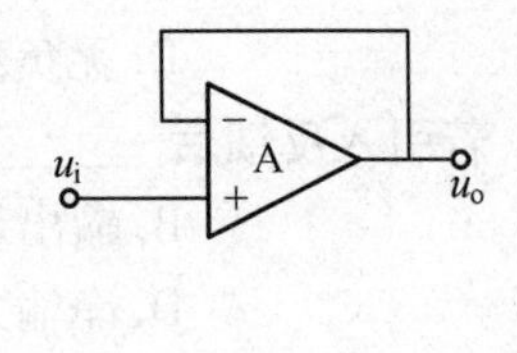

(b)

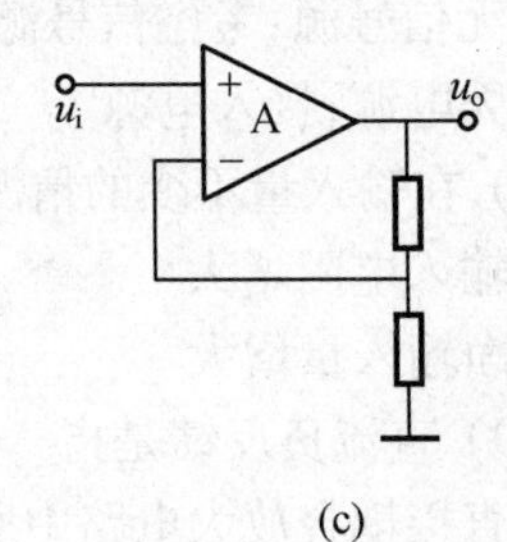

(c)

图 2.80 题图 2.2(14)图

（15）如果要求输出电压 u_o 基本稳定，并能提高输入电阻，在交流放大电路中应引入哪种类型的负反馈？

A. 电压串联负反馈

B. 电流并联负反馈

C. 电压并联负反馈　　　　　　　　　　D. 电流串联负反馈

(16) 判断如图2.81所示电路存在的负反馈类型________。

A. 图2.81(a)为电压并联;图2.81(b)为电压串联

B. 图2.81(a)为电流串联;图2.81(b)为电压串联

C. 图2.81(a)为电流并联;图2.81(b)为电压并联

D. 图2.81(a)为电压串联;图2.81(b)为电流并联

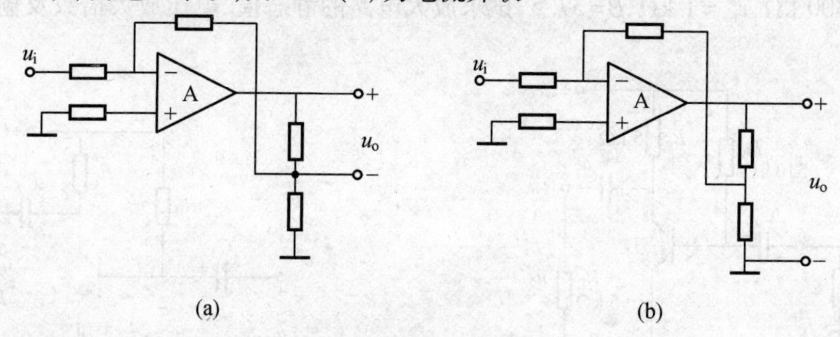

图2.81　题2.2(16)图

(17) 为组成满足下列要求的电路,应分别引入何种组态的负反馈:①组成一个电压控制的电压源,应引入________;②组成一个由电流控制的电压源,应引入________;③组成一个由电压控制的电流源,应引入________;④组成一个由电流控制的电流源,应引入________。

A. 电压串联;电压并联;电流串联;电流并联

B. 电压并联;电压串联;电流串联;电流并联

C. 电流并联;电流串联;电压串联;电压并联

D. 电压串联;电流串联;电压并联;电流并联

计算题

2.3　在如图2.82所示共射极放大电路中,$U_{CC}=12$ V,三极管的电流放大系数$\beta=40$,$r_{be}=1$ kΩ,$R_B=300$ kΩ,$R_C=4$ kΩ,$R_L=4$ kΩ。求:

(1) 接入负载电阻R_L前、后的电压放大倍数;

(2) 输入电阻r_i和输出电阻r_o。

2.4　在如图2.83所示共射极基本交流放大电路中,已知$U_{CC}=12$ V,$R_C=4$ kΩ,$R_L=4$ kΩ,$R_B=300$ kΩ,$r_{be}=1$ kΩ,$\beta=37.5$。试求:

(1) 放大电路的静态值;

(2) 试求电压放大倍数A_u。

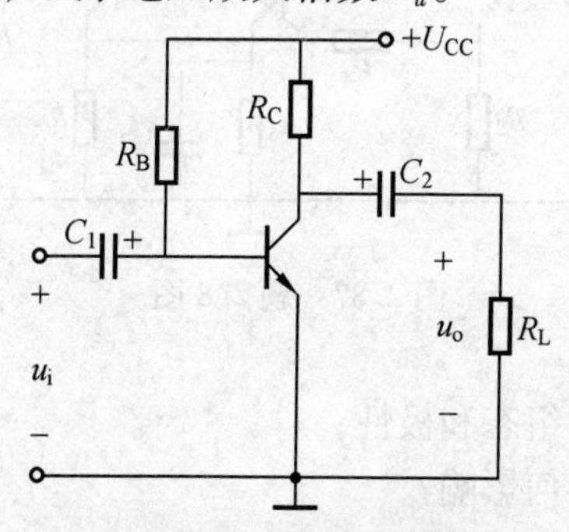

图2.82　题2.3图

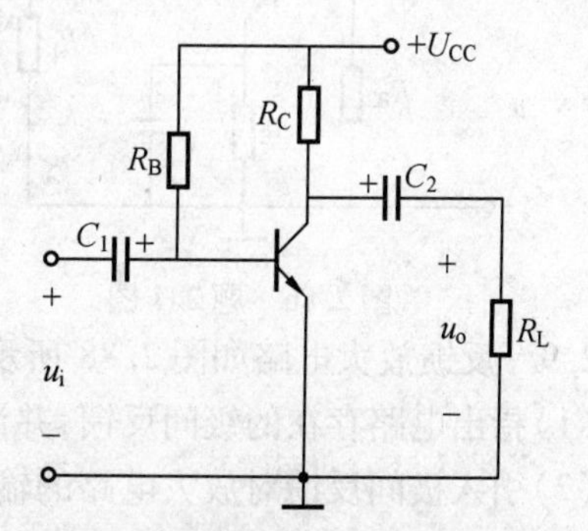

图2.83　题2.4图

2.5　在如图2.84所示电路中,已知晶体管的$\beta=80$,$r_{be}=1$ kΩ,$U_i=20$ mV;静态时$U_{BE}=$

0.7 V,U_{CE}=4 V,I_B=20 μA。求:

(1) 电压放大倍数;

(2) 输入电阻;

(3) 输出电阻。

2.6 在如图 2.85 所示的共射极基本交流放大电路中,已知 U_{CC}=12 V,R_C=4 kΩ,R_L=4 kΩ,R_B=300 kΩ,r_{be}=1 kΩ,β=37.5,试求放大电路的静态值、电压放大倍数及输入电阻和输出电阻。

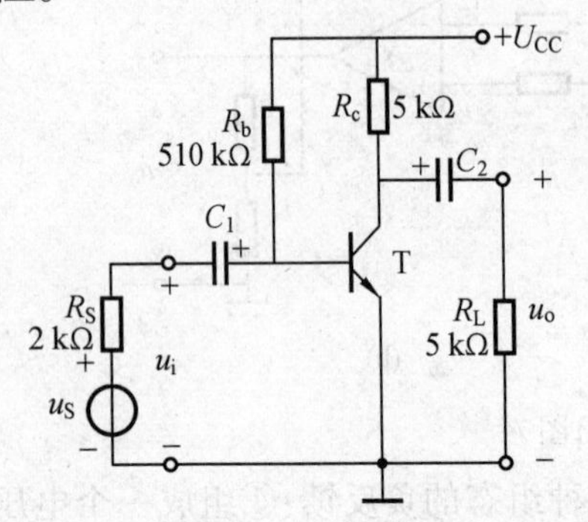

图 2.84 题 2.5 图

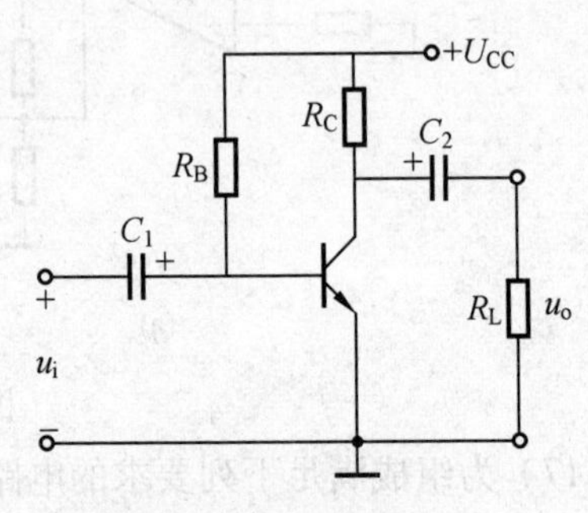

图 2.85 题 2.6 图

2.7 如图 2.86 所示为分压式偏置放大电路,已知 U_{CC}=24 V,R_C=3.3 kΩ,R_E=1.5 kΩ,R_{B1}=33 kΩ,R_{B2}=10 kΩ,R_L=5.1 kΩ,β=66,U_{BE}=0.7 V。试求:

(1) 静态值 I_B、I_C和 U_{CE};

(2) 画出微变等效电路。

2.8 在图 2.87 电路中:

(1)电路中共有哪些反馈(包括级间反馈和局部反馈),分别说明它们的极性和组态;

(2)电路中引入的极间反馈对电路产生什么影响?

(3)电路中的 C_2有什么作用?

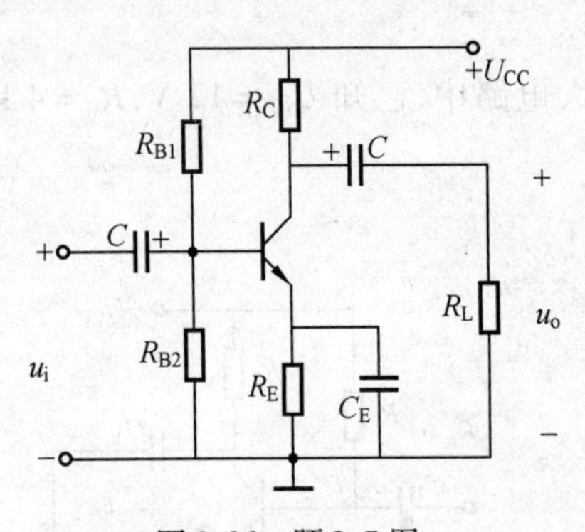

图 2.86 题 2.7 图

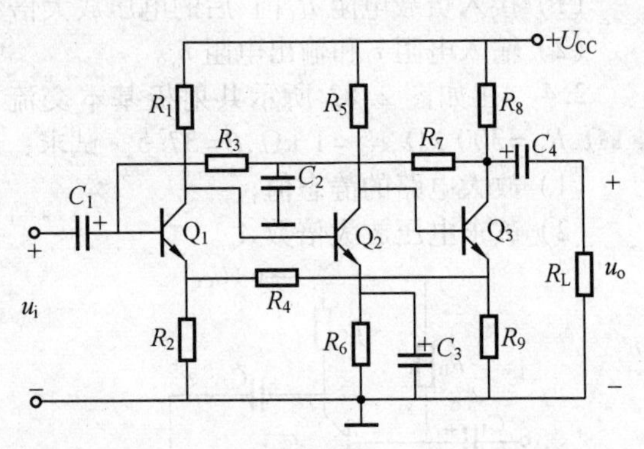

图 2.87 题 2.8 图

2.9 反馈放大电路如图 2.88 所示。

(1)指出电路存在的级间反馈,并说明这个反馈的组态和极性;

(2)引入极间反馈对放大电路的输入、输出电阻有何影响?

2.10 在如图 2.89 所示各电路中,要求达到以下效果,应该引入什么类型的反馈?

(1) 提高从 B_1 点看进去的输入电阻,引入________反馈,R_F 应该从________接到

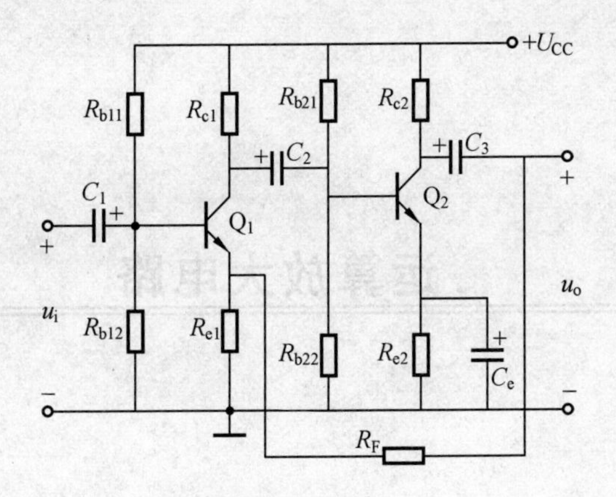

图2.88　题2.9图

______;

(2)减小输出电阻,引入______反馈,R_F应该从______接到______。

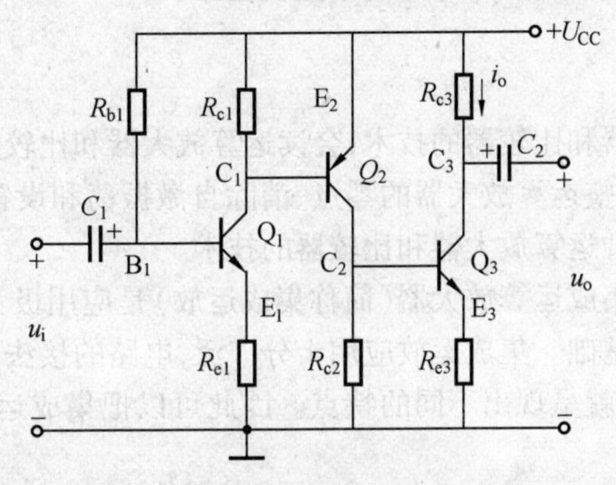

图2.89　题2.10图

2.11　一个放大电路的开环增益为$A_{uo}=10^4$,当它接成负反馈放大电路时,其闭环电压增益为$A_{uf}=50$,若A_{uo}相对变化率为10%,问A_{uf}变化多少?

2.12　电路如图2.90所示,试在深度负反馈的条件下,近似计算电路的闭环电压放大倍数,并定性分析电路的输入和输出电阻。

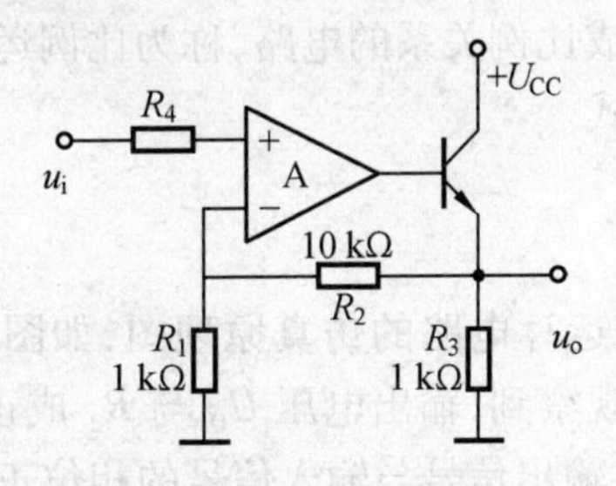

图2.90　题2.12图

第3章 运算放大电路

◆**知识点**

比例运算电路；加减运算电路；积分和微分运算电路；有源滤波电路；精密整流电路；单限电压比较电路；双限电压比较电路；滞回电压比较电路。

◆**技术技能点**

了解组成运算放大器和比较器的技术；会读运算放大器和比较器电路图；会选择运算放大器外接电阻的阻值；会调整运算放大器的零点、消除自激振荡和设置保护电路；掌握用 Proteus 软件仿真的方法设计各种运算放大器和比较器的技术。

在模拟集成电路中集成运算放大器（简称集成运放）是应用极为广泛的一种，也是其他各类模拟集成电路应用的基础。集成运放应用十分广泛，电路的接法不同，集成运放电路所处的工作状态也不同，电路也就呈现出不同的特点。因此可以把集成运放的应用分为两类——线性应用和非线性应用。

3.1 运算电路

3.1.1 比例运算电路

实现输出信号与输入信号成比例关系的电路，称为比例运算电路。根据输入方式的不同，有反相和同相比例运算两种形式。

1. 反相比例运算电路

(1) 电路的 Proteus 仿真

在 Proteus 中输入反相比例运算电路的仿真原理图，如图 3.1 所示。通过改变 R_1、R_2、R_3 和 U_I 的大小，运行仿真后可以观察到，输出电压 U_O 与 R_2 成正比，与 R_1 成反比，与 R_3 的阻值无关，与输入电压 U_I 成正比，且输出信号与输入信号的相位正好相反。

把输入直流电压 U_I 换成交流电压后，输出信号与输入信号如图 3.2 所示。由图可见输出信号与输入信号的相位正好相反。

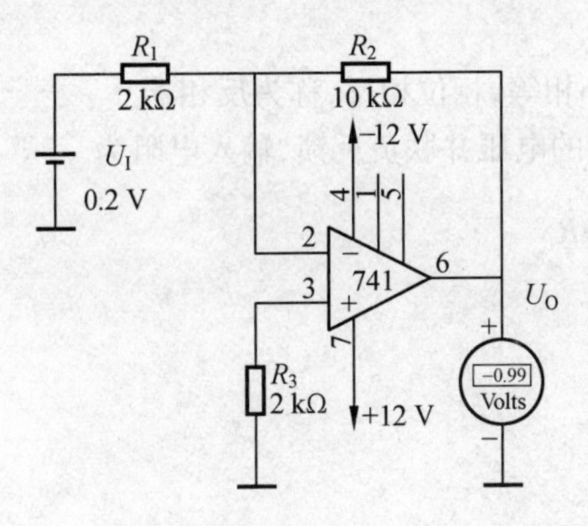

图 3.1　反相比例运算电路 Proteus 仿真原理图

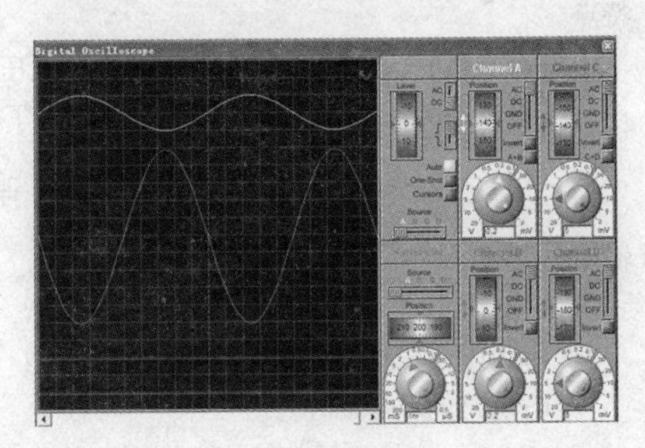

图 3.2　反相比例运算电路的输入输出信号图

(2)电路的组成

图 3.3 所示为反相比例运算电路。输入电压u_i通过电阻R_1作用于集成运放的反相输入端,故输出电压u_o与输入电压u_i反相。电阻R_F跨接在集成运放的输出与反相输入端之间,同相输入端通过电阻R_2接地。R_2称为平衡电阻,要求$R_2 = R_1 // R_f$。

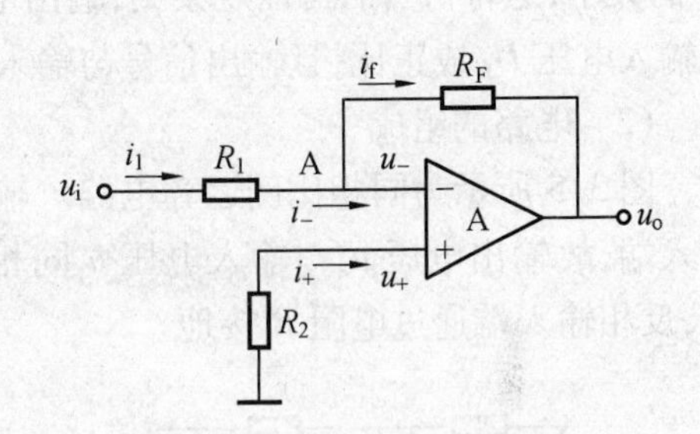

图 3.3　反相比例运算电路

(3) 电路的工作原理

集成运放工作在线性区时具有“虚短”和“虚断”的特点,即

$$u_+ = u_- \tag{3.1}$$

$$i_+ = i_- = 0 \tag{3.2}$$

对于节点 A,有$i_1 = i_f + i_-$,由于$i_- = 0$,所以有

$$i_1 = i_f \tag{3.3}$$

由欧姆定律得$u_+ = -i_+ R_2 = 0$,所以$u_- = 0$。反相并没有接地,却具有接地的特性,这一性质称为“虚地”。“虚地”是反相输入的理想集成运放工作于线性区的一个重要特性。

又因为

$$i_1 = \frac{u_i - u_-}{R_1} = \frac{u_i - 0}{R_1} = \frac{u_i}{R_1}$$

$$i_f = \frac{u_- - u_o}{R_F} = \frac{0 - u_o}{R_F} = -\frac{u_o}{R_F}$$

所以

$$\frac{u_i}{R_1} = -\frac{u_o}{R_F}$$

即

$$A_{uf} = \frac{u_o}{u_i} = -\frac{R_F}{R_1} \tag{3.4}$$

或

$$u_o = -\frac{R_F}{R_1} u_i \tag{3.5}$$

把图 3.1 的数据代入式(3.5)计算得$u_o = -1$ V。这个分析结果与仿真实验的结果一致。

式(3.5)表明,输出电压与输入电压成比例关系,且相位相反。此外,由于反相端和同相端的对地电压都接近于零,所以集成运放输入端的共模输入电压极小,这就是反相输入电路的特点。

当 $R_1=R_F$ 时，$u_o=-u_i$，输入电压与输出电压大小相等，相位相反，称为反相器。

在图3.3所示反相比例运算电路中引入了深度的电压并联负反馈，输入电阻为

$$R_i=\frac{u_i}{i_i}=\frac{u_i}{i_1}=R_1$$

输出电阻为

$$R_o\approx 0$$

2. 同相比例运算电路

(1)电路的Proteus仿真

在Proteus中输入同相比例运算电路的仿真原理图，如图3.4所示。通过改变 R_1、R_2、R_3 和 U_I 的大小，运行仿真后可以观察到，输出电压 U_O 与 R_2 成正比，与 R_1 成反比，与 R_3 的阻值无关，与输入电压 U_I 成正比，且输出信号与输入信号的相位相同。

(2) 电路的组成

图3.5所示为同相比例运算电路。输入电压 u_i 通过平衡电阻 R_1 作用于集成运放的同相输入端，故输出电压 u_o 与输入电压 u_i 同相。电阻 R_F 跨接在集成运放的输出与反相输入端之间，反相输入端通过电阻 R 接地。

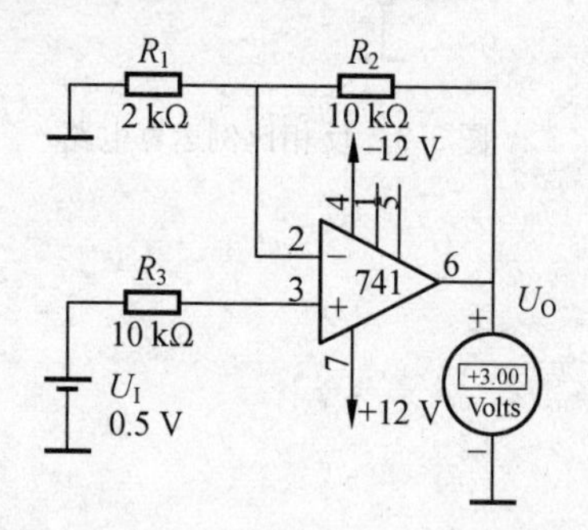

图3.4 同相比例运算电路Proteus仿真原理图

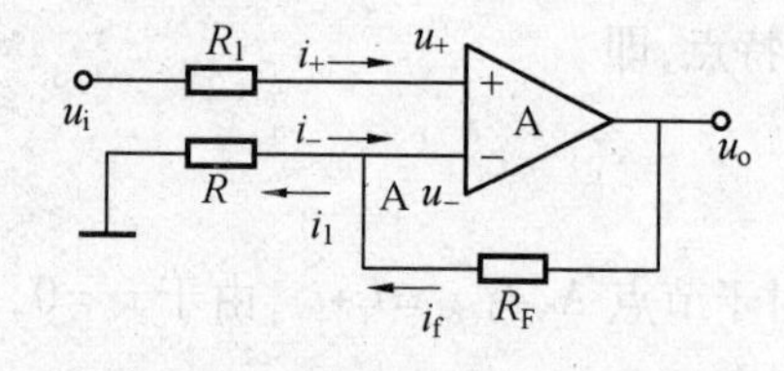

图3.5 同相比例运算电路

(3) 电路的工作原理

由于集成运放工作在线性区时具有“虚断”的特点，所以有 $u_i-u_+=i_+R_1=0$，$u_i=u_+$。又由于集成运放工作在线性区时具有“虚短”的特点，所以有

$$u_-=u_+=u_i \tag{3.6}$$

对于节点A，有 $i_f=i_1+i_-$，由于 $i_-=0$，所以有 $i_1=i_f$。

由欧姆定律得

$$i_1=\frac{u_--0}{R}=\frac{u_-}{R}$$

$$i_f=\frac{u_o-u_-}{R_f}$$

所以有

$$\frac{u_-}{R}=\frac{u_o-u_-}{R_F}$$

即

$$u_o=\left(1+\frac{R_F}{R}\right)u_-=\left(1+\frac{R_F}{R}\right)u_+ \tag{3.7}$$

将式(3.6)代入式(3.7)，得

$$u_o=\left(1+\frac{R_F}{R}\right)u_i \tag{3.8}$$

或

$$A_{uf}=\frac{u_o}{u_i}=1+\frac{R_F}{R} \tag{3.9}$$

把图3.4的数据代入式(3.8)计算得 $u_o=3$ V。这个分析结果与仿真实验的结果一致。式(3.8)表明，输出电压与输入电压成比例关系，且相位相同。

当 $R_F=0$ 或 $R\to\infty$ 时，如图3.6所示，$u_o=u_i$，即输出电压与输入电压大小相等，相位相同，该电路称为电压跟随器。

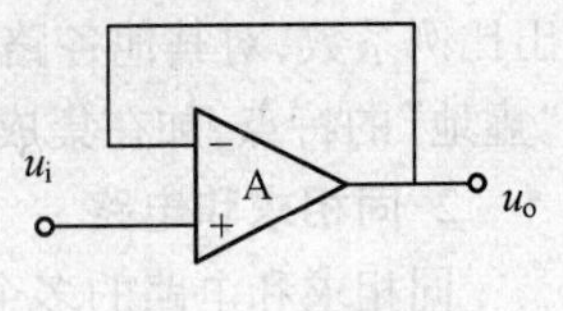

图3.6　电压跟随器

在图3.5所示同相比例运算电路中引入了深度的电压串联负反馈，输入电阻为

$$R_i=\frac{u_i}{i_i}=\frac{u_i}{i_1}\to\infty$$

输出电阻为

$$R_o\approx 0$$

3.1.2　加减运算电路

1. 反相求和电路

反相求和电路的多个输入信号都从集成运算放大电路的反相端输入，如图3.7所示。通过对反相求和电路的分析可知，反相比例运算放大电路是反相求和电路的一个特例，因此利用叠加定理求反相求和电路的输出电压与输入电压的关系比较方便，首先分别求出各路输入电压单独作用时的输出电压，然后将它们进行相加即可。

设 u_{i1} 单独作用，此时 u_{i2}、u_{i3} 必须接地，如图3.8所示。由于 R_2、R_3 一端接“虚地”，一端接“地”，故 i_2、i_3 为零，R_2、R_3 对电路没有影响，等效于图3.3，电路实现的是反相比例运算，即

$$u_{o1}=-\frac{R_F}{R_1}u_{i1}$$

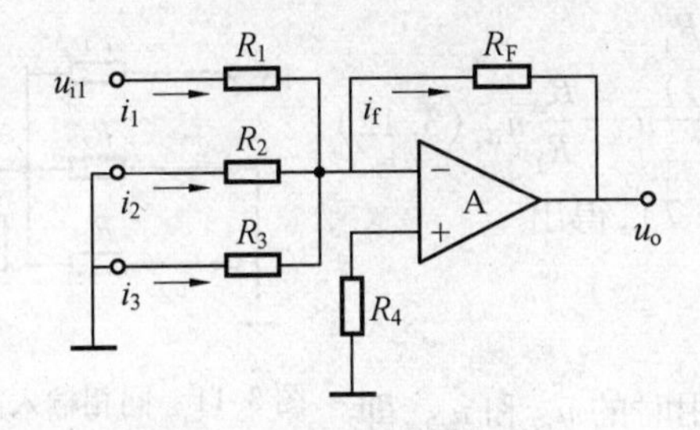

图3.7　反相求和电路

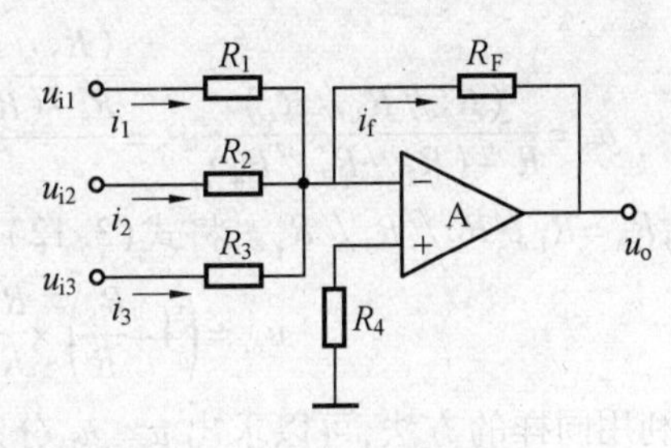

图3.8　利用叠加定理求电压关系

利用同样的方法，可以求出 u_{i2}、u_{i3} 分别单独作用时的 u_{o2} 和 u_{o3}，即

$$u_{o2}=-\frac{R_F}{R_2}u_{i2},\quad u_{o3}=-\frac{R_F}{R_3}u_{i3}$$

当 u_{i1}、u_{i2} 和 u_{i3} 同时接入时，输出电压为

$$u_o=-\left(\frac{R_F}{R_1}u_{i1}+\frac{R_F}{R_2}u_{i2}+\frac{R_F}{R_3}u_{i3}\right) \tag{3.10}$$

式(3.10)是三路输入反相求和电路的输出电路表达式，由此式可见，三路或多路输入的

反相求和电路的输出等于各路输入信号分别被反相放大输出信号之和。当 $R_1=R_2=R_3=R_F$ 时,式(3.10)变为

$$u_o=-(u_{i1}+u_{i2}+u_{i3}) \tag{3.11}$$

可见,图 3.7 所示电路实现了三个输入信号的反相求和运算。同理可以推广到 n 个信号的情况。

反相求和电路的优点是,当改变其中一路信号的输入回路电阻时,仅仅影响该路信号的输出比例系数,对其他各路没有影响,可见电路的设计和调整非常灵活、方便。另外,由于具有"虚地"的特点,加在集成运算放大器输入端的共模电压很小,因此应用比较广泛。

2. 同相求和电路

同相求和电路的多个输入信号都从集成运算放大电路的同相端输入,如图 3.9 所示。通过对同相求和电路的分析可知,同相比例放大电路是同相求和电路的一个特例,在同相比例放大电路的分析中,曾得到式(3.7)所示的结论。因此只要求出图 3.9 所示电路中的 u_+,即可得到同相求和电路的输出电压与输入电压的关系式。利用叠加定理求同相求和电路的输出电压与输入电压的关系,首先分别求出各路输入电压单独作用时的输出电压,然后将它们进行相加即可。

设 u_{i1} 单独作用,此时 u_{i2}、u_{i3} 必须接地,如图 3.10 所示。根据虚断的概念图 3.10 可简化成图 3.11,由图 3.11 可得节点 A 的电压为

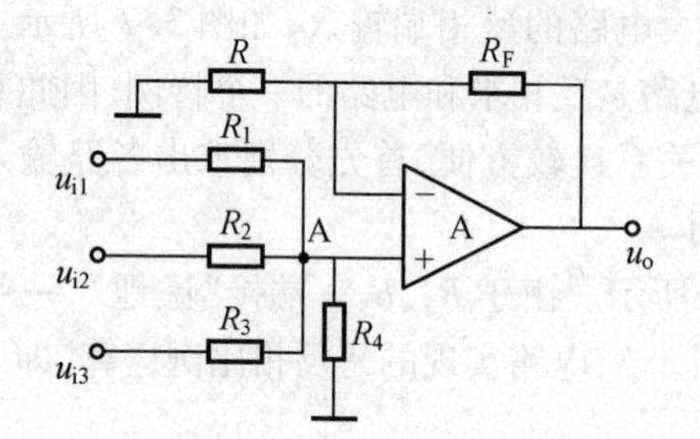

图 3.9 同相求和电路

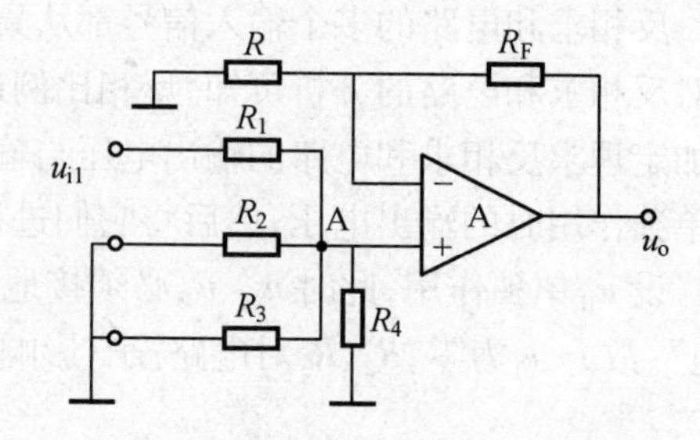

图 3.10 利用叠加定理求电压关系

$$u_+=\frac{(R_2/\!/R_3/\!/R_4)}{R_1+(R_2/\!/R_3/\!/R_4)}u_{i1}=\frac{\dfrac{(R_2/\!/R_3/\!/R_4)\times R_1}{R_1+(R_2/\!/R_3/\!/R_4)}}{R_1}u_{i1}=\frac{R_A}{R_1}u_{i1} \tag{3.12}$$

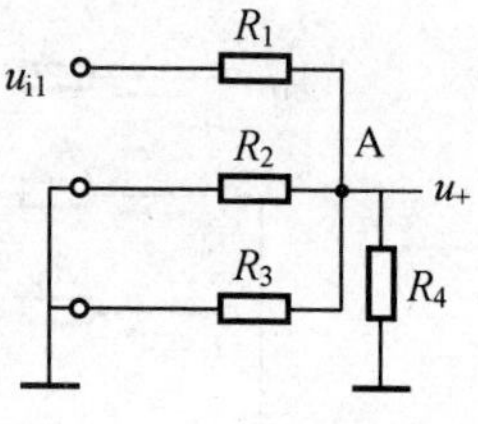

其中,$R_A=R_1/\!/R_2/\!/R_3/\!/R_4$。将式(3.12)代入式(3.7),得出

$$u_{o1}=\left(1+\frac{R_F}{R}\right)\times\frac{R_A}{R_1}u_{i1}$$

图 3.11 同相输入简化电路

利用同样的方法,可以求出 u_{i2}、u_{i3} 分别单独作用时的 u_{o2} 和 u_{o3},即

$$u_{o2}=\left(1+\frac{R_F}{R}\right)\times\frac{R_A}{R_2}u_{i2},\quad u_{o3}=\left(1+\frac{R_F}{R}\right)\times\frac{R_A}{R_3}u_{i3}$$

当 u_{i1}、u_{i2} 和 u_{i3} 同时接入时,输出电压为

$$u_o=u_{o1}+u_{o2}+u_{o3}=\left(1+\frac{R_F}{R}\right)\left(\frac{R_A}{R_1}u_{i1}+\frac{R_A}{R_2}u_{i2}+\frac{R_A}{R_3}u_{i3}\right) \tag{3.13}$$

当 $R_A=R/\!/R_F$ 时

$$u_o=\left(\frac{R_F}{R_1}u_{i1}+\frac{R_F}{R_2}u_{i2}+\frac{R_F}{R_3}u_{i3}\right) \tag{3.14}$$

可见,图3.9所示电路实现了三个输入信号的同相求和运算。同理可以推广到n个信号的情况。

同相求和电路的特点是,如果要改变某一支路的输入电压与输出电压的比例关系而调整该支路的输入电阻时,由于R_A与同相输入端各支路的电阻以及反馈电阻有关,其他各支路的比例关系同时也被改变,因此需要反复调整,才能确定电路的参数,可见电路的设计和调整不够灵活方便。此外,由于集成运算放大器的两个输入端都不"虚地",所以对集成运算放大器共模输入电压要求比较高。

3. 加减运算电路

由前面的电路分析可知,集成运算放大电路的输出电压与反相输入端的电压反相,与同相输入端的输入电压同相,因此图3.12运算电路可以实现加减法运算。

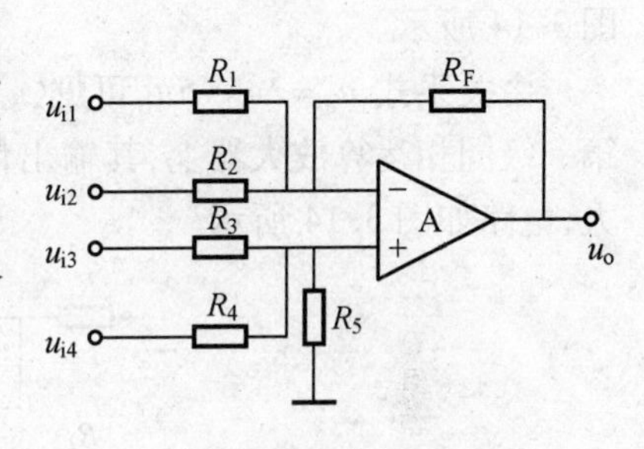

图3.12　加减运算电路

如果u_{i1}、u_{i2}单独作用,而u_{i3}、u_{i4}接地,则图3.12电路就成为反相求和电路,其输出电压为

$$u_{o1}=-\left(\frac{R_F}{R_1}u_{i1}+\frac{R_F}{R_2}u_{i2}\right)$$

如果u_{i3}、u_{i4}单独作用,而u_{i1}、u_{i2}接地,则图3.15电路就成为同反相求和电路,其输出电压为

$$u_{o2}=\frac{R_F}{R}\left(\frac{R_A}{R_3}u_{i3}+\frac{R_A}{R_4}u_{i4}\right)$$

其中,$R=R_1/\!/R_2/\!/R_F$,$R_A=R_3/\!/R_4/\!/R_5$。而如果$R=R_A$,则

$$u_{o2}=\left(\frac{R_F}{R_3}u_{i3}+\frac{R_F}{R_4}u_{i4}\right)$$

因此,当所有信号同时输入时,电路的输出电压为

$$u_o=u_{o1}+u_{o2}=\frac{R_F}{R_3}u_{i3}+\frac{R_F}{R_4}u_{i4}-\frac{R_F}{R_1}u_{i1}-\frac{R_F}{R_2}u_{i2} \tag{3.15}$$

若$R_1=R_2=R_3=R_4=R_F$,则

$$u_o=u_{i3}+u_{i4}-u_{i1}-u_{i2} \tag{3.16}$$

可见,图3.12所示电路实现了加减运算。同理可以推广到n个信号的情况。

【例3.1】　试设计一个运算放大电路,要求输出电压与输入电压的运算关系式为

$$u_o=2u_{i2}-5u_{i1}$$

解　方法1:根据已知的运算式可以知道,当采用单个集成运放构成加减运算电路时,u_{i2}应作用于同相输入端,而u_{i1}应作用于反相输入端,如图3.13所示。

选取$R_F=100\ \text{k}\Omega$,若$R_1/\!/R_F=R_2/\!/R_3$,则

$$u_o=\frac{R_F}{R_2}u_{i2}-\frac{R_F}{R_1}u_{i1}$$

因为 $R_F/R_2=2$，故 $R_2=50\ \text{k}\Omega$；

因为 $R_F/R_1=5$，故 $R_1=20\ \text{k}\Omega$。

由式 $R_1/\!/R_F=R_2/\!/R_3$ 得

$$\frac{1}{R_3}=\frac{1}{R_1}+\frac{1}{R_F}-\frac{1}{R_2}=\frac{1}{20}+\frac{1}{100}-\frac{1}{50}=\frac{1}{25}$$

所以 $R_3=25\ \text{k}\Omega$。

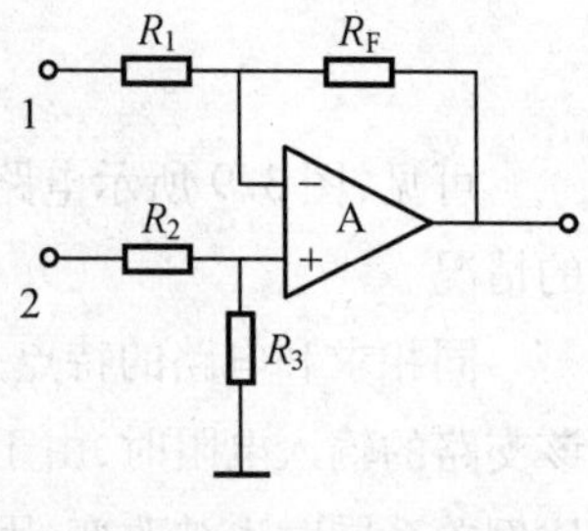

图 3.13　单个集成运放构成加减运算电路

方法 2：使用单个集成运放构成加减运算电路存在两个缺点，一是电阻的选取和调整不方便，二是对于每个信号源，输入电阻均较小。因此，可以采用两级电路，第一级电路采用同相比例放大，第二级电路采用差分比例放大。这样两路信号都从同相端输入，输入的电阻都比较大，如图 3.14 所示。

由关系式 $u_o=2u_{i2}-5u_{i1}$ 可见，u_{i2} 必须加在第二级运算放大器的输入端，而 u_{i1} 则要先加到第一级同相运算放大器上，其输出信号再加到第二级运算放大器的反相输入端，进行反相放大，电路如图 3.14 所示。

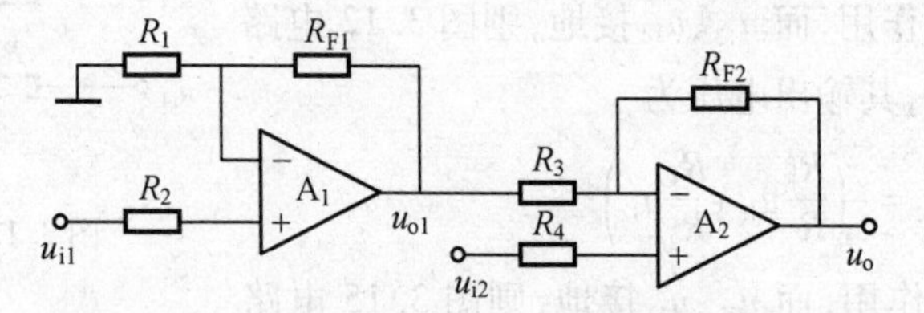

图 3.14　高输入阻抗的加减运算放大器

第一级运算放大器的输出电压为

$$u_{o1}=\left(1+\frac{R_{F1}}{R_1}\right)u_{i1}$$

根据叠加定理，第二级运算放大器的输出电压为

$$u_o=\left(1+\frac{R_{F2}}{R_3}\right)u_{i2}-\frac{R_{F2}}{R_3}\left(1+\frac{R_{F1}}{R_1}\right)u_{i1} \tag{3.17}$$

将式(3.17)与 $u_o=2u_{i2}-5u_{i1}$ 比较得

$$1+\frac{R_{F2}}{R_3}=2 \tag{3.18}$$

$$\frac{R_{F2}}{R_3}\left(1+\frac{R_{F1}}{R_1}\right)=5 \tag{3.19}$$

选取 $R_{F1}=R_{F2}=100\ \text{k}\Omega$，由式(3.18)得 $R_3=100\ \text{k}\Omega$，由式(3.19)得 $R_1=25\ \text{k}\Omega$。

而为了保持运放两输入端电阻的平衡，$R_2=R_1/\!/R_{F1}=25\ \text{k}\Omega/\!/100\ \text{k}\Omega=20\ \text{k}\Omega$，$R_4=R_3/\!/R_{F2}=100\ \text{k}\Omega/\!/100\ \text{k}\Omega=50\ \text{k}\Omega$。

【例 3.2】　图 3.15 所示是一个仪表用放大电路，电路中的集成运放均为理想运放，求电路的输出电压与输入电压的关系式。

解　由图可见，电路由两级放大器组成。第一级由运放 A_1、A_2 和电阻 R_1、R_2 和 R_3 组成。由图可见，A_1 和 A_2 组成的运算放大器都引入了电压串联负反馈，运放 A_1、A_2 都工作于线性区，根据集成运放“虚短”的特点有 $u_{i1}=u_A$，$u_{i2}=u_B$。

又根据集成运放“虚断”的特点，列电路中 i 的电流方程得

$$\frac{u_{o1}-u_{o2}}{2R_1+R_2}=\frac{u_{i1}-u_{i2}}{R_2}$$

整理后得

$$u_{o1}-u_{o2}=\left(1+2\frac{R_1}{R_2}\right)(u_{i1}-u_{i2}) \tag{3.20}$$

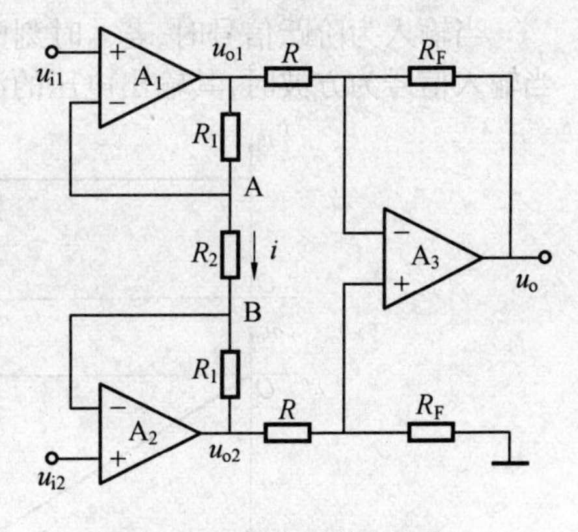

图 3.15　仪表用放大电路

第二级放大电路由运放 A_3 和电阻 R、R_F 组成一个加减运算电路，u_{o1} 作为反相输入端的输入信号，而 u_{o2} 作为同相输入端的输入信号，由叠加定理可以得

$$u_o=\left(1+\frac{R_F}{R}\right)\frac{R_F}{R+R_F}u_{o2}-\frac{R_F}{R}u_{o1}=-\frac{R_F}{R}(u_{o1}-u_{o2})$$

所以电路的输出电压为

$$u_o=-\frac{R_F}{R}\left(1+2\frac{R_1}{R_2}\right)(u_{i1}-u_{i2}) \tag{3.21}$$

3.1.3　积分和微分运算电路

积分运算电路和微分运算电路互为逆运算电路，在自动控制系统中被广泛应用于波形的产生与变换中。以集成运放作为放大器，加上电阻和电容器件构成的反馈网络即可实现这两种运算电路。

1. 积分运算电路

图 3.16 所示电路就是实现积分运算的电路，电路中，电容 C 接在反相输入端与输出端之间，同相端通过电阻 R' 接地，因此电路具有“虚地”特点。

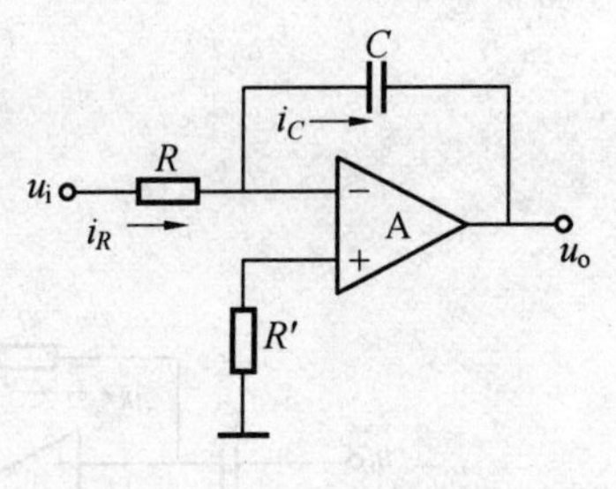

图 3.16　积分运算电路

根据集成运放工作在线性区具有“虚短”和“虚断”的特性，得

$$i_C=i_R=\frac{u_i}{R}$$

于是电路的输出电压为

$$u_o=-u_C=-\frac{1}{C}\int i_C\mathrm{d}t=-\frac{1}{RC}\int u_i\mathrm{d}t \tag{3.22}$$

由式(3.22)可见，图 3.17 电路输出电压与输入电压之间实现了积分运算。通常将输入电阻 R 和反馈电容 C 的乘积称为时间常数，用符号“τ”表示。当求解 t_1 到 t_2 时间段的积分值时，电路的输出电压为

$$u_o=-\frac{1}{RC}\int_{t_1}^{t_2}u_i\mathrm{d}t+u_0(t_1) \tag{3.23}$$

式(3.23)中，$u_0(t_1)$ 为积分起始时刻的输出电压值。当 u_i 为常数 U_i 时，输出电压为

$$u_o=-\frac{1}{RC}U_i(t_2-t_1)+u_0(t_1) \tag{3.24}$$

式(3.24)表明输出电压与输入电压呈线性关系。

当输入为阶跃信号时,若 t_0 时刻电容上的电压为零,则输出电压波形如图 3.17(a)所示。当输入信号为方波时,其输出电压的波形如图 3.17(b)所示。

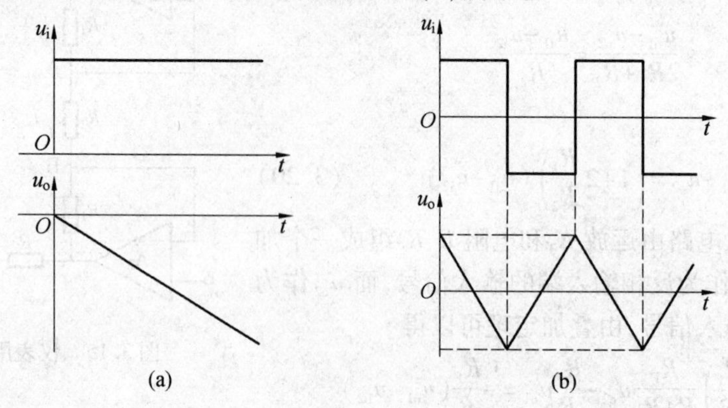

图 3.17 积分运算电路输入、输出波形

2. 微分运算电路

如图 3.18 所示电路就是实现微分运算电路,电路中电容 C 接在反相输入端与输入信号之间,同相端通过电阻 R 接地,因此电路具有"虚地"特点。

根据集成运放工作在线性区具有"虚短"和"虚断"的特性可得 $i_C = i_R$,电路的输出电压为

$$u_o = -i_R R = -i_C R = -RC\frac{du_C}{dt} = -RC\frac{du_i}{dt} \tag{3.25}$$

可见,该电路的输入电压与输出电压之间实现了微分运算。若输入方波信号,且 $RC \ll T/2$(T 为波信号的周期),则输出为尖顶脉冲波,如图 3.19 所示。

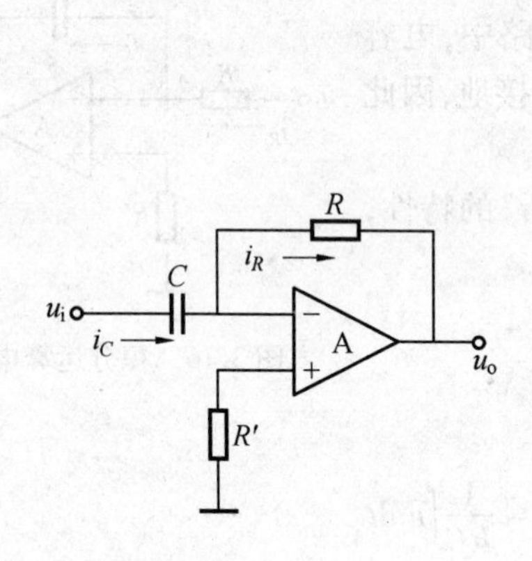

图 3.18 微分运算电路

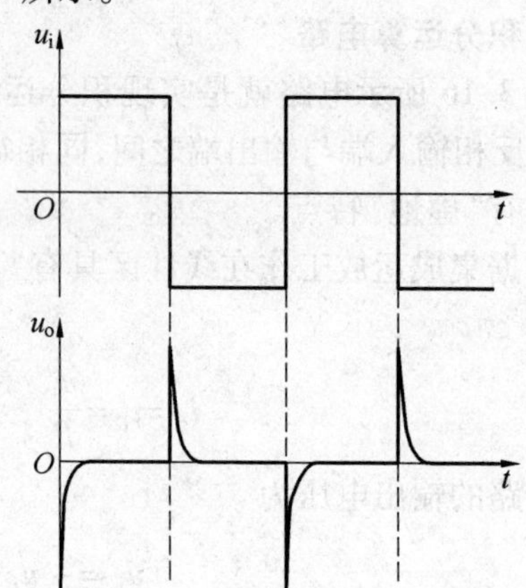

图 3.19 微分运算电路输入、输出波形

3.2 电压比较器

3.2.1 电压比较器概述

电压比较器(简称比较器)是信号处理电路,它的功能是比较两个信号电压的大小,通过输出电平的高、低来表示两个输入电压的大小。在自动控制和电子测量系统中,常用于波形转换、鉴幅、模/数转换电路中。

1. 电压比较器的特点

在电压比较器中,集成运算放大器不是处于开环状态(即没有引入反馈),就是引入了正反馈状态,集成运算放大器通常工作在非线性区,满足如下关系:

当 $u_+>u_-$ 时,$u_o=+U_{OM}$,处于正向饱和区;

当 $u_+<u_-$ 时,$u_o=-U_{OM}$,处于反向饱和区;

当 $u_+=u_-$ 时,$-U_{OM}<u_o<+U_{OM}$,状态不稳定。

上述关系表明,集成运算放大器工作于非线性区,即 $u_+<u_-$ 或 $u_+>u_-$ 时,其输出的状态保持不变,只有当 $u_+=u_-$ 时,输出的状态才发生跳变。

2. 电压比较器的分类

(1)单限电压比较器

电路只有一个阈值电压 U_T,输入电压变化(增大或减小)经过阈值电压 U_T 时,输出的电压会发生跳变。

(2)滞回电压比较器

电路有两个阈值电压 U_{T1} 和 U_{T2},且 $U_{T1}>U_{T2}$。如果输入电压由小到大增加经过 U_{T1},输出电压会产生跳变,而经过小阈值电压 U_{T2} 时输出电压不产生跳变;如果输入电压由大到小减小经过 U_{T2},输出电压会产生跳变,而经过大阈值电压 U_{T1} 时输出电压不产生跳变,即电路具有滞回特性。

(3)双限电压比较器

电路有两个阈值电压 U_{T1} 和 U_{T2},且 $U_{T1}>U_{T2}$。如果输入电压由小到大增加(或由大到小减小)经过 U_{T2}(或 U_{T1})时输出电压会产生一次跳变,继续增大(或减小)输入电压经过 U_{T1}(或 U_{T2})时输出电压会再发生一次相反方向的跳变。即输入电压向单一方向变化过程中,输出电压会产生两次方向相反的跳变,而单限电压比较器和滞回电压比较器则只产生一次跳变,这就是双限电压比较器与前两种比较器的区别。

3.2.2　单限电压比较器

反相输入电压比较器电路如图3.20(a)所示,电路不存在反馈网络,集成运算放大器工作于非线性区,输入电压加在反相输入端,参考电压 U_{REF} 加在同相输入端。当 $u_i<U_{REF}$ 时,即 $u_-<u_+$ 时,$u_o=+U_{OM}$;当 $u_i>U_{REF}$ 时,即 $u_->u_+$ 时,$u_o=-U_{OM}$,其电压传输特性如图3.21(a)所示。

图3.20(b)所示电路是同相输入电压比较器电路,电路的结构与图3.20(a)基本相同,所不同的是输入电压加在同相输入端,参考电压 U_{REF} 加在反相输入端,电路工作的分析方法与图3.20(a)一样,其电压传输特性如图3.21(b)所示。

图3.20(c)所示电路是反相输入单限比较器 $U_{REF}=0$ 时的状态,是一个特例,其电压传输特性如图3.21(c)所示。由电路的传输特性可以看出,当输入电压过零时,输出电压发生跳变,因此电路称为过零电压比较器。利用过零比较器可以把正弦波变为方波(正、负半周对称的矩形波),如图3.22所示。

应该注意的是,在实际应用中,为了使运算放大器的输出电压和负载电压相匹配,需要限制运算放大器的输出电压的大小。具体的方法是在比较器的输出端接入双向稳压二极管 D_Z 进行双向限幅,如图3.23所示,R_Z 为限流电阻,当 $u_i>U_{REF}$ 时,输出即为低电平,$u_o=-U_Z$;当 $u_i<U_{REF}$ 时,输出即为高电平,$u_o=+U_Z$(图3.24)。

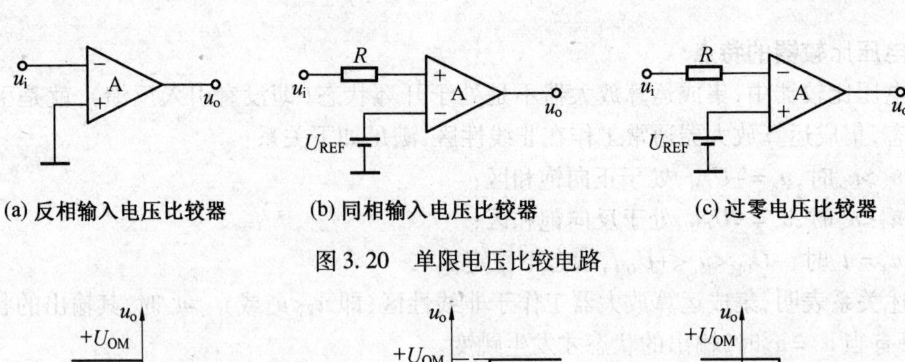

(a) 反相输入电压比较器　(b) 同相输入电压比较器　(c) 过零电压比较器

图 3.20　单限电压比较电路

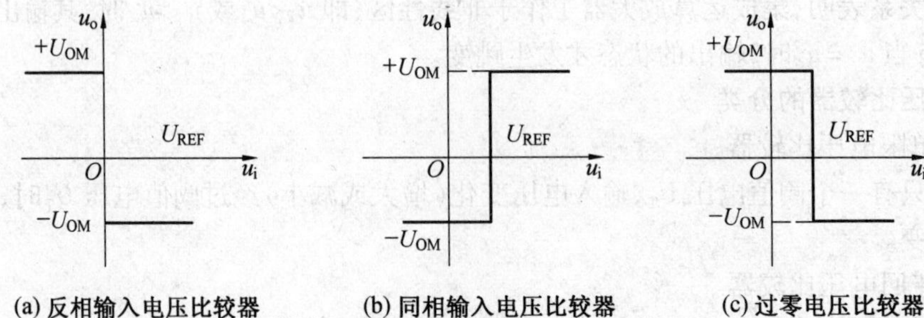

(a) 反相输入电压比较器　(b) 同相输入电压比较器　(c) 过零电压比较器

图 3.21　单限电压比较器电压传输特性

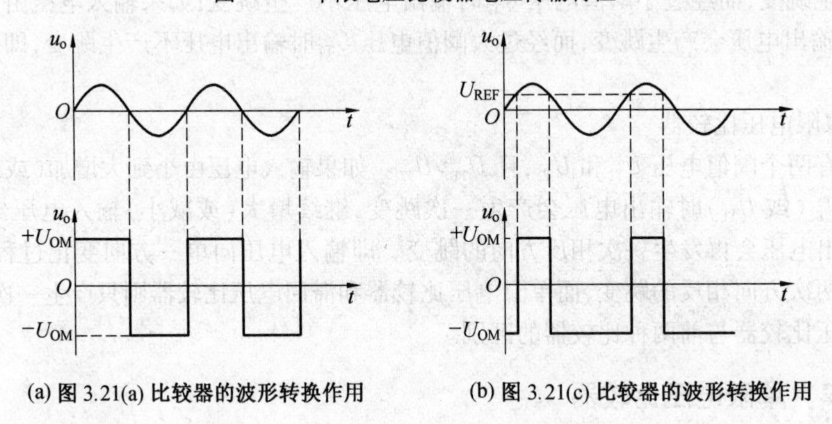

(a) 图 3.21(a) 比较器的波形转换作用　(b) 图 3.21(c) 比较器的波形转换作用

图 3.22　单限电压比较器的波形转换作用

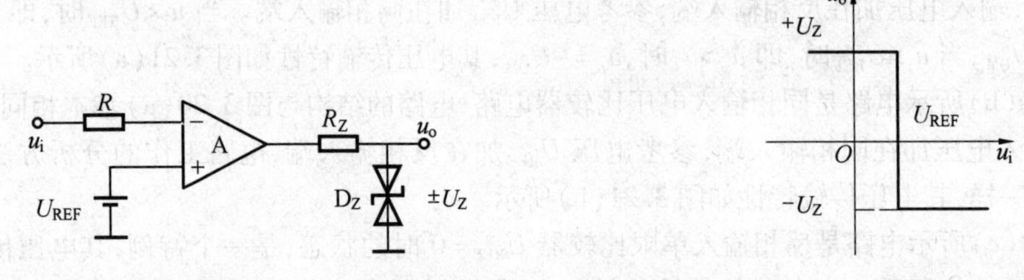

图 3.23　具有限幅功能的单限电压比较器电路　图 3.24　具有限幅功能的单限电压比较器电压传输特性

3.2.3　滞回电压比较器

在单限电压比较器中,当输入电压在转折电压附近有微小的波动时,都会引起输出电压的跳变,因此,单限电压比较器的抗干扰的能力比较差,为了提高比较器的抗干扰能力,可以采用滞回比较器。

滞回电压比较器电路如图 3.25(a)所示,电路中通过 R_2 引入电压串联正反馈,集成运算放大器工作于非线性区，输入电压加在反相输入端；电路中 $u_-=u_i$，当 $u_-<u_+$ 时，$u_o=+U_{OM}$；当 $u_i>U_{REF}$ 时，即 $u_->u_+$ 时，$u_o=-U_{OM}$，因此，同相端输入电压 u_+ 就是阈值电压 U_T，由叠加定理可得

$$U_T=u_+=\frac{R_3}{R_2+R_3}u_o+\frac{R_2}{R_2+R_3}U_{REF}=\frac{U_{REF}R_2+u_oR_3}{R_2+R_3} \tag{3.26}$$

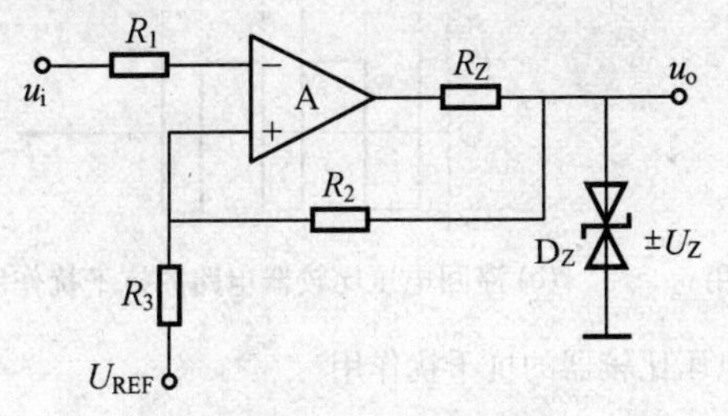

(a) 滞回电压比较器电路

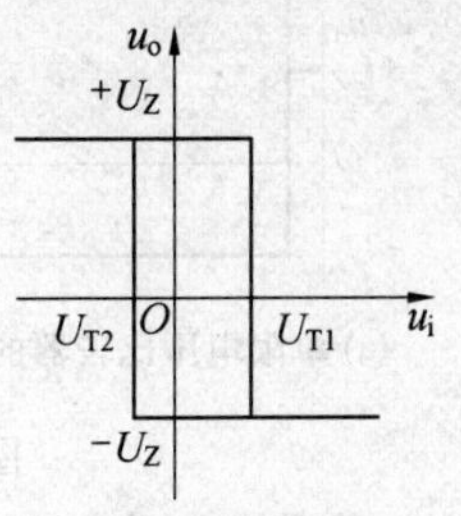

(b) 电压传输特性

图 3.25　滞回电压比较器

设双向稳压管的稳压值为 U_Z，忽略正向导通电压，则比较器的输出高电平为 U_Z，输出的低电平为 $-U_Z$。当 $u_o=U_{OH}=U_Z$ 时，由式(3.26)即可得对应的 U_T 为

$$U_{T1}=\frac{U_{REF}R_2+U_ZR_3}{R_2+R_3}$$

称为上限阈值电压；

当 $u_o=U_{OL}=-U_Z$ 时，由式(3.26)即可得对应的 U_T 为

$$U_{T2}=\frac{U_{REF}R_2-U_ZR_3}{R_2+R_3}$$

称为下限阈值电压。

设开始时 $u_i=u_-$ 很小，$u_i<U_T$（即 $u_i<U_{T2}<U_{T1}$），也就是 $u_-<u_+$，比较器输出高电平，$u_o=+U_Z$，此时比较器的阈值为 U_{T1}，当 u_i 增大，快要增大到 $u_i>U_{T1}$ 时，输出电压才发生跳变，使 $u_o=-U_Z$；若开始时 $u_i=u_-$ 很大，$u_i>U_T$（即 $u_i>U_{T1}>U_{T2}$），也就是 $u_->u_+$，比较器输出低电平，$u_o=-U_Z$，此时比较器的阈值为 U_{T2}；当 u_i 减小，快要减小到 $u_i<U_{T2}$ 时，输出电压才发生跳变，使 $u_o=+U_Z$。以上过程可以概括为：输入电压增大时，输出电压的跳变发生在上限阈值电压处，输入电压减小时，输出电压跳变发生在下限阈值电压处。

由上述分析可知，电路的输出与输入电压变化关系——传输特性曲线如图 3.25(b)所示，由图可见比较器的传输特性曲线与迟滞回线类似，具有方向性，因此称为迟滞（或滞回）比较器。$U_{T1}-U_{T2}=\Delta U_T$ 称为回差电压，改变 R_2 和 R_3 的值就可以改变阈值电压和回差电压的大小。

图 3.26 所示是输入电压 u_i 分别从图 3.24(a)——单限电压比较器电路输入和从图 3.25(a)——滞回电压比较器电路输入时的输出波形图，由图 3.26(b)可见，只要干扰信号的幅度小于回差电压值，输出信号就不受干扰信号的影响，而图 3.26(a)的输出信号则受到干扰信号的影响，由此可见，滞回电压比较器具有较强的抗干扰能力，回差电压值越大，电路的抗干扰能力就越强。

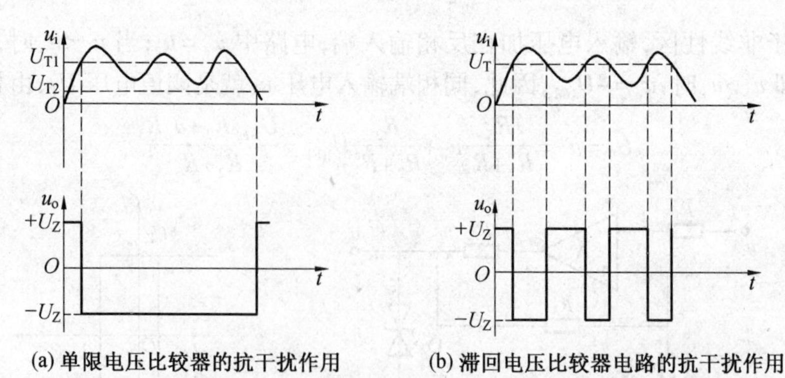

(a) 单限电压比较器的抗干扰作用　(b) 滞回电压比较器电路的抗干扰作用

图 3.26　电压比较器的抗干扰作用

3.2.4　双限电压比较器

前面我们分析的单限电压比较器和滞回电压比较器都是在输入电压沿某一方向变化，当输入电压等于阈值电压时，输出电压变化一次，且只能变化一次，即电压比较器只能判断输入电压是大于或者是小于阈值电压的情况，而不能判断出输入电压是否在两个给定的电压之间的情况，图 3.27 是一种双限电压比较器，它能判断出输入电压是否在两个给定的电压之间，在自动控制系统中被广泛应用。

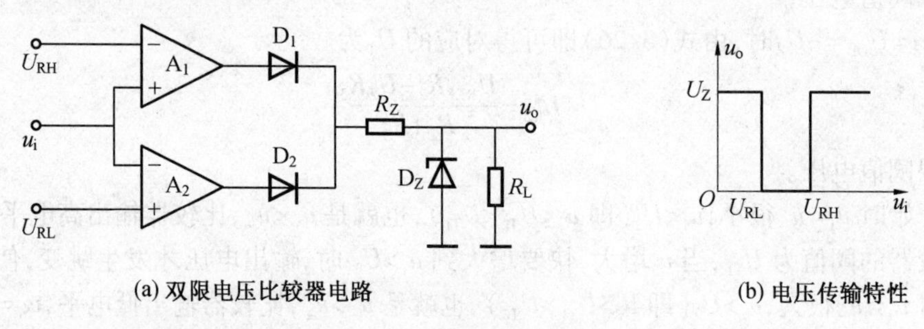

(a) 双限电压比较器电路　(b) 电压传输特性

图 3.27　双限电压比较器

双限电压比较器电路由两个集成运算放大器 A_1 和 A_2 组成，外加两个参考电压 U_{RH} 和 U_{RL}，且 $U_{RH}>U_{RL}$。

当输入电压 $u_i<U_{RL}$ 时，$u_i<U_{RH}$，集成运算放大器 A_1 输出低电平 $-U_{OM}$，A_2 输出高电平 $+U_{OM}$，使得二极管 D_2 导通，D_1 截止，稳压二极管 D_Z 工作于稳压状态，输出电压 $u_o=+U_Z$。

当输入电压 $u_i>U_{RH}$ 时，$u_i>U_{RL}$，集成运算放大器 A_1 输出高电平 $+U_{OM}$，A_2 输出低电平 $+U_{OM}$，使得二极管 D_1 导通，D_2 截止，稳压二极管 D_Z 工作于稳压状态，输出电压 $u_o=+U_Z$。

当输入电压 $U_{RL}<u_i<U_{RH}$ 时，集成运算放大器 A_1、A_2 都输出低电平 $-U_{OM}$，使得二极管 D_1、D_2 都截止，稳压二极管 D_Z 截止，输出电压 $u_o=0$。

由以上分析可以画出双限电压比较器的电压传输特性如图 3.27(b) 所示，由于其形状如窗口，因此双限电压比较器又称为窗口电压比较器。

3.3　有源滤波电路

3.3.1　滤波电路概述

1. 滤波的概念

在电子电路传输的信号中，往往包含多种频率的正弦波分量，其中除有用的频率分量外，还有无用的甚至是对电子电路工作有害的频率分量，如高频干扰和噪声。滤波器的作用是允许一定的频率范围内的信号顺利通过，而抑制或削弱（即消除）那些不需要的频率分量，简称滤波。

2. 滤波电路的分类及幅频特性

根据输出信号中所保留的频率段的不同，可将滤波分为低通滤波、高通滤波、带通滤波、带阻滤波等四类。它们的幅频特性如图3.28所示，被保留的频率段称为“通带”，被抑制的频率段称为“阻带”。A_u 为各频率的增益，A_{um} 为通带的最大增益。

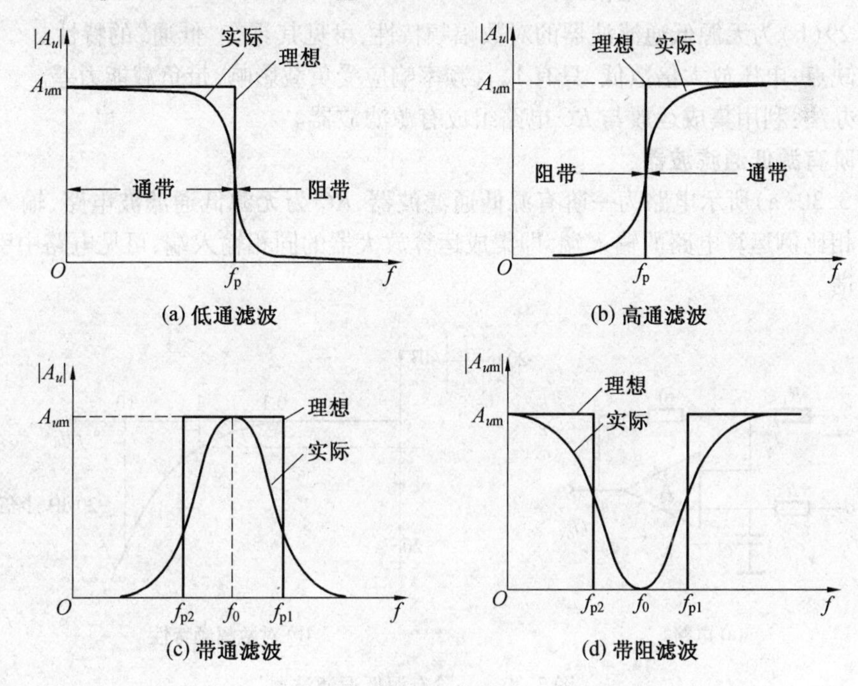

图3.28　滤波器的幅频特性

3.3.2　低通滤波器

1. 无源低通滤波器

在图3.29(a)所示电路中，电容 C 上的电压为输出电压，对输入信号中的高频信号，电容的容抗 X_C 很小，则输出电压中的高频信号幅值很小，受到抑制，为低通滤波电路。

电压放大倍数为

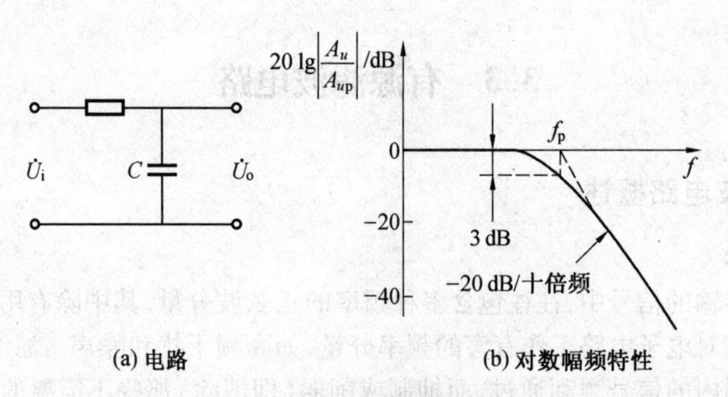

(a) 电路　　(b) 对数幅频特性

图 3.29　无源低通滤波器

$$\dot{A}_u=\frac{\dot{U}_o}{\dot{U}_i}=\frac{1}{1+j\frac{f}{f_p}} \tag{3.27}$$

式中，f_p 为通带截止频率，$f_p=\frac{1}{2\pi RC}$。

图 3.29(b)为无源低通滤波器的对数幅频特性，可见其具有“低通”的特性。

电路缺点：电压放大倍数低，只有 1，且频率响应受负载影响，带负载能力差。

解决办法：利用集成运放与 RC 电路组成有源滤波器。

2. 一阶有源低通滤波器

如图 3.30(a)所示电路为一阶有源低通滤波器，RC 为无源低通滤波电路，输入信号通过它加到同相比例运算电路的输入端，即集成运算放大器的同相输入端，可见电路中引入了深度电压负反馈。

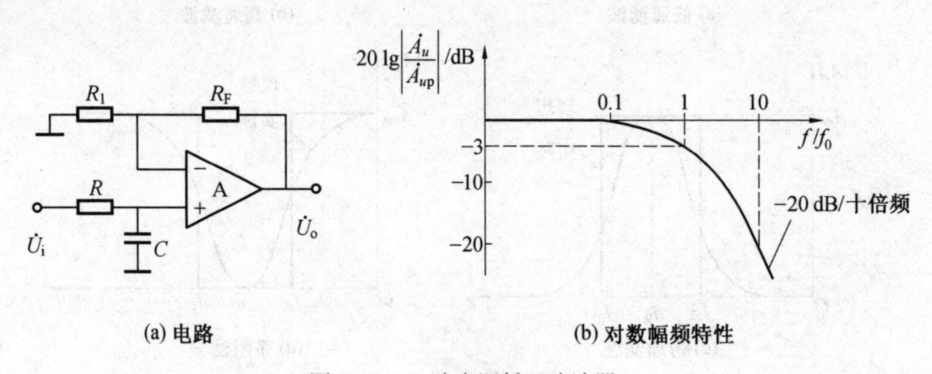

(a) 电路　　(b) 对数幅频特性

图 3.30　一阶有源低通滤波器

电路的电压放大倍数为

$$\dot{A}_u=\frac{\dot{U}_o}{\dot{U}_i}=\frac{1+\frac{R_F}{R_1}}{1+j\frac{f}{f_p}}=\frac{A_{up}}{1+j\frac{f}{f_p}} \tag{3.28}$$

式中，$A_{up}=1+\frac{R_F}{R_1}$为通带放大倍数；$f_p=\frac{1}{2\pi RC}$。

在如图 3.30(a)所示的电路中，当 $f=0$ 时，电容 C 相当于开路，此时的电压放大倍 A_{up} 即为

同相比例运算电路的电压放大倍数。一般情况下，$A_{up}>1$，与无源滤波器相比，合理选择 R_1 和 R_F 即可得到所需的放大倍数。由于电路引入了深度电压负反馈，输出电阻近似为零，因此电路带负载后，U_o 与 U_i 关系不变，即 R_L 不影响电路的频率特性。当信号频率 f 为通带截止频率 f_p 时，$|A_u|=A_{up}/\sqrt{2}$。因此，在如图 3.30(b)所示的对数幅频特性中，当 $f=f_p$ 时的增益比通带增益 20 lg A_{up} 下降 3 dB。当 $f>f_p$ 时，增益以 -20 dB/十倍频的斜率下降，这是一阶低通滤波器的特点。

电路缺点：阻带衰减太慢，频率选择性较差，一般多用于对滤波要求不高的场合。

解决办法：使用二阶或更高阶的有源滤波器。

3. 二阶有源低通滤波器

图 3.31(a)所示电路是一种二阶低通滤波器。

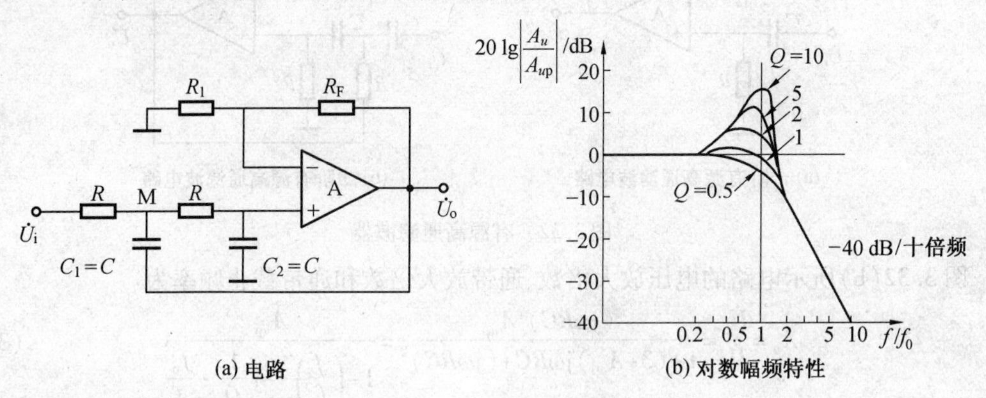

(a) 电路　　(b) 对数幅频特性

图 3.31　二阶有源低通滤波器

电路的电压放大倍数为

$$\dot{A}_u=\frac{\dot{U}_o}{\dot{U}_i}=\frac{A_{up}}{1+(3-A_{up})\mathrm{j}\omega RC+(\mathrm{j}\omega RC)^2}=\frac{A_{up}}{1-\left(\frac{f}{f_p}\right)^2+\mathrm{j}\frac{1}{Q}\cdot\frac{f}{f_p}} \tag{3.29}$$

式中

$$\dot{A}_{up}=1+\frac{R_F}{R_1}$$

$$f_p=\frac{1}{2\pi RC}$$

$$Q=\frac{1}{3-A_{up}}$$

Q 为等效品质因数，它的物理意义是：当 $f=f_p$ 时电压放大倍数与通带放大倍数之比。

图 3.31(b)所示是图 3.31(a)所示电路不同 Q(品质因数)值下的幅频特性，显然，二阶低通滤波器的幅频特性比一阶的好，且 Q 值越大，频率选择性也就越好。当 $f\gg f_p$ 时，对数幅频特性以 -40 dB/十倍频的速度下降，使滤波特性比较接近于理想情况；当 $A_{up}\geqslant 3$ 时，电路自激。

3.3.3　高通滤波器

高通滤波器与低通滤波器具有对偶性，如果将图 3.30(a)和图 3.31(a)所示电路中的滤波环节的电阻换成电容，电容换成电阻，就可以得相应的高通滤波器。

图 3.32(a)所示电路的电压放大倍数、通带放大倍数和通带截止频率为

$$\dot{A}_u=\frac{\dot{U}_o}{\dot{U}_i}=\frac{1+\frac{R_F}{R_1}}{1+j\frac{f_p}{f}}=\frac{A_{up}}{1+j\frac{f_p}{f}} \tag{3.30}$$

$$A_{up}=1+\frac{R_F}{R_1}$$

$$f_p=\frac{1}{2\pi RC}$$

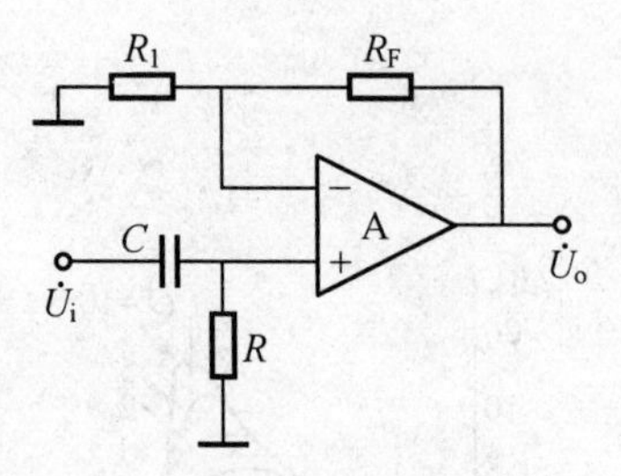

(a) 一阶有源高通滤波电路

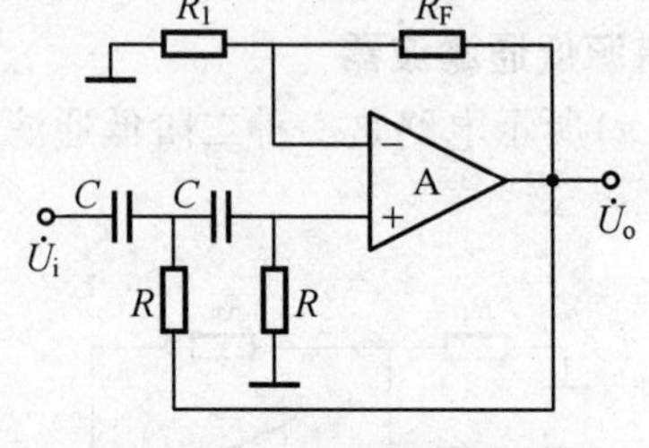

(b) 二阶有源高通滤波电路

图 3.32 有源高通滤波器

图 3.32(b)所示电路的电压放大倍数、通带放大倍数和通带截止频率为

$$\dot{A}_u=\frac{\dot{U}_o}{\dot{U}_i}=\frac{(j\omega RC)^2A_{up}}{1+(3-A_{up})j\omega RC+(j\omega RC)^2}=\frac{A_{up}}{1-\left(\frac{f}{f_p}\right)^2-j\frac{1}{Q}\cdot\frac{f_p}{f}} \tag{3.31}$$

$$A_{up}=1+\frac{R_F}{R_1},\quad f_p=\frac{1}{2\pi RC},\quad Q=\frac{1}{3-A_{up}}$$

3.3.4 带通滤波器

将低通滤波器和高通滤波器串联，如图 3.33 所示，即可得到带通滤波器。设前者的截止频率为f_{p1}，后者的截止频率为f_{p2}，f_{p2}应小于f_{p1}，则通频带为$f_{p1}-f_{p2}$。实用电路中也常采用单个集成运算放大器构成压控电压源二阶带通滤波电路，如图 3.34(a)所示，图 3.34(b)是它的幅频特性。Q 值越大，通带放大倍数数值越大，频带越窄，选频特性越好。调整电路的 A_{up} 能够改变频带宽度。

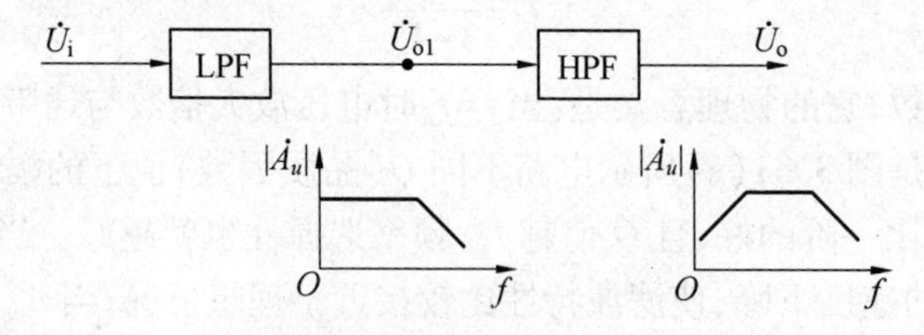

图 3.33 由低通滤波器和高通滤波器串联组成的带通滤波器

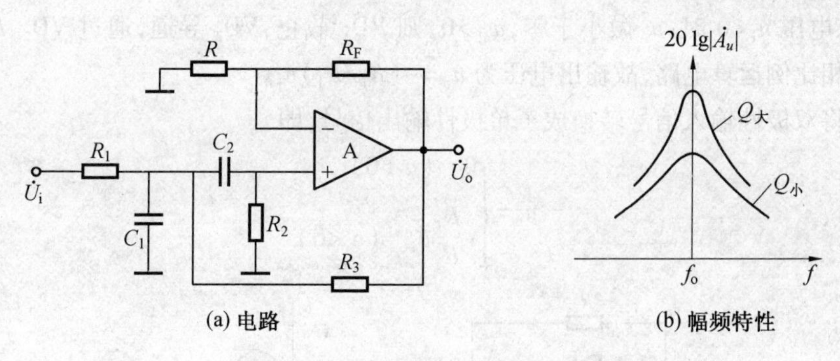

(a) 电路　　(b) 幅频特性

图 3. 34　压控电压源二阶带通滤波器

3.3.5　带阻滤波器

将输入电压同时作用于低通滤波器和高通滤波器，再将两个电路的输出电压求和，即可得到带阻滤波器，如图 3. 35 所示。其中低通滤波器的截止频率 f_{p1}，应小于高通滤波器的截止频率 f_{p2}，电路的阻带为 $f_{p2}-f_{p1}$。

实用电路常利用无源 LPF 和 HPF 并联构成无源带阻滤波器，然后接同相比例运算电路，从而得到有源带阻滤波器，如图 3. 36 所示。由于两个无源滤波器均由三个元件构成英文字母 T，故称之为双 T 网络。

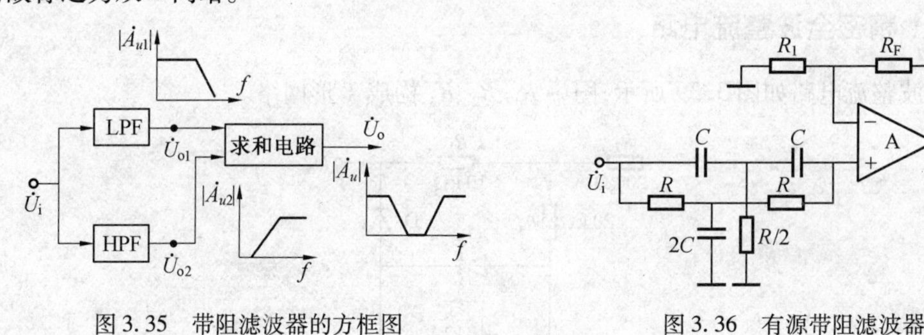

图 3. 35　带阻滤波器的方框图　　图 3. 36　有源带阻滤波器

*3.4　精密整流电路

3.4.1　精密半波整流电路

利用二极管的单向导电性可以实现一般的整流功能，如图 3. 37 所示。由于二极管存在死区电压，因而当输入正弦电压最大值小于二极管死区电压时，二极管在整个周期内均处于截止状态，输出电压始终为零。也就是说，一般整流电路无法对微弱交流信号进行整流。

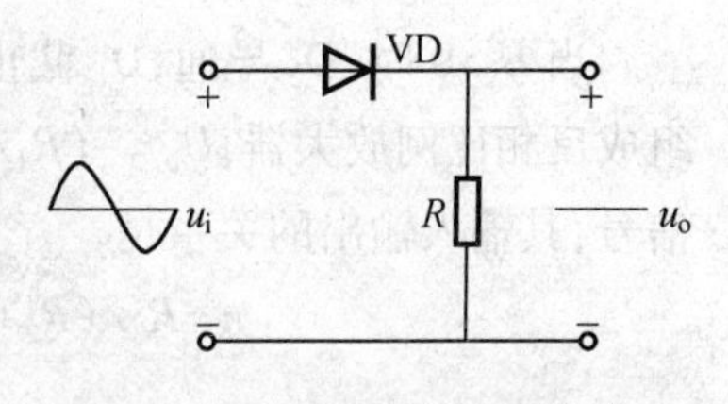

图 3. 37　二极管半波整流电路

由集成运放组成的整流电路如图 3. 38(a)所示。这种电路对于微弱交流信号也有整流功能，因而称为精密整流。

当输入电压 $u_i>0$ 时，运放反相输入端电压 u_- 微大于零，运放输出端电压 $u_{o1}<0$，则二极管 VD_1 导通，VD_2 截止，由于通过 VD_1 实现了反馈，加之“虚地”的存在，故 $u_o\approx0$。

当输入电压 $u_i<0$ 时，u_- 微小于零，$u_{o1}>0$，则 VD_1 截止，VD_2 导通，通过 VD_2、R_F 实现了反馈，构成反相比例运算电路，故输出电压为 $u_o=-(R_F/R_1)u_i$。

因此，将双极性输入信号转换成了单极性输出信号，即

$$u_o=\begin{cases}0 & (u_i>0)\\ -\dfrac{R_F}{R_1}u_i & (u_i<0)\end{cases}$$

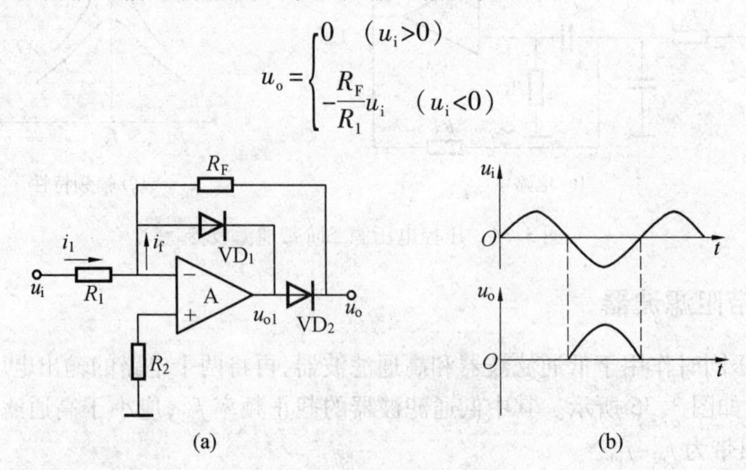

图 3.38 精密半波整流电路

图 3.38(b)所示是精密半波整流电路输入、输出波形图。

3.4.2 精密全波整流电路

精密全波整流电路如图 3.39 所示，图中 R_1、R_2、R_3 构成 T 形网络。

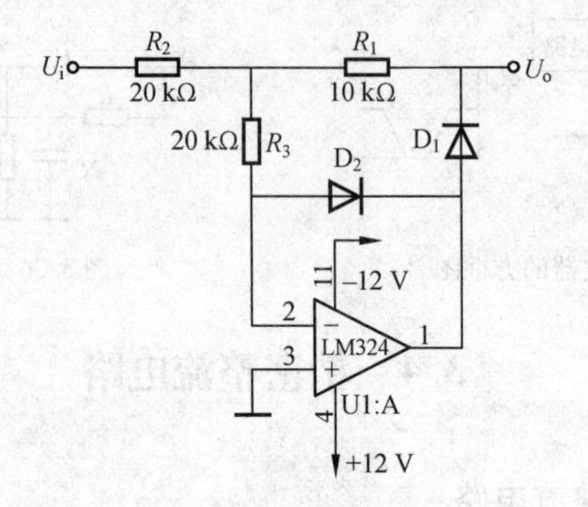

图 3.39 精密全波整流电路

当 $U_i>0$ 时，D_2 导通，D_1 截止，2 脚是虚地，$U_o=U_iR_3/(R_2+R_3)$。当 $U_i<0$ 时，D_1 截止，电路组成反相比例放大器，$U_o=-(R_1/R_2)U_i$。由此可以把双极性的输入信号转换成单极性的输出信号，其输入输出的关系是

$$n=R_3/(R_2+R_3),\quad n<1,\quad R_1=nR_2,\quad R_3=R_1/(1-n)$$

$$U_o=nU_i,\quad R_L\gg R_1+(R_2/\!/R_3)$$

图 3.40 所示是图 3.39 所示精密全波整流电路的 Proteus 仿真输入、输出波形图。

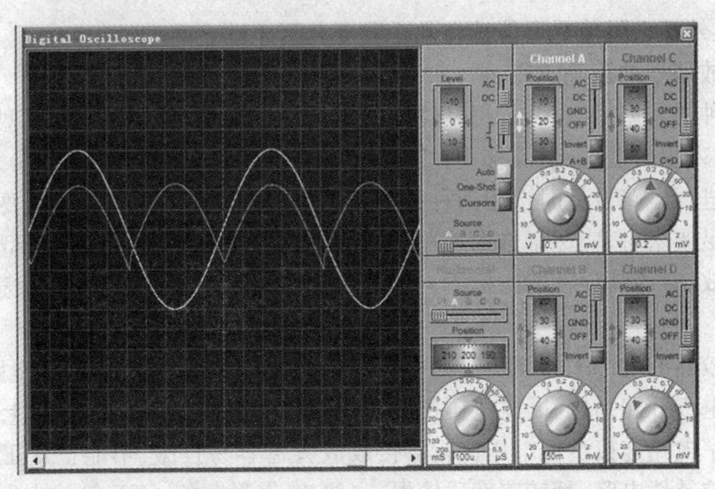

图3.40　精密全波整流电路的 Proteus 仿真波形图

3.5　集成运放在使用中的实际问题

集成运放组成的放大电路应用在不同的场合,对运放的各个参数的选择有很大的区别。除通用运放外,有多种特殊运放可供选择。在设计时应根据设计任务的不同,合理选用芯片,然后设计外接元器件,使之达到设计要求。我们在分析运放电路,研究输入输出关系时将运放视为理想运放,使集成运放的选用和外接元器件设计变得简单。但在设计和应用时应注意以下几个问题。

1. 集成运放外接电阻选取

(1)平衡电阻的选取

平衡电阻的选取是为了保证运放"零输入-零输出",使之两输入端对地等效电阻相等。具体选择方法在设计中加以说明。如在图3.41电路中 $R_2=R_F /\!/ R_1$。

(2)外接电阻选取

一般集成运放最大输出电流 I_{om} 为 3~10 mA,在组成放大电路时,应使运放处于负反馈组态。反馈电阻跨接在输出端和输入端之间。输出电压一般为伏级,在空载的情况下,应使运放输出电流不超过 I_{om}。以图3.41所示反相输入组态的反相比例放大器为例,i_f应满足下式

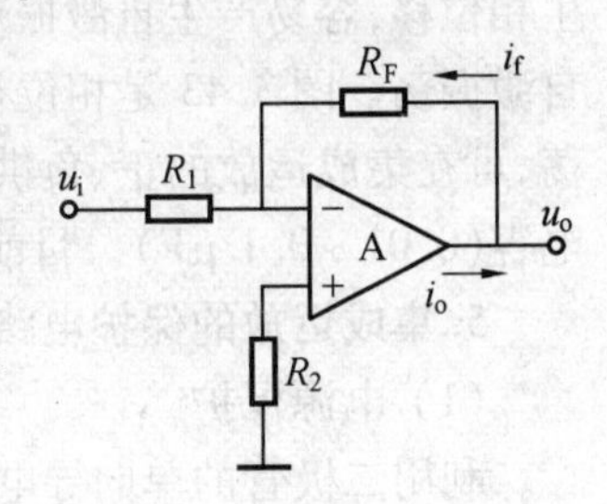

图3.41　反相比例放大器

$$i_f=u_o/R_f$$

所以 R_F至少要取千欧数量级,若 R_F和 R_1取值太小,静态工作点消耗大,会增加信号源负载。

外接电阻也不能取得过大,如选用 MΩ 级也不合适。其原因有二:

①电阻值是有误差的,阻值越大,绝对误差值越大,且电阻值会随温度和时间的变化而产生时效误差,使阻值不稳定,影响运算精度;

②运放的微小失调电流会在外接高阻值电阻上引起较大的误差信号,容易受到各种干扰信号的影响,降低电路的抗干扰能力。

所以,运放外接电阻值尽可能选在几千欧至几百千欧之间。

2. 集成运放型号的正确选用

集成运放种类和型号繁多,依据其性能参数的不同分为通用型和专用型两大类。专用型运放有:①高输入阻抗型;②低漂移型;③高速型;④低功耗型;⑤高压型;⑥大功率型;⑦电压比较器等。在进行电路设计时选用何种类型和型号,应根据系统对电路的要求加以确定。在通用型可以满足要求时,应尽量选用通用型,因其价格低、易于购买。专用型运放是某项性能指标较高的运放,它的其他性能指标不一定高,有时甚至可能比通用型运放还低,选用时应充分注意。

如电压比较器的内部采用无负反馈的开环结构设计,内部无相位补偿电路,且比较器的输出级一般为集电极开路结构,因此电压比较器的翻转速度快,大约在 ns 数量级,容易实现 TTL 电平输出与数字电路连接。但电压比较器接成放大器容易自激,不能正常工作。而运算放大器的内部有相位补偿电路,翻转速度比较慢,一般为 μs 数量级,而运算放大器的输出级一般采用推挽电路,双极性输出,有饱和压降,因此在频率不高的情况下,运算放大器做比较器用是可以的,但输出不稳定,不一定能满足后级逻辑电路的要求。而频率比较高时用运算放大器做比较器,会存在翻转速度不够等很多问题。

仪用放大器(测量放大器)因其内部电阻经激光修正,内部电路对称性好,具有极好的动态响应和精度,选用它们可简化外接电路、提高系统可靠性、提高精度。

3. 零点调整

由于集成运放的输入失调电压和输入失调电流的影响,当运算放大器组成的线性电路输入信号为零时,输出往往不等于零。为了提高电路的运算精度,要求对失调电压和失调电流造成的误差进行补偿,这就是运算放大器的调零。常用的调零电路如图 3. 42 所示,为内部调零。

除了内部调零外,还可以采用外部调零。

4. 集成运放的自激振荡问题

运算放大器是一个高放大倍数的多级放大器,XPT4871 在接成深度负反馈条件下,由于产生相位移,容易产生自激振荡。为使放大器能稳定工作,需外加一定的频率补偿网络,以消除自激振荡。图 3. 43 是相位补偿的实用电路。另外,防止通过电源内阻造成低频振荡或高频振荡,可在集成运放的正、负供电电源的输入端对地分别加入一电解电容(10 mF)和一高频滤波电容(0. 01 ~0. 1 μF)。目前,由于大部分集成运放内部电路的改进,已不需要外加补偿网络。

5. 集成运放的保护电路

(1) 电源保护

利用二极管的单向导电特性防止由于电源极性接反而造成的损坏,如图 3. 43 所示。当电源极性错接成上负下正时,两二极管均不导通,等于电源断路,从而起到保护作用。

(2) 输入保护

利用二极管的限幅作用对输入信号幅度加以限制,以免输入信号超过额定值损坏集成运放的内部结构,如图 3. 44 所示。无论是输入信号的正向电压或负向电压,只要超过二极管导通电压,二极管就会有一个导通,从而限制了输入信号的幅度,起到了保护作用。

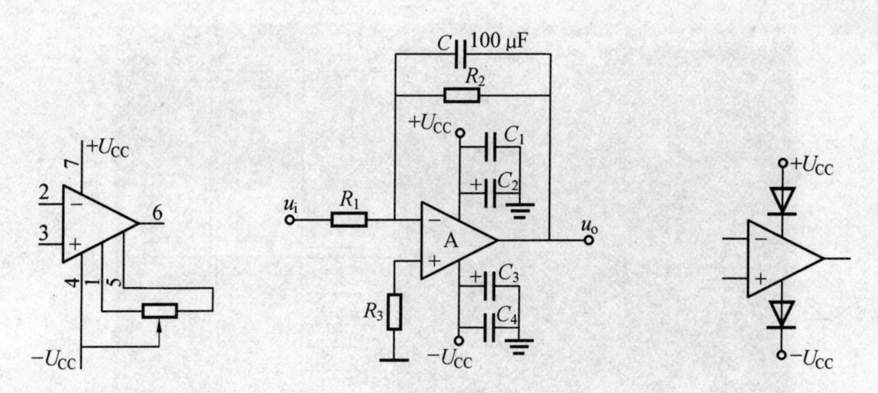

图3.42　运放调零　　图3.43　相位补偿的实用电路　　图3.44　运放电源保护电路

(3) 输出保护

将双向稳压二极管接到放大电路的输出端,如图3.46所示。若输出端出现过高电压,集成运放输出端电压将受到稳压管稳压值的限制,从而避免了损坏。

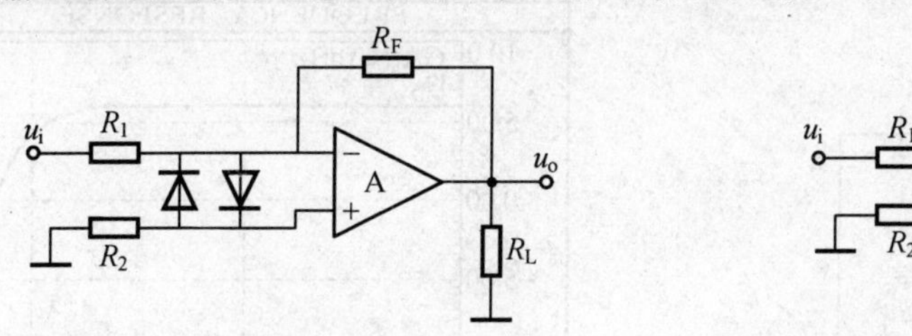

图3.45　运放输入保护电路　　图3.46　运放输出保护电路

*3.6　电路仿真实例

【例3.3】　仿真分析一个反相求和电路。

解　利用Proteus软件画出如图3.47所示反相求和电路,最后进行仿真得到如图3.48所示的分析结果。

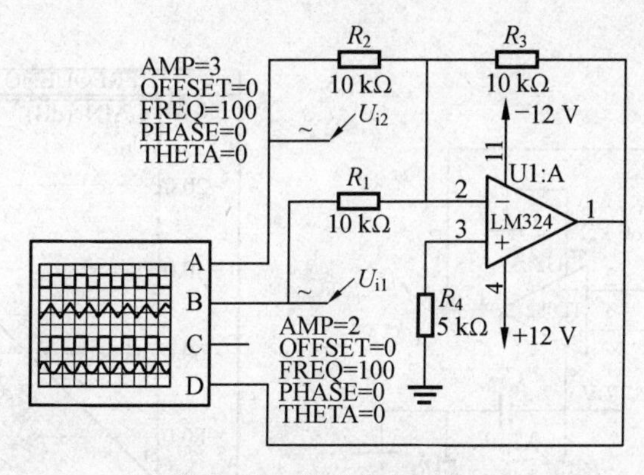

图3.47　反相求和电路

【例3.4】　仿真分析一个低通滤波电路。

解　利用Proteus软件画出如图3.49所示低通滤波电路,最后进行仿真得到如图3.50所示的分析结果。

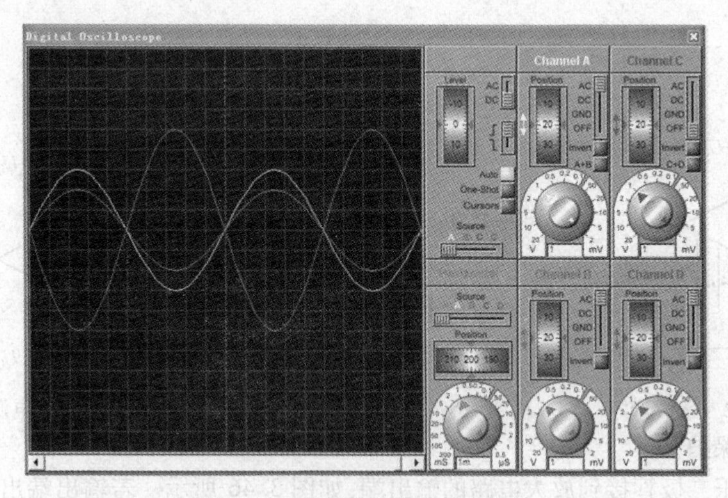

图 3.48　反相求和电路仿真结果

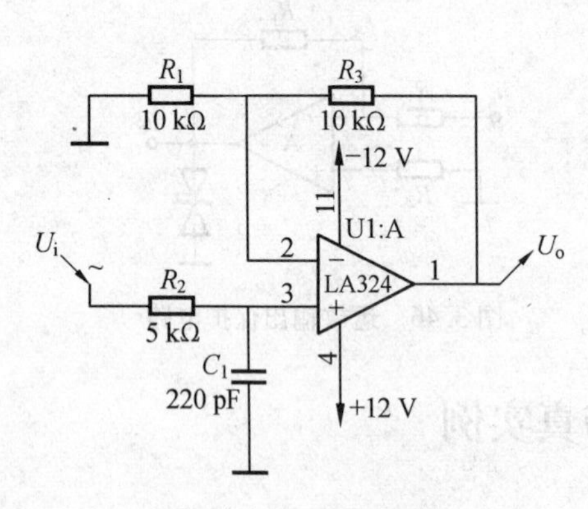

图 3.49　低通滤波电路

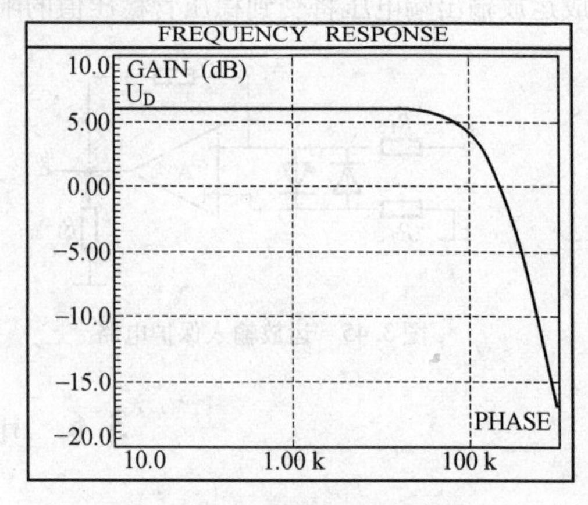

图 3.50　低通滤波电路仿真结果

【例 3.5】 仿真分析一个带通滤波电路。

解　利用 Proteus 软件画出如图 3.51 所示带通滤波电路，最后进行仿真得到如图 3.52 所示的分析结果。

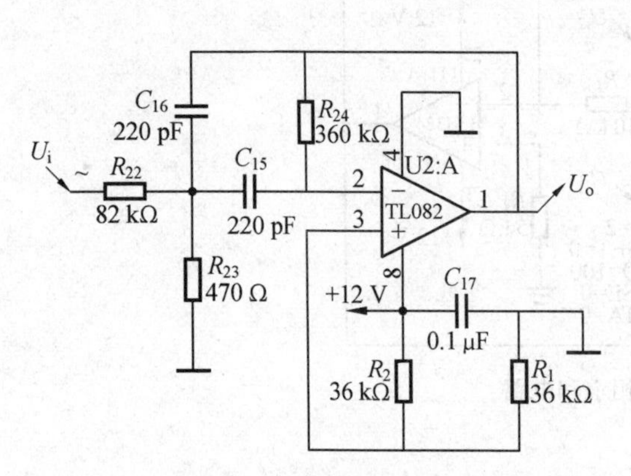

图 3.51　带通滤波电路

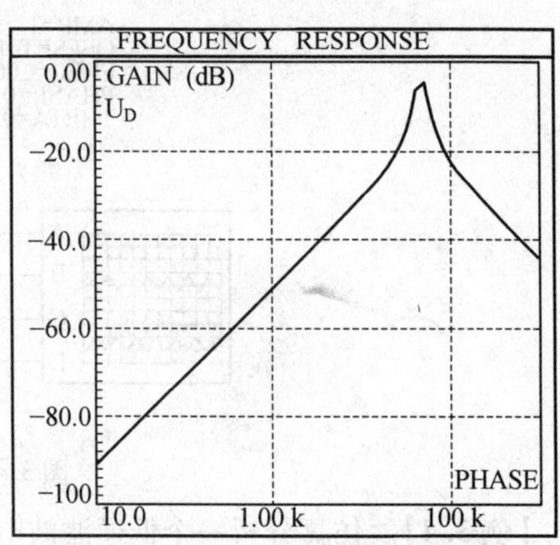

图 3.52　带通滤波电路仿真结果

◆应用实例

1. 高灵敏度无线探听器

图3.53所示是高灵敏度无线探听器工作原理图。它是由高灵敏话筒放大器和无线发射装置组成，其中放大器由一块四运放集成电路LM324中的两只运算放大器组成两级反相比例放大电路。第一级放大器由集成运放IC、电阻$R_2 \sim R_5$组成，对从驻极体话筒MIC转换输出的微弱声音信号进行放大，其放大能力为$-(R_5/R_4)$倍，增益超过20 dB；然后经过电容器C_3耦合，再输入到由集成运放IC、电阻$R_2 \sim R_3$、$R_6 \sim R_7$组成的第二级放大器进行反相放大，其放大能力为$-(R_7/R_6)$倍，增益超过40 dB。高频振荡电路由专用高效发射管V及LC振荡电路构成，其谐振频率设计在FM波段的88～108 MHz范围内，音频调制后的载波通过发射天线ANI向周围空间发射，用一台FM收音机即可在100 m外收听到，其中R_5和R_7为运算放大器的负反馈电阻，调整其阻值可以改变放大增益。

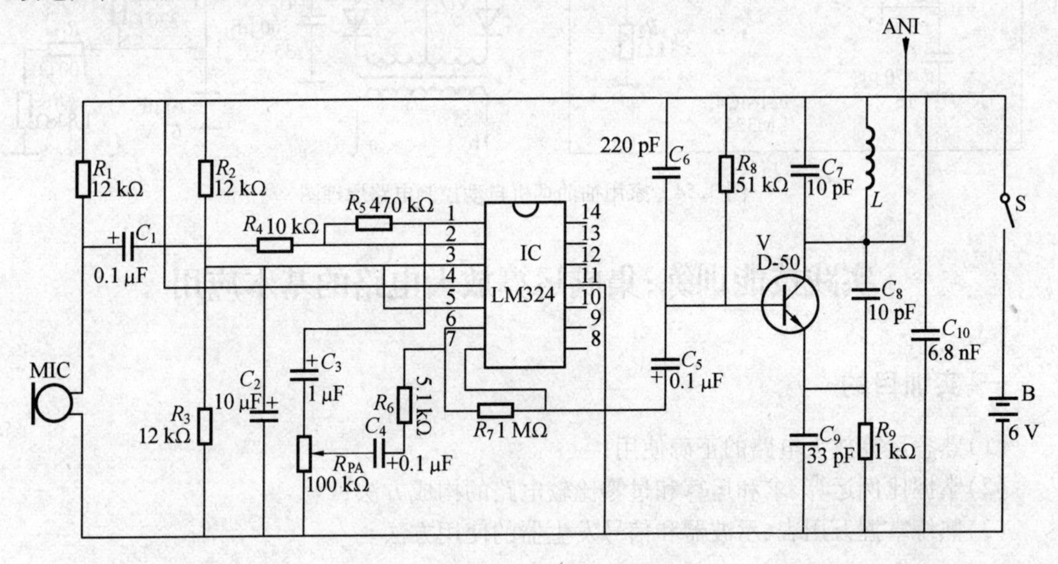

图3.53　高灵敏度无线探听器原理图

2. 家用抽油烟机自动控制电路

图3.54所示是家用抽油烟机自动控制电路。电路由IC1～IC4四个集成运放组成四级单限电压比较电路，其中IC1的同相输入端连接气敏器件，用于检测空气内污浊气体的浓度，当空气内污浊气体的浓度达到额定值时，IC1输出高电平；IC2的同相输入端连接到IC1的输出端，当IC1的输出端输出高电平时，IC2的输出端也输出高电平，驱动蜂鸣器发出间歇蜂鸣声报警；IC4的同相输入端通过二极管VD_5、电阻R_{T2}连接到IC1的输出端，当IC1的输出端输出高电平时，IC4的输出端也输出高电平，驱动三极管VT饱和导通，使继电器J吸合抽油烟机工作；IC3与C_1、R_3组成开机延时电路。电源接通后，IC3第3脚立刻获得7.5 V直流电压，而第2脚电位因电源经R_3对C_1充电而缓慢上升，经2 min左右才能达7.5 V以上，第2脚电压到达7.5 V前，IC3第1脚为高电平(12 V)，报警、排气电路都不工作，以防止刚开机时由于气敏头处于冷态而发生误动作。

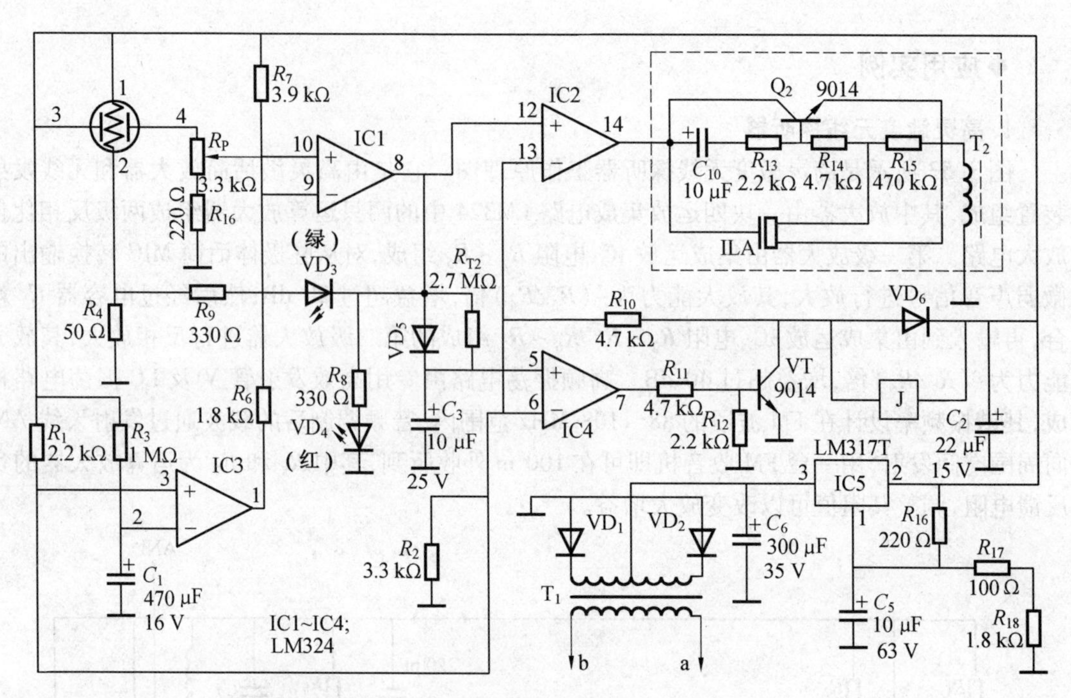

图 3.54 家用抽油烟机自动控制电路原理图

实践技能训练:集成运算放大电路的基本应用

一、实训目的

(1)熟悉运算放大电路的正确使用;

(2)掌握比例运算、求和运算和过零比较电路的构成方法;

(3)熟练掌握万用表、示波器和信号发生器的使用方法。

二、实训仪器和设备

模拟电路实验箱,双踪示波器,信号发生器和万用表。

三、实训内容

(1)熟悉集成电路实验箱各部分结构;

(2)集成运算放大电路调零;

把输入端接地,用万用表电压挡测量输出端的电压,调整中心抽头的位置,使输出电压为零,电路连接方法如图 3.55 所示。

(3)按图 3.56 所构成的一个反相比例放大电路,输入直流电压,用万用表测量输入、输出电压的大小,填入表 3.1。

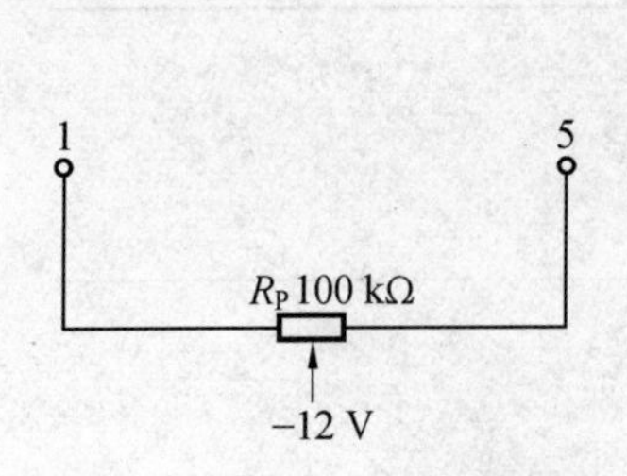

图3.55　运算放大器调零电路

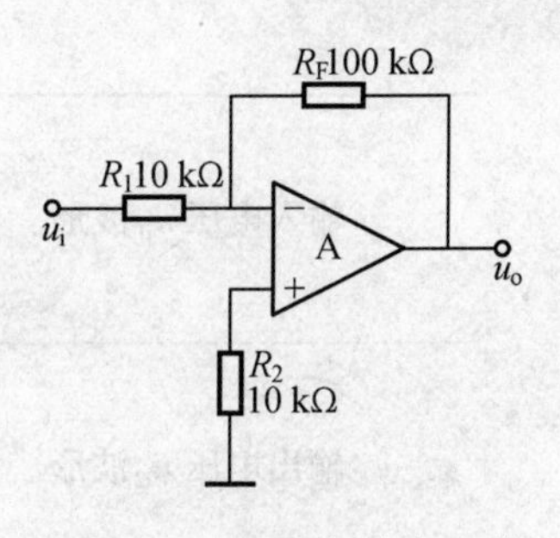

图3.56　反相比例放大电路

表3.1　实验数据

输入直流电压/V	0.3	−0.2	−0.5	0.8
输出直流电压/V				
实测电压放大倍数				
电压放大倍数(理论值)				

(4)按图3.57所构成的一个同相比例放大电路,输入直流电压,用万用表测量输入、输出电压的大小,填入表3.2。

表3.2　实验数据

输入直流电压/V	0.3	−0.2	−0.5	0.8
输出直流电压/V				
实测电压放大倍数				
电压放大倍数(理论值)				

(5)按图3.58所构成的一个反相求和放大电路,输入直流电压,用万用表测量输入、输出电压的大小,填入表3.3。

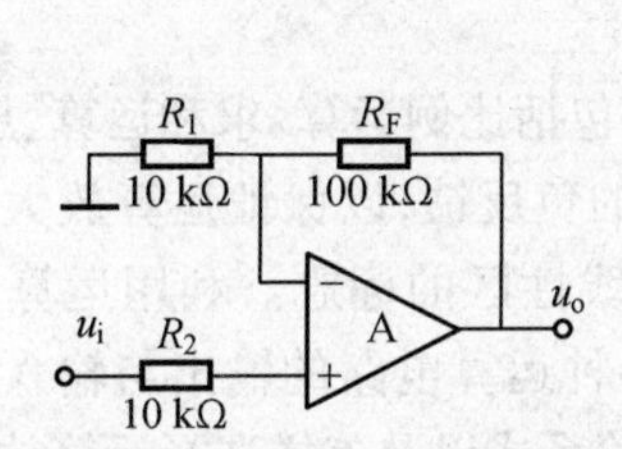

图3.57　同相比例放大电路

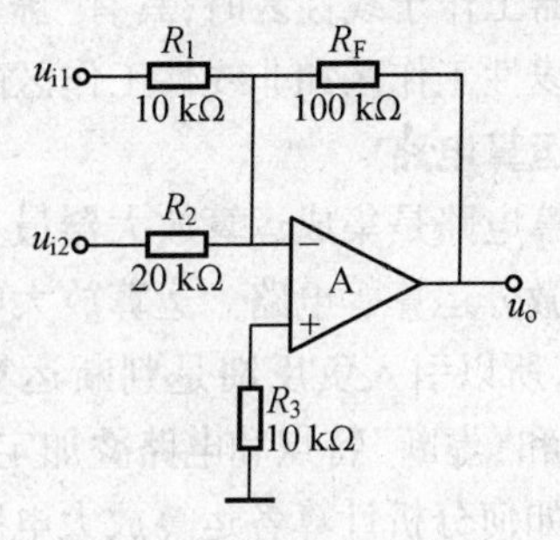

图3.58　反相求和放大电路

表3.3　实验数据

输入直流电压 u_{i1}/V	0.5	1
输出直流电压 u_{i2}/V	0.2	−0.2
输出直流电压 u_o/V		

(6)用模拟电子实验箱产生20 kHz(用示波器测定)、100 mV(峰峰值)的正弦波,输入到图3.58所示反相求和电路的输入端 u_{i1},再用低频信号发生器产生1 kHz(用示波器测定)、1 V的方波,输入到图3.58反相求和电路的输入端 u_{i2};用示波器观察输入、输出信号的波形和幅值大小,并记录其结果,填入表3.4。

表 3.4 实验结果

输入电压 u_{i1} 波形	
输出电压 u_{i2} 波形	
直流电压 u_o 波形	

四、实训报告要求

(1)整理实验数据,画出波形图(画波形图时要注意相位关系)。

(2)将理论数值与实测数值进行比较,分析产生误差的原因。

(3)分析讨论实验中出现的问题。

本 章 小 结

1. 集成运算放大器

在分析集成运算放大器的各种应用电路时,常常把集成运算放大器看作一个理想的运算放大器。理想运算放大器有两种不同的工作状态,即线性工作状态和非线性工作状态。当运算放大器工作于线性区时,具有“虚短”和“虚断”的特点。理解运算放大器的主要参数以及其工作在线性工作区和非线性工作区的特点是学习集成运算放大器的重点。

2. 运算电路

运算电路是集成运算放大器最基本的应用之一,主要包括比例运算、求和运算、加减运算、积分和微分运算等电路。运算放大电路中都引入有深度的负反馈,以保证运算放大器工作在线性区,所以引入负反馈是判断运算放大器是否工作于线性区的标志。利用运算放大器的“虚短”和“虚断”特点和电路叠加定理可以方便地导出各种运算电路的输出与输入信号的关系式。如何分析计算各运算放大电路输出与输入信号的关系式以及怎样选择运算放大器外围元器件参数是学习运算电路的重点。

3. 电压比较器

电压比较器是集成运算放大器最基本的应用之一,其输入信号为模拟信号,输出通常只有高低电平两种状态,主要有单限电压比较器、双限电压比较器和滞回电压比较器。电压比较器中,集成运算放大器多工作于开环状态或者引入正反馈,以保证电路工作在非线性区。如何计算出比较电路的阈值电压是分析学习电压比较电路的关键。

4. 有源滤波电路

有源滤波电路 *RC* 网络和运算放大器组成,是集成运算放大器在线性区的重要应用之一。常用的有源滤波电路有低通滤波器、高通滤波器、带通滤波器和带阻滤波器。分析计算通带放大倍数和通带截止频率是学习有源滤波电路的重点。

5. 精密整流电路

由二极管和集成运算放大器组成的整流电路可以实现对微弱交流信号进行整流。电路的结构形式很多,这里主要介绍两款典型的精密半波整流和精密全波整流电路。

习　题

3.1　填空题

(1) 集成运放通常由________、________、________和________四部分组成。

(2) 集成运放线性应用时的两个重要关系式为________,________。

(3) 集成运放的反相输入端与同相输入端两点的电位不仅相等,而且均等于零,如同该两点接地一样,这种现象称为________。

(4) 运算放大器工作在非线性区的特点是________和________。

(5) 理想的集成运放,其开环差模电压放大倍数 A_{ud} = ________,开环差模输入电阻 R_{id} = ________,输出电阻 R_{od} = ________,共模抑制比 K_{CMRR} = ________。

(6) ________运算电路可实现 $A_u>1$ 的放大器。

(7) ________运算电路可实现 $A_u<0$ 的放大器。

(8) 有源滤波器可分为的四种基本形式,分别为________,________,________,________。

(9) ________电压比较器的基准电压 $U_R=0$ 时,输入电压每经过一次零值,输出电压就要产生一次________,这时的比较器称为________比较器。

(10) ________比较器的电压传输过程中具有回差特性。

(11) 为了避免某一确定频率范围内的干扰信号进入放大器,应选用________滤波电路。

(12) 为了获得输入电压中的高频成分信号,应选用________滤波电路。

3.2　选择题

(1) 理想集成运算放大器的放大倍数 A_u = ________,输入电阻 R_i = ________,输出电阻 R_o = ________。

A. ∞,∞,0　　B. 0,∞,∞　　C. ∞,0,∞　　D. 0,∞,0

(2) 集成运算放大器的两个输入端分别为________端和________端,前者的极性与输出端________;后者的极性同输出端________。

A. 同相输入,反相输入,相同,相反

B. 同相输入,反相输入,相同,相同

C. 同相输入,反相输入,不同,相同

(3) 集成运放的线性应用存在________现象,非线性应用存在________现象。

A. 虚地　　B. 虚断　　C. 虚地和虚断

(4) 在如图 3.59 所示电路中,线性组件 A 为理想运算放大器,且电路处于线性放大状态,电路的输出与输入的关系式为________。

A. $u_o=u_i$　　B. $u_o=-4u_i$　　C. $u_o=-2u_i$　　D. $u_o=2u_i$

(5) 在如图 3.60 电路中,A_1、A_2为理想运放,u_o的表达式为________。

A. $u_o=\dfrac{R_1(R_3+R_4)}{R_2R_4}u_i$ B. $u_o=-\dfrac{R_2(R_3+R_4)}{R_1R_4}u_i$

C. $u_o=\dfrac{R_2(R_3+R_4)}{R_1R_4}u_i$ D. $u_o=\dfrac{R_3(R_3+R_4)}{R_1R_2}u_i$

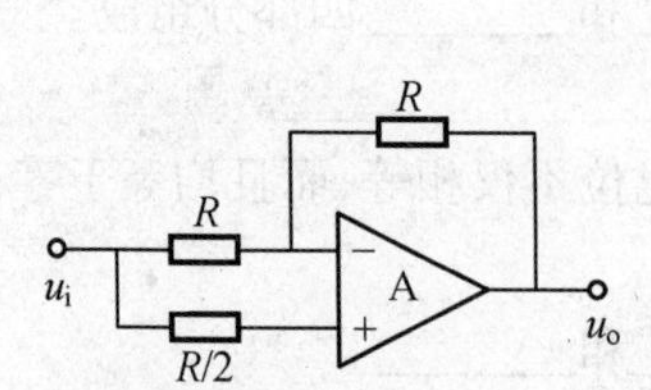

图 3.59 题 3.2(4)图

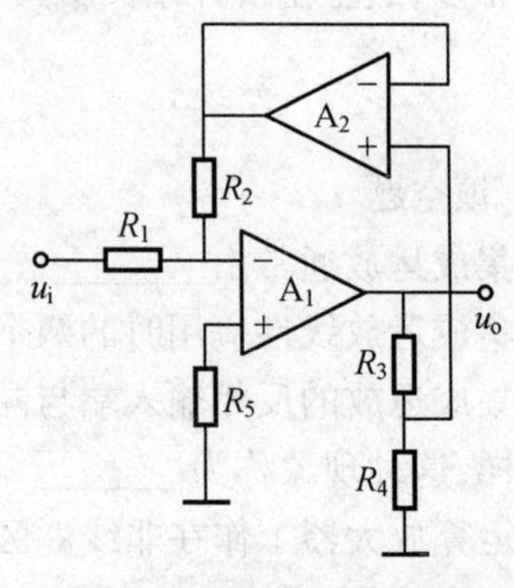

图 3.60 题 3.2(5)图

(6) 用理想运放组成的电路如图 3.61 所示,已知 $R_1=50\ \text{k}\Omega$,$R_2=80\ \text{k}\Omega$,$R_3=60\ \text{k}\Omega$,试求 A_u 的值为________。

A. $A_u=8$ B. $A_u=4$ C. $A_u=6$ D. $A_u=2$

(7) 电路如图 3.62 所示,A 为理想运放,输出电压 u_o 与输入电压 u_{i1}、u_{i2} 的函数关系为________。

A. $u_o=11u_{i2}+10u_{i1}$ B. $u_o=10u_{i1}-11u_{i2}$

C. $u_o=11u_{i2}-10u_{i1}$ D. $u_o=10u_{i2}+u_{i1}$

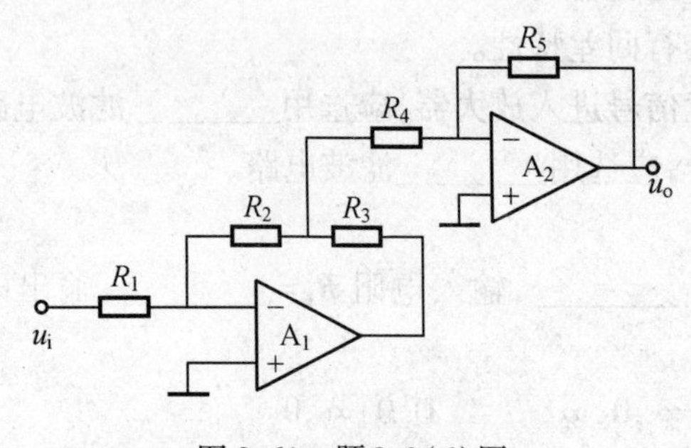

图 3.61 题 3.2(6)图

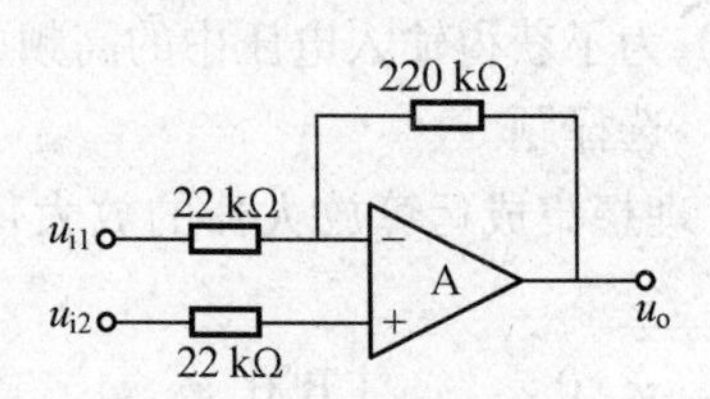

图 3.62 题 3.2(7)图

计算题

3.3 在如图 3.63 所示电路中,已知 $R_F=5R_1$,输入电压 $u_i=5\ \text{mV}$,求输出电压 u_o。

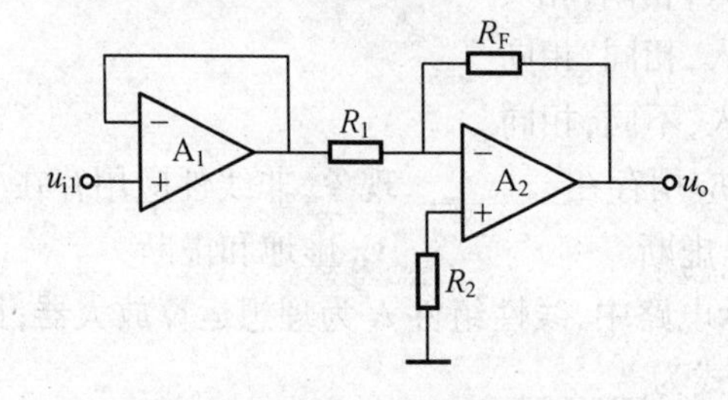

图 3.63 题 3.3 图

3.4 试用集成运算放大器组成一个能实现 $u_o=2u_{i1}-5u_{i2}+0.1\ u_{i3}$ 运算关系的运算放大电

路。

3.5　写出如图3.64所示各电路中的输入、输出电压关系。

3.6　分别求解如图3.65所示各电路的运算关系。

3.7　在如图3.66(a)所示的电路中,已知输入电压 u_i 的波形如图3.66(b)所示,当 $t=0$ 时 $u_o=0$。试画出输出电压的波形。

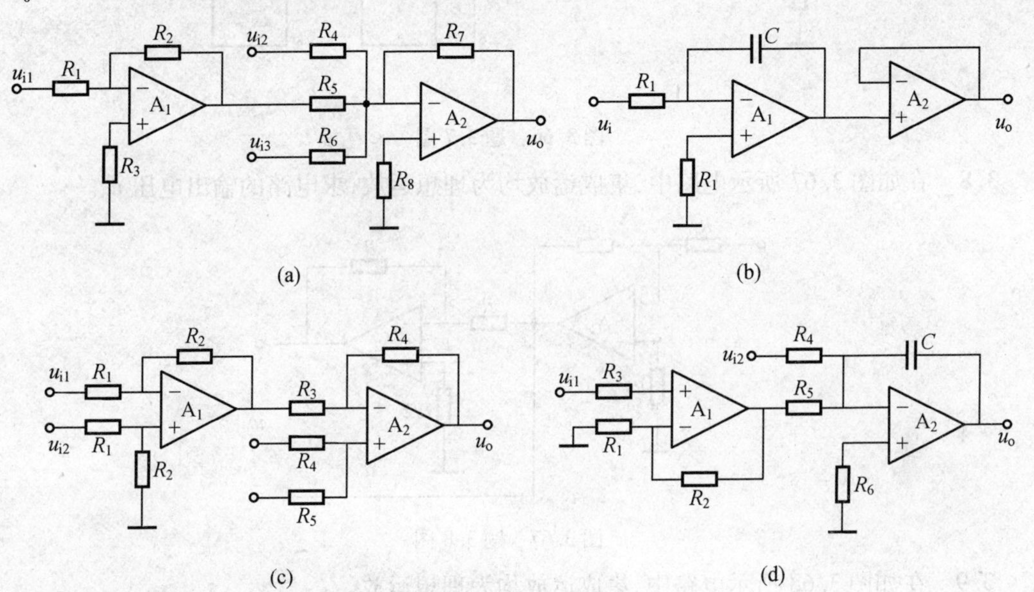

图3.64　题3.5图

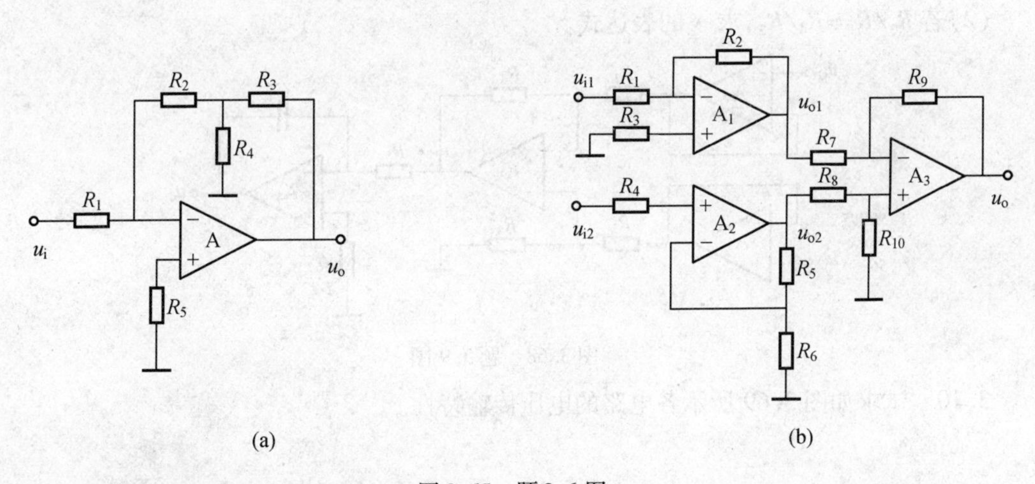

图3.65　题3.6图

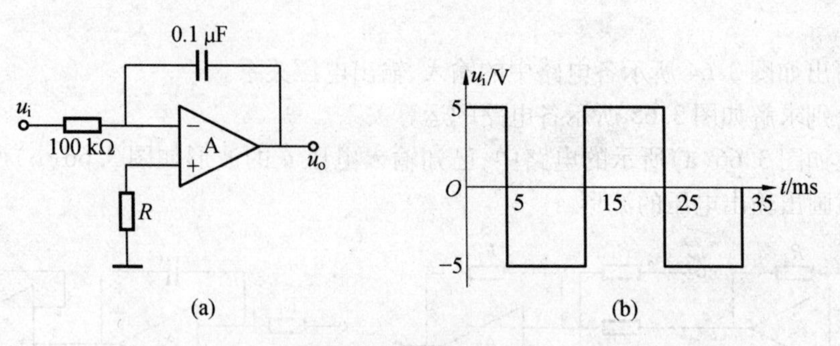

图 3.66　题 3.7 图

3.8　在如图 3.67 所示电路中，集成运放均为理想运放，求电路的输出电压 u_o。

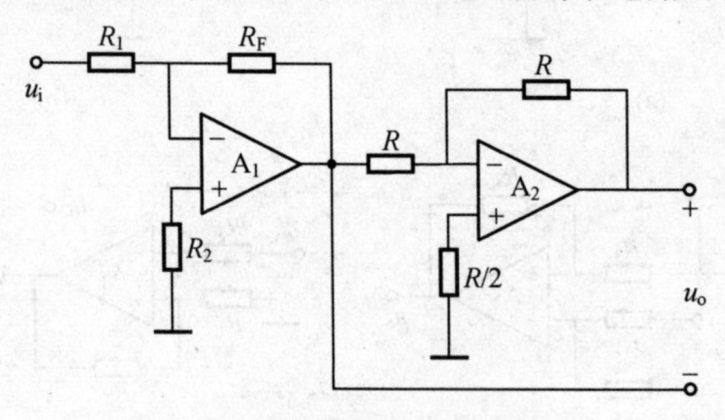

图 3.67　题 3.8 图

3.9　在如图 3.68 所示电路中，集成运放均为理想运放。

(1) 求 u_o 与 u_{i1} 和 u_{i2} 的关系；

(2) 若 $R_3/R_1 = R_4/R_2$，求 u_o 的表达式。

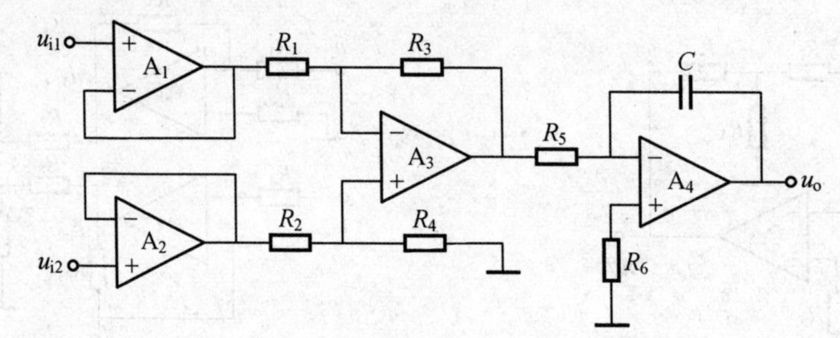

图 3.68　题 3.9 图

3.10　试求如图 3.69 所示各电路的电压传输特性。

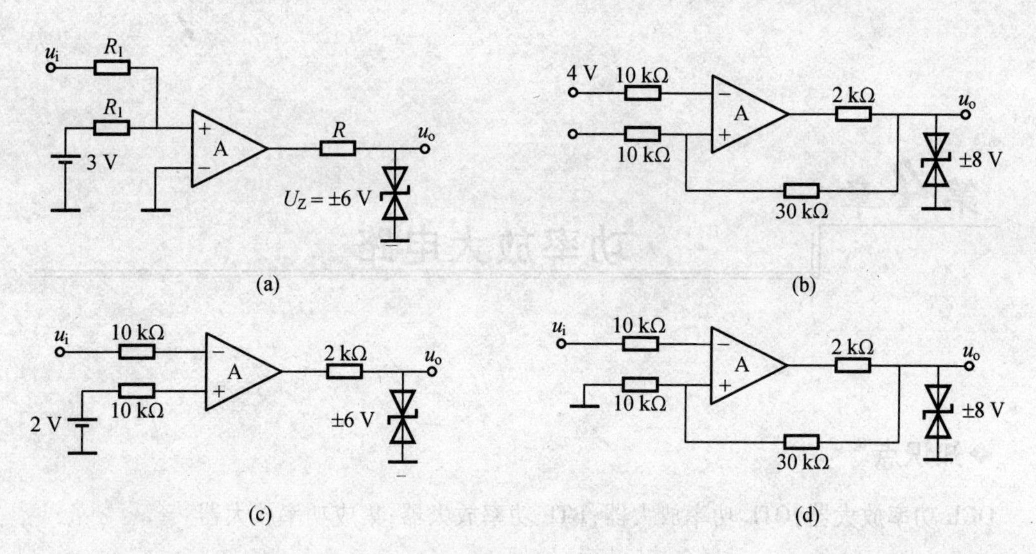

图3.69　题3.10图

3.11　已知如图3.70(a)所示电路中，输入电压 $u_i = 4\sin \omega t$(V)的波形如图3.70(b)所示，试画出输入电压和各输出电压的波形。

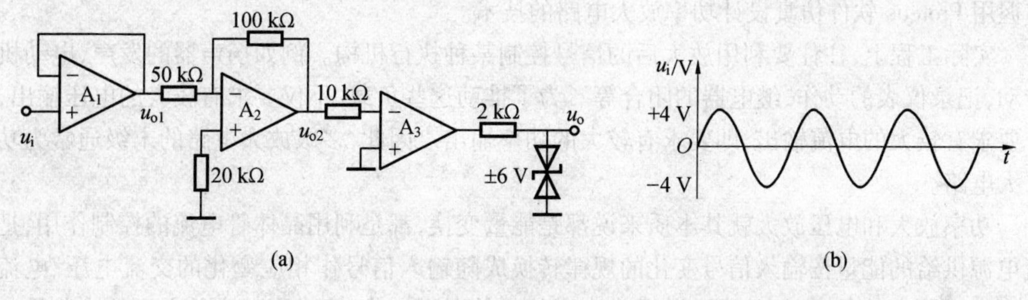

图3.70　题3.11图

第4章 功率放大电路

◆知识点

OCL 功率放大器;OTL 功率放大器;BTL 功率放大器;集成功率放大器。

◆技术技能点

会读各种常见功率放大电路图;会选择功率管的参数;会制作和测试常用功率放大电路;掌握用 Proteus 软件仿真设计功率放大电路的技术。

实际工程上,往往要利用放大后的信号控制某种执行机构。例如扬声器的发声,电动机的转动,记录仪表的动作,继电器的闭合等。为了推动这些负载,不仅要求有较大的电压输出,而且要求有较大的电流输出,即要求有较大的功率输出。因此,多级放大电路的末级通常为功率放大电路。

功率放大和电压放大就其本质来说都是能量变换,都是利用晶体管电流的控制作用,把直流电源供给的能量按输入信号变化的规律转换成随输入信号作相应变化的交流电压、电流和功率。不同之处是,电压放大电路通常在小信号情况下工作,要求有较高的电压放大倍数。而功率放大电路多在大信号情况下工作,要求有较大的功率输出。

4.1 功率放大电路概述

4.1.1 对功率放大电路的基本要求

对功率放大电路的基本要求主要有以下几个方面:

1. 输出功率尽可能大

为了获得较大的输出功率,要求功放管的电压和电流都有足够大的输出幅度,因此必然使三极管处于极限工作状态。

2. 非线性失真要小

由于信号大,工作的动态范围大,就要考虑到失真问题。

3. 效率要高

所谓效率,就是负载得到的交流信号功率与电源供给的直流功率的比值。为此需要寻求提高功率放大电路效率的途径。

4. **功率管的散热好**

管子的损耗功率大,发热严重,必须选用大功率三极管,且要加装符合规定要求的散热装置。

4.1.2　提高效率的途径

放大电路有三种工作状态,如图4.1所示。其中图4.1(a)的静态工作点Q大致在交流负载线的中点,这种工作状态称甲类放大。在甲类工作状态,不论有无输入信号,电源供给的功率$P_E=U_{CC}I_{CC}$总是不变的。当无信号输入时,电源功率全部消耗在管子和电阻上,以管子的集电极损耗为主。当有信号输入时,其中一部分转换为有用的输出功率P_o,另一部分转换为管耗。信号越大,输出功率也越大。可以证明,在理想的情况下,甲类功率放大电路的最高效率也只能达到50%。

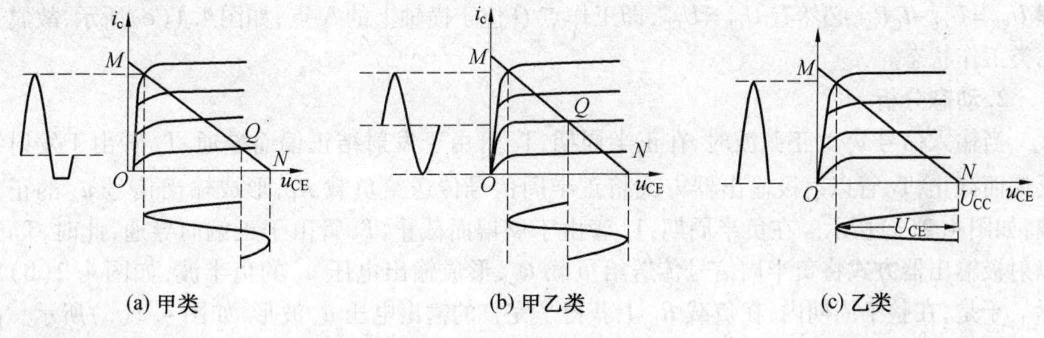

图4.1　放大电路的工作状态

从甲类放大电路可以看出,静态电流是造成管耗的主要因素,欲提高效率须从降低管耗入手,要降低管耗,需减小集电极静态电流I_C。若将静态工作点Q沿着负载线下移,如图4.1(b)所示,这种工作状态称甲乙类放大。若将静态工作点Q移至$I_C\approx0$处,管耗基本为零,此时晶体管只有正半周导通,这种工作状态称为乙类放大,如图4.1(c)所示。

由图4.1可见,在甲乙类和乙类状态下工作时,虽然提高了效率,但产生了严重的失真。为此,采用两个管配合使用的互补对称放大电路,既能提高效率,又能减小信号波形的失真。

4.2　互补对称功率放大电路

4.2.1　乙类OCL基本互补对称功率放大电路

如图4.2所示为一种互补对称电路,T_1为NPN型三极管,T_2为PNP型三极管。两管的基极相连作为输入端,偏置电流为零,工作在乙类状态,两管的发射极相连作为输出端接到负载R_L上;两管的集电极分别接上一组正电源和一组负电源。由电路可知,每个管子组成共集组态放大电路,即射极电压跟随电路。为使输出波形正负半波对称,T_1和T_2两管的特性和参数应选择尽可能相同。

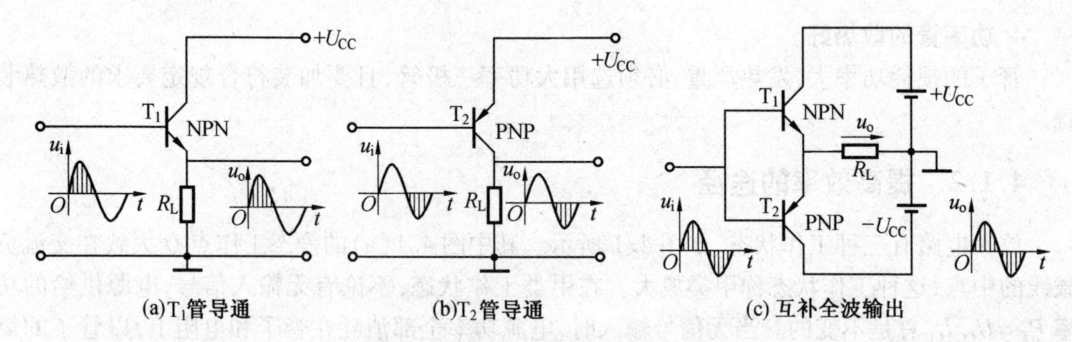

图 4.2　乙类互补对称功率放大电路

1. 静态分析

由于电路无偏置电压，故两管的静态工作点参数 U_{BE}、I_B、I_C 均为零，将 $I_C=0$ 代入负载方程 $U_{CE}=U_{CC}-I_CR_L$，必然有 $U_{CE}=U_{CC}$，即工作点 Q 位于横轴上的 N 点，如图 4.1(c)所示，故属于乙类工作状态。

2. 动态分析

当输入信号 u_i 为正弦波时，在正半周期，T_1 管由于发射结正偏而导通，T_2 管由于发射结反偏而截止，T_1 管以射极输出器方式将正半周信号传送给负载 R_L，形成输出信号 u_o 的正半波，如图 4.2(a)所示。在负半周期，T_1 管由于反偏而截止，T_2 管由于正偏而导通，此时，T_2 管以射极输出器方式将负半周信号传送给负载 R_L，形成输出电压 u_o 的负半波，如图 4.2(b)所示。于是，在整个周期内，在负载 R_L 上获得了完整的输出电压 u_o 波形，如图 4.2(c)所示。由以上分析可知：输出电压 u_o 虽未被放大，但由于 $i_L=i_e=(1+\beta)i_b$，具有电流放大作用，因此具有功率放大作用。

此电路中两个三极管轮流导通，推挽工作，且电路结构对称，所以称为互补对称电路。

如图 4.3 所示为两管信号电流 i_{C_1} 和 i_{C_2} 波形及合成后的 u_{CE} 波形。从图中可知，任一个半周内，每个管子 c、e 间信号电压为 $|u_{CE}|=|U_{CC}|-|u_o|$，而输出电压 $u_o=-u_{CE}=i_oR_L$。在一般情况下，输出电压幅值为 $U_{om}=U_{cem}$，其大小随输入信号幅度而变化，而最大输出电压幅值 $U_{om}=U_{CC}-U_{CE}\approx U_{CC}$。这些参数间的关系是计算输出功率和管耗的重要依据。

3. 参数计算

(1) 最大输出功率 P_{om}

功率放大电路最大输出功率取决于电源电压 U_{CC} 和三极管极限参数 I_{CM}、P_{CM}。在满足极限参数要求的情况下，由动态分析可知，最大的输出功率为

$$P_{om}=\frac{1}{2}I_{om}U_{om}=\frac{1}{2}\frac{U_{om}^2}{R_L}=\frac{1}{2}\frac{U_{CC}^2}{R_L} \tag{4.1}$$

当功率放大器工作在非最大输出状态时，输出功率为

$$P_o=\frac{1}{2}I_{om}U_{om}=\frac{1}{2}\frac{U_{om}^2}{R_L}=\frac{1}{2}\frac{U_{im}^2}{R_L} \tag{4.2}$$

(2) 直流电源供给的功率 P_U

在 OCL 电路中，静态时，电源无功率输出，即静态管耗为零。有信号输入时，两管轮流工作，两电源交替提供脉动电流 i_{C_1} 和 i_{C_2}，因此，两个直流电源提供的功率取决于这两个电流的平均值。在一个周期内电源向两个功放管提供的直流功率为

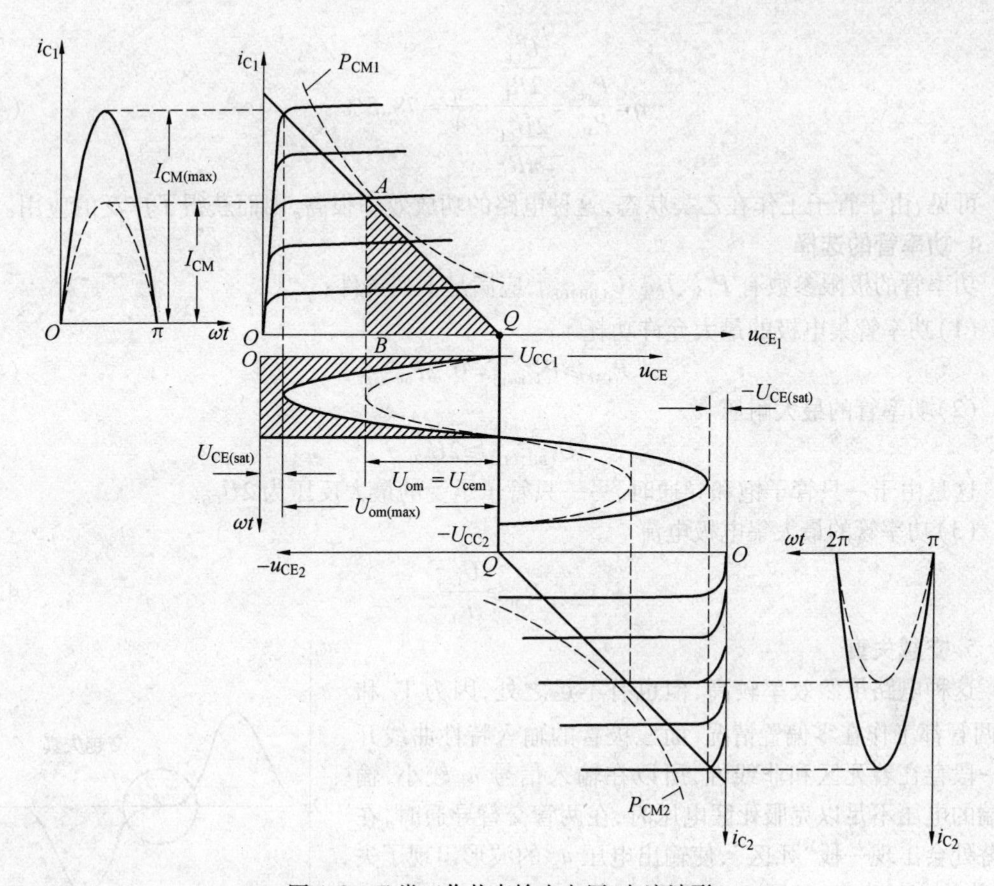

图4.3　乙类工作状态输出电压、电流波形

$$P_{U}=\frac{2}{\pi}\frac{U_{om}}{R_{L}}U_{CC} \tag{4.3}$$

由式(4.3)可知，负载一定时，直流电源提供的功率与输出电压成正比。当功率放大器工作在最大输出状态时，两个直流电源供给的总功率为

$$P_{Um}=\frac{2}{\pi}\frac{U_{CC}^{2}}{R_{L}} \tag{4.4}$$

(3)三极管管耗 P_{T}

直流电源供给的功率与输出功率的差值，即为两只三极管上的管耗，所以每只管子的管耗为

$$P_{T}=\frac{1}{2}(P_{U}-P_{o}) \tag{4.5}$$

功率放大电路工作在最大输出状态时的管耗并不是最大管耗，每只三极管的最大管耗约为 $0.2P_{om}$。

(4)效率 η

功率放大电路的效率 η 定义为输出功率 P_{o} 与直流电源供给功率 P_{U} 的比值，即

$$\eta=\frac{P_{o}}{P_{U}} \tag{4.6}$$

管子工作在乙类状态时

$$\eta=\frac{P_{\mathrm{om}}}{P_{\mathrm{Um}}}=\frac{\dfrac{U_{\mathrm{CC}}^{2}}{2R_{\mathrm{L}}}}{\dfrac{2U_{\mathrm{CC}}^{2}}{\pi R_{\mathrm{L}}}}=\frac{\pi}{4}\approx 78.5\% \tag{4.7}$$

可见,由于管子工作在乙类状态,这种电路的功放效率很高,因而获得了广泛的应用。

4. 功率管的选择

功率管的极限参数有 P_{CM}、I_{CM}、$U_{(\mathrm{BR})\mathrm{CEO}}$,应满足下列条件:

(1)功率管集电极的最大允许功耗

$$P_{\mathrm{CM}}\geqslant P_{\mathrm{T(max)}}=0.2P_{\mathrm{o(max)}} \tag{4.8}$$

(2)功率管的最大耐压

$$U_{(\mathrm{BR})\mathrm{CEO}}\geqslant 2U_{\mathrm{CC}} \tag{4.9}$$

这是由于一只管子饱和导通时,另一只管子承受的最大反压为 $2U_{\mathrm{CC}}$。

(3)功率管的最大集电极电流

$$I_{\mathrm{CM}}\geqslant\frac{U_{\mathrm{CC}}}{R_{\mathrm{L}}} \tag{4.10}$$

5. 交越失真

这种电路虽然效率较高,但也有不足之处,因为 T_1 和 T_2 两管都工作在零偏置情况,而三极管的输入特性曲线开始一段存在着死区和非线性,所以在输入信号 u_{i} 较小,输入端的电压不足以克服死区电压时,在两管交替导通时,在交替处会出现一段“死区”,使输出电压 u_{o} 的波形出现了失真,称为交越失真,如图 4.4 所示。

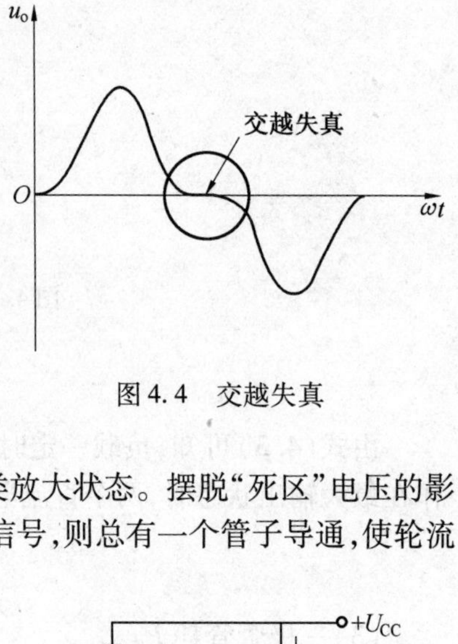

图 4.4 交越失真

4.2.2 甲乙类 OCL 互补对称功率放大电路

为了减小交越失真,在具体应用时,静态工作点 Q 不设置在 $I_{\mathrm{C}}\approx 0$ 处,而选在稍向上一点,让功放管工作于甲乙类放大状态。摆脱“死区”电压的影响,而使两管在静态时已有较小的基极电流 I_{B},只要有输入信号,则总有一个管子导通,使轮流导通的交接点附近波形平滑,失真减小。

如图 4.5 所示为甲乙类互补对称功率放大电路。利用二极管 D_1、D_2 上的正向压降给 T_1、T_2 的发射结提供一个正向偏置电压,使电路工作在甲乙类状态,从而消除交越失真。由于电路结构对称,因此静态时两管的发射极电位为零,即输出端没有直流压降。所以,在输出端不需要接隔直电容。这种输出端不接电容的电路,称为 OCL(Out Capacitor-Less)电路。

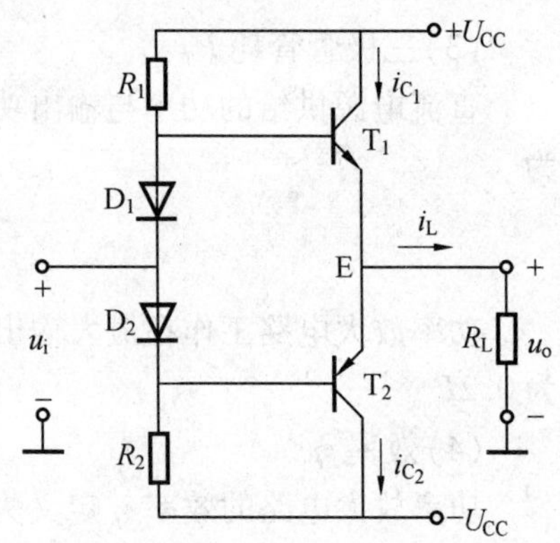

图 4.5 甲乙类互补对称功率放大电路

【例 4.1】 在如图 4.5 所示电路中,$U_{\mathrm{CC}}=\pm 24\ \mathrm{V}$,$R_{\mathrm{L}}=8\ \Omega$。试求:

(1)当输入信号 $U_{\mathrm{i}}=12\ \mathrm{V}$(有效值)时,电路的输出功率、管耗、直流电源供给的功率及效率。

(2)输入信号增大至使管子在基本不失真的情况下输出最大功率时,互补对称电路的输出功率、管耗、电源供给的功率及效率。

(3)晶体管的极限参数。

解　(1)在 $U_i=12\ V$ 有效值时的幅值为 $U_{im}=\sqrt{2}U_i\approx17\ V$。

考虑到互补对称电路是射极跟随器,其电压放大倍数接近于 1,因此输出电压近似等于输入电压且同相,即 $U_{om}=U_i\approx17\ V$。

由式(4.2)可得

$$P_o=\frac{1}{2}\frac{U_{om}^2}{R_L}=\frac{1}{2}\times\frac{17^2}{8}W\approx18.1\ W$$

由式(4.3)可得

$$P_U=\frac{2}{\pi}\frac{U_{om}}{R_L}U_{CC}=\frac{2}{\pi}\times\frac{17}{8}\times24\ W\approx32.5\ W$$

由式(4.5)可得,两只管子的管耗为

$$P_V=P_U-P_o=32.5\ W-18.1\ W=14.4\ W$$

由式(4.6)可得

$$\eta=\frac{P_o}{P_U}=\frac{18.1}{32.5}\times100\%\approx55.7\%$$

(2)在最大输出功率时,最大输出电压为 24 V,此时,要求输入信号的幅值也是 24 V,即 $U_{im}=U_{om}$。

由式(4.1)可得

$$P_{om}=\frac{1}{2}\frac{U_{CC}^2}{R_L}=\frac{1}{2}\times\frac{24}{8}W=36\ W$$

由式(4.4)可得

$$P_{Um}=\frac{2}{\pi}\frac{U_{CC}^2}{R_L}=\frac{2}{\pi}\times\frac{24^2}{8}W\approx45.8\ W$$

由式(4.5)可得,两只管子的管耗为

$$P_V=P_U-P_o=45.8\ W-36\ W=9.8\ W\quad（此时两管的功耗并不是最大功耗）$$

由式(4.6)可得

$$\eta=\frac{P_{om}}{P_{Um}}=\frac{36}{45.8}\times100\%\approx78.5\%$$

(3)晶体管的极限参数

$$P_{CM}\geqslant0.2P_{om}=0.2\times36\ W=7.2\ W\quad（每一管）$$

$$U_{(BR)CEO}\geqslant2U_{CC}=2\times24\ V=48\ V$$

$$I_{CM}\geqslant\frac{U_{CC}}{R_L}=\frac{24}{8}A=3\ A$$

4.2.3　甲乙类 OTL 单电源互补对称功率放大电路

OCL 电路的特点是输出端可以省去隔直电容,改善放大电路在低频时的特性,目前得到了广泛的应用。但是这种电路需要用正负双电源供电。如图 4.6 所示为单电源互补对称电路,又称为 OTL(Output Transformer-Less)电路。

1. 工作原理

T_1、T_2是两个特性和参数相近的功放管，利用电阻 R_1、R_2及二极管 D_1、D_2为 T_1和 T_2建立很小的偏流，使其工作在输入特性近似直线的部分。显然静态时 A 点和 E 点的电位都为$\frac{1}{2}U_{CC}$。

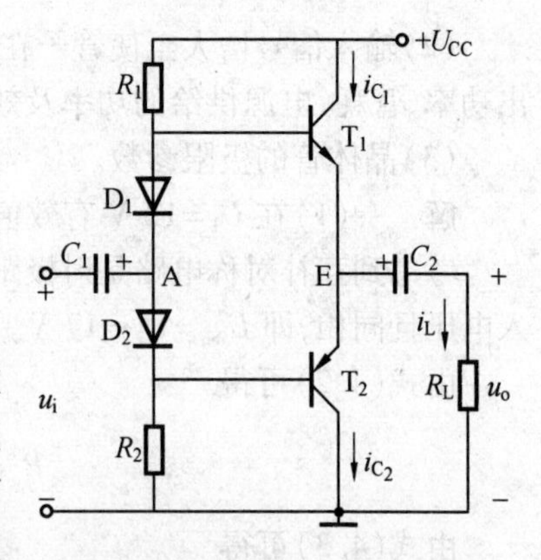

图 4.6 单电源互补对称电路

当输入信号 u_i为正半周时，T_1导通，T_2截止，电源通过 T_1对电容 C_2充电，T_1以射极输出的形式将正方向的信号变化传给负载 R_L，形成输出信号 u_o的正半周波形。当输入信号 u_i为负半周时，T_2导通，T_1截止，这时，电容 C_2作为电源通过 T_2对负载电阻R_L放电，放电电流经过负载电阻R_L形成输出信号 u_o的负半周波形。

这样，两个管子交替工作，在 R_L上得到一个完整的正弦波形。可见，在此过程中，输出端电容 C_2实际上起了一个负电源的作用。

2. 实用 OTL 电路举例分析

(1)电路组成及各元件作用

如图 4.7 所示为具有自举电路的单电源甲乙类准互补对称功率放大电路。

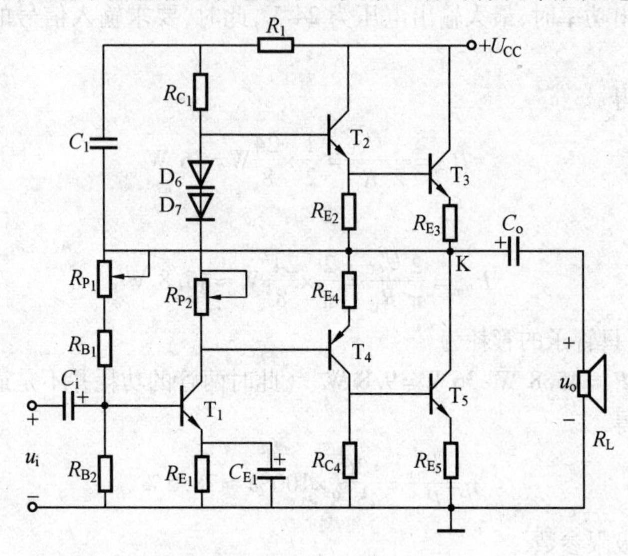

图 4.7 OTL 功率放大电路

T_1为共发射极前置放大级，为功放管提供推动电压。R_{P_1}、R_{B_1}、R_{B_2}为 T_1的偏置电路，调节 R_{P_1}可改变 T_1的静态工作点，同时还可使 $U_K=\frac{1}{2}U_{CC}$。

T_2T_3、T_4T_5为两只复合三极管，分别等效为 NPN 和 PNP 型。复合管的总电流放大系数为两只管子电流放大系数的乘积。复合管连接的原则是按两管电流前后流向一致的规律连接。复合管的等效管型取决于前一只管子的管型。采用复合管可降低配对的 NPN 型和 PNP 型三极管(如 T_2、T_4)的要求。

D_6、D_7、R_{P_2}为 T_2T_3、T_4T_5提供合适的静态工作点，调节 R_{P_2}可以改变静态工作点；C_o为输出

耦合电容,一方面将放大后的交流信号耦合给负载 R_L,另一方面作为 T_4、T_5 导通时的直流电源,因此要求容量大,稳定性高。若 C_o 漏电或失容,在显示器中表现为光栅中间出现特别亮的亮带或很窄的光栅。

C_1、R_1 为自举电路。在 T_1 输出为正时,K 点为正半周输出,K 点电位升高,由于 C_1 电压不能突变,相当于电源瞬时电压提高,扩大了输出正半周的动态范围,这种作用称为自举。若无 R_1,则没有自举作用,若 C_1 失容,输出可能出现正半周失真,在显示器中表现为画面卷边。

(2)工作原理

当输入信号 u_i 为负半周时,T_1 集电极信号为正半周,T_2、T_3 导通,T_4、T_5 截止。在信号电流流向负载 R_L 形成正半周输出的同时,向 C_o 充电,使 $U_{C_o}=U_{CC}/2$;在 u_i 正半周时,T_1 集电极信号为负半周,T_2、T_3 截止,T_4、T_5 导通。此时,C_o 上的 U_{CC} 与 T_4、T_5 形成放电回路,若时间常数 R_LC 远大于输入信号的半周期,则电容上电压基本不变,而流过管子和负载的电流仍由基极控制,这样在负载上获得负半周输出信号,于是负载上获得完整的正弦信号输出。输出的最大幅度接近 $U_{CC}/2$。

(3)参数计算

OTL 电路与 OCL 电路相比,每个功放管实际工作电源电压为 $U_{CC}/2$,因此将式(4.1)~式(4.7)中的 U_{CC} 用 $U_{CC}/2$ 替换即得相应的参数计算公式。

【例 4.2】 在如图 4.8 所示电路中,已知:$R_{B_1}=22\ \text{k}\Omega$,$R_{B_2}=47\ \text{k}\Omega$、$R_{E_1}=24\ \Omega$、$R_{E_2}=R_{E_3}=0.5\ \Omega$、$R_1=240\ \Omega$、$R_P=470\ \Omega$、$R_L=8\ \Omega$,$T_2$ 为 3DD01A、T_3 为 3CD10A,D_4、D_5 为 2CP。试求:

(1)最大输出功率。

(2)若负载 R_L 上的电流为 $i_L=0.8\sin\omega t$ A 时的输出功率和输出电压幅值。

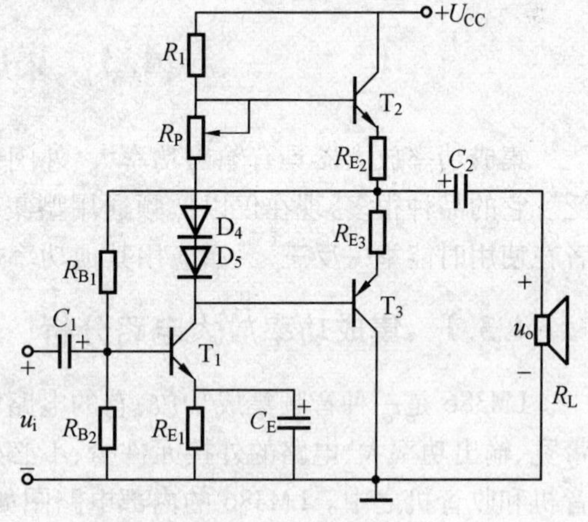

图 4.8　例 2.7 电路图

解　(1)最大输出功率

$$P_{om}=\frac{1}{2}\frac{\left(\frac{1}{2}U_{CC}\right)^2}{R_L}=\frac{1}{2}\times\frac{12^2}{8}\text{W}=9\ \text{W}$$

(2)输出功率

$$P_o=\frac{1}{2}\times0.8^2\times8\ \text{W}=2.56\ \text{W}$$

输出电压幅值

$$U_{om}=0.8\times8\ \text{V}=6.4\ \text{V}$$

*4.2.4　桥式平衡功率放大器

对于便携式的设备(如收音机、录音机等),其功率放大器通常采用单电源供电的 OTL 电路。为了获得足够大的输出功率,应提高电源电压,这需要携带较多的电池,增加了质量。因此,对这类设备,输出功率与电源电压成为突出矛盾。为此,人们研究出了低电压下能输出大功率的电路——平衡式无变压器电路,又称 BTL(Balanced Transformer Less)电路或桥式平衡电路。

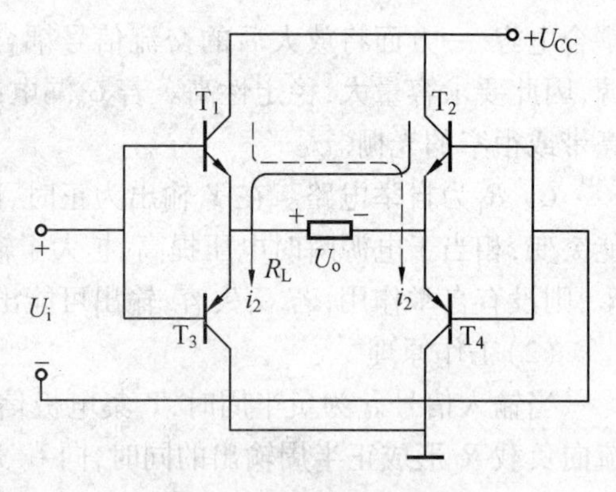

图 4.9　BTL 原理电路

如图 4.9 所示为桥式平衡功率放大器的原理电路。它由四只管子组成。静态时，R_L上无电流流过。当输入信号 U_i为正半周时，T_1、T_4导通。若忽略它们的饱和压降，则负载 R_L上的输出电压幅度为 U_{CC}；当 U_i为负半周时，T_2、T_3导通，R_L上的输出电压幅度也为 U_{CC}。这样，R_L上得到的是完整的输出信号波形。

在负载一定的条件下，BTL 电路的输出功率可达 OTL 电路的四倍。BTL 电路虽为单电源供电，却不需要输出耦合电容，输出端与负载可直接耦合，它具有 OTL 或 OCL 电路的所有优点。但要注意：BTL 电路的负载是不能接地的。

上述 BTL 功率放大器可以用两组分立元件制作的 OCL 放大器组成。但这种结构所需的元件较多，特别是需要四只大功率晶体管，因此一般很少用分立元件制作。集成功率放大器只需简单的连线，就可方便地组成 BTL 放大器。对于本身包含两个功率放大器的集成块来说，用一块就可直接连成 BTL 电路，装配和调试都非常简单。

4.3　集成功率放大器

集成功率放大器具有输出功率大、外围连接元件少、使用方便等优点，目前使用越来越广泛。它的品种很多，现在仅以低频通用型集成功率放大器 LM386 为例加以简单介绍，希望读者在使用时能举一反三，灵活应用其他功率放大器件。

4.3.1　集成功率放大电路分析

LM386 是一种音频集成功放，它的电路简单、通用性强，具有电源电压范围宽、功耗低、频带宽、输出功率大、电路的外接元件少、不必外加散热片、使用方便等优点，因而广泛应用于录音机和收音机之中。LM386 的内部电路图如图 4.10(a)所示，其外引线排列图如图 4.10(b)所示，封装形式为双列直插。

LM386 的输入级由 T_2、T_4组成双入单出差动放大器，T_3、T_5构成有源负载，T_1、T_6为射极跟随形式，可以提高输入阻抗，差放的输出取自 T_4的集电极。T_7为共射极放大形式，是 LM386 的主增益级，恒流源 I_o作为其有源负载。T_8、T_{10}复合成 PNP 管，与 T_9组成准互补对称输出级。D_1和 D_2为输出管提供偏置电压，使输出级工作于甲乙类状态。

R_6 是级间负反馈电阻，起稳定静态工作点和放大倍数的作用。R_2和 7 脚外接的电解电容组成直流电源去耦滤波电路。R_5是差放级的射极反馈电阻，所以在 1、8 两脚之间外接一个阻容串联电路，构成差放管射极的交流反馈，通过调节外接电阻的阻值就可调节该电路的放大倍数。对于模拟集成电路来说，其增益调节大都是外接调整元件来实现的。其中 1、8 脚开路时，如图 4.11 所示，此时，负反馈量最大，电压放大倍数最小，约为 20，这是外接元件最少的用法。

1、8 脚之间短路时或只外接一个 10 μF 电容时，如图 4.12 所示，此时，电压放大倍数最大，约为 200。

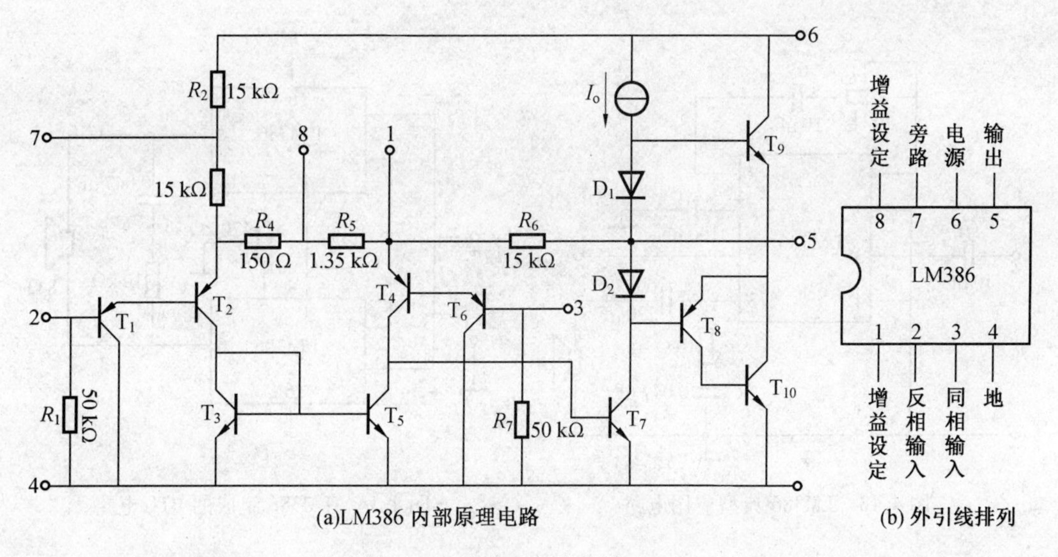

图 4.10　集成功率放大器 LM386

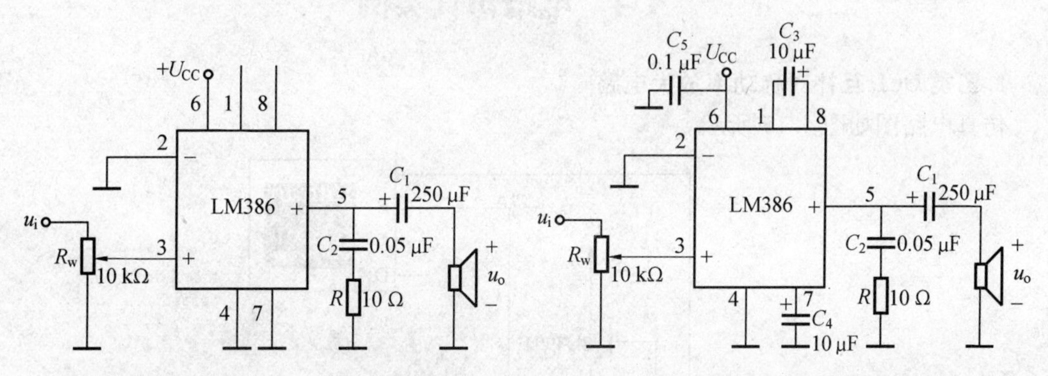

图 4.11　LM386 外接元件最少的用法　　　　图 4.12　LM386 电压增益最大的用法

4.3.2　典型应用电路

如图 4.13 所示是 LM386 的典型应用电路。接于 1、8 两脚的 C_2、R_1 用于调节电路的电压放大倍数。因为该电路形式为 OTL 电路，所以需要在 LM386 的输出端接一个 220 μF 的耦合电容 C_4。C_5、R_2 组成容性负载，以抵消扬声器音圈电感的部分感性，防止信号突变时，音圈的反电势击穿输出管，在小功率输出时 C_5、R_2 也可不接。C_3 与电路内部的 R_2 组成电源的去耦滤波电路。当电路的输出功率不大、电源的稳定性能又好时，只需一个输出端的耦合电容和放大倍数调节电路就可以使用，所以 LM386 广泛应用于收音机、对讲机、双电源转换、方波和正弦波发生器等电子电路中。

将两片 LM386 接成 BTL 功放的应用电路如图 4.14 所示，R_P 为调节对称的平衡电阻。

上述 LM386 属于集成 OTL 功放器件；此外，OCL 和 BTL 电路也均有各种不同输出功率和不同电压增益的多种型号的集成电路，这里不再赘述。应当注意，在使用 OTL 电路时，需外接输出电容。为了改善频率特性，减小非线性失真，很多电路内部还引入深度负反馈。

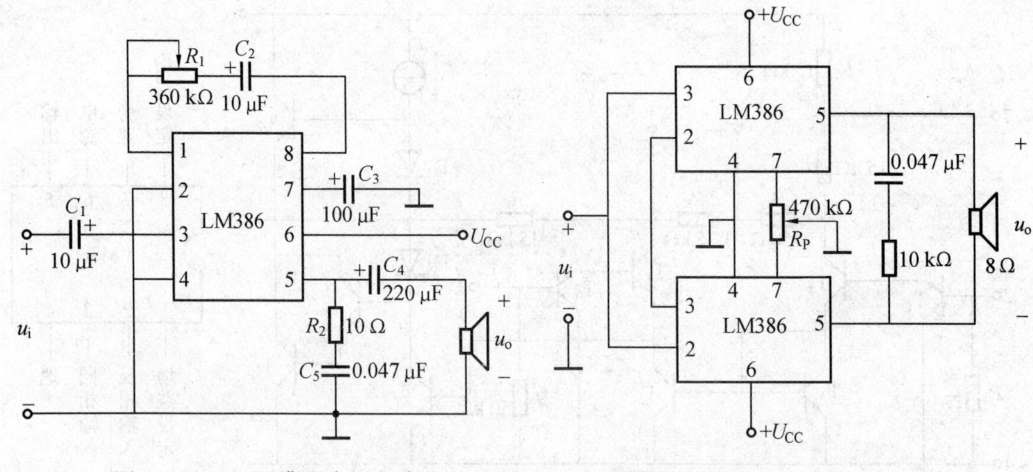

图 4.13 LM386 典型应用电路 图 4.14 LM386 组成的 BTL 电路

*4.4 电路仿真实例

1. 乙类 OCL 互补对称功率放大电路

仿真电路图如图 4.15 所示。

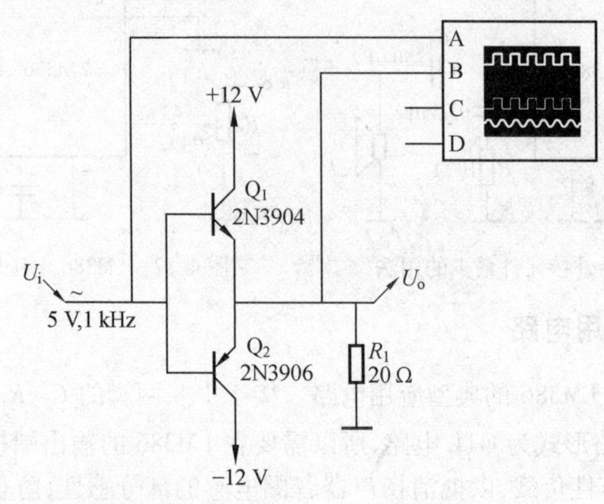

图 4.15 乙类互补对称功率放大电路的仿真

(1)观察输入、输出波形

点击运行,将出现示波器结果,如图 4.16 所示。可见,输出波形出现了交越失真。

(2)电压传输特性曲线

在图 4.15 所示的仿真电路中,将“TRANSFER”仿真图表拖动到合适的地方。选中电压探针 U_o,将其拖入到“TRANSFER”仿真图表中,双击“TRANSFER”仿真图表,弹出如图 4.17 所示参数设置界面。

按图 4.17 设置好参数后,点选 Graph/Simulate(快捷键:空格)命令,开始仿真,便得到如图 4.18 所示的电压传输特性曲线。横轴为输入电压,纵轴为输出电压,当输入电压为−0.6 V ~ 0.6 V范围时,输出电压恒为 0 V,也就是交越失真发生的范围约为(−0.6 V, 0.6 V)。

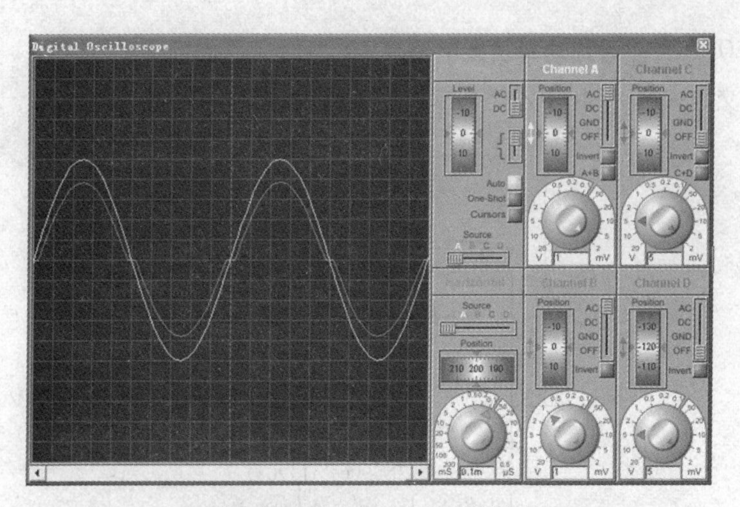

图4.16　乙类互补对称功率放大电路的输入、输出波形

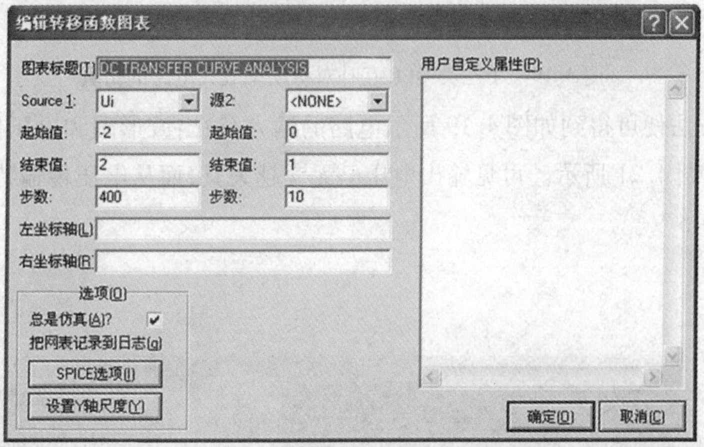

编辑转移函数图表

图表标题(T) DC TRANSFER CURVE ANALYSIS

Source 1: Ui　　源2: <NONE>

起始值: -2　　起始值: 0

结束值: 2　　结束值: 1

步数: 400　　步数: 10

左坐标轴(L)

右坐标轴(R)

选项(O)

总是仿真(A)? ✔

把网表记录到日志(g)

SPICE选项(I)

设置Y轴尺度(Y)

用户自定义属性(P):

确定(O)　取消(C)

图4.17　“TRANSFER”仿真图表参数设置

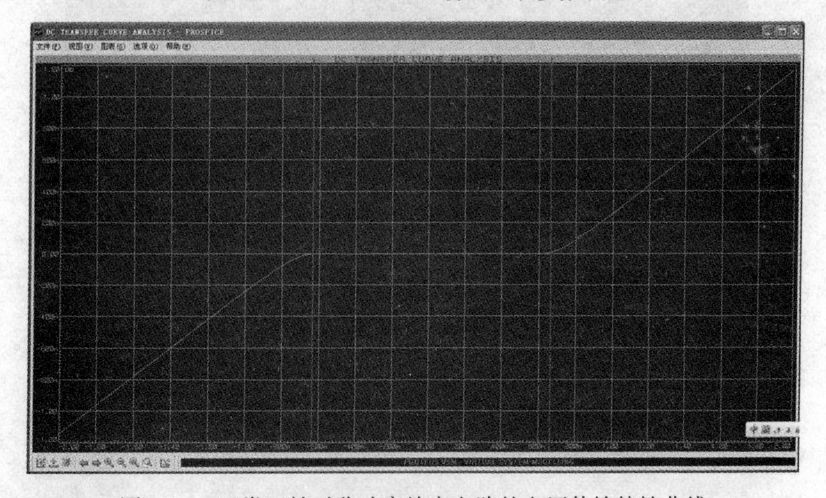

图4.18　乙类互补对称功率放大电路的电压传输特性曲线

2. 甲乙类 OCL 互补对称功率放大电路

为了克服交越失真,采用甲乙类功率放大电路,如图 4.19 所示。

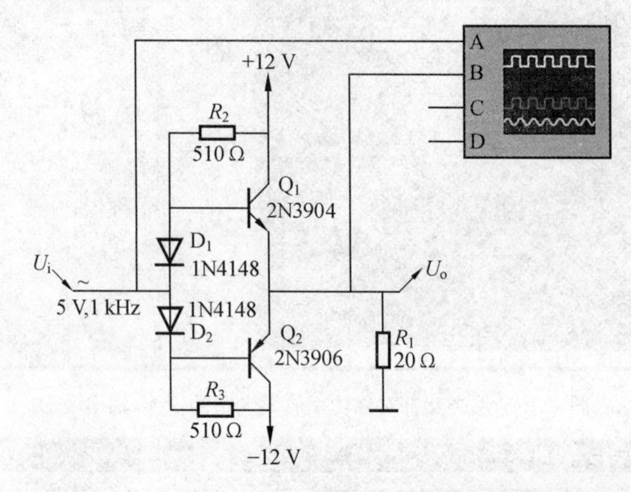

图 4.19 甲乙类 OCL 互补对称功率放大电路的仿真

用前面的方法便可得到如图 4.19 所示电路的输入/输出波形图和电压传输特性曲线图,分别如图 4.20、图 4.21 所示。可见输出电压已无交越失真,而从电压传输特性曲线可见输出电压范围为-5 ~5 V。

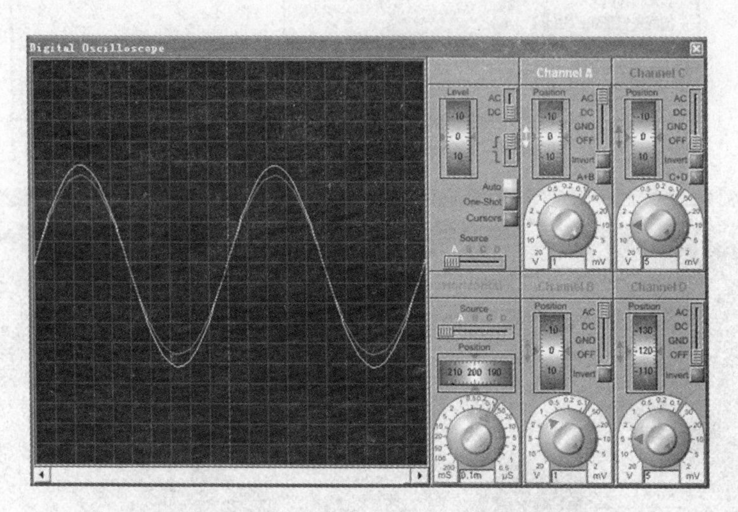

图 4.20 甲乙类互补对称功率放大电路的输入、输出波形

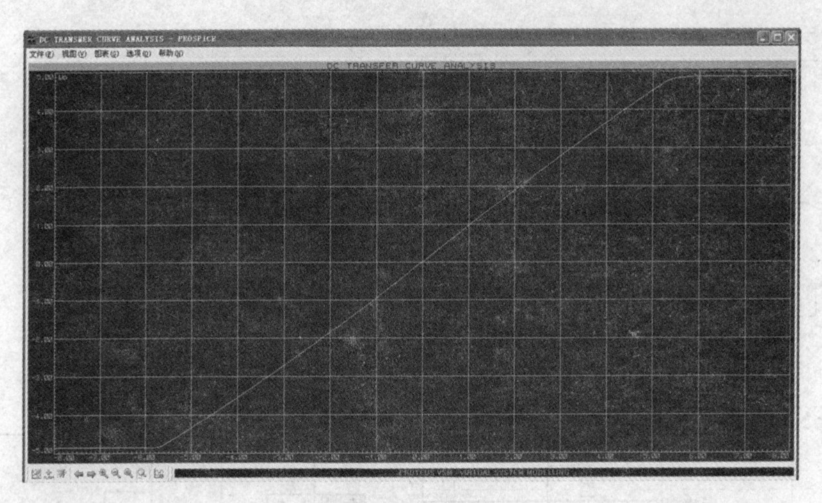

图 4.21　甲乙类互补对称功率放大电路的电压传输特性曲线

◆应用实例

1. 直流伺服电动机控制电路

如图 4.22 所示为小型直流伺服电动机控制电路，用来控制大型宾馆集中空调冷暖风量的调节。当要改变风量时，通过调节电位器 R_{P_1} 改变 U'_o，U'_o 经过后级 T_1 和 T_2 组成的乙类 OCL 功率放大电路，再驱动电动机，从而调节空调转速。其中 D_1 和 D_2 是消除交越失真的，而 D_3、D_4 是用来保护 T_1 和 T_2 两个功率管的，D_3、D_4 把电动机自感电动势通过电源形成回路使两个功率管 U_{CE} 的反压限制在 0.7 V。

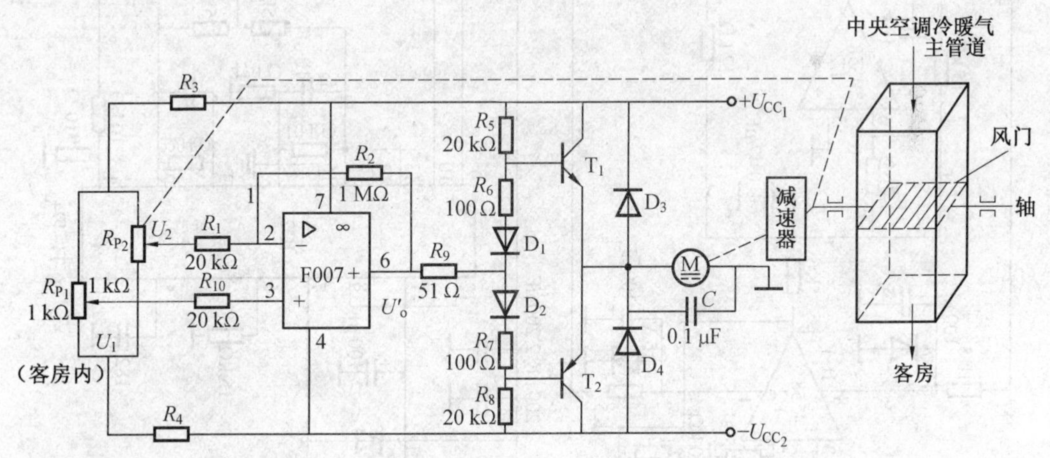

图 4.22　直流伺服电动机控制电路

2. 车载低音炮电路

车载低音炮电路如图 4.23 所示。Q_7，Q_{11} 是电压放大级，Q_5 组成恒压偏置电路，消除后面功率放大电路的交越失真。Q_6 和 Q_4 组成 NPN 复合管，Q_3 和 Q_{10} 组成 PNP 复合管，两对复合管组成乙类双电源互补对称功率放大电路（OCL 电路），电源为±32 V。

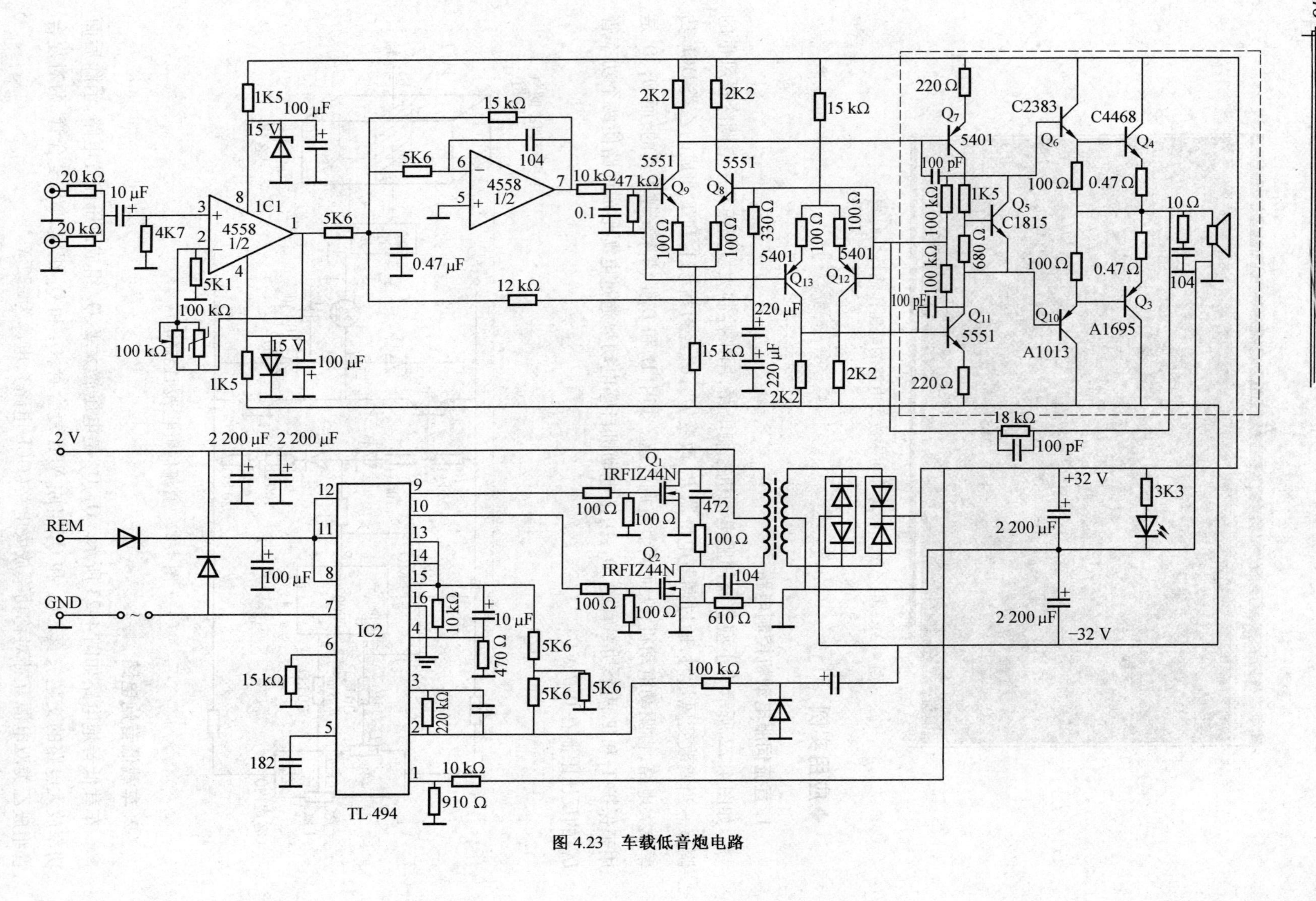

图 4.23 车载低音炮电路

实践技能训练:互补对称功率放大电路

一、实训目的

(1)熟悉互补对称功率放大电路,了解各元器件的作用。

(2)掌握互补对称功率放大电路的主要性能指标及测量方法。

二、主要仪器及设备

TPE-A3 型系列模拟电路实验箱、信号发生器、示波器。

三、相关知识

图4.24中由 T_1 组成前置放大级,T_2 和 T_3 组成互补对称电路输出级。调整 R_P 给 T_2 和 T_3 提供一个合适的偏置,使得在输入信号 $U_{in}=0$ 时,M 点电位 $U_M=U_{C2}=U_{CC}/2$。这样当有信号 U_{in} 时,在信号的正半周,T_2 导电,有电流通过负载 R_L,同时向 C_2 充电;在信号的负半周,T_3 导电,则已充电的电容 C_2 通过负载 R_L 放电。只要选择时间常数 R_LC 足够大(比信号的正常周期还大得多),就认为用电容 C_2 和一个电源 U_{CC} 可以代替原来的 $+U_{CC}/2$ 和 $-U_{CC}/2$ 两个电源的作用。

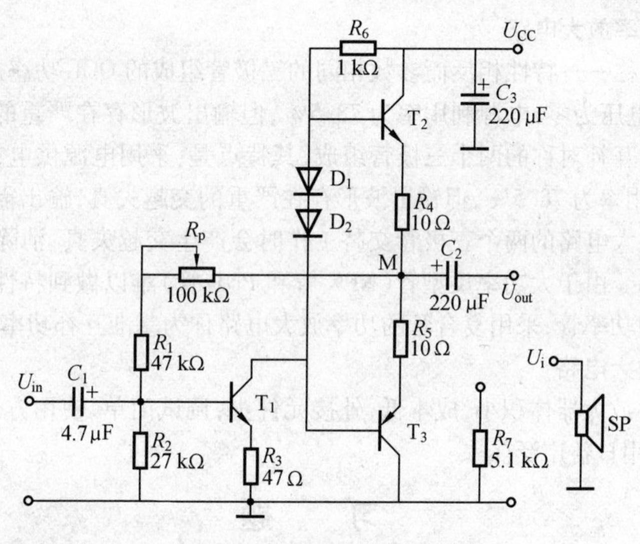

图4.24　互补对称功率放大器

四、实验内容及步骤

1. 静态工作点的调整

按图4.24接线,电源 U_{CC} 的电压为12 V,将输入端短路,调节 R_P,使 M 点电压为 $U_{CC}/2$。

2. 测量最大不失真输出功率与效率

在负载分别为5.1 kΩ和8 Ω的情况下,输入频率为1 kHz的正弦波信号,逐渐增大幅度,当示波器上观测到的输出信号略有失真时开始测量:

(1) 测量负载两端输出电压幅值 U_{om}、T_2 发射极输出电压幅值 U'_{om} 和输入电压幅值 U_{in}。显然由此可以得出最大不失真输出功率和电压放大倍数。

(2) 电源提供功率

$$P_{DC}=U_{CC}\cdot U'_{om}/\pi(R_4+R_L)$$

3. 记录表格见表 4.1

表 4.1 实验记录表格

条件		测量值			计算值			
U_{CC}	R_L	U_{in}	U_{om}	U'_{om}	A_v	P_{om}	P_{DC}	η
12 V	5.1 kΩ							
12 V	8 Ω							

本章小结

1. 功率放大电路的问题

对于功率放大电路的要求是:在允许的非线性失真范围内,给负载提供尽可能大的输出功率,同时尽可能减小管耗以提高功率放大电路的效率,并保证功率管安全可靠地工作。

提高电源利用率的途径是:降低功放管的静态电流,功放管选择合适的工作状态可以达到既提高电源效率,又减小信号波形失真的目的。

2. 互补对称功率放大电路

由两个互补对称——特性相反而参数相同的三极管组成的 OCL 功率放大电路的特点是:双电源供电,中点电压为零,电源利用率为 78.5%,但输出波形存在严重的交越失真。OTL 功率放大电路也是由互补对称的两个三极管组成,其特点是:采用电源供电,中点电压为电源电压的一半,电源利用率为 78.5%,但输出波形存在严重的交越失真,输出需要一个大电容。乙类互补对称功率放大电路的两个三极管交替工作时会产生交越失真,消除的方法是使其工作在甲乙类工作状态。由于大功率反型管(NPN 管和 PNP 管)难以做到特性相反,参数相同,故常采用复合管作为功率管,采用复合管的功率放大电路称为基准互补功率放大电路。

3. 集成功率放大电路

由于集成功率放大器体积小,成本低,外接元件少,调试简单、使用方便,而且性能上也十分优越,因此其应用日益广泛。

习 题

4.1 选择题

(1)乙类互补对称功率放大电路会产生交越失真的原因是(　　)。

A. 晶体管输入特性的非线性　　B. 三极管电流放大倍数太大

C. 三极管电流放大倍数太小　　D. 输入电压信号过大

(2)OTL 电路中,若三极管的饱和管压降为 $U_{CE(sat)}$,则最大输出功率 $P_{o(max)}\approx$(　　)。

A. $\dfrac{(U_{CC}-U_{CE(sat)})^2}{2R_L}$　　B. $\dfrac{(\frac{1}{2}U_{CC}-U_{CE(sat)})^2}{2R_L}$　　C. $\dfrac{(\frac{1}{2}U_{CC}-U_{CE(sat)})^2}{2R_L}$

(3)准互补对称放大电路所采用的复合管,其上下两对管子组合形式为(　　)。

A. NPN-NPN 和 PNP-NPN　　B. NPN-NPN 和 NPN-PNP

C. PNP-PNP 和 PNP-NPN

(4)关于复合管的构成,下述正确的是(　　)。

A. 复合管的管型取决于第一只三极管

B. 复合管的管型取决于最后一只三极管

C. 只要将任意两个三极管相连,就可构成复合管

D. 可以用 N 沟道场效应管代替 NPN 管,用 P 沟道场效应管代替 PNP 管

(5)复合管的优点之一是(　　)。

A. 电压放大倍数大　　B. 电流放大系数大

C. 输出电阻增大　　D. 输入电阻减小

(6)图 4.25 所示电路(　　)。

A. 等效为 PNP 管

B. 等效为 NPN 管

C. 为复合管,第一只管子的基极是复合管的基极、发射极是复合管的集电极

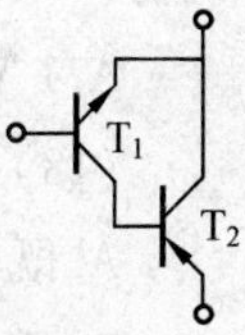

T1
T2

图 4.25　4.1(6)题图

(7)图 4.26 所示电路(　　)。

A. 等效为 PNP 管,电流放大系数约为$(\beta_1+\beta_2)$

B. 等效为 NPN 管,电流放大系数约为$(\beta_1+\beta_2)$

C. 等效为 PNP 管,电流放大系数约为$\beta_1\beta_2$

D. 等效为 NPN 管,电流放大系数约为$\beta_1\beta_2$

β_1 T1
β_2 T2

图 4.26　4.1(7)题图

(8)功率放大电路的最大输出功率是在输入功率为正弦波时,输出基本不失真的情况下,负载上可能获得的最大(　　)。

A. 平均功率　　B. 直流功率　　C. 交流功率

(9)一个输出功率为 8 W 的扩音机,若采用乙类互补对称功放电路,选择功率管时,要求 P_{CM}(　　)。

A. 至少大于 1.6 W　　B. 至少大于 0.8 W

C. 至少大于 0.4 W　　D. 无法确定

(10) 由于功放电路中三极管经常处于接近极限工作状态,故选择三极管时,要特别注意以下参数:(　　)。

A. I_{CBO}　　B. f_T　　C. β　　D. P_{CM}、I_{CM}和 $U_{(BR)CEO}$

(11)功率放大电路与电压放大电路共同的特点是(　　)。

A. 都使输出电压大于输入电压　　B. 都使输出电流大于输入电流

C. 都使输出功率大于信号源提供的输入功率

(12)功率放大电路与电压放大电路的区别是(　　)。

A. 前者比后者效率高　　B. 前者比后者电压放大倍数大

C. 前者比后者电源电压高

(13)功率放大电路与电流放大电路的区别是(　　)。

A. 前者比后者电流放大倍数大　　B. 前者比后者效率高

C. 前者比后者电压放大倍数大

(14)互补对称功率放大电路的失真较小而效率较高是由于(　　)。

A. 采用甲类放大　　B. 采用乙类放大　　C. 采用甲乙类(接近乙类)放大

(15)双电源互补功放电路,当(　　)时,其功率管的管耗达到最大。

A. $U_{om}=U_{CC}$　　B. $U_{om}=0$　　C. $U_{om}=\frac{2}{\pi}U_{CC}$

(16)功率放大电路的效率是指(　　)。

A. 输出功率与电源提供的平均功率之比

B. 输出功率与三极管所消耗的功率之比

C. 三极管所消耗的功率与电源提供的平均功率之比

(17)在 OCL 乙类功放电路中,若最大输出功率为 1 W,则电路中每只功放管的最大管耗约为(　　)。

A. 1 W　　B. 0.5 W　　C. 0.4 W　　D. 0.2 W

(18) 互补对称功率放大电路从放大作用来看(　　)。

A. 既有电压放大作用,又有电流放大作用

B. 只有电流放大作用,没有电压放大作用

C. 只有电压放大作用,没有电流放大作用

(19)为了克服交越失真,应(　　)。

A. 进行相位补偿　　B. 适当增大功放管的静态$|U_{BE}|$

C. 适当减小功放管的静态$|U_{BE}|$　　D. 适当增大负载电阻R_L的阻值

(20)与甲类功率放大方式相比,乙类功率放大方式的主要优点是(　　)。

A. 不用输出变压器　　B. 不用输出端大电容　　C. 效率高　　D. 无交越失真

计算题

4.2　功放电路如图 4.27 所示,为使电路正常工作,试回答下列问题:

(1)静态时电容 C 上的电压应为多大?如果偏离此值,应首先调节 R_{P1}还是 R_{P2}?

(2)欲微调静态工作电流,主要应调节 R_{P1}还是 R_{P2}?

(3)设管子饱和压降可以略去,求最大不失真输出功率、电源供给功率、各管管耗和效率。

(4)设 $R_{P1}=R=1.2\ k\Omega$,三极管 T_1、T_2参数相同,$U_{BE}=0.7\ V$,$\beta=50$,$P_{CM}=200\ mW$,若 R_{P2}或二极管断开时是否安全?为什么?

4.3　电路如图 4.28 所示,三极管的饱和压降可忽略,试回答下列问题:

(1)$u_i=0$ 时,流过 R_L的电流有多大?

(2)若输出出现交越失真,应调整哪个电阻?如何调整?

(3)为保证输出波形不失真,输入信号 u_i的最大振幅为多少?管耗为最大时,求 U_{im}。

(4)D_1、D_2任一个接反,将产生什么后果?

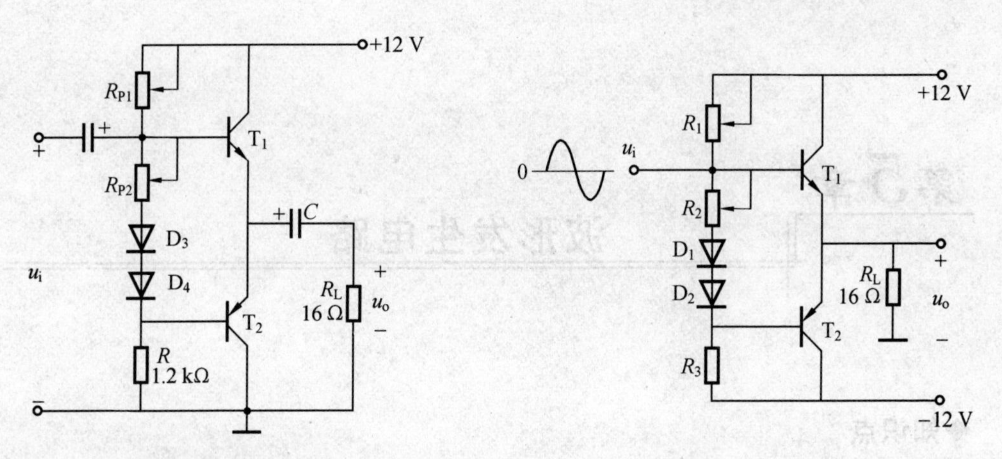

图4.27　题4.2图　　　　图4.28　题4.3图

4.4　电路如图4.29所示,设u_i为正弦波,要求最大输出功率$P_{om}=9$ W,忽略管子的饱和压降$U_{CE(sat)}$,若$R_L=8$ Ω。试求:

(1)正、负电源U_{CC}的最小值;

(2)输出功率最大($P_{om}=9$ W)时,直流电源供给的功率;

(3)每管允许的管耗P_{CM}的最小值;

(4)输出功率最大($P_{om}=9$ W)时输入电压有效值。

4.5　功率放大电路如图4.30所示,管子在输入正弦波信号u_i作用下,在一周期内T_1和T_2轮流导通约半周,管子的饱和压降$U_{CE(sat)}$可忽略不计,电源电压$U_{CC}=U_{EE}=24$ V,负载$R_L=8$ Ω。

(1)在输入信号有效值为10 V时,计算输出功率、总管耗、直流电源供给的功率和效率;

(2)计算最大不失真输出功率,并计算此时的各管管耗、直流电源供给的功率和效率。

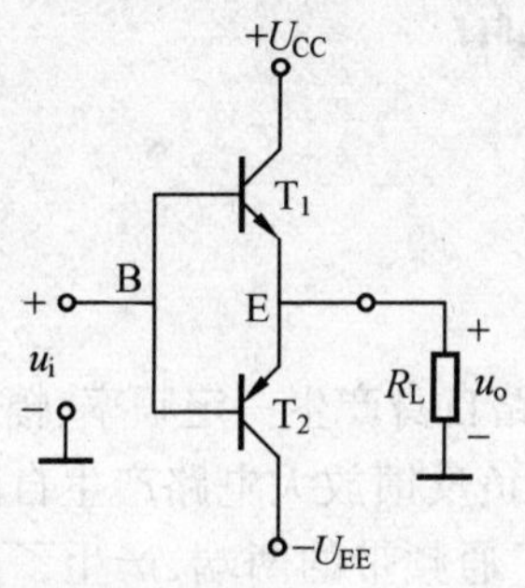

图4.29　题4.4图

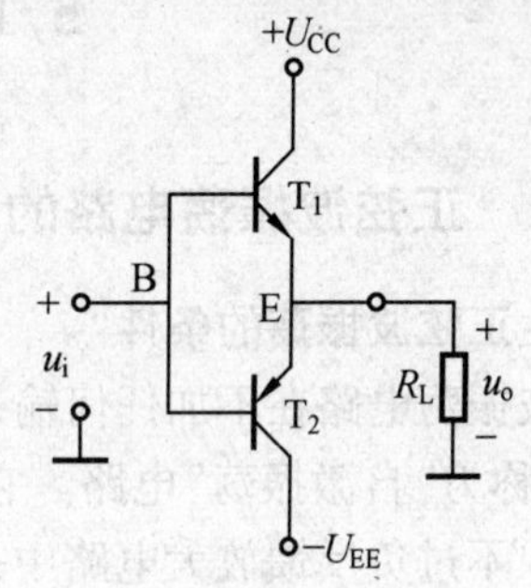

图4.30　题4.5图

第5章 波形发生电路

◆**知识点**

正弦振荡电路;起振条件;平衡条件;*RC* 振荡电路;*LC* 振荡电路;石英晶体振荡电路;非正弦振荡电路。

◆**技术技能点**

会读各种振荡电路图;会分析振荡电路的起振条件和平衡条件;会制作和测试各种简易信号发生器;掌握用 Proteus 软件仿真设计各种振荡电路的技术。

正弦波和各种非正弦波的信号源在自动控制、电子测量、工业加工、广播、通信以及家用电器等技术领域得到广泛的应用。本章首先介绍 *RC*、*LC* 和石英晶体正弦波振荡电路的组成、工作原理、振荡条件和判断方法;然后讲述矩形波、三角波、锯齿波等非正弦波发生电路的组成、工作原理、振荡条件和输出波形;最后介绍几种波形变换电路的结构和分析方法。

5.1 正弦波振荡电路

5.1.1 正弦波振荡电路的基础知识

1. 产生正弦波振荡的条件

正弦波振荡电路在不加任何输入信号的情况下,由电路自身产生一定频率、幅度的正弦波电压输出,称为"自激振荡"电路。它产生正弦波的条件与负反馈放大电路产生自激的条件十分类似。只不过负反馈放大电路中是由于信号频率达到了通频带的两端,产生了足够的附加相移,从而使负反馈变成了正反馈。而在振荡电路中是人为地引入了正反馈使电路产生满足实际需要的自激振荡,振荡建立后只是产生一种频率的信号,无所谓附加相移。可见,正反馈是自激振荡的必要条件和重要标志,负反馈放大电路中的自激振荡是有害的,必须加以消除。但对于正弦波振荡电路,其目的就是要产生一定频率和幅度的正弦波,为此在放大电路中有意引入正反馈,并创造条件,使之产生稳定、可靠的振荡,如图 5.1 所示。在放大电路的输入端输入正弦信号$\dot{X}_i$,在它的输出端可输出正弦信号$\dot{X}_o = \dot{A}\,\dot{X}_i$。如果通过反馈网络引入正反馈信号$\dot{X}_F$,使$\dot{X}_F$ 的相位、幅度都和$\dot{X}_i$ 相同,即$\dot{X}_F = \dot{F}\,\dot{X}_i$,那么这时即使去掉输入信号,电路仍能维持输出正弦信号$\dot{X}_o$。

由图 5.1 可以看出

$$\dot{X}_o=\dot{A}\dot{X}_i$$
$$\dot{X}_F=\dot{F}\dot{X}_o$$
$$\dot{X}_F=\dot{A}\dot{F}\dot{X}_i$$

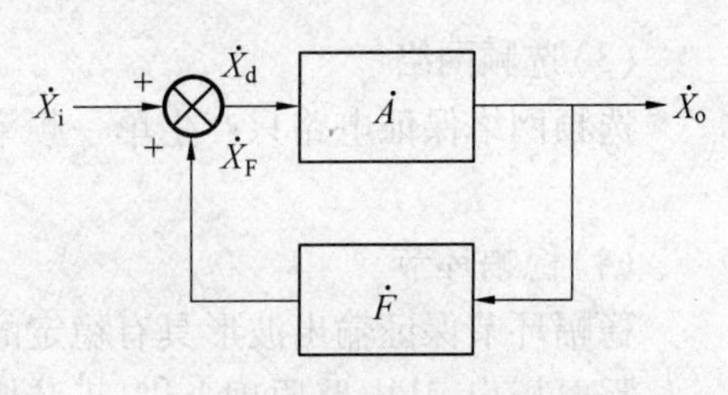

图5.1 正反馈连接方框图

根据前面对自激振荡原理的分析可得

$$\dot{A}\dot{F}=1 \tag{5.1}$$

式(5.1)便是产生正弦波振荡的条件。也可把式(5.1)分解为振幅平衡条件和相位平衡条件。

(1)幅值平衡条件

$$|\dot{A}\dot{F}|=AF=1 \tag{5.2}$$

该条件表明放大电路的开环放大倍数与正反馈网络的反馈系数的乘积应等于1,即反馈电压的大小必须和输入电压相等。

$$i_i \approx i_f$$

(2)相位平衡条件

$$\varphi_A+\varphi_F=2n\pi \quad (n\text{ 为整数}) \tag{5.3}$$

式中,φ_A为基本放大电路输出信号和输入信号的相位差;φ_F为反馈网络输出信号和输入信号的相位差。

式(5.3)表示基本放大电路的相位移与反馈网络的相位移的和等于0或2π的整数倍,即电路必须引入正反馈。

2. 正弦波振荡的起振和稳幅

一个实际的振荡电路开始建立振荡时,并不需要借助于外加输入信号,它本身就能起振。仅利用电路在接通电源时产生的各种电扰动所形成的微弱激励信号,就能由小到大逐步建立起稳幅振荡。例如,当电路接通电源时,将有电扰动作用于电路。根据频谱分析,这种扰动信号是由多种频率分量组成的,其中必然包含频率为f_0的正弦波。如果用一个选频网络将f_0信号"挑选"出来,使它满足振荡相位平衡条件和幅值平衡条件,其他频率成分的信号则因为不符合振荡条件而衰减为零,电路就将维持频率为f_0的正弦波振荡。

由上述分析可知,电路由自行起振到稳定需要一个建立的过程。振荡初始,输出信号将由小逐渐变大,要求电路具有放大作用,可见电路的起振条件为

$$|\dot{A}\dot{F}|>1 \tag{5.4}$$

当然电路应首先满足式(5.3)所示的相位平衡条件。如果$|\dot{A}\dot{F}|$始终大于1,则输出信号将会一味地增加,将使输出波形失真,显然这是应当避免的。可见,振荡电路还必须有稳幅环节,其作用是在输出电压幅值增大到一定数值后,设法减小放大倍数或减小反馈系数,使得$|\dot{A}\dot{F}|=1$,从而获得幅值稳定且基本不失真的正弦波输出信号。

3. 正弦波振荡电路的组成和分析方法

由以上分析可知,正弦波振荡电路必须由以下四部分组成。

(1)基本放大电路

使$f=f_0$的正弦输出信号能够从小逐渐增大,直到达到稳定幅值,而且通过它将直流电源提供的能量转换成交流能量。

(2)正反馈网络

正反馈网络使电路满足相位平衡条件,否则就不可能产生正弦波振荡。

(3)选频网络

选频网络保证电路只产生单一频率的正弦波振荡。多数电路中,它和正反馈网络合二为一。

(4)稳幅环节

稳幅环节保证输出波形具有稳定的幅值。

需要指出,从电路原理上讲,正弦振荡电路由以上四部分组成,但在具体的电路结构上,这四个组成部分之间有时是互不可分的。如选频网络与正反馈网络的一部分,也可能是基本放大电路的一部分,而稳幅环节有时利用放大器件的非线性来实现,在电路中不一定存在独立的稳幅电路,在分析电路时要视具体情况而定。

分析电路是否会产生正弦波振荡,首先要观察其是否具有四个必要的组成部分,然后判断它是否满足正弦波振荡的条件。具体为以下几方面:

①观察电路是否存在基本放大电路、选频网络、反馈网络和稳幅环节四个部分,而稳幅环节在特定的情况下可以缺失。

②检查放大电路是否有合适的静态工作点,能否正常放大。

③用瞬时极性法判断电路是否在 $f=f_0$ 时引入了正反馈,即是否满足相位平衡条件。

④判断电路能否满足起振条件和幅值平衡条件。

正弦波振荡电路常以选频网络所用元件来命名,可分为 *RC*、*LC* 和石英晶体正弦波振荡电路。*RC* 正弦波振荡电路的输出波形较好,振荡频率较低,一般在几百千赫以下;*LC* 正弦波振荡电路的振荡频率较高,一般在几百千赫以上;石英晶体正弦波振荡电路不仅振荡频率高且稳定性好。

5.1.2 *RC* 正弦波振荡电路

RC 正弦波振荡电路是用 *RC* 串并联网络作为选频网络的正弦波振荡电路,它产生的正弦波信号频率较低,是一种使用十分广泛的 *RC* 振荡电路。

1. *RC* 串并联网络的选频特性

RC 串并联选频网络如图 5.2 所示。其中 U_1 为反馈与选频网络的输入电压,也是放大器的输出电压;U_2 为电路的输出电压,也是放大器的反馈电压。*RC* 串并联正反馈选频网络的反馈系数为

$$\dot{F}=\frac{\dot{U}_2}{\dot{U}_1}=\frac{\dfrac{R}{1+\mathrm{j}\omega RC}}{R+\dfrac{1}{\mathrm{j}\omega RC}+\dfrac{R}{1+\mathrm{j}\omega RC}}=\frac{1}{3+\mathrm{j}\left(\omega RC-\dfrac{1}{\omega RC}\right)} \tag{5.5}$$

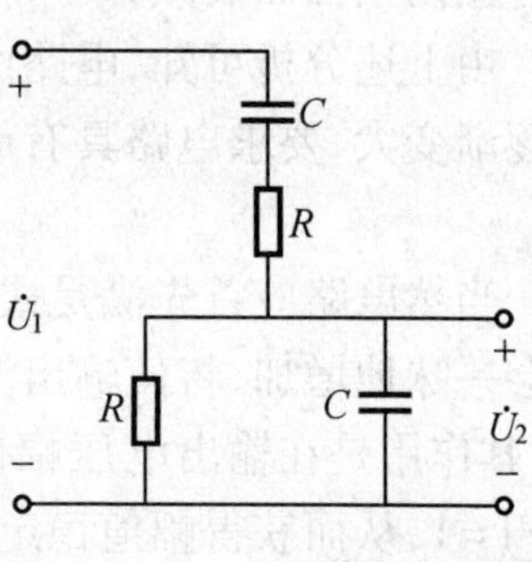

图 5.2 *RC* 串并联选频网络

令 $\omega_0=\dfrac{1}{RC}$,则式(5.5)变为

$$\dot{F}=\frac{1}{3+\mathrm{j}\left(\dfrac{\omega}{\omega_0}-\dfrac{\omega_0}{\omega}\right)} \tag{5.6}$$

幅频特性

$$F=\frac{1}{\sqrt{3^2+\left(\frac{\omega}{\omega_0}-\frac{\omega_0}{\omega}\right)^2}} \tag{5.7}$$

相频特性

$$\varphi_F=-\arctan\frac{\frac{\omega}{\omega_0}-\frac{\omega_0}{\omega}}{3} \tag{5.8}$$

由式(5.7)和式(5.8)可以画出 RC 串并联网络的频率特性曲线，如图5.3所示。从图中可以看出，当 $\omega=\omega_0$ 时，反馈系数的幅值最大，为 $F=1/3$，即输出电压 U_2 最大，并且与输入电压 U_1 同相位，$\varphi_F(\omega_0)=0$。而当 $\omega\neq\omega_0$ 时，输出均被大幅度衰减，即 RC 串并联网络具有选频特性。ω_0 称为 RC 串并联电路的固有频率。

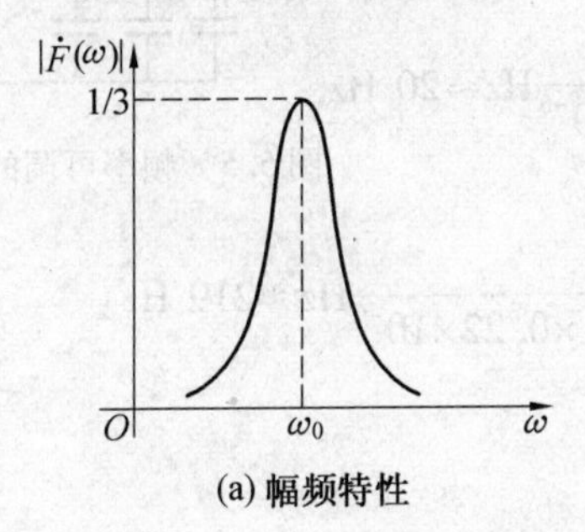

(a) 幅频特性

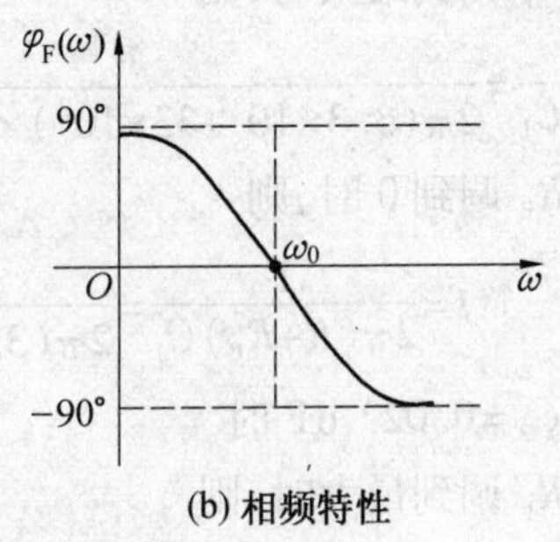

(b) 相频特性

图5.3　RC 串并联网络的频率特性

2. 电路原理图

RC 串并联网络正弦波振荡电路的原理图如图5.4所示。它由三部分组成：运算放大器A、RC 串并联正反馈选频网络以及由电阻 R_1、R_2 组成的负反馈稳幅网络。由图5.4可见，串、并联网络中的 R、C 以及负反馈支路中的 R_1、R_2 正好组成一个电桥的四个臂，因此这种电路又称为文氏电桥振荡电路。

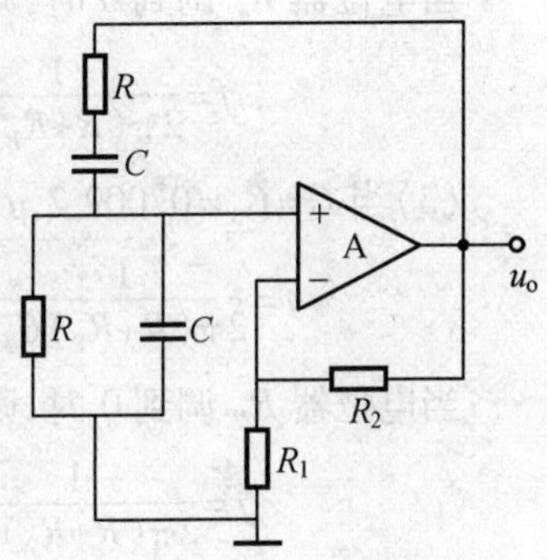

图5.4　文氏电桥正弦波振荡电路

3. 振荡频率与起振条件

(1)振荡频率

为了满足相位平衡条件，要求 $\varphi_A+\varphi_F=\pm2n\pi$。以上分析说明当 $f=f_0=1/(2\pi RC)$ 时，串并联网络的 $\varphi_F=0$，如果在此频率下能使放大电路 $\varphi_A=\pm2n\pi$，即放大电路的输出电压与输入电压同相，即可达到相位平衡条件。在如图5.4所示 RC 串并联网络振荡电路原理图中，放大部分是集成运算放大器，采用同相输入方式，则在中频范围内 φ_A 近似等于零。电路在 f_0 时 $\varphi_A+\varphi_F=0$，而对于其他任何频率，则不满足振荡的相位平衡条件，可见电路的振荡频率为

$$f_0=\frac{1}{2\pi RC} \tag{5.9}$$

(2)起振条件

已经知道当 $f=f_0$ 时，$|\dot{F}|=1/3$。为了满足振荡的幅度平衡条件，必须使 $|\dot{A}\dot{F}|>1$，由此可以求得振荡电路的起振条件为

$$|\dot{A}|>3 \tag{5.10}$$

因同相比例运算电路的电压放大倍数为 $A_{uF}=1+(R_2/R_1)$，为了使 $|\dot{A}|=A_{uF}>3$，如图 5.2 所示振荡电路中负反馈支路的参数应满足

$$R_2>2R_1 \tag{5.11}$$

【例 5.1】 某信号发生器的正弦波信号由图 5.4 所示电路产生，其选频网络如图 5.5 所示，用开关切换不同挡位的电容来实现振荡频率的粗调，用调节同轴电位器 R_P 来实现振荡频率的细调。已知 C_1、C_2、C_3 分别为 0.22 μF、0.022 μF、0.002 2 μF，同轴电位器 $R_P=33$ kΩ，电阻 $R=3.3$ kΩ，试估算该仪器三挡频率的调节范围。

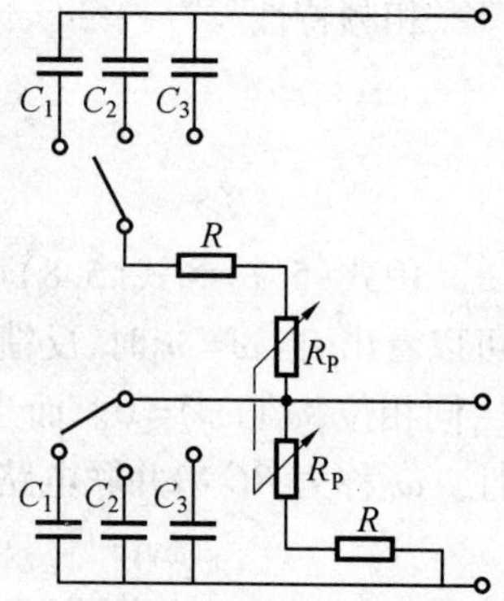

图 5.5 频率可调的 *RC* 串并联网络

解 (1) 当 $C=C_1=0.22$ μF 时

当电位器 R_P 调到最大时，则

$$f=\frac{1}{2\pi(R+R_P)C_1}=\frac{1}{2\pi(3.3\times10^3+33\times10^3)\times0.22\times10^{-6}}\text{Hz}\approx20\text{ Hz}$$

当电位器 R_P 调到 0 时，则

$$f=\frac{1}{2\pi(R+R_P)C_1}=\frac{1}{2\pi(3.3\times10^3)\times0.22\times10^{-6}}\text{Hz}\approx219\text{ Hz}$$

(2) 当 $C=C_2=0.022$ μF 时

当电位器 R_P 调到最大时，则

$$f=\frac{1}{2\pi(R+R_P)C_2}=\frac{1}{2\pi(3.3\times10^3+33\times10^3)\times0.022\times10^{-6}}\text{Hz}\approx200\text{ Hz}$$

当电位器 R_P 调到 0 时，则

$$f=\frac{1}{2\pi(R+R_P)C_2}=\frac{1}{2\pi(3.3\times10^3)\times0.022\times10^{-6}}\text{kHz}\approx2.19\text{ kHz}$$

(3) 当 $C=C_3=0.002\,2$ μF 时，当电位器 R_P 调到最大时，则

$$f=\frac{1}{2\pi(R+R_P)C_3}=\frac{1}{2\pi(3.3\times10^3+33\times10^3)\times0.002\,2\times10^{-6}}\text{kHz}\approx2\text{ kHz}$$

当电位器 R_P 调到 0 时，则

$$f=\frac{1}{2\pi(R+R_P)C_3}=\frac{1}{2\pi(3.3\times10^3)\times0.002\,2\times10^{-6}}\text{kHz}\approx21.9\text{ kHz}$$

可见，信号发生器的三挡信号频率范围分别为：一挡 20 Hz ~ 219 Hz；二挡 200 Hz ~ 2.19 kHz；三挡 2 kHz ~ 21.9 kHz。

5.1.3 *LC* 正弦波振荡电路

LC 正弦波振荡器是利用 *LC* 并联回路作为选频网络的振荡电路，该电路产生的振荡频率较高，可以达到几十兆赫[兹]以上。*LC* 振荡电路按照反馈方式的不同可分为变压器反馈式、电容三点式、电感三点式等几种类型。下面首先分析 *LC* 并联谐振电路的选频特性。

1. *LC* 并联回路的选频特性

LC 并联回路如图 5.6 所示，回路中的电阻 *R* 为电感线圈及回路其他损耗的等效电阻。电路的等效阻抗为

$$Z=\frac{-\frac{1}{\mathrm{j}\omega C}(R+\mathrm{j}\omega L)}{-\frac{1}{\mathrm{j}\omega C}+(R+\mathrm{j}\omega L)} \tag{5.12}$$

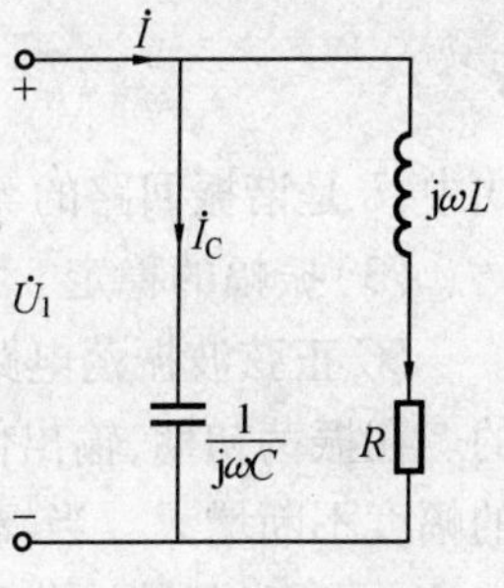

通常 R 很小（$R\ll\omega L$），式（5.12）近似为

$$Z=\frac{L/C}{R+\mathrm{j}\left(\omega L-\frac{1}{\omega C}\right)} \tag{5.13}$$

图5.6　LC 并联回路

幅频特性为

$$|Z|=\frac{L/C}{\sqrt{R^2+\left(\omega L-\frac{1}{\omega C}\right)^2}} \tag{5.14}$$

当信号频率为某一特定频率 f_0，即 $f=f_0$ 时，LC 回路产生谐振，此时电路的阻抗 $|Z|$ 最大，而当信号频率 $f>f_0$ 或者 $f<f_0$ 时，电路的阻抗都小于最大阻抗，因此说，LC 并联电路具有选频特性。不难得出，要使 LC 回路上产生谐振，必须要求：

$$\omega L-\frac{1}{\omega C}=0$$

于是得到

$$\omega_0=\frac{1}{\sqrt{LC}} \tag{5.15}$$

ω_0 为 LC 并联回路的谐振角频率，或用频率 f_0 表示为

$$f_0=\frac{1}{2\pi\sqrt{LC}} \tag{5.16}$$

2. 变压器反馈式 LC 正弦波振荡电路

(1)工作原理

如图5.7所示是变压器反馈式 LC 振荡电路，它由共发射极放大电路、LC 并联谐振电路（选频电路）和变压器反馈电路三部分组成。LC 电路由电容 C 与变压器初级线圈 L_1 组成。谐振时，LC 并联回路呈电阻性，在 $f=f_0$ 时，放大器的输出与输入信号反相，即 $\varphi_A=180°$。变压器次级线圈 L_3 是反馈线圈，利用变压器的耦合作用，反馈线圈产生反馈电压。因为变压器同名端的电压极性相同，所以反馈电压与输出电压反相，$\varphi_F=180°$，即谐振时满足相位平衡条件。调节变压器的变压系数，可改变反馈量的大小，一般都能满足振荡电路的起振条件 $|\dot{A}\dot{F}|>1$。

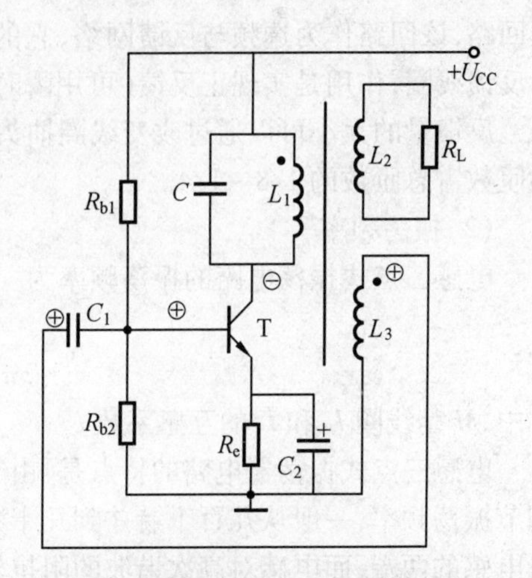

图5.7　变压器反馈式 LC 振荡电路

(2)谐振频率

LC 正弦波振荡电路的振荡频率近似等于 LC 并联回路的谐振频率，即

$$f_0 \approx \frac{1}{2\pi\sqrt{LC}} \tag{5.17}$$

式中,L 是谐振回路的等效电感。

(3)振幅的稳定

LC 正弦波振荡电路没有特定稳幅电路,振幅的稳定是利用三极管的非线性特性来实现的。在振荡初期,输出信号和反馈信号都很小,基本放大电路工作在线性放大区,使输出电压的幅度不断增大。当幅度达到某一数值后,基本放大电路的工作状态进入饱和区,使得集电极电流 i_c 失真,其基波分量减小,再经过 LC 并联回路选频,输出稳定的正弦波信号。

变压器反馈式 LC 振荡电路的特点是电路容易起振,改变电容可调整谐振频率,但输出波形不好,常用于对波形要求不高的设备中。

3. 电感三点式正弦波振荡电路

变压器反馈式振荡电路的主要缺点是原边线圈 L_1 和副边线圈 L_3 的磁耦合不够紧密,为了克服这个缺点,实际中常常将原边线圈 L_1 和副线圈 L_3 合并为一个有三个抽头的线圈,即组成如图 5.8 所示的电感三点式振荡电路。在图 5.8 电路中,L_1 和 L_2 是电感线圈的两个部分,电感线圈具有三个抽头,电感线圈与电容组成 LC 并联选频回路,且其三个端点分别与三极管的三个电极连接构成反馈式振荡电路,因此称为电感三点式正弦波振荡电路。典型的电感三点式正弦波振荡电路为哈特莱电路,下面介绍电感三点式振荡电路。

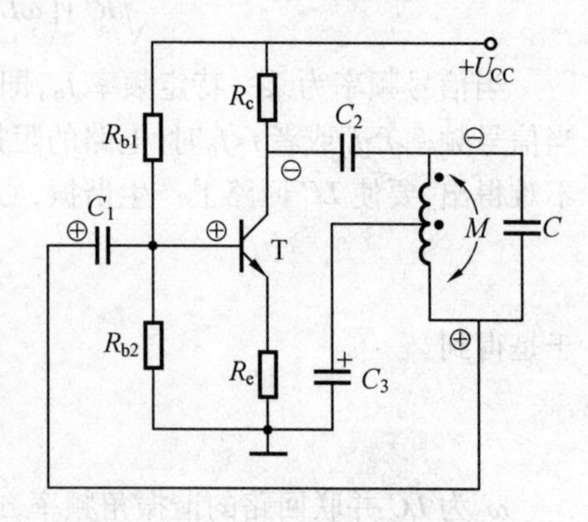

图 5.8 电感三点式振荡电路

(1)工作原理

电感三点式振荡电路如图 5.8 所示。电路由一个带抽头的电感线圈和电容器组成 LC 并联回路,该回路作为选频与反馈网络,它的三个端点分别与三极管的三个电极相连。其中 L_2 为反馈线圈,作用是实现正反馈(可用瞬时极性法判断)。

反馈量的大小可以通过改变线圈抽头的位置来调整。为了有利于起振,通常反馈线圈 L_2 的匝数占总匝数的 1/8 ~1/4。

(2)振荡频率

电感三点式振荡电路的振荡频率为

$$f_0 = \frac{1}{2\pi\sqrt{(L_1+L_2+2M)C}} \tag{5.18}$$

式中,M 是线圈 L_1 和 L_2 的互感系数。

电感三点式振荡器电路的特点是:由于存在互感,容易起振,改变电容 C 可在较大范围内调节振荡频率,一般从几百千赫兹到几十兆赫兹;但它的输出波形较差,这是由于反馈电压取自电感的两端,而电感对高次谐波的阻抗较大,从而使反馈电压中含有较多的谐波分量,因此,输出波形中也就含有较多的高次谐波。

4. 电容三点式正弦波振荡电路

电感三点式电路由具有中心抽头的电感线圈作为正反馈回路,因而它的输出波形较差,为了克服电感三点式电路的缺点,可以采用对高次谐波的阻抗较小的电容电路作为正反馈回路,如图5.9所示，由电容 C_1、C_2 和 L 组成的并联选频和反馈网络能够有效地抑制高效谐波分量，使谐振电路输出的正弦信号波形较好，这种电路被称为电容三点式正弦振荡电路。典型的电容三点式正弦波振荡电路为考毕兹电路，下面介绍电感三点式振荡电路。

(1)工作原理

电容三点式振荡电路如图5.9(a)所示。由 C_1、C_2 和 L 组成并联选频反馈网络。正反馈电压取自电容 C_2 的两端。谐振时，选频网络呈电阻性，满足自激振荡的相位条件。由于三极管的 β 值足够大，通过调节 C_1、C_2 的比值可得到合适的反馈电压，因而使电路满足振幅平衡条件。一般电容的比值取为 $C_1/C_2=0.01\sim0.5$。

(2)振荡频率

电容三点式振荡电路的振荡频率为

$$f_0=\frac{1}{2\pi\sqrt{L\left(\frac{C_2C_2}{C_1+C_2}\right)}} \tag{5.19}$$

该频率近似等于 LC 并联回路的谐振频率。

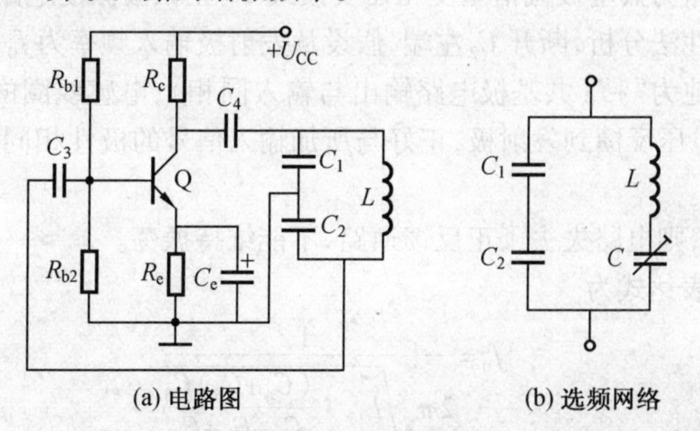

图5.9 电容三点式振荡电路

电容三点式振荡器电路的特点是：振荡频率可做得较高，一般可达到100 MHz以上，由于 C_2 对高次谐波阻抗小，使反馈电压中的高次谐波成分较小，因而振荡波形较好。振荡频率的调节范围小，当振荡频率较高时，C_1，C_2 的值很小，三极管的极间电容就会对频率产生影响，通常用容量较小的可变电容与电感线圈串联，来实现频率的连续可调。

为了方便地调节频率和提高振荡频率的稳定性，可把图5.9(a)中的选频网络变成图5.9(b)所示形式，该选频网络的谐振频率为

$$f'=\frac{1}{2\pi\sqrt{LC'}} \tag{5.20}$$

式中

$$\frac{1}{C'}=\frac{1}{C_1}+\frac{1}{C_2}+\frac{1}{C}$$

因此 f_0 主要由 LC 决定。通过调节 C 可以方便地调节振荡频率。

【例5.2】 如图5.10所示为某型收音机的本机振荡电路，振荡线圈原边、副边绕组的同名端如图中圆点所示。要求：

(1) 判断电路中的放大电路是共发射极、共基极、共集电极接法中的哪一种；

(2) 判断电路是否满足相位平衡条件；

(3) 分析 C_2断开后电路还能否维持振荡,简述原因;

(4) 计算当 $C_4=20$ pF 时,在 C_5的变化范围内振荡频率的可调范围。

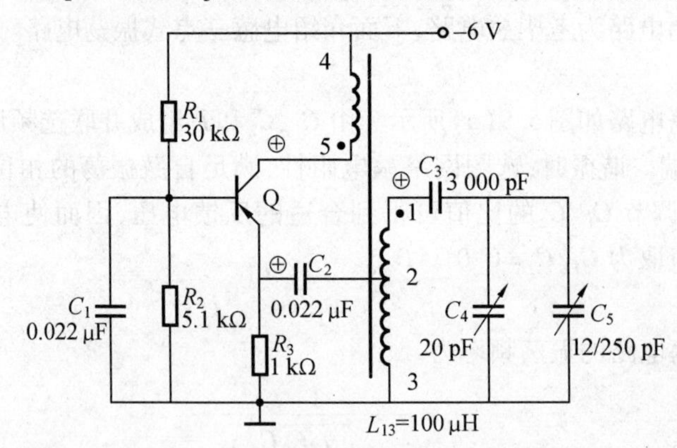

图 5.10　某型收音机的本机振荡电路

解　(1) 此电路为共基极调谐型变压器反馈式 LC 正弦波振荡电路。

(2) 用瞬时极性法分析,断开 C_2左端,假设从发射极输入频率为 f_0、对地为"+"的信号,则集电极输出信号对地为"+"(共基极电路输出与输入同相),电感线圈的 1 端和 2 端对地也为"+",而 2 ~ 3 端的电压反馈到发射极,正好与所加输入信号的极性相同,可见电路满足相位平衡条件。

(3) 若 C_2断开,则电路失去了正反馈通路,不能维持振荡。

(4) 振荡频率表达式为

$$f_0=\frac{1}{2\pi\sqrt{L_{13}\cdot\dfrac{(C_4+C_5)C_3}{C_4+C_5+C_3}}}$$

当 $C_5=250$ pF 时,$f_0=1.33$ MHz;当 $C_5=12$ pF 时,$f_0=2.96$ MHz;显然振荡频率调节范围为 1.33 ~ 2.96 MHz。

5.1.4　石英晶体正弦波振荡电路

在实际应用中,一般对振荡频率的稳定度要求较高。如在无线电通信中,为了减小各电台之间的相互干扰,频率的稳定度必须达到一定的标准。频率的稳定度通常以频率的相对变化量来表示,即 $\Delta f_0/f_0$,其中 f_0为频率的标称值;Δf_0为频率的绝对变化量。实践证明,LC 振荡电路的稳定度很难突破 10^{-5}数量级。为了进一步提高振荡频率的稳定度,可以采用石英晶体振荡电路,其频率的稳定度可以达到 10^{-8} ~ 10^{-6}数量级,甚至更高。石英晶体振荡器是一种高稳定性的振荡器,目前已广泛应用于各种通信系统、雷达、导航等电子设备中。

1. 石英晶体的结构特点

(1)石英晶体的结构

从一块石英晶体(SiO_2)上按一定方向角切下薄片,在其两个对应表面上涂敷银层作为电极,在每个电极上各焊一根引线接到管脚,再加上外壳封装就构成了石英晶体谐振器,简称为石英晶体或晶体。石英晶体的外壳可用金属封装,也可用玻璃封装。其结构示意图和符号如图 5.11 所示。

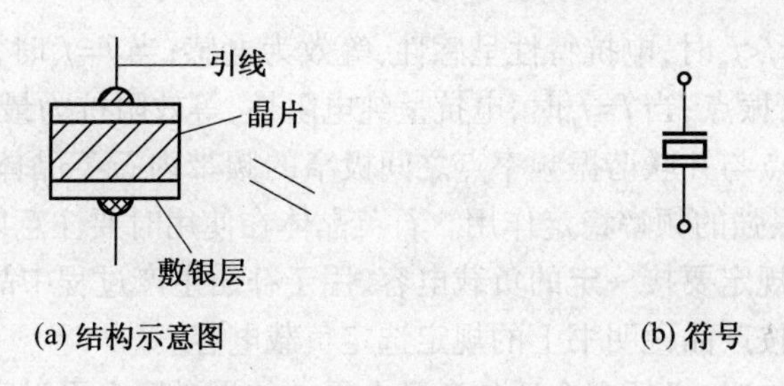

(a) 结构示意图　　(b) 符号

图5.11　石英晶体的结构示意图及符号

(2)石英晶体压电效应和压电振荡

如果在晶片的两极上加交变电压,晶片就会产生机械振动,同时晶片的机械振动又会产生交变电场,这种现象称为压电效应。在一般情况下,晶片机械振动的振幅和交变电场的振幅非常微小,但当外加交变电压的频率为某一特定值时,机械振动幅度急剧加大,产生共振,这种现象称为压电谐振。这一特定的频率就是石英晶体的固有频率,也称为谐振频率。与 LC 回路的谐振现象十分相似。谐振频率与晶片的切割方式、几何形状和尺寸等有关。

(3)石英晶体的等效电路及电抗特性

图5.12是石英晶体谐振器的等效电路。图中 C_0 是晶体作为电解质的静态电容,其数值一般为几个皮法到几十皮法。L、C、R 是对应于机械共振经压电转换而呈现的电参数。晶体机械摩擦和空气阻尼引起的损耗等效为电阻 R,其阻值约为100 Ω;晶体机械振动的惯性等效为电感(动态电感)L,其值约为几 mH 到几十 mH;晶体的弹性等效为电容(动态电容)C,其值仅为0.01 pF到0.1 pF。由图5.12可以看出,晶体振荡器是一串并联的振荡回路,其串联谐振频率 f_s 和并联谐振频率 f_p 分别为

$$f_s=\frac{1}{2\pi\sqrt{LC}}$$

$$f_p=\frac{1}{2\pi\sqrt{L\dfrac{CC_0}{C+C_0}}}=f_s\sqrt{1+\frac{C}{C_0}}$$

当 $f<f_s$ 或 $f>f_p$ 时,晶体谐振器显容性;当 f 在 f_s 和 f_p 之间时,晶体谐振器等效为一电感,而且为一数值巨大的非线性电感。由于 L 很大,即使在 f_s 处其电抗变化率也很大。其电抗特性曲线如图5.13所示。

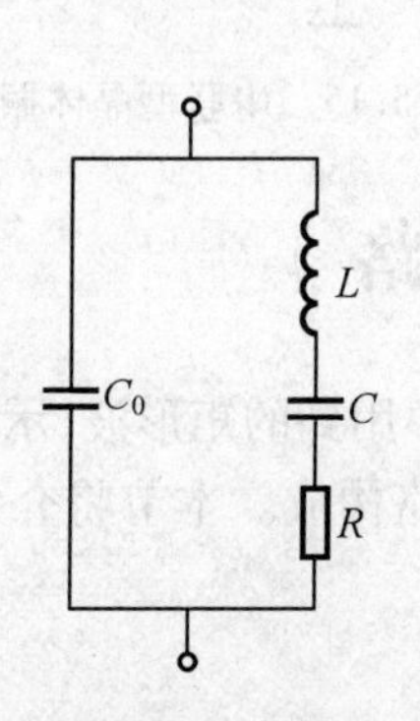

图5.12　石英晶体谐振器的等效电路

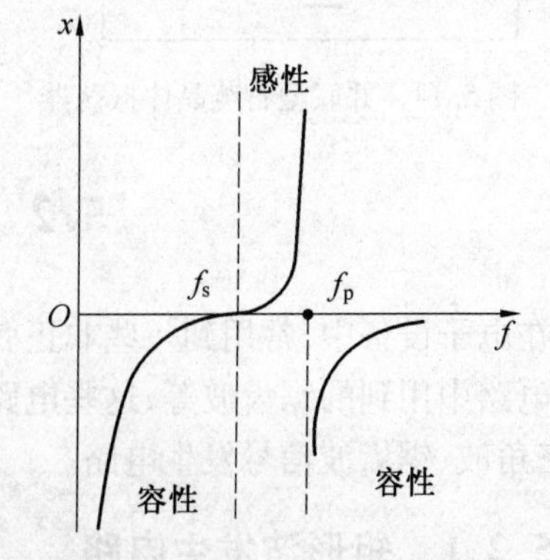

图5.13　石英晶体的电抗特性

可以看出,电抗特性曲线分三个区间和两个谐振频率点:当 $f<f_s$ 或 $f>f_p$ 时,电抗特性呈容

性,等效为电容;当$f_s<f<f_p$时,电抗特性呈感性,等效为电感;当$f=f_s$时,电抗呈纯电阻性,等效阻抗为最小,为串联谐振点;当$f=f_p$时,电抗呈纯电阻性,等效阻抗为最大,为并联谐振点。

在串联谐振频率点与并联谐振频率点之间极窄的频带内石英晶体谐振器呈感性,具有很高的 Q 值,从而具有很强的频率稳定作用。石英晶体在使用时要注意以下几点:

(1) 石英晶体都规定要接一定的负载电容,用于补偿生产过程中晶片的频率误差,以达到标稳频率。使用时就按产品说明书上的规定选定负载电容。

(2) 石英晶体工作时,必须有合适的激励电平。如果激励电平过高,频率稳定度就会显著变坏,甚至可能损坏晶振;如果激励电平过低,则噪声影响大,振荡输出幅度减小,甚至可能停振。

2. 石英晶体振荡电路

常用的石英晶体振荡电路分为两类:一类是石英谐振器在电路中以并联谐振形式出现,称为并联型晶体振荡电路;另一类是石英谐振器在电路中以串联谐振形式出现,称为串联型晶体振荡电路。

图 5.14 所示是并联型石英晶体振荡电路。图中的 C_1 和 C_2 与石英晶体中的静态 C_0 并联,总容量大于 C_0,当然也远远大于石英晶体中的动态电容 C,所以电路的振荡频率约等于石英晶体的并联谐振频率 f_p。

图 5.15 所示为一种串联型晶体振荡电路。图中 Q_1 和 Q_2 组成两级放大器,放大器的输出与输入电压反相,经石英谐振器、R_e 和可变电阻 R_P 形成的反馈电路,只有在石英晶体呈纯电阻性时,即石英晶体产生串联谐振时,电路才能满足反馈的相位平衡条件,形成正反馈,所以电路的振荡频率等于石英晶体的串联谐振频率 f_s。可变电阻 R_P 的作用是用来调节反馈量的大小,使电路既能起振,又能输出良好的正弦波信号。

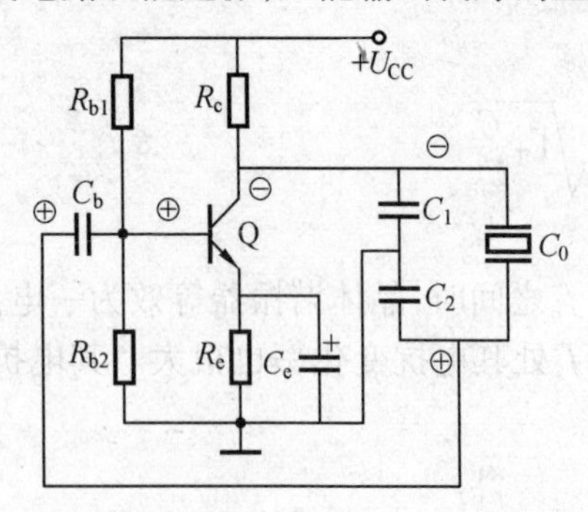

图 5.14 并联型石英晶体振荡器

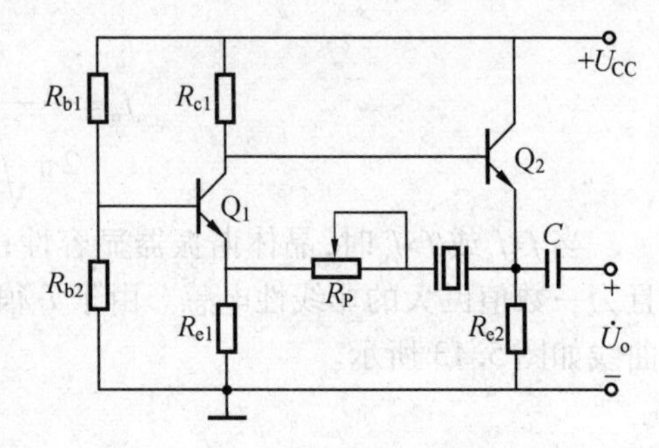

图 5.15 串联型晶体振荡电路

*5.2 非正弦波振荡电路

在电子设备中,常用到一些非正弦信号,例如,数字电路中用到的矩形波,示波器和电视机扫描电路中用到的锯齿波等,这些电路的特点是都由积分电路构成。本节将介绍常见的矩形波、三角波、锯齿波信号发生电路。

5.2.1 矩形波发生电路

图 5.16(a)是一种能产生矩形波的基本电路。由图可见,它是在滞回电压比较器的基础

上,增加一条 RC 充、放电负反馈支路构成的。

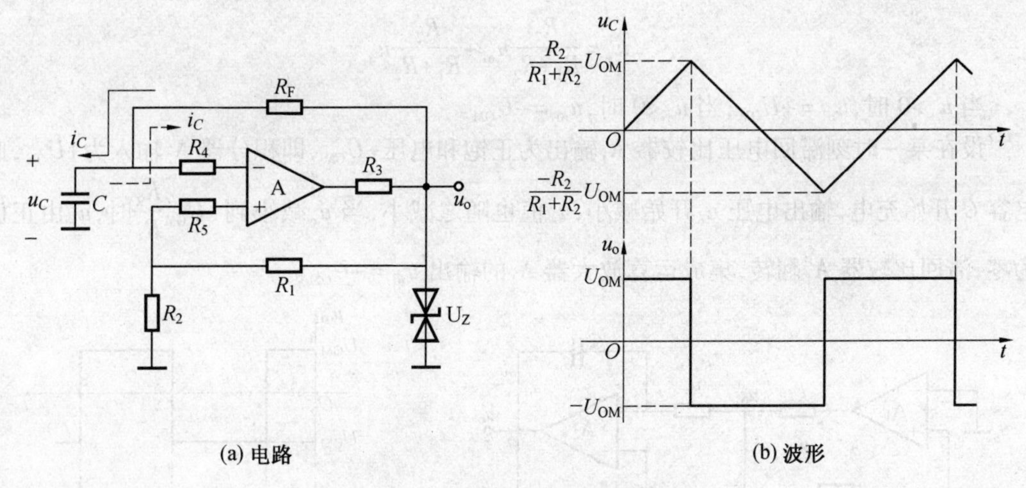

图 5.16　矩形波发生电路及其波形

1. 工作原理

在图 5.16(a)中,电路由反相输入的滞回比较器和 RC 电路组成,电路输出只有两个值:$+U_{OM}$和$-U_{OM}$。设在某一时刻输出为正饱和电压$+U_{OM}$,则同相输入端的电压为

$$U_{T1}=\frac{R_2}{R_1+R_2}U_{OM}$$

电容 C 在输出电压$+U_{OM}$的作用下开始充电,充电电流 i_C经过电阻 R_F,如图 5.16(a)中实线所示。当充电电压 u_C升至 U_{T1}时,由于运算放大器输入端 $u_->u_+$,于是电路翻转,输出电压由$+U_{OM}$翻至$-U_{OM}$,同相端电压变为

$$U_{T2}=-\frac{R_2}{R_1+R_2}U_{OM}$$

电容 C 开始放电,u_C开始下降,放电电流 i_C如图 5.16(a)中虚线所示。当电容电压 u_C降至 U_{T2}时,由于 $u_-<u_+$,于是输出电压又翻转到 $u_o=+U_{OM}$。如此周而复始,在集成运算放大器的输出端便得到了如图 5.16(b)所示的输出电压波形。

2. 振荡频率及其调节

电路输出矩形波信号的周期取决于充、放电的时间常数 RC。可以证明其周期为

$$T=2.2RC$$

则振荡频率为

$$f=\frac{1}{2.2RC} \tag{5.21}$$

改变 RC 即可调节矩形波的周期和频率。

若矩形波的输出电压高电平和低电平时间相等,即占空比为50%,则称为方波。在如图 5.16(a)所示电路中,只要适当选取电容 C 及电阻元件的参数,使电容的充、放电时间相等,便可得到方波发生电路。

5.2.2　三角波发生电路

三角波发生电路如图 5.17(a)所示。电路由 A_1 构成的滞回电压比较器和 A_2 构成的积分

电路组成。由图 5.17(a)可见,滞回电压比较器 A_1的同相端电压由 u_o和 u_{o1}共同决定,为

$$u_+=\frac{R_2}{R_1+R_2}u_{o1}+\frac{R_2}{R_1+R_2}u_o$$

当 $u_+>0$ 时,$u_{o1}=+U_{OM}$;当 $u_+<0$ 时,$u_{o1}=-U_{OM}$。

设在某一时刻滞回电压比较器 A_1输出为正饱和电压$+U_{OM}$,即积分器 A_2输入为$+U_{OM}$,此时电容 C 开始充电,输出电压 u_o开始减小,u_+值也随之减小,当 u_o减小到$-U_{OM}\frac{R_2}{R_1}$时,u_+由正值变为零,滞回比较器 A_1翻转,集成运算放大器 A_1的输出 $u_{o1}=-U_{OM}$。

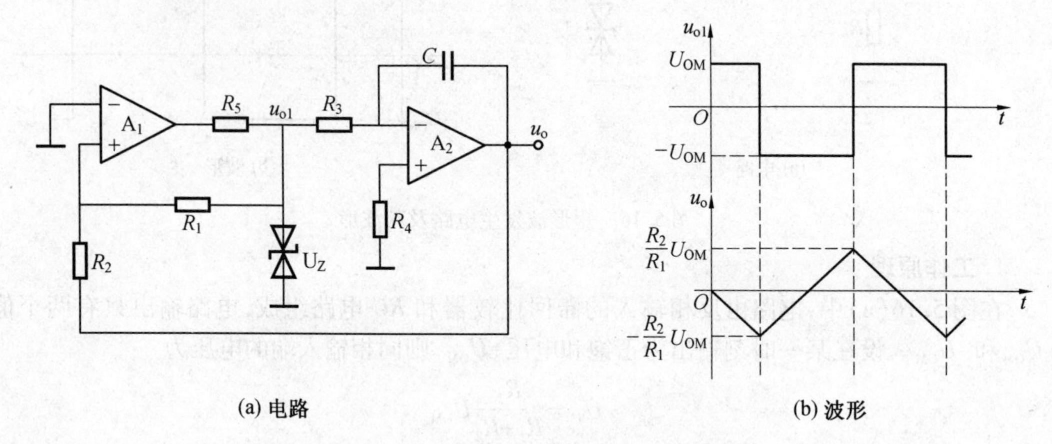

图 5.17 三角波发生电路及其波形

当 $u_{o1}=-U_{OM}$时,积分器 A_2输入负电压,此时电容 C 开始放电,输出电压 u_o开始升高,u_{o+}值也随之增大,当 u_o升高到$+U_{OM}\frac{R_2}{R_1}$时,u_+由负值变为零,滞回比较器 A_1 翻转,集成运算放大器 A_1的输出 $u_{o1}=+U_{OM}$。

此后,电路不断重复上述过程,在 A_1的输出端就得到幅值为 U_{OM}的矩形波,A_2输出端得到三角波。可以证明其频率为

$$f=\frac{R_1}{4R_2R_3}C$$

显然,我们可以通过改变 R_1、R_2、R_3的阻值来改变三角波的频率。

5.2.3 锯齿波发生电路

锯齿波发生电路能够提供一个与时间呈线性关系的电压或电流波形,这种信号在示波器和电视机扫描电路以及许多数字仪表中得到广泛应用。

锯齿波发生电路如图 5.18(a)所示,电路的结构与三角波发生电路相似,积分电路的电阻支路被 R_P、VD、R_3和 R_5组成的串并联电路代替。当 A_1为高电平时,通过 R_P、VD、和 R_5给电容 C 充电,当 A_1为低电平时,通过 R_P、和 R_3给电容 C 放电,改变 R_P中抽头的位置,就可以方便地改变 RC 积分电路的充、放电时间常数,从而使 A_2输出波形两边不对称,这样输出的电压波形就是锯齿波。若取 $R_5\ll R_3$,则负向积分时间$[R_P+(R_3/\!/R_5)]C$ 远小于正向积分时间$(R_P+R_3)C$,形成如图 5.18(b)所示的锯齿波。

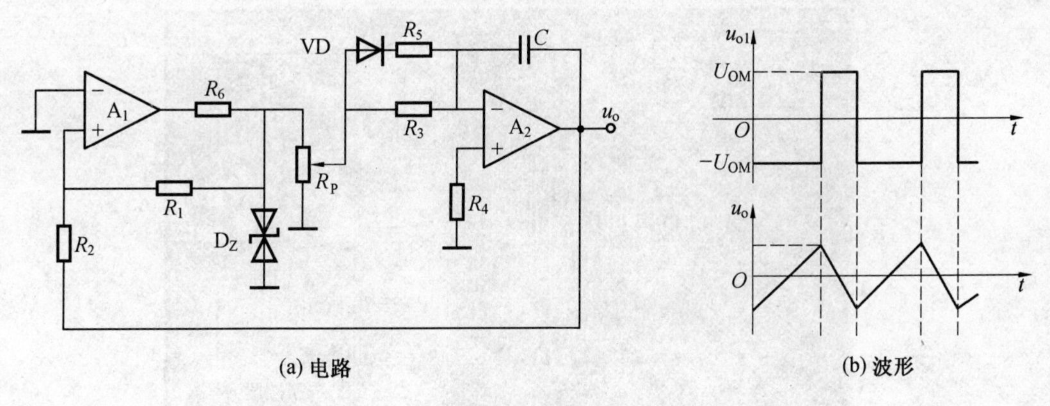

(a) 电路　　　　(b) 波形

图 5.18　锯齿波发生电路及其波形

*5.3　电路仿真实例

【例 5.3】　仿真分析一个 *RC* 正弦振荡电路。

解　利用 Proteus 软件仿真分析图 5.19 所示 *RC* 正弦振荡电路，观察输出结果。分析步骤如下：

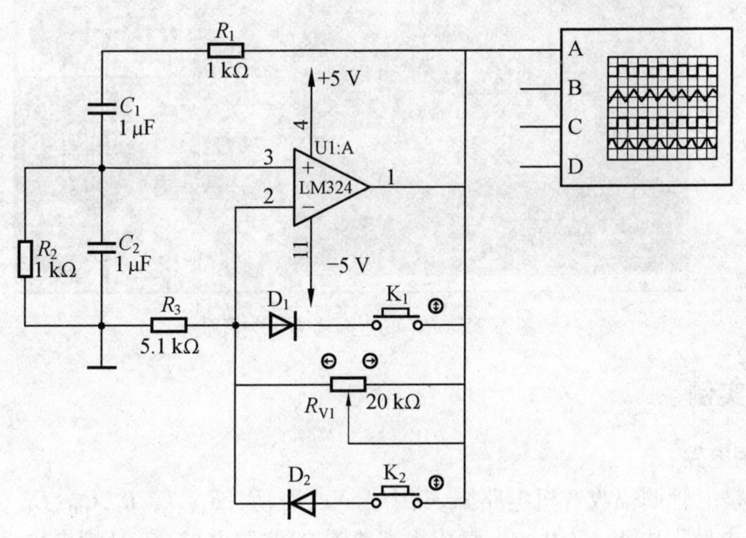

图 5.19　*RC* 正弦振荡电路

(1) 接通开关 K_1、K_2，打开仿真开关，调整电位器 R_{V1} 的中心抽头到 50% ~60% 位置，观察电路的起振过程，电路仿真分析结果如图 5.20 所示。同时测出电路输出信号波形的频率，与理论计算结果进行比较。

(2) 在上述实验的基础上，改变 R_{V1} 的中心抽头的位置分别到 50% 以下和 60% 以上，观察电路的起振情况。（能否起振，为什么？如能起振，起振的速度与 R_{V1} 的中心抽头的位置的关系？）

(3) 在上述实验的基础上，断开开关 K_1、K_2，观察仿真输出的波形，如图 5.21 所示。

(4) 在上述实验的基础上，改变电阻 R_1 和 R_2 的阻值为 2 kΩ，观察仿真输出波形信号的频率。

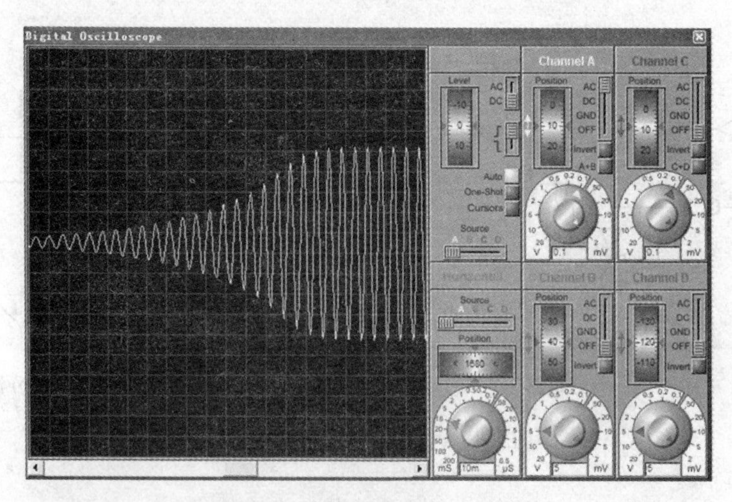

图 5.20 *RC* 正弦振荡起振过程

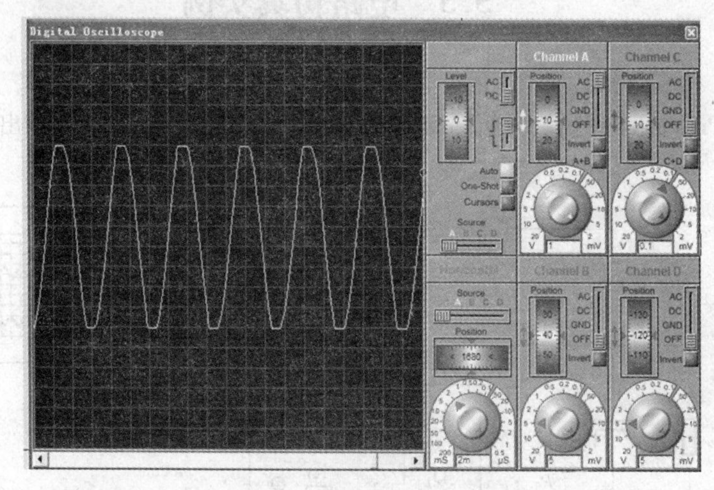

图 5.21 *RC* 正弦振荡输出失真波形

◆应用实例

本机振荡电路：

图 5.22 是七管调幅收音机电路图，其中由 V_1，R_1，R_2，R_{13}，L_3，L_4，C_{01}，C_{1B}，C_3组成变压器反馈式 *LC* 振荡电路。电阻 R_1，R_2，R_{13}组成本机振荡的偏置电路，C_3是耦合电容，其作用是把由 L_4，C_{01}，C_{1B}组成的选频电路选择出的信号耦合到三极管 V_1的发射极，其他器件如 B_3的初级选频回路和 L_2，C_2都可以视为短路（对本机振荡信号），这样本机振荡电路就是一个变压器反馈的共基极振荡电路，本机振荡信号的频率由 L_4，C_{01}，C_{1B}组成的 *LC* 选频电路决定。

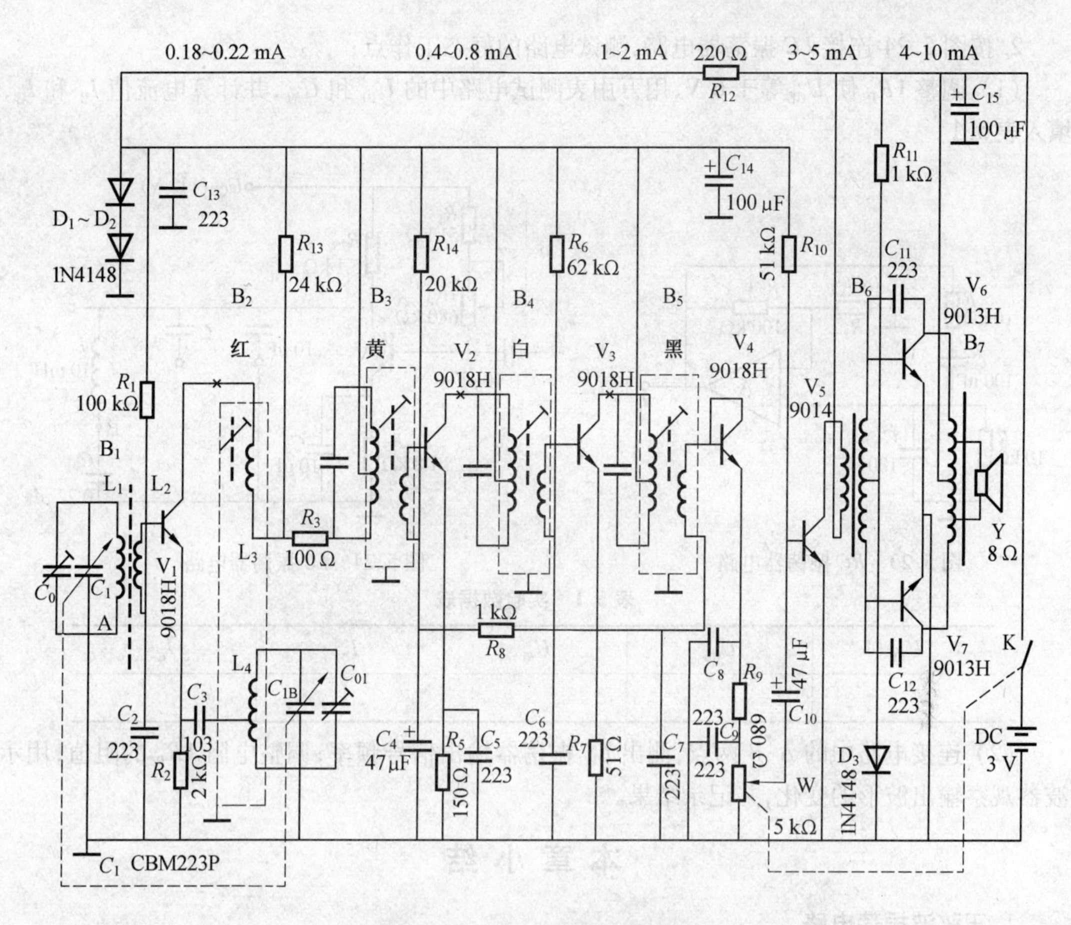

图 5.22　七管调幅收音机电路图

实践技能训练：振荡电路输出信号的观测

一、实训目的

(1)了解组成 *RC* 振荡器、*LC* 振荡器的基本原则。

(2)学会用示波器观测振荡器输出信号。

(3)掌握振荡器输出波形质量调整的方法。

(4)熟练掌握万用表、示波器和实验箱的使用方法。

二、主要仪器和设备

双踪示波器、万用表、模拟电子实验箱。

三、实训内容

1. 按图 5.23 连接 *RC* 振荡器电路，调整电阻 R_P，用示波器观察输出波形的变化，测出 *RC* 振荡器输出信号频率，并记录结果。

2. 按图5.24连接 LC 振荡器电路，测试电路的静态工作点；

（1）调整 $1R_P$ 使 U_{CE} 等于6 V，用万用表测试电路中的 U_{BE} 和 U_{R1}，并计算电流值 I_B 和 I_C，填入表5.1。

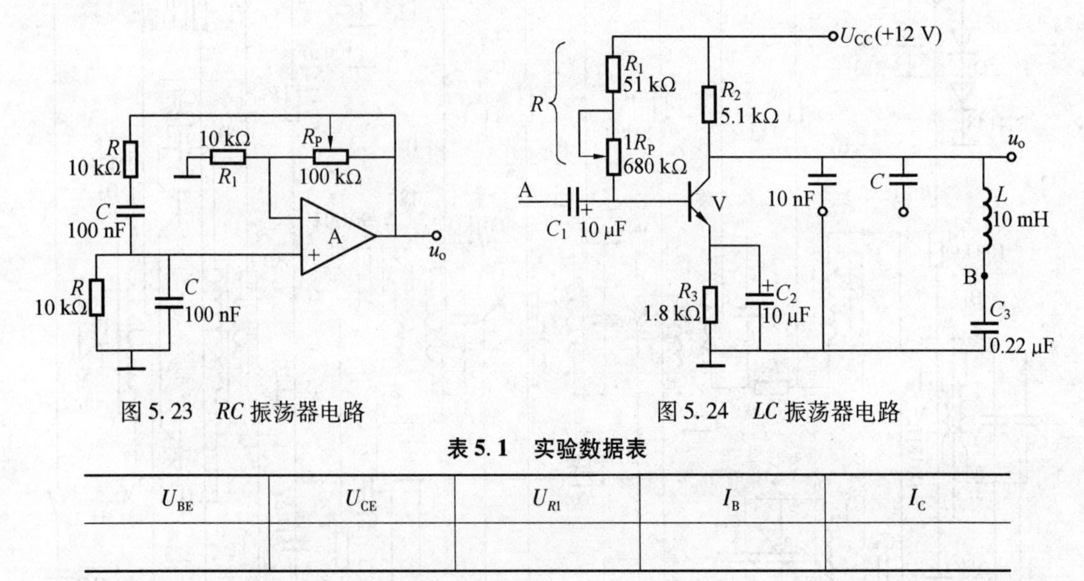

图5.23 RC 振荡器电路　　图5.24 LC 振荡器电路

表5.1 实验数据表

U_{BE}	U_{CE}	U_{R1}	I_B	I_C

（2）连接电路中的A、B两点，测出 LC 振荡器输出信号频率；调整电阻 $1R_P$ 的阻值，用示波器观察输出波形的变化，并记录结果。

本章小结

1. 正弦波振荡电路

（1）正弦波振荡电路由放大电路、选频网络、正反馈网络和稳幅环节四部分组成。正弦振荡的幅值平衡条件是 $|\dot{A}\dot{F}|=1$，相位平衡条件是 $\varphi_A+\varphi_F=2n\pi$（$n$ 为整数）。分析电路是否会产生正弦波振荡，首先要观察其是否具有四个必要的组成部分，然后判断它是否满足正弦波振荡的相位平衡条件和幅度平衡条件。

（2）用 RC 串并联网络作为选频网络的正弦波振荡电路，它产生的正弦波信号频率较低，其振荡频率由 RC 串并联网络的参数决定，$f_0=\dfrac{1}{2\pi RC}$。用 LC 并联选频网络作为选频网络的正弦振荡电路，有变压器反馈式、电感三点式和电容三点式三种，它产生的正弦波信号频率较高，其振荡频率由 LC 选频网络的参数决定，$f_0=\dfrac{1}{2\pi\sqrt{L'C'}}$，$L'$ 和 C' 分别是 LC 选频回路的等效电感和等效电容。石英晶体振荡电路的频率非常稳定，有串联和并联两个谐振频率，分别为 f_s 和 f_p，且 $f_s\approx f_p$。利用石英晶体可以构成串联型和并联型两种正弦振荡电路。分析电路的工作原理和振荡条件是学习的重点。

2. 非正弦波振荡电路

非正弦波振荡电路由滞回比较器和 RC 延时电路组成，常见的非正弦波振荡电路有矩形波发生电路、三角波发生电路和锯齿波发生电路三种。非正弦波振荡电路的主要参数有振荡幅值和振荡频率。分析电路的工作原理是学习的重点。

习　题

5.1　填空题

(1) 正弦波振荡器产生自激振荡的条件是________________。

(2) 晶体管正弦波振荡器的两个基本组成部分是________,________。

(3) 正弦波振荡器产生平衡振荡的条件是________________。

(4) RC 文氏电桥振荡器的起振条件是________________。

(5) LC 振荡器的振荡频率为________________。

(6) 石英晶体有两种谐振状态,分别为________________和________________。

(7) 石英晶体在串联谐振状态时相当于________路。

(8) 石英晶体在并联谐振状态时相当于________路。

(9) 石英晶体在不同频率范围内其电抗性质________________。

(10) 正弦振荡电路的组成至少应包括________、________、________三部分。

(11) 正弦振荡器的起振条件是________________________,平衡条件是________________________。

5.2　选择题

(1) RC 桥式正弦振荡电路可以由两部分组成,即 RC 串并联选频网络和________。

A. 射极输出器　　B. 反相比例运算放大器

C. 同相比例运算放大器　　D. 基本共射放大器

(2) 正弦波振荡电路的起振条件是________。

A. $\varphi_A=\varphi_F$, $|\dot{A}\dot{F}|>1$　　B. $\varphi_A+\varphi_F=2\pi$, $|\dot{A}\dot{F}|>1$

C. $\varphi_A+\varphi_F=2\pi$, $|\dot{A}\dot{F}|=1$　　D. $\varphi_A=-\varphi_F$, $|\dot{A}\dot{F}|=1$

(3) 石英晶体振荡电路是利用石英晶体的效应而构成的正弦波振荡电路。当 $0<f<f_s$ 时,电路呈电容性;当 $f=f_s$ 时,电路发生串联谐振,串联支路呈________性。当 $f_s<f<f_p$ 时,电路呈________性;当 $f=f_p$ 时,电路发生并联谐振,回路呈________性。当 $f>f_p$ 时,电路呈________性。石英晶体的 f_s 与 f_p 极为________。石英晶体振荡电路的 Q 值可达 $10^4\sim10^6$,频率稳定度________。

A. 压电　电阻　电感　电阻　电容　接近　高

B. 压电　电阻　电阻　电阻　电容　接近　高

C. 压电　电阻　电容　电阻　电容　接近　高

D. 压电　电阻　电阻　电阻　电感　接近　高

(4) 电路如图5.25所示,设运放是理想的器件,电阻 $R_1=10\ \text{k}\Omega$,为使该电路产生较好的正弦波振荡,则要求________。

A. $R_F=10\ \text{k}\Omega+4.7\ \text{k}\Omega$(可调)

B. $R_F=47\ \text{k}\Omega+4.7\ \text{k}\Omega$(可调)

C. $R_F=18\ \text{k}\Omega+4.7\ \text{k}\Omega$(可调)

D. $R_F=4.7\ \text{k}\Omega+4.7\ \text{k}\Omega$(可调)

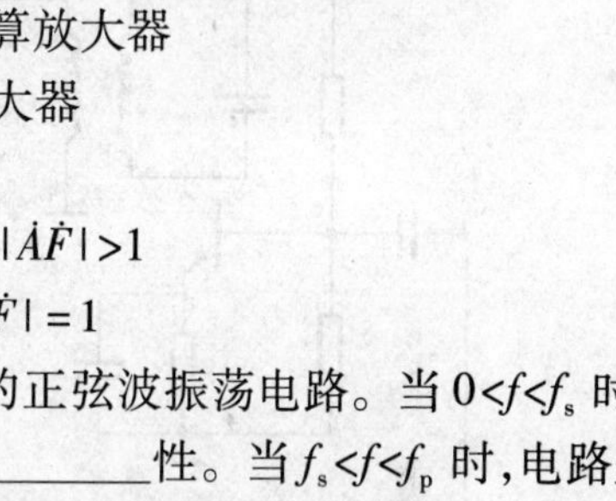

图5.25　题5.2(4)图

(5) 电路如图5.25所示，设运放是理想的器件，R_1和R_F取值合适，$R=100\ \text{k}\Omega$，$C=0.01\ \mu\text{F}$，则振荡频率约为________。

A. 15.9 Hz　　B. 159 Hz　　C. 999 Hz　　D. 99.9 Hz

(6) 电路如图5.25所示，设运放是理想的器件，R_1和R_F取值合适，$R=100\ \text{k}\Omega$，$C=0.01\ \mu\text{F}$，运放的最大输出电压为±10 V。当R_F不慎断开时，其输出电压的波形为________。

A. 幅值为10 V的正弦波　　B. 幅值为20 V的正弦波

C. 幅值为0 V(停振)　　D. 近似为方波，其峰-峰值为20 V

(7) 判断如图5.26所示电路能否产生自激振荡，若产生自激振荡说出电路的名称。

A. 不能产生自激振荡，因为不满足振荡的相位条件

B. 能产生自激振荡，电路为变压器耦合方式的自激振荡电路

C. 能产生自激振荡，电路为电感三点式自激振荡电路

D. 能产生自激振荡，电路为电容三点式自激振荡电路

(8) 某同学按如图5.27所示电路安装后，发现不能振荡。请来几个同学研究，他们发表的意见如下，你认为哪种意见正确？

A. 只要将R_{b2}下端接地就可以　　B. 将3点断开，R_{b2}下端接地

C. 将2点改接到e点　　D. 将2点接地，在3点到b点之间串接隔直电容

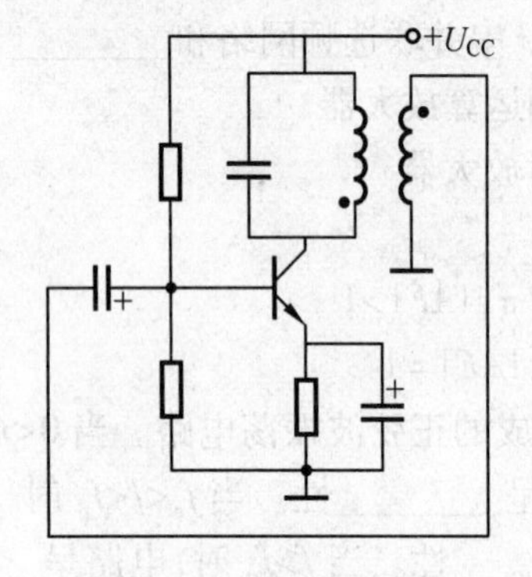

图5.26　题5.2(7)图

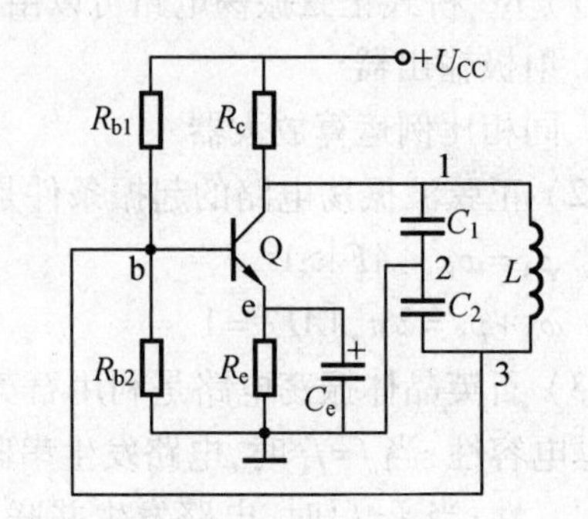

图5.27　题5.2(8)图

(9) 在图5.28所示电路中，设A_1、A_2为理想运放，它的最大输出幅度为±12 V。假如流过R_t的电流在1 mA时，电路为稳幅振荡，问R_t应选何种温度系数的电阻？稳幅振荡时应选R_t是多大？并求得输出电压的峰-峰值U_{OPP}等于多少？

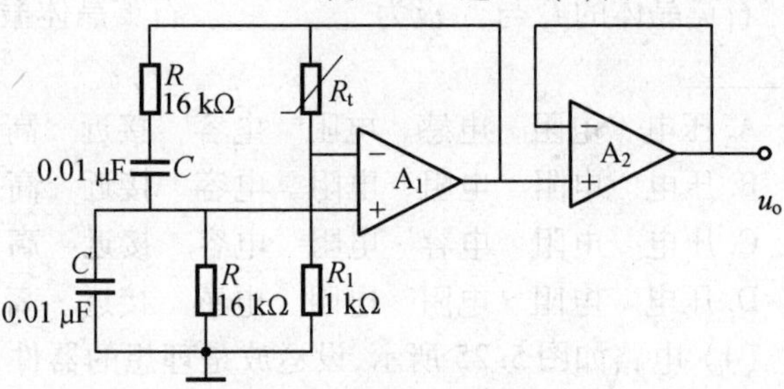

图5.28　题5.2(9)图

A. R_t是正温度系数的电阻；$R_t=3\ \text{k}\Omega$，$U_{OPP}\approx 6$ V

B. R_t是负温度系数的电阻；$R_t=3\ \text{k}\Omega$，$U_{OPP}\approx 6$ V

C. R_t是负温度系数的电阻；$R_t=2\ \text{k}\Omega$，$U_{OPP}\approx 8.5$ V

D. R_t是正温度系数的电阻；$R_t=2\ \text{k}\Omega$，$U_{OPP}\approx 8.5$ V

计算题

5.3　分析图5.29所示的文氏电桥电路，判断电路能否振荡，如不能振荡请说明原因。

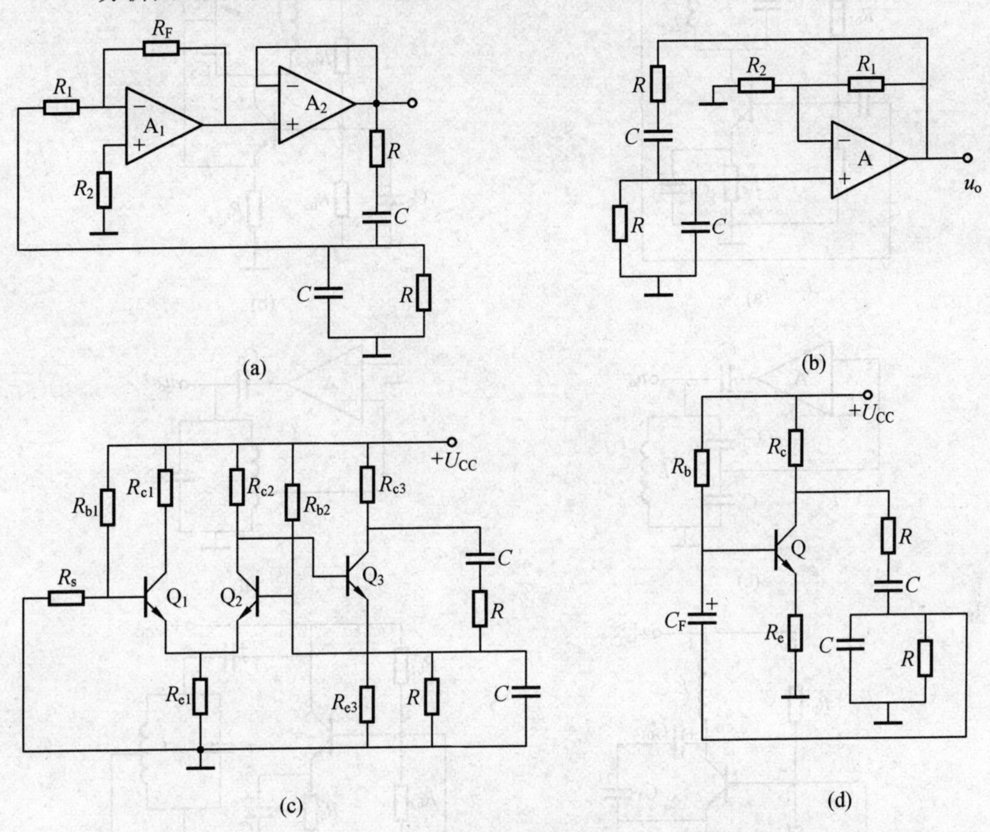

图5.29　题5.3图

5.4　标出图5.30所示电路中变压器的同名端，使电路满足正弦振荡的相位条件。

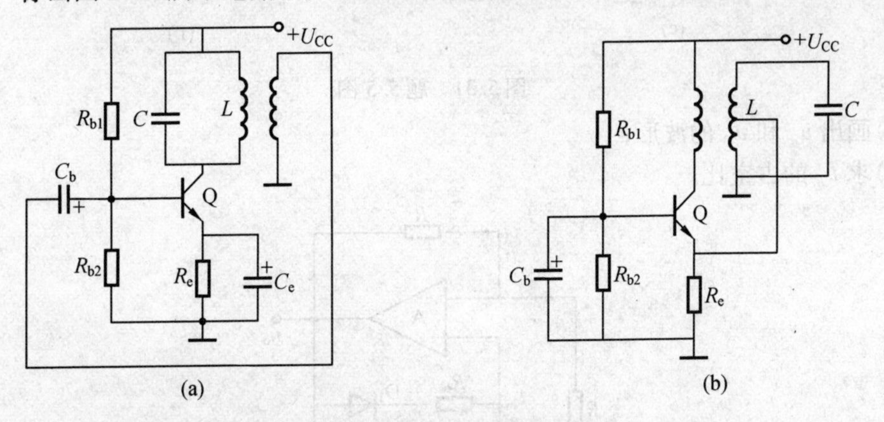

图5.30　题5.4图

5.5　用产生正弦振荡的相位平衡条件判断图5.31中各电路能否产生正弦振荡。

5.6　如图5.32所示电路中，已知$R_1=10\ \text{k}\Omega$，$R_2=20\ \text{k}\Omega$，$C=0.01\ \mu\text{F}$，运算放大器的电源电压为±12 V，电路中均为理想电子元器件。求：

(1)电路的振荡频率；

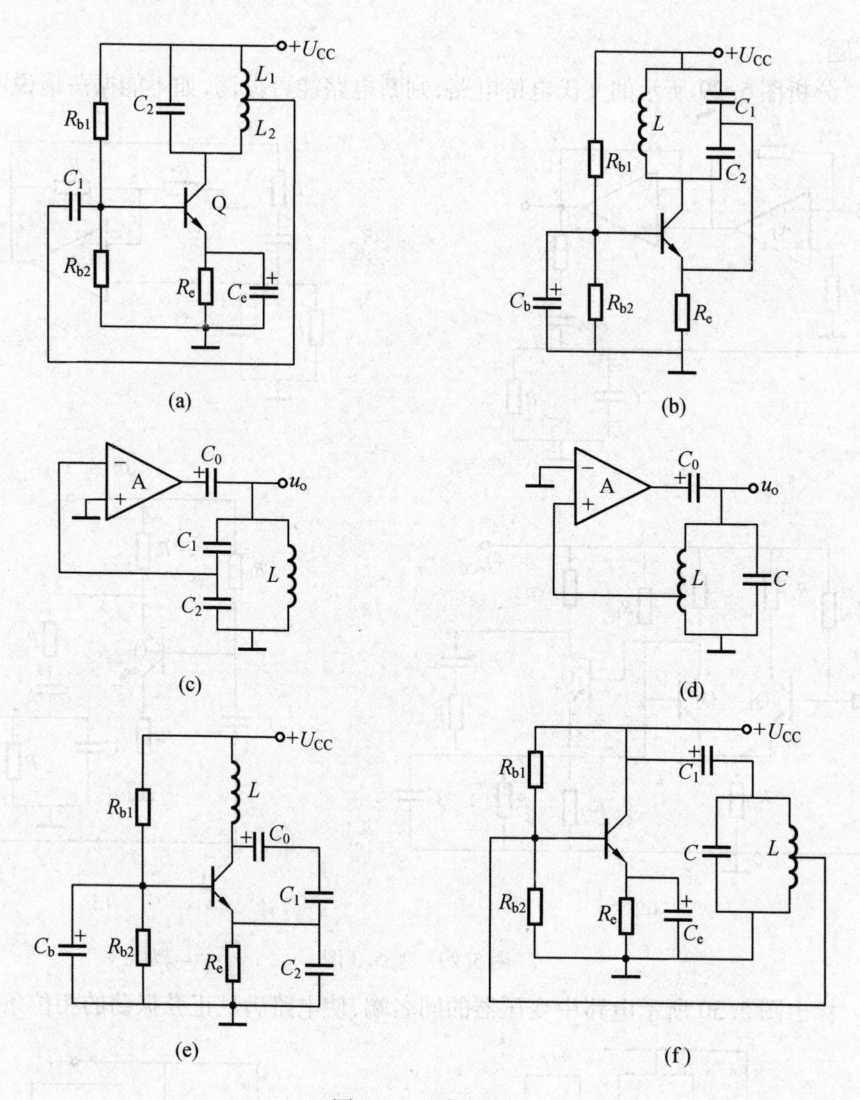

图5.31 题5.5图

(2)画出 u_o 和 u_C 的波形；

(3)求 u_o 的占空比。

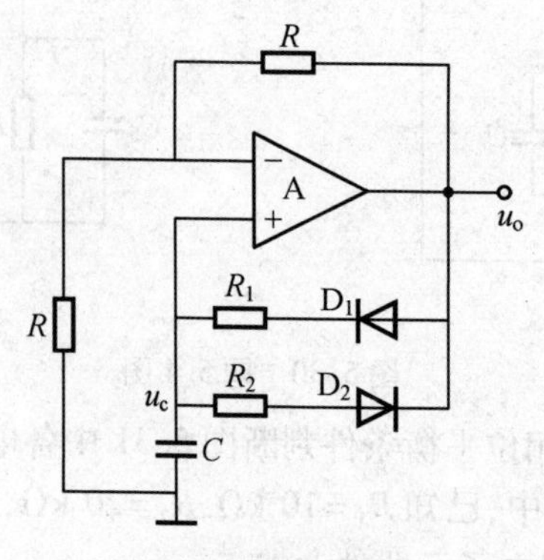

图5.32 题5.6图

第6章 稳压电源电路

◆**知识点**

直流稳压电源的组成;整流电路;滤波电路;二极管稳压电路;串联稳压电路;集成稳压器;开关型稳压电路;串联型开关稳压电路;并联型开关稳压电路。

◆**技术技能点**

了解整流、滤波和稳压的技术;会读常用稳压电源电路图;会选择整流二极管、滤波电容、稳压二极管和集成稳压器的参数;会用示波器观察、分析直流稳压电源各部分的波形信号;会制作和测试常用直流稳压电源;掌握用 Proteus 软件仿真设计稳压电源电路的技术。

直流稳压电源是为电子设备提供稳定直流电压的电子电路,是电路系统中的重要组成部分。本章首先介绍构成的小功率稳压直流电源电路的整流电路、滤波电路和稳压电路,然后介绍三端集成稳压电路,最后再简单介绍开关稳压电源电路。

6.1 直流稳压电源电路的组成

任何电子电路和电子设备的正常工作都需要直流稳压电源提供稳定的直流电压,获得直流电源的方法虽然很多,但大多数直流稳压电源都是利用电网供给的交流电经过转换而得。常用的小功率直流稳压电源都是由电源变压器、整流电路、滤波电路和稳压电路等四部分组成,直流稳压电源电路的结构框图及各部分电路的输出波形如图 6.1 所示。下面简要介绍各部分的功能。

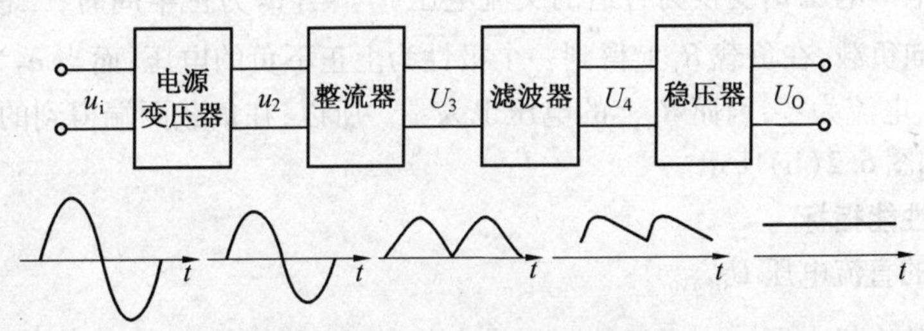

图 6.1　直流稳压电源组成框图

1. 电源变压器

电源变压器将交流电网电压变化为电压值合适的交流电压。通常情况下,电源电压为

220 V 或 380 V,经过电源变压器降压后变成大小合适的交流电压输出给后级的整流电路。当然在实际电路中,也可采用其他方法降压,比如电容降压法就比较普遍地应用于一些小家电控制板中。

2. 整流电路

整流电路利用二极管的单向导电性,将整流变压器的副边交流电压变成脉动的直流电压。整流电路有半波整流电路和全波整流电路之分,从整流电路的波形可以看出,整流以后的电压含有很大的交流分量。

3. 滤波电路

滤波电路将整流电路输出的脉动直流电压中的交流成分滤掉,输出比较平滑的直流电压。滤波电路有电容滤波电路、电感滤波电路及由电容、电感和电阻组成的复式滤波电路等。滤波以后,电压的交流分量大大减少,可以作为某些电子电路的直流电源。

4. 稳压电路

稳压电路利用自动调整原理,使得输出电压在电网电压波动和负载变化时保持稳定,从而适用于那些对电源稳定性要求较高的电子设备中。

当负载要求较大的输出功率时,由于小功率直流稳压电源的输出功率小、效率低,而采用输出功率大、运行效率高的开关稳压电源,它的结构和工作原理与小功率直流稳压电源电路不同。

6.2 整流电路

整流电路的作用是将交流电变换成直流电,利用半导体二极管的单向导电性组成各种整流电路。单相小功率整流电路有半波、全波、桥式和倍压整流等形式。下面分别介绍各种常用整流电路的结构和工作原理。

6.2.1 半波整流电路

图 6.2(a)所示是单相半波整流电路,它由电源变压器和整流二极管 D 组成,负载为电阻 R_L。为了便于分析,在后面的分析中整流二极管均视为理想二极管。

1. 工作原理

变压器将电网电压 u_1 变换为合适的交流电压 u_2。当 u_2 为正半周时,二极管正向导通,电流经二极管流向负载,在负载 R_L 上得到一个极性为上正下负的电压;而当 u_2 为负半周时,二极管 D 反向截止,电流为零,因而 R_L 上的电压也为零。所以,在负载两端得到的输出电压 u_o 是单相脉动电压,如图 6.2(b)所示。

2. 电路的性能指标

(1) 输出的直流电压 $U_{O(AV)}$

设变压器的次级电压 $u_2=\sqrt{2}U_2\sin\omega t$,式中 U_2 为变压器副边有效值,整流二极管 D 为理想二极管,其正向电阻为零,反向电阻为无穷大,则半波整流输出瞬时值的表达式为

$$u_0=\begin{cases}\sqrt{2}U_2\sin\omega t & (0\leqslant\omega t\leqslant\pi)\\ 0 & (\pi\leqslant\omega t\leqslant 2\pi)\end{cases} \tag{6.1}$$

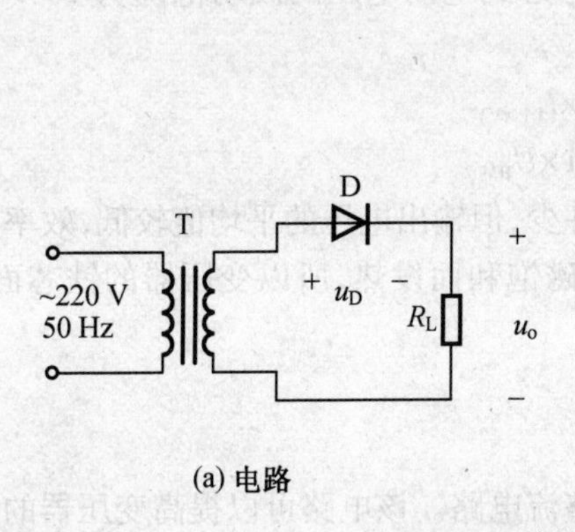

(a) 电路

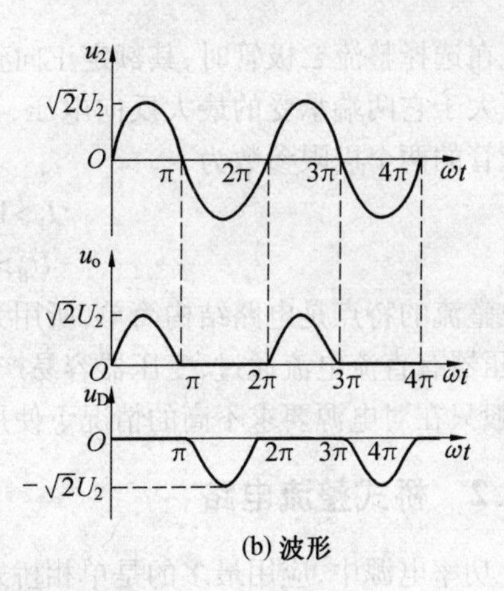

(b) 波形

图6.2　单相半波整流电路

输出的直流电压 $U_{O(AV)}$ 是整流电路的输出电压瞬时值 u_o 在一个周期内的平均值，即

$$U_{O(AV)}=\frac{1}{2\pi}\int_0^{2\pi}u_o\mathrm{d}(\omega t) \tag{6.2}$$

把式(6.1)代入式(6.2)可得

$$U_{O(AV)}=\frac{1}{2\pi}\int_0^{\pi}\sqrt{2}U_2\sin\omega t\mathrm{d}(\omega t)=\frac{\sqrt{2}}{\pi}U_2\approx 0.45U_2 \tag{6.3}$$

(2)输出的直流电流 $I_{O(AV)}$

$$I_{O(AV)}=\frac{U_{O(AV)}}{R_L}\approx 0.45\times\frac{U_2}{R_L} \tag{6.4}$$

(3)脉动系数 S

脉动系数 S 是衡量整流电路输出电压平滑程度的指标。由于负载上得到的电压 u_o 是一个非正弦周期信号，可用傅氏级数展开为

$$U_O=\sqrt{2}U_2\left(\frac{1}{\pi}+\frac{1}{2}\cdot\sin\omega t-\frac{2}{3\pi}\cdot\cos\omega t+\cdots\right)$$

脉动系数的定义为最低次谐波的峰值与输出电压平均值之比，即

$$S=\frac{U_{OLM}}{U_O}=\frac{\frac{\sqrt{2}U_2}{2}}{\frac{\sqrt{2}U_2}{\pi}}\approx 1.57$$

3. 整流二极管的选择

在整流电路中，应根据极限参数最大整流平均电流 I_F 和最高反向工作电压 U_R 来选择半导体二极管。

在半波整流电路中，流过整流二极管的平均电流与流过负载的平均电流相等，即

$$I_{D(AV)}=I_{O(AV)}\approx 0.45\frac{U_2}{R_L} \tag{6.5}$$

从波形图6.2(b)可知，当整流二极管截止时，加于其两端的最大反向电压为

$$U_{RM}=\sqrt{2}U_2 \tag{6.6}$$

因此在选择整流二极管时,其额定正向整流电流必须大于流过它的平均电流,其反向击穿电压必须大于它两端承受的最大反向电压,再考虑到电网电压的波动范围为10%,则应选择整流二极管的两个极限参数为

$$I_F > 1.1 \times I_{D(AV)} \tag{6.7}$$

$$U_R > 1.1 \times U_{RM} \tag{6.8}$$

半波整流的特点是电路结构简单,所用元件少,但输出电压的平均值较低,效率低,脉动性较大,变压器有直流电流通过,变压器容易产生磁饱和而发热,所以变压器的铁芯面积要求比较大,一般只在对电源要求不高的情况下使用。

6.2.2 桥式整流电路

在小功率电源中,应用最多的是单相桥式整流电路。该电路可以提高变压器的利用率,减少输出电压的脉动。整流电路如图6.3(a)所示,图6.3(b)所示是其简化电路。

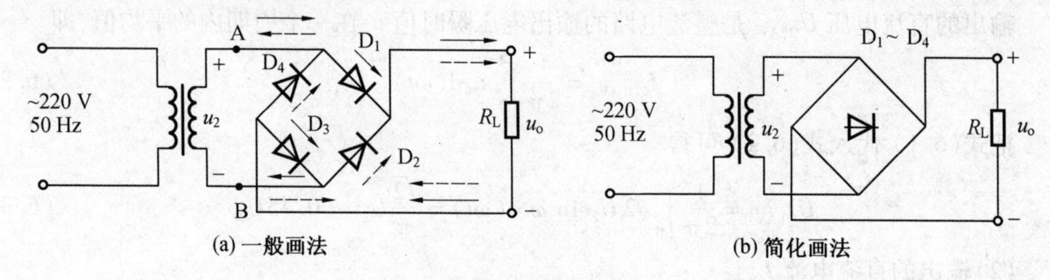

图6.3 桥式整流电路

1. 工作原理

设图6.3中所有的二极管均为理想二极管,即其正向导通电压为0,反向电流为0。

当u_2为正半周,即A为"+"、B为"-"时,D_1、D_2因正偏而导通,D_3、D_4因反偏而截止。电流经$D_1 \to R_L \to D_3$形成回路,R_L上的输出电压波形与u_2的正半周波形相同,电流方向如图中实线所示。

当u_2为负半周,即A为"-"、B为"+"时,D_1、D_3因反偏而截止,D_2、D_4因正偏而导通,电流经$D_2 \to R_L \to D_4$形成回路,R_L上的输出电压波形是u_2的负半周波形的倒相,电流方向如图中虚线所示。

所以无论u_2为正半周还是负半周,流过R_L的电流方向是一致的。在u_2的整个周期内,四只整流二极管两两交替导通,负载上得到的波形为脉动的直流电压,称为全波整流波形。单相桥式整流的变压器副边电压u_2、二极管电流i_D、输出电压u_o、二极管电压U_D波形如图6.4所示。

2. 电路的性能指标

(1) 输出的直流电压$U_{O(AV)}$

输出的直流电压$U_{O(AV)}$是整流电路的输出电压瞬时值u_o在一个周期内的平均值,即

$$U_{O(AV)} = \frac{1}{2\pi}\int_0^{2\pi} u_o \mathrm{d}(\omega t)$$

由图6.4可见,在桥式整流电路中

$$U_{O(AV)} = \frac{1}{\pi}\int_0^{\pi} \sqrt{2}U_2 \sin \omega t \mathrm{d}(\omega t) = \frac{2\sqrt{2}}{\pi}U_2 \approx 0.9U_2 \tag{6.9}$$

(2) 输出的直流电流 $I_{O(AV)}$

$$I_{O(AV)}=\frac{U_{O(AV)}}{R_L}\approx 0.9\times\frac{U_2}{R_L} \tag{6.10}$$

(3) 脉动系数 S

对桥式整流输出的非正弦周期信号用傅氏级数展开为

$$U_O=\sqrt{2}U_2\left(\frac{2}{\pi}-\frac{4}{3\pi}\cdot\cos 2\omega t-\frac{4}{15\pi}\cdot\cos 4\omega t-\frac{4}{35\pi}\cdot\cos 6\omega t-\cdots\right)$$

由脉动系数的定义可得脉动系数

$$S=\frac{U_{OLM}}{U_O}=\frac{\dfrac{4\sqrt{2}U_2}{3\pi}}{\dfrac{2\sqrt{2}U_2}{\pi}}=0.67$$

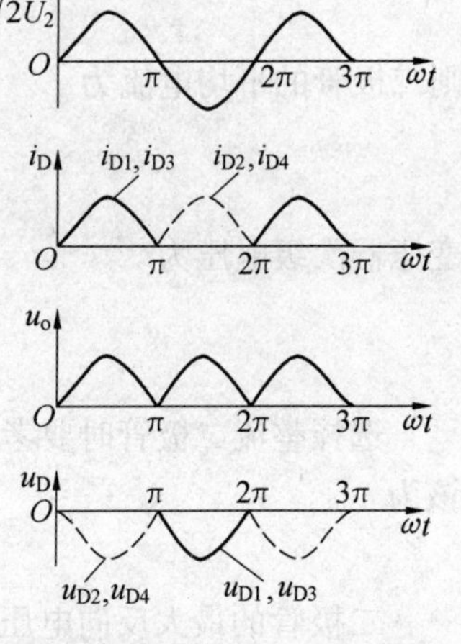

图6.4　单相桥式整流电路输出波形

3. 二极管的选择

由于桥式整流电路的每个整流二极管只在半个周期导通，因而流过二极管的平均电流仅为输出平均电流的一半，即

$$I_{D(AV)}=\frac{I_{O(AV)}}{2}=\frac{U_{O(AV)}}{2R_L}\approx 0.45\frac{U_2}{R_L} \tag{6.11}$$

从波形图6.4可见，在桥式整流电路中，截止二极管所承受的最大反向电压是变压器副边电压的最大值，即

$$U_{RM}=\sqrt{2}U_2 \tag{6.12}$$

与半波整流电路一样，在选择整流二极管时，其额定正向整流电流必须大于流过它的平均电流，其反向击穿电压必须大于它两端承受的最大反向电压，再考虑到电网电压的波动范围为10%，则应选择整流二极管的两个极限参数为

$$I_F>1.1I_{D(AV)} \tag{6.13}$$

$$U_R>1.1U_{RM} \tag{6.14}$$

可以看出，该两式与半波整流电路的极限参数相同，即在桥式整流电路中，二极管极限参数的选定原则与半波整流电路相同。

桥式整流的特点是电路的效率高，脉动性小，变压器没有直流电流通过，不会出现磁饱和现象，变压器可以做得比较小，所以桥式整流电路在电子设备的电源电路中得到了广泛的应用。下面将三种单相整流电路的主要参数列于表6.1中，以便读者进行比较学习。

表6.1　三种单相整流电路的主要参数

主要参数 / 电路形式	$U_{O(AV)}/U_2$	S	$I_{D(AV)}/I_{O(AV)}$	U_{RM}/U_2
半波整流	0.45	1.57	100%	1.414
全波整流	0.9	0.67	50%	2.828
桥式整流	0.9	0.67	50%	1.414

【例6.1】　某桥式整流电路，要求输出直流电压是24 V，负载电阻是 $R_L=480\ \Omega$，试选择整流二极管的型号。

解　根据题意可求得负载电流为

$$I_O=\frac{U_O}{R_L}=\frac{24\ \text{V}}{480\ \Omega}=50\ \text{mA}$$

则二极管的平均电流为

$$I_{D(AV)}=\frac{1}{2}I_O=25\ \text{mA}$$

变压器次级电压为

$$U_2=\frac{U_O}{0.9}=\frac{24\ \text{V}}{0.9}\approx 26.6\ \text{V}$$

选择整流二极管时要考虑到电网电压的波动范围为10%，所以二极管的正向平均电流应该为

$$I_F>1.1I_{D(AV)}=1.1\times 50\ \text{mA}=55\ \text{mA}$$

二极管的最大反向电压应该为

$$U_R>1.1U_{RM}=1.1\times 26.6\ \text{V}\approx 29.3\ \text{V}$$

由此可选用耐压是37 V，其最大整流电流为100 mA以上的整流二极管，查手册可选2CZ72B，参数 $I_F=100$ mA，$U_{RM}=70$ V。

上述电路如果采用半波整流电路，又如何选择整流器件。

6.2.3 倍压整流电路

在一些需要高电压、小电流场合或者在检测弱信号的地方，常常使用倍压整流电路。倍压整流可以在输入较低的交流电压时，利用耐压较低的二极管和电容整流得到较高的直流电压输出。倍压整流电路一般根据输出电压是输入交流电压的倍数，分为二倍压、三倍压和多倍压整流电路。

图6.5所示是二倍压整流电路，电路由变压器B、两个整流二极管 D_1、D_2 及两个电容器 C_1、C_2 组成。其工作原理如下：

当 e_2 为正半周（上正下负）时，二极管 D_1 导通，D_2 截止，电流经过 D_1 对 C_1 充电，在理想情况下，将电容 C_1 上的电压充到 e_2 的峰值，即 $U_{C_1}=\sqrt{2}E_2$，极性为左正右负。

当 e_2 为负半周（上负下正）时，二极管 D_2 导通，D_1 截止。此时，C_1 上的电压 $U_{C_1}=\sqrt{2}E_2$ 与电源电压 e_2 串联相加，电流经 D_2 对电容 C_2 充电，充电电压等于 e_2 的峰值与 C_1 上电压相加，即 $U_{C_2}=2\sqrt{2}E_2$，极性为左正右负。

如此反复充电，C_2 上的电压就基本上是 $2\sqrt{2}E_2$ 了，此时将负载接在 C_2 的两端，就可以得到两倍的直流输出电压。由于输出直流电压的值是变压器次级电压的二倍，所以称为二倍压整流电路。

在二倍压整流电路中，每个二极管承受的最高反向电压为 $2\sqrt{2}E_2$；电容 C_1 的耐压应大于 $\sqrt{2}E_2$，而电容 C_2 的耐压应大于 $2\sqrt{2}E_2$。

在二倍压整流电路的基础上，再加一个整流二极管 D_3 和一只滤波电容器 C_3，就可以组成三倍压整流电路，如图6.6所示。如果需要更高的直流输出电压，可以采用多倍压整流电路，采取同样的方法增加相应的二极管和电容就可以组成多倍压整流电路。

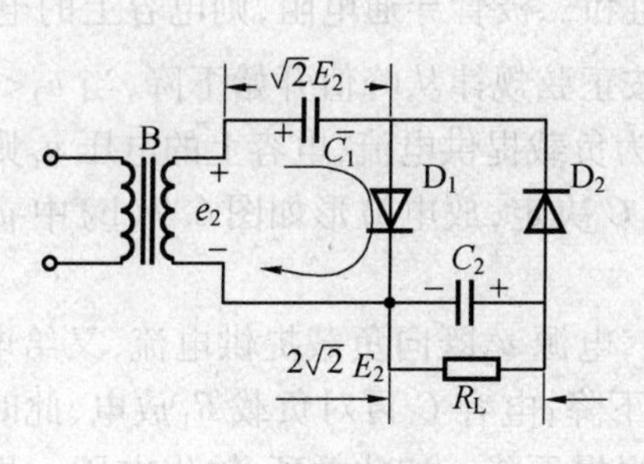

图6.5　二倍压整流电路

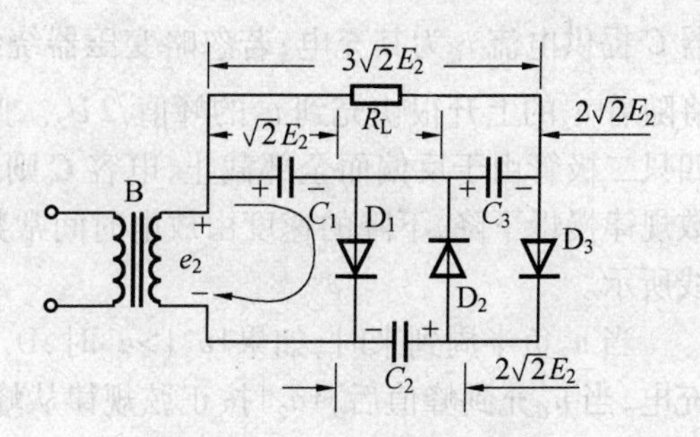

图6.6　三倍压整流电路

6.3　滤波电路

整流电路虽然已将交流电压变为直流电压，但输出电压中含有较大的交流分量，一般不能直接作为电子电路的直流电源。滤波电路就是利用储能器件（电容和电感）的储能作用，对交流分量和直流分量具有不同的阻碍作用，可滤除整流电路输出电压中的交流成分，保留其直流成分，使波形变得平滑。常见的滤波电路有电容滤波、电感滤波和复式滤波等。

6.3.1　电容滤波电路

1. 工作原理

在整流电路的输出端，即负载电阻 R_L 两端并联一个电容量较大的电容 C，就构成了电容滤波电路，图6.7(a)所示为桥式整流电容滤波电路。当电路已进入稳态工作时，输出电压波形如图6.7(b)中实线所示，图中的虚线是未加滤波电路时输出电压的波形。

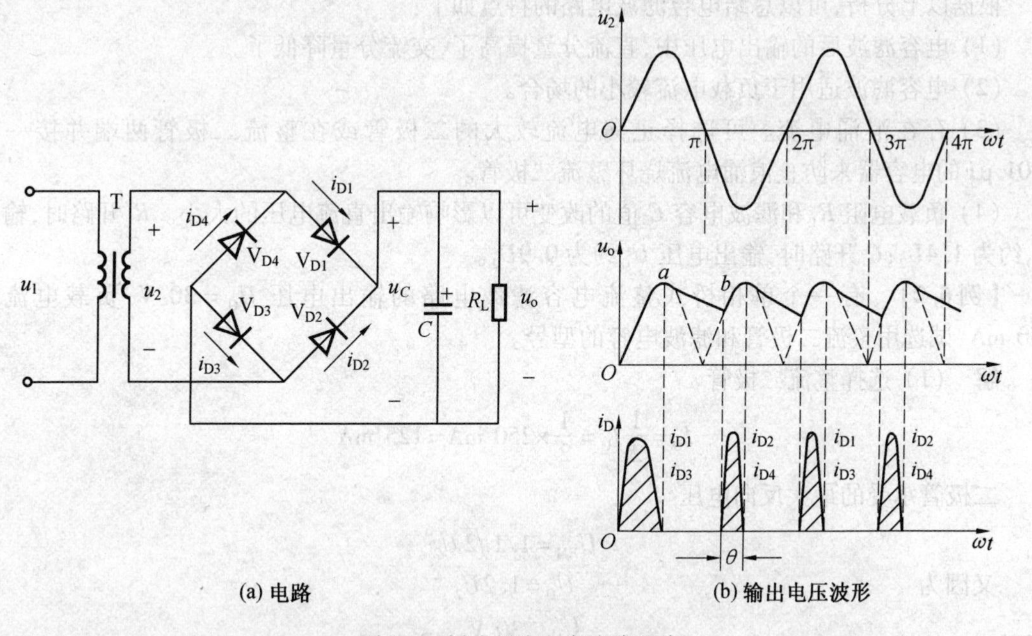

(a) 电路　(b) 输出电压波形

图6.7　桥式整流电容滤波电路

接上电容 C 滤波后，当 u_2 为正半周时，电源 u_2 除向负载 R_L 提供电流 i_L 之外，同时也向电容

器 C 提供电流 i_C 为其充电；若忽略变压器绕组的内阻和二极管导通电阻，则电容上的电压 u_C 将随着 u_2 的上升很快充到 u_2 的峰值 $\sqrt{2}U_2$。此后，u_2 按正弦规律从峰值开始下降，当 $u_2 < u_C$ 后，四只二极管由于反偏而全部截止，电容 C 则通过 R_L 为负载提供电流，电容上的电压 u_C 则按指数规律慢慢下降，下降的速度由放电时间常数 $\tau_d = R_L C$ 决定，放电波形如图 6.7(b)中 u_o 的实线所示。

当 u_2 负半周到来时，如果 $|u_2| > u_C$ 时，D_3、D_4 导通，电源 u_2 既向负载提供电流，又给电容 C 充电，当 u_C 充到峰值后，$|u_2|$ 按正弦规律从峰值开始下降，电容 C 再对负载 R_L 放电，此时四只二极管又全部截止，随着放电的进行，u_C 按指数规律慢慢下降。如此循环，输出电压 u_o 即得到平滑的直流电输出，如图 6.7(b)所示。

2. 滤波电容的选择

由以上分析可知，滤波电容越大，放电时间常数越大，放电过程越慢，输出电压越平滑，平均值也越高。但实际上，电容的容量越大，不但电容的体积越大，而且会使整流二极管流过的冲击电流加大。因此，对于全波或桥式整流电路中，通常滤波电容的容量应满足

$$R_L C \geqslant (3 \sim 5)\frac{T}{2} \tag{6.15}$$

式中，T 为电网交流电压的周期。

在电容器取值满足式(6.15)时，输出直流电压近似为

$$U_{O(AV)} \approx 1.2U_2 \tag{6.16}$$

考虑到电网电压的波动范围为 10%，所以其耐压值应大于 $1.1\sqrt{2}U_2$，一般选择几十微法至几千微法的电解电容，并且按电容的正、负极性将其接入电路。

3. 电容滤波电路的特点

根据以上分析，可以总结电容滤波电路的特点如下：

(1) 电容滤波后的输出电压中，直流分量提高了，交流分量降低了。

(2) 电容滤波适用于负载电流较小的场合。

(3) 存在浪涌电流。可选择正向电流较大的二极管或在整流二极管两端并接一只 0.01 μF的电容器来防止浪涌电流烧坏整流二极管。

(4) 负载电阻 R_L 和滤波电容 C 值的改变可以影响输出直流电压的大小。R_L 开路时，输出 U_O 约为 $1.4U_2$；C 开路时，输出电压 U_O 约为 $0.9U_2$。

【例 6.2】 有一个单相桥式整流电容滤波电路的输出电压 $U_O = 30$ V，负载电流为 250 mA，试选用整流二极管和滤波电容的型号。

解 (1) 选择整流二极管

$$I_D = \frac{1}{2}I_O = \frac{1}{2} \times 250 \text{ mA} = 125 \text{ mA}$$

二极管承受的最大反向电压

$$U_{RM} = 1.1\sqrt{2}U_2$$

又因为

$$U_O = 1.2U_2$$

所以

$$U_2 = \frac{U_O}{1.2} = \frac{30 \text{ V}}{1.2} = 25 \text{ V}$$

$$U_{RM} = 1.1\sqrt{2}U_2 = 1.1 \times \sqrt{2} \times 25 \text{ V} \approx 38.9 \text{ V}$$

查手册可知，选2CP21A，其参数$I_{FM}=300$ mA，$U_{RM}=50$ V，可以满足要求。

(2) 选择滤波电容

根据

$$R_LC\geqslant(3\sim5)\frac{T}{2}$$

取

$$R_LC=5\ \frac{T}{2}$$

因为

$$R_L=\frac{U_O}{I_O}=\frac{30\ \text{V}}{250\ \text{mA}}=120\ \Omega$$

$$T=0.02\ \text{s}$$

所以

$$C=\frac{5T}{4R_L}=\frac{5\times0.02\ \text{s}}{120\ \Omega}=0.000\ 417\ \text{F}=417\ \mu\text{F}$$

若考虑电网电压波动±10%，则电容器承受的最高电压为

$$U_{CM}=1.1\sqrt{2}U_2=1.1\times\sqrt{2}\times25\ \text{V}\approx38.9\ \text{V}$$

选用标称值为470 μF/50 V的电解电容器。

6.3.2　其他滤波电路

1. 电感滤波电路

在整流电路和负载电阻R_L之间串入一个电感器L，就构成了电感滤波电路。图6.8所示为桥式整流电感滤波电路。

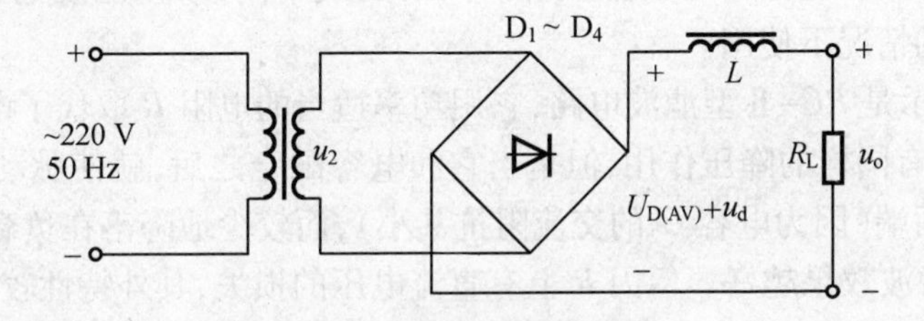

图6.8　桥式整流电感滤波电路

由于电感对于直流分量的电抗近似为零，这样，整流输出中的直流分量几乎全部降落在负载R_L上；而对于交流分量，电感器L呈现出很大的感抗X_L，故交流分量大部分降落在电感器L上，从而在输出端得到比较平滑的直流电压。

整流电路的输出可以分为直流分量$U_{D(AV)}$和交流分量u_d两部分，此时电路输出电压的直流分量为

$$U_{O(AV)}=\frac{R_L}{R+R_L}\times U_{D(AV)}\approx\frac{R_L}{R+R_L}\times0.9U_2 \tag{6.17}$$

式中，R为电感器L的直流电阻，当忽略R时，负载上输出的直流电压约为$0.9U_2$。输出电压的交流分量为

$$u_o=\frac{R_L}{\sqrt{(\omega L)^2+R_L^2}}\times u_d\approx\frac{R_L}{\omega L}\times u_d \tag{6.18}$$

式中，ωL是电感的感抗，且ωL远大于R_L，当ωL远大于R_L时，负载上的输出交流电压($\frac{R_L}{\omega L}\times u_d$)

很小。

以上两式表明，在忽略电感线圈电阻的情况下，电感滤波电路的输出电压平均值近似等于整流电路的输出电压，即 $U_{O(AV)} \approx 0.9U_2$。只有在 ωL 远远大于 R_L 时，才能获得较好的滤波效果。而且 R_L 越小，输出电压的交流分量越小，滤波效果越好。可见，电感滤波电路适用于大负载电流的场合。但电感铁芯笨重，体积大，容易引起电磁干扰，故在一般小功率直流电源中使用不多。

2. 复式滤波电路

为了进一步减小负载电压中的纹波，可在上述滤波电路的基础上构成复式滤波电路，如图 6.9 所示。

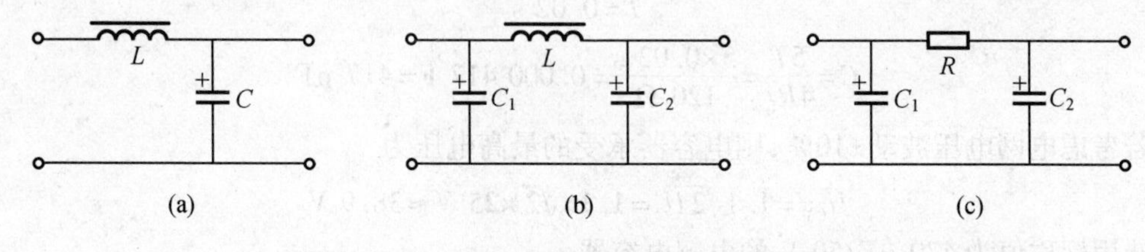

图 6.9 复式滤波电路

图 6.9(a)所示是在电感器后面接一个电容器而构成的倒 L 型或称 Γ 型滤波电路，利用串联电感器和并联电容器的双重滤波作用，可以使输出电压中的交流成分大为减少。

图 6.9(b)所示是电容滤波和 Γ 型滤波组合而成的 LC-Ⅱ 滤波电路，有时也称为 π 型滤波器。整流以后的信号首先经 C_1 滤波后，经过 L 和 C_2 构成的 Γ 型滤波电路，因而滤波效果更好。但图 6.9(a)和(b)所示电路中，因电感线圈体积大、成本高，故该滤波电路只在负载电流大、对滤波要求较高的情况下使用。

图 6.9(c)所示是 RC-Ⅱ 型滤波电路，它用功率适当的电阻 R 取代了电感器 L。电阻对于交、直流电流都具有同样的降压作用，但是当它和电容配合之后，就使脉动电压的交流分量较多地降落在电阻两端（因为电容 C_2 的交流阻抗甚小），而较少地降落在负载上，起到滤波作用。R 越大，C_2 越大，滤波效果越好。但因 R 上有直流电压的损失，其外特性较差，该滤波电路主要用于负载电流较小的场合。表 6.2 是各滤波电路性能的比较。

表 6.2 各种滤波电路性能的比较

类 型	滤波效果	对整流管的冲击电流	带负载能力
电容滤波器	小电流较好	大	差
*CRC*π 型滤波器	小电流较好	大	很差
*CLC*π 型滤波器	适应性较强	大	较差
电感滤波器	大电流较好	小	强
LC 滤波器	适应性较强	小	强

6.4　并联型稳压电路

6.4.1　稳压电路的主要性能指标

稳压电源的性能指标主要分为两类：一类是表示电源规格的特性指标，如输出电压、输出电流及电压调节范围等；另一类是表示稳压性能的质量指标，包括稳压系数、输出电阻、温度系数和纹波电压等。这里主要讨论质量指标。

1. 稳压系数 S_r

稳压系数 S_r 是用来描述稳压电路在输入电压变化时，输出电压稳定性的参数。它是在负载电阻 R_L 不变的情况下，稳压电路输出电压 U_O 与输入电压 U_I 相对变化量之比，即

$$S_r = \left.\frac{\Delta U_O / U_O}{\Delta U_I / U_I}\right|_{R_L=\text{常量}} = \left.\frac{\Delta U_O}{\Delta U_I}\frac{U_I}{U_O}\right|_{R_L=\text{常量}} \tag{6.19}$$

通常希望稳压系数越小越好。一般稳压电路的稳压系数 S_r 的值为 $10^{-2} \sim 10^{-4}$。

2. 输出电阻

输出电阻用来反映稳压电路受负载变化的影响，定义为输入电压固定时，输出电压 U_O 的变化量和输出电流 I_O 的变化量之比，即

$$R_O = \left.\frac{\Delta U_O}{\Delta I_O}\right|_{U_I=\text{常量}} \tag{6.20}$$

通常希望输出电阻越小越好。对于性能优良的稳压管，其输出电阻可小到 1 Ω 以下。

3. 温度系数

当环境温度变化时，会引起输出电压的漂移。性能良好的稳压电源，在环境温度变化时，应能有效地抑制漂移，保持输出电压的稳定。

温度系数用来反映温度的变化对输出电压的影响，其定义为电网电压和负载电阻都不变时，温度每升高 1 ℃输出电压的变化量，即

$$S_T = \left|\frac{\Delta U_O}{\Delta T}\right|_{\substack{\Delta U_I=0 \\ \Delta I_O=0}} \tag{6.21}$$

温度系数越小，输出电压越稳定。

4. 纹波电压

纹波电压是指稳压电路输出端交流分量的有效值。它反映了输出电压的脉动程度，通常为毫伏数量级。一般来说，稳压系数小的稳压电路，输出的纹波电压也小。

6.4.2　并联型稳压电路

1. 基本电路

并联型稳压电路如图6.10所示，即用一个稳压管和一个与之相匹配的限流电阻 R 就可构成最简单的稳压电路。其输入电压 U_I 为桥式整流滤波电路的输出，稳压管的端电压为输出电压 U_O，负载电阻 R_L 与稳压管并联。设稳压管的电流为 I_Z，电压为 U_Z，R 的电流为 I_R，电压为 U_R；R_L 的电流为 I_O，则在节点 A 上有

$$I_R = I_Z + I_O \tag{6.22}$$

且

$$U_I = U_R + U_O \tag{6.23}$$

$$U_O = U_Z \tag{6.24}$$

说明只要稳压管端电压稳定,负载电阻上的电压就稳定。

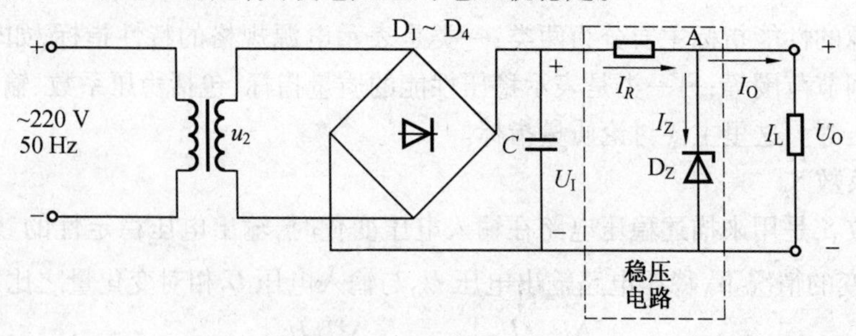

图 6.10 并联型稳压电路

2. 稳压原理

引起电压不稳定的原因是交流电源电压的波动和负载电流的变化。下面分析在两种情况下稳压电路的作用。

在图 6.10 所示电路中,设负载电阻 R_L不变,当电网电压升高使输入电压 U_I增大时,负载电压 U_O也要增加,即稳压管的端电压 U_Z增大。当 U_Z稍有增加时,稳压管的电流 I_Z就显著增加,因此电阻 R 上的压降增加,以抵偿 U_I的增加,从而使输出电压 U_O保持近似不变。相反,如果交流电源电压减低而使 U_I降低时,输出电压 U_O也要降低,因而稳压管的电流 I_Z显著减小,电阻及极上的压降也减小,仍然能够保持输出电压 U_O近似不变。

同理,当电源电压保持不变而是负载电流变化引起负载电压 U_O改变时,上述稳压电路仍能起到稳压作用。当负载电流增大时,电阻 R 上的压降增大,输出电压 U_O因而下降。只要 U_O下降一点,稳压管电流 I_Z就显著减小,通过电阻 R 的电流和电阻上的压降保持近似不变,因此输出电压 U_O也就近似稳定不变。当负载电流减小时,稳压过程相反。

3. 硅稳压管稳压电路参数的选择

(1) 硅稳压管的选择

可根据下列条件选择稳压管:

$$U_Z = U_O$$

$$I_{Zmax} \geqslant (2 \sim 3) I_{Omax}$$

当 U_I增加时,都会使硅稳压管的 I_Z增加,所以电流选择应适当大一些。

(2) 输入电压 U_I的选择

输入电压 U_I高,R 大,稳定性能就好,但损耗也大。因此一般选择

$$U_I = (2 \sim 3) U_O$$

(3) 限流电阻的选择

由以上分析可知,在图 6.12 所示的稳压管稳压电路中,限流电阻 R 在稳压过程中起着重要作用。而且,其阻值太大,稳压管会因电流过小而不工作在稳压状态;阻值太小,稳压管会因电流过大而损坏。即只有合理地选择限流电阻的阻值范围,稳压管稳压电路才能正常工作。根据图 6.12 和式(6.24)可知,稳压管的电流为

$$I_Z = I_R - I_O = \frac{U_I - U_O}{R} - I_O \tag{6.25}$$

当输入电压 U_I最高且负载电流 I_O最小时，稳压管的电流 I_Z最大，此时若 I_Z小于稳压管的最大稳定电流 I_{Zmax}，则稳压管在 U_I和 I_O变化的其他情况下都不会损坏。因此，R 的取值应满足

$$I_Z = \frac{U_{Imax} - U_Z}{R} - I_{Omin} \geqslant I_{Zmax}$$

整理可得

$$R \geqslant \frac{U_{Imax} - U_Z}{I_{Zmax} + I_{Omin}} \tag{6.26}$$

另一方面，当输入电压 U_I最低且负载电流 I_O最大时，稳压管的电流 I_Z最小，此时若 I_Z大于稳压管的最小稳定电流 I_{Zmin}，则稳压管在 U_I和 I_O变化的情况下都始终工作在稳压状态，因此，I_Z 的取值应满足

$$I_Z = \frac{U_{Imin} - U_Z}{R} - I_{Omax} \geqslant I_{Zmin}$$

整理可得

$$R \leqslant \frac{U_{Imin} - U_Z}{I_{Zmin} + I_{Omax}} \tag{6.27}$$

综上所述，限流电阻 R 的取值范围是

$$\frac{U_{Imax} - U_Z}{I_{Zmax} + I_{Omin}} \leqslant R \leqslant \frac{U_{Imin} - U_Z}{I_{Zmin} + I_{Omax}} \tag{6.28}$$

限流电阻 R 的功率选择为

$$P_R = (2 \sim 3)\frac{U_R^2}{R}(2 \sim 3)\frac{(U_{Imax} - U_Z)^2}{R} \tag{6.29}$$

并联型稳压电路结构简单，但受稳压管最大电流限制，又不能任意调节输出电压，所以只适用于输出电压不需调节、负载电流小、要求不甚高的场合。

【例 6.3】　如图 6.10 所示的并联型硅稳压电路，要求：$U_O = 10$ V，$I_O = 0 \sim 10$ mA，U_I的波动范围为±10%。

(1) 选择输入电压 U_I；

(2) 选择硅稳压管的参数；

(3) 选择限流电阻 R。

解　(1) 选择输入电压 U_I

$$U_I = (2 \sim 3)U_O = 2.5 \times 10\ \text{V} = 25\ \text{V}$$

(2) 选择硅稳压管的参数

$$U_Z = U_O = 10\ \text{V}$$

要求 $I_{Zmax} \geqslant (2 \sim 3)I_{Omax}$，取

$$I_{Zmax} = 2I_{Lmax} = 2 \times 10\ \text{mA} = 20\ \text{mA}$$

选 2CW7 稳压管，其主要参数为 $U_Z = 9 \sim 10.7$ V，$I_{Zmax} = 23$ mA，$I_{Zmin} = 5$ mA。

(3) 限流电阻 R 的选择

由于 U_I有±10%的波动，所以

$$U_{\text{Imin}}=0.9U_{\text{I}}=0.9\times25\ \text{V}=22.5\ \text{V}$$
$$U_{\text{Imax}}=1.1U_{\text{I}}=1.1\times25\ \text{V}=27.5\ \text{V}$$

根据$\dfrac{U_{\text{Imax}}-U_{\text{Z}}}{I_{\text{Zmax}}+I_{\text{Omin}}}\leqslant R\leqslant\dfrac{U_{\text{Imin}}-U_{\text{Z}}}{I_{\text{Zmin}}+I_{\text{Omax}}}$,把上述数据代入得

$$\frac{27.5\ \text{V}-10\ \text{V}}{25\ \text{mA}+0}\leqslant\frac{22.5\ \text{V}-10\ \text{V}}{5\ \text{mA}+10\ \text{mA}}$$
$$761\ \Omega\leqslant R\leqslant 833\ \Omega$$

取 $R=820\ \Omega$,限流电阻 R 的功率选择为

$$P_R=2.5\times\frac{(U_{\text{Imax}}-U_{\text{Z}})^2}{R}=2.5\times\frac{(27.5\ \text{V}-10\ \text{V})^2}{820\ \Omega}\approx0.93\ \text{W}$$

取 $P_R=1$ W。

6.5 串联型稳压电路

并联型稳压电路不适用负载电流较大且输出电压可调的场合,但是在它的基础上利用三极管的电流放大作用,就可获得较强的带负载能力;引入电压负反馈,就可使输出电压稳定;采用放大倍数可调的放大环节,就可使输出电压可调。本节将介绍根据上述原理构成的串联型稳压电路。

6.5.1 串联型稳压电路的基本原理

所谓串联型稳压电路,是指电压调整元件与负载串联,如图6.11中的可变电阻起电压调节作用,其原理是:若负载电阻 R_{L}不变,当输入电压 U_{I}增加时,可相应增加 R 的阻值,使 U_{I}的增量全部降落在电阻 R 上,从而保持输出电压 U_{O}不变。若 U_{I}不变,当 R_{L}增大即负载电流 I_{O}减小时,也可相应增加 R 的阻值,使 R 上的电压不变,从而保持输出电压 U_{O}不变。

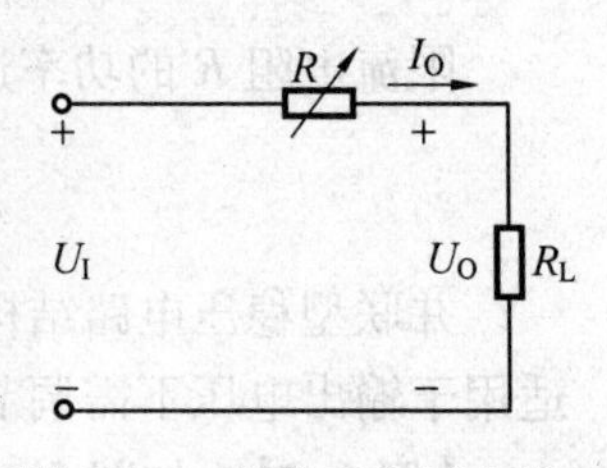

图 6.11 串联型稳压电路示意图

在实际的稳压电路中,上述可调电阻 R 的电压调节作用是利用工作在放大区的三极管,其集电极与发射极之间的电压 U_{CE}可以随基极电流的大小的变化来实现。当基极电流 I_{B}增大时,U_{CE}减小,而 I_{B}减小时,U_{CE}将增大,因此实现稳压的关键在于如何根据输出电压 U_{O}的变化去控制管子的基极电流。

6.5.2 典型的串联反馈型稳压电路

1. 电路的构成

图 6.12 所示为典型的串联反馈型稳压电路,它由取样电阻、基准电压源、比较放大器和调整管四个环节组成。电阻 R_1、R_{w}和 R_2组成取样电路,将输出电压变化量的一部分取出来作为反馈控制信号,取样电压为

$$U_{\text{f}}=\frac{R_2+R_{\text{w2}}}{R_1+R_{\text{w}}+R_2}U_{\text{O}} \tag{6.30}$$

稳压管 D_{Z}和限流电阻 R_{Z}构成基准电压源,作为与取样信号进行对比的标准;运算放大器

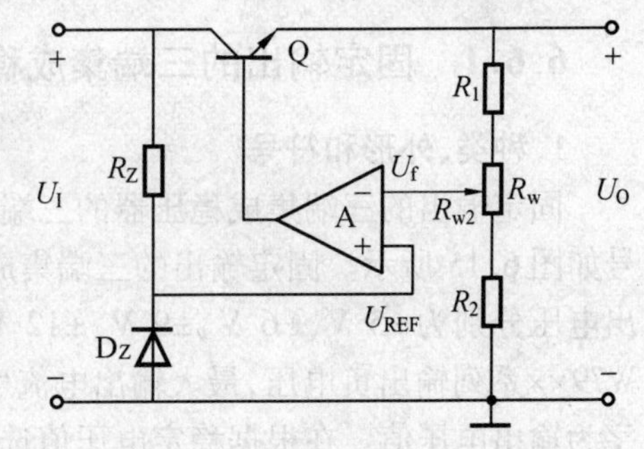

图6.12　串联反馈型稳压电路

A将取样电压U_f与基准电压U_{REF}进行比较,并将比较后两者的误差信号加以放大;调整管Q根据比较放大器送来的控制信号自动调节其集电极与发射极之间的电压U_{CE},达到稳定输出电压的目的。

2. 稳压原理

根据图6.12所示电路,输出电压与输入电压的关系为

$$U_O = U_I - U_{CE}$$

当输入电压U_I增大(或负载电流I_O减小)时,输出电压U_O将增加,取样电压U_f随之增大,而基准电压U_{REF}不变,两者经比较放大后的误差电压使U_B和I_B减小。调整管Q的极间电压U_{CE}增大,使U_O减小,从而维持输出电压U_O基本不变。当输入电压U_I减小(或负载电流I_O增大)时,同样的分析可知输出电压也将基本保持不变。

从反馈的角度看,我们已经知道电压负反馈具有减小输出电阻、稳定输出电压的作用,上述稳压过程实质上就是通过引入很强的电压负反馈来使输出电压维持稳定的。

3. 输出电压的调节

调节电位器R_w,可以改变取样电路的分压比,以调节输出电压的大小。由图6.14可知,输出电压U_O与基准电压U_{REF}之间有如下的关系:

$$U_O = \frac{R_1 + R_w + R_2}{R_{w2} + R_2} U_{REF} \tag{6.31}$$

所以当电位器滑至最上端时,有

$$U_{Omin} = \frac{R_1 + R_w + R_2}{R_w + R_2} U_{REF} \tag{6.32}$$

而当电位器滑至最下端时,有

$$U_{Omax} = \frac{R_1 + R_w + R_2}{R_2} U_{REF} \tag{6.33}$$

即选择合适的取样电阻和稳压管,可得到所需输出电压的调节范围。由于串联型稳压电路能够输出大电流和输出电压连续可调的特点,使其得到更广泛的应用。

6.6　集成线性稳压电路

随着半导体集成技术的发展,集成稳压器应运而生。目前,集成稳压器已达百余种,并且成为模拟集成电路的一个重要分支。因其具有输出电流大,输出电压高,体积小,安装调试方便,可靠性高等优点,在电子电路中应用十分广泛。集成稳压器有三端及多端两种外部结构形式,输出电压有可调和固定两种形式。固定式集成稳压器的输出电压为标准值,使用时不能再调节;可调式集成稳压器可通过外接元件,在较大范围内调节输出电压。此外,还有输出正电压和输出负电压的集成稳压器。稳压电源以小功率三端集成稳压器应用最为普遍。常用的型号有W78××系列、W79××系列、W317系列、W337系列等。

6.6.1 固定输出的三端集成稳压器

1. 种类、外形和符号

固定输出的三端集成稳压器的三端是指输入端、输出端及公共端三个引出端，其外形及符号如图6.15所示。固定输出的三端集成稳压器W78××系列和W79××系列各有七个品种，输出电压分别为±5 V、±6 V、±9 V、±12 V、±15 V、±18 V和±24 V，W78××系列输出正电压，W79××系列输出负电压，最大输出电流可达1.5 A，公共端的静态电流为8 mA，型号后两位数字为输出电压值。在根据稳定电压值选择稳压器的型号时，要求经整流滤波后的电压高于三端集成稳压器的输出电压2~3 V（输出负电压时要低2~3 V），但不宜过大。

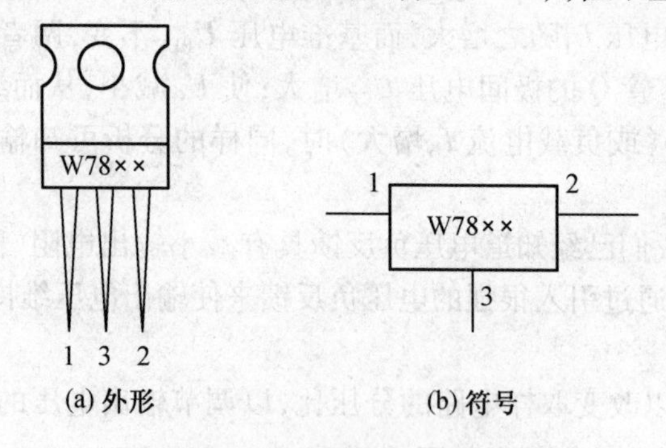

图6.13　固定输出三端集成稳压器的外形及符号

2. 基本应用电路

固定输出的三端集成稳压器的基本应用电路如图6.14所示。图中，C_1用以抑制过电压，抵消因输入线过长产生的电感效应并消除自激振荡；C_2用以改善负载的瞬态响应，即瞬时增、减负载电流时不致引起输出电压有较大的波动。C_1、C_2一般选涤纶电容，容量为0.1 μF至几μF。安装时，两个电容应直接与三端集成稳压器的引脚根部相连。

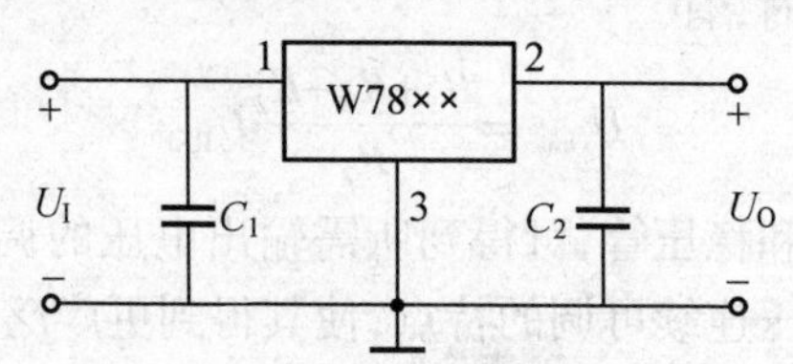

图6.14　固定输出的三端集成稳压器的基本应用电路

3. 扩展输出电压的应用电路

如果需要高于三端集成稳压器的输出电压，可采用如图6.15所示的提高输出电压的电路。设三端集成稳压器公共端的电流为I_Q，则稳压电路的输出压为

$$U_O=\left(1+\frac{R_2}{R_1}\right)U_{XX}+I_QR_2 \tag{6.34}$$

通常，I_Q为几毫安，若R_1、R_2阻值较小，则可忽略I_QR_2，于是$U_O=\left(1+\frac{R_2}{R_1}\right)U_{XX}$，即该电路达到了提高输出电压的目的。

图6.15所示电路的缺点是：当稳压电路输入电压U_I变化时，I_Q也发生变化，这将影响稳压电路的稳压精度。特别是R_2较大时，这种影响更明显。

图 6.16 所示电路是用 W78××和 μA741 组成的输出电压可调的稳压电路。图中，集成运放作为电压跟随器使用，将稳压器与取样电阻隔离，它的电源借助于三端集成稳压器输入直流电压。

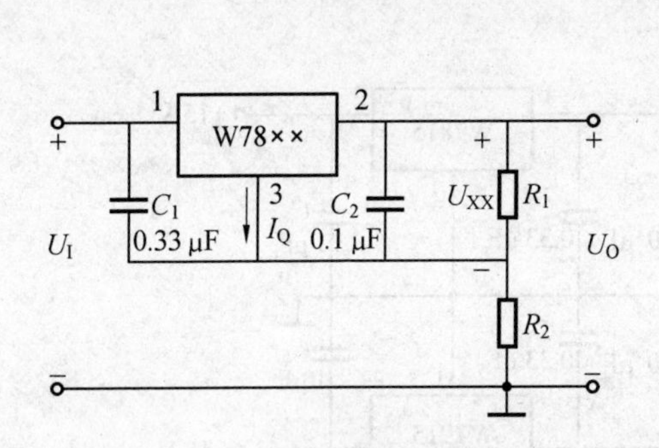

图 6.15　提高输出电压的电路

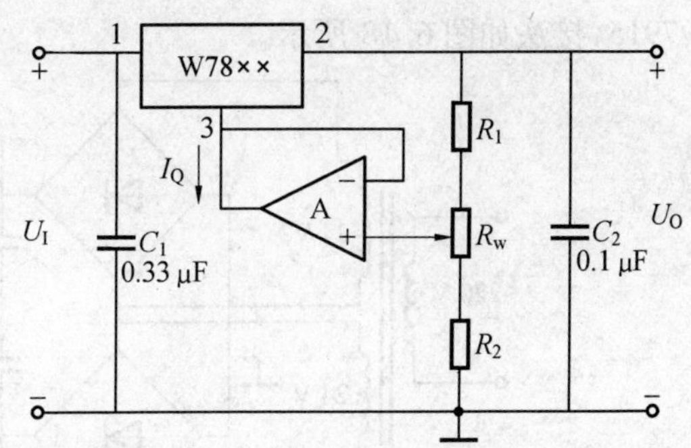

图 6.16　输出电压可调的稳压电路

由图 6.16 可知，稳压器的输出电压作为基准电压，等于 R_1 与 R_w 滑动端以上部分电压之和。当电位器滑动端在最上端时，可得最大输出电压为

$$U_{\mathrm{Omax}}=\frac{R_1+R_w+R_2}{R_1}U_{XX} \tag{6.35}$$

当电位器滑动端在最下端时，可得最小输出电压为

$$U_{\mathrm{Omin}}=\frac{R_1+R_w+R_2}{R_1+R_w}U_{XX} \tag{6.36}$$

故输出电压调节范围为

$$\frac{R_1+R_w+R_2}{R_1+R_w}U_{XX}\leqslant U_O\leqslant\frac{R_1+R_w+R_2}{R_1}U_{XX} \tag{6.37}$$

若图 6.16 所示的稳压器为 W7812，$R_1=R_2=R_w=1\ \mathrm{k\Omega}$，则输出电压是 18 ~ 36 V。

4. 扩展输出电流的应用电路

W78××系列产品的最大输出电流为 1.5 A，若要求更大的电流输出，可以在基本应用电路的基础上接大功率晶体管 T 以扩大输出电流。扩大输出电流的应用电路如图 6.17 所示。三端稳压器的输出电流为 T 的基极电流，负载所需大电流 I_O 由大功率管 T 提供，为发射极电流，因而最大负载电流 $I_{\mathrm{Omax}}=I_{\mathrm{Emax}}\approx(1+\beta)\ I_{R_1}$。式中，$\beta$ 为 T 的电流放大系数，I_{R_1} 为流过电阻 R_1 的电流，也是三端稳压器的额定输出电流。其中，所接二极管 D 补偿了三极管 U_{BE} 对 U_O 的影响，可用调整电阻 R_1 改变流过 D 电流的方法来调整 U_D，使之与 U_{BE} 相等。

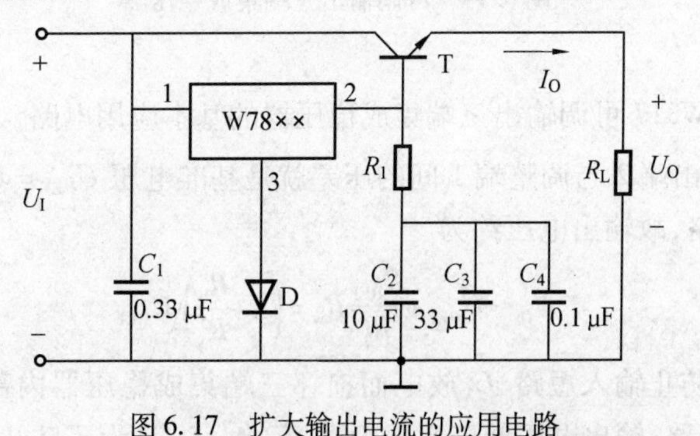

图 6.17　扩大输出电流的应用电路

5. 正、负电压同时输出的电路

前面各电路输出的都是正电压。如果要输出负电压,可选用 W79××系列组件,接法与 W78××系列相似。如果要输出正、负电压,例如 $U_{O1}=15\ \text{V}$, $U_{O2}=-15\ \text{V}$,可选 W7815 及 W7915,接法如图 6.18 所示。

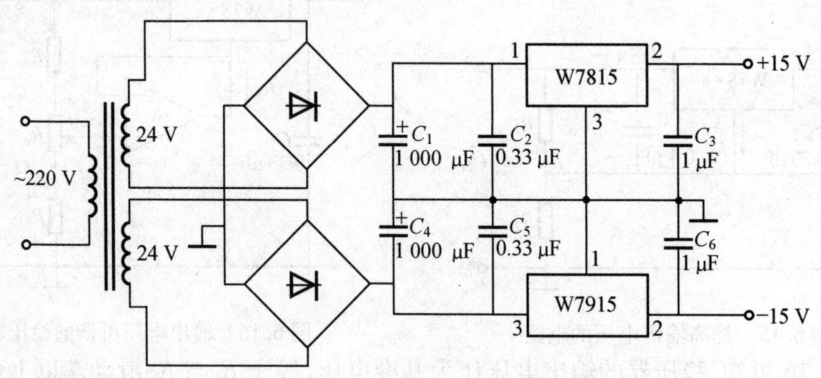

图 6.18 正、负电压同时输出的电路

6.6.2 可调输出的三端集成稳压器

1. 外形和符号

可调输出的三端集成稳压器 W317(正输出)、W337(负输出)是近几年较新的产品,其最大输入、输出电压差极限为 40 V,输出电压为 1.25 ~37 V(或−1.25 ~ −37 V),连续可调,输出电流为 0.5 ~1.5 A,其最小负载电流为 50 mA,输出端与调整端之间的基准电压为 1.25 V,调整端静态电流为 750 μA。其外形及符号如图 6.19 所示。

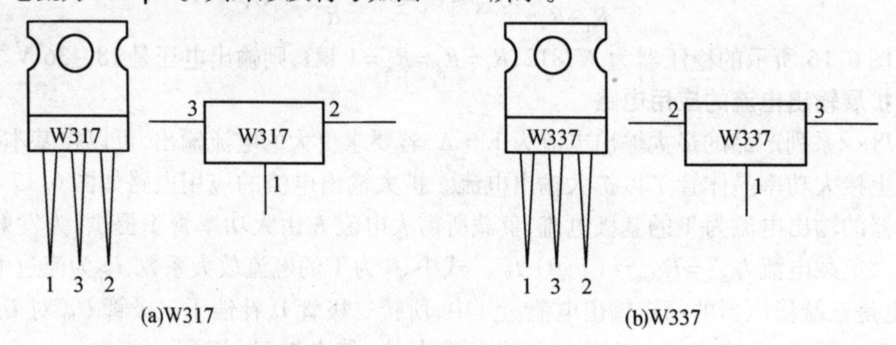

图 6.19 可调输出三端集成稳压器

2. 基本应用电路

图 6.20 所示是 W317 可调输出三端集成稳压器的基本应用电路。图中,电阻 R_1 与电位器 R_w 构成取样电路,输出端 2 与调整端 1 间的压差就是基准电压 $U_{REF}=1.25\ \text{V}$。因调整端静态电流为 70 μA,可忽略,故输出电压约为

$$U_O \approx U_{REF}+\frac{R_{REF}}{R_1}R_w=\left(1+\frac{R_w}{R_1}\right)U_{REF} \tag{6.38}$$

图中,D_1 是为了防止输入短路、C_1 放电而损坏三端集成稳压器内部调整管发射结而接入的。如果输入不会短路、输出电压低于 7 V,D_1 可不接。D_2 是为了防止输出短路时,C_2 放电损

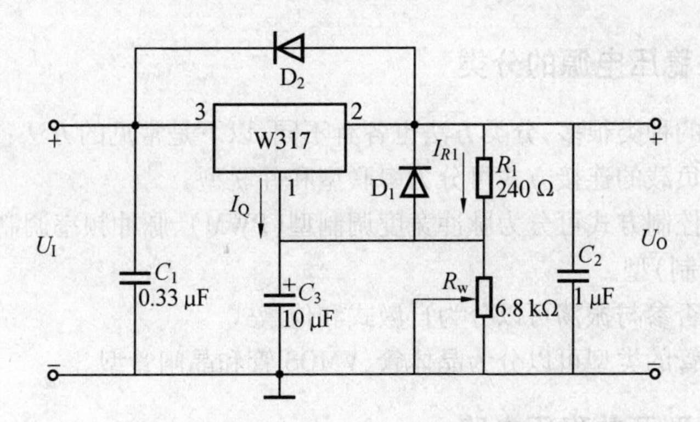

图6.20　W317基本应用电路

坏三端集成稳压器中的放大管发射结而接入的。如果 R_w 上的电压低于7 V,或 C_2 容量小于1 μF,D_2 也可省略不接。W317是依靠外接电阻给定输出电压的,要求 R_w 的接地点应与负载电流返回点的接地点相同。同时,R_1、R_w 应选择同种材料做的电阻,精度尽量高一些。输出端电容 C_2 应采用钽电容或采用33 μF的电解电容。

图6.21为W337可调负电压输出三端集成稳压器应用电路。

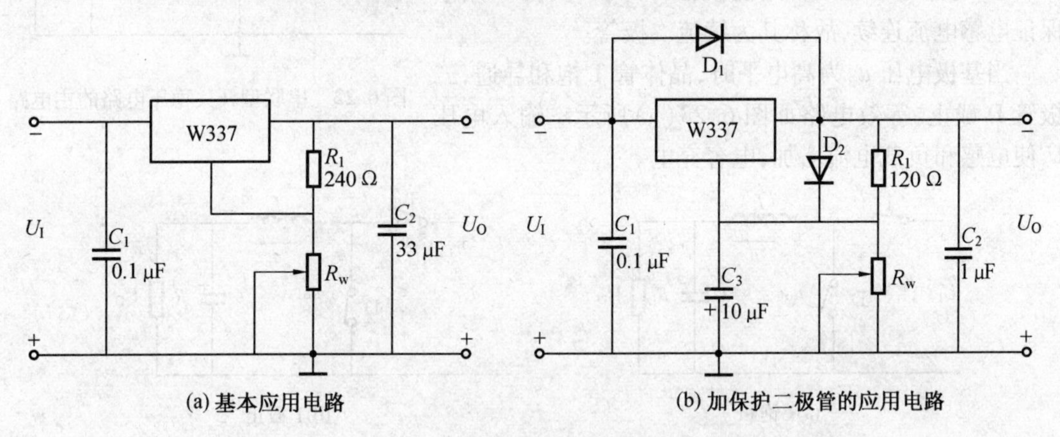

图6.21　W337可调负电压输出三端集成稳压器应用电路

应用实例:康宝某型号电磁炉的主板5 V电源就是采用三端稳压器稳压电路,电路结构如图6.14所示,其中的 C_1、C_2 都是47 μF/16 V,三端稳压器是78L05。

*6.7　开关稳压电源

知识点:开关稳压电源的分类、组成和工作原理,典型开关集成稳压器的电路剖析。

技能点:常用开关稳压电源的仿真设计。

前面讲述的串联型稳压电路,由于其调整管始终工作在线性放大状态,集电极与发射极之间有一定的电压。当负载电流较大时,调整管的集电极损耗很大,因此电源效率较低,一般为40%左右。为了克服这一缺点,可采用开关型稳压电路。开关稳压电路中的调整管工作在开关状态,当开关管截止时,因电流很小(为穿透电流)而管耗很小;当开关管饱和时,因管压降很小(为饱和压降)其管耗也很小,这样就大大提高了电路的效率。由于开关管稳压电路中的调整管工作于开关状态,因此而得名,其效率可达70%～97%。

6.7.1 开关稳压电源的分类

开关稳压电源的种类很多,分类方法也各有不同,以下是常见的方法:

①按调整管与负载的连接方式可分为串联型和并联型。

②按稳压管的控制方式可分为脉冲宽度调制型(PWM)、脉冲频率调制型(PFM)和混合调制(即脉冲-频率调制)型。

③按调整管是否参与振荡可以分为自激式和他激式。

④按使用开关管的类型可以分为晶体管、VMOS管和晶闸管型。

6.7.2 串联型开关稳压电路

1. 主电路的工作原理

图6.22是串联型开关稳压电路的主电路。输入直流电压 U_I 通常是整流滤波的输出电压;调整管T与负载 R_L 串联,基极脉冲电压 u_B 驱动调整管工作在开关工作状态;电感电容组成低通滤波器,开关二极管D用于保证电感电流连续,故称其为续流二极管。

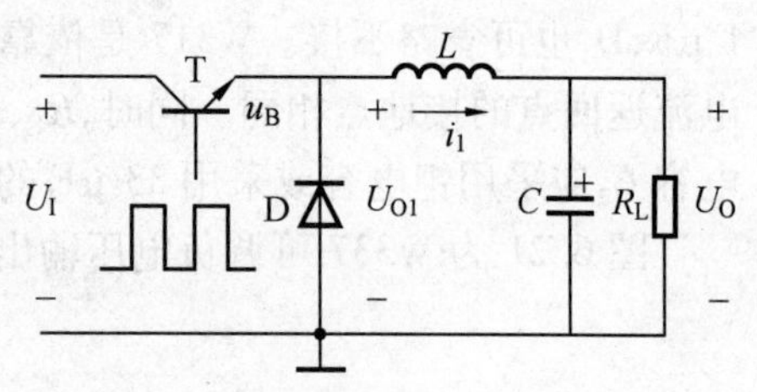

图6.22 串联型开关稳压电路的主电路

当基极电压 u_B 为高电平时,晶体管T饱和导通,二极管D截止,等效电路如图6.23(a)所示。输入电压 U_I 使电感和负载电流增加,电容充电。

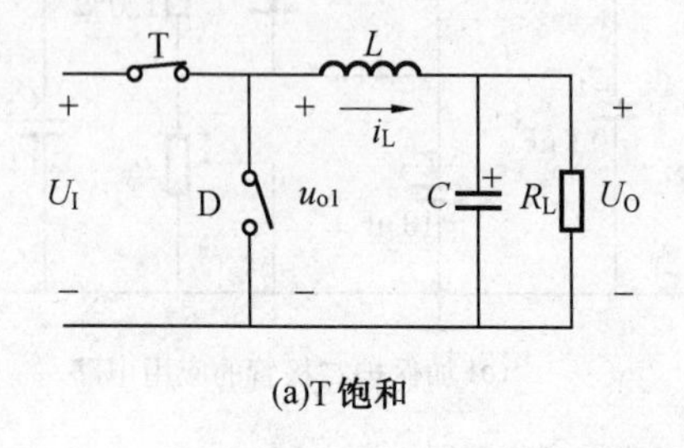

(a)T饱和

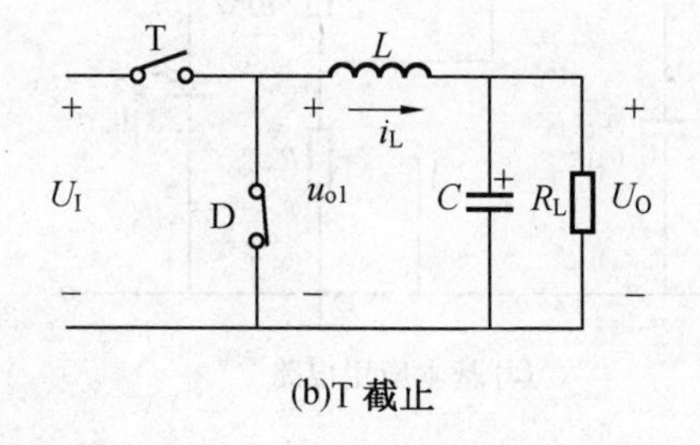

(b)T截止

图6.23 等效电路

当基极电压 u_B 为低电平时,晶体管T截止,电感产生的反电动势使二极管D导通,电感电流形成回路,等效电路如图6.23(b)所示。这时电感释放磁场能,电容放电为负载提供电流。

电路工作的波形如图6.24所示。在时间常数 $\tau_1=L/R_L\gg T$ 和 $\tau_2=R_LC\gg T$ 的情况下,电容的电压基本不变。U_{O1} 的交流分量被电感和电容组成的低通滤波器滤除,而 U_{O1} 的直流分量,电感相当于短路、电容相当于开路。因此,输出电压的直流分量为

$$U_O=\frac{T_{on}}{T}U_I+\frac{T_{off}}{T}(-U_D)\approx\frac{T_{on}}{T}U_I=qU_I \tag{6.39}$$

改变占空比 q,即可以改变输出电压的大小。

2. PWM串联型开关稳压电路

图6.25所示是PWM串联型开关稳压电路方框图。PWM控制电路由取样电路、基准电压电路、比较放大电路、三角波发生器(A_1)和电压比较器(A_2)组成。

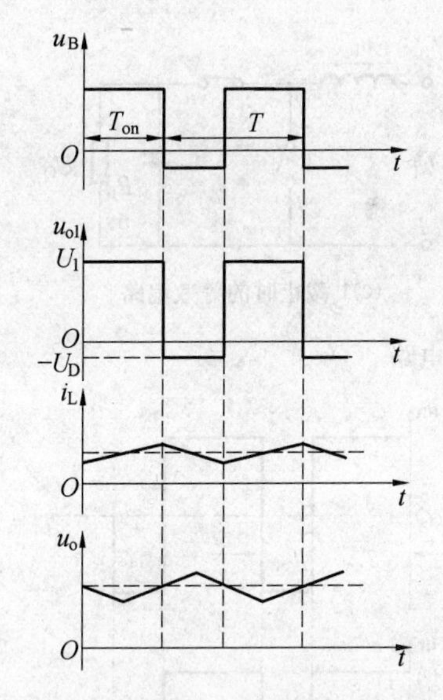

图 6.24　串联型开关稳压电路波形

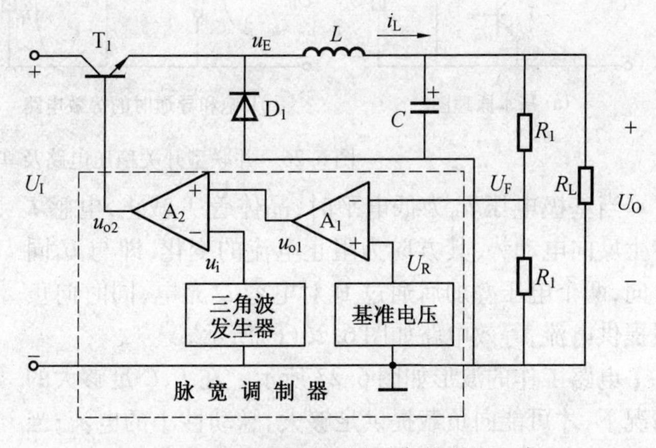

图 6.25　脉宽调制式开关型串联稳压电路

(1) 工作过程

由电压比较器的特点可知，当 $u_{o1}>u_T$时，$u_P>u_N$，u_{o2}为高电平；反之，u_{o2}为低电平。

当 u_{o2}为高电平时，调整管 T_1饱和导通，输入电压 U_I经滤波电感 L 加在滤波电容 C 和负载 R_L两端。在此期间，i_L增大，L 和 C 储存能量，D_1因反偏而截止。当 u_{o2}为低电平时，T_1由饱和导通转为截止，由于电感电流 i_L不能突变，i_L经 R_L和续流二极管衰减而释放能量。此时，滤波电容 C 也向 R_L放电，因而 R_L两端仍能获得连续的输出电压。当开关调整管在 u_{o2}的作用下又进入饱和导通时，L、C 再一次充电，以后 T_1又截止，L、C 又放电，如此循环往复。

(2) 稳压原理

当输入的交流电源电压波动或负载电流发生改变时，都将引起输出电压 U_O的改变，由于负反馈作用，电路能自动调整，而使 U_O基本上维持稳定不变。稳压过程如下：

若 $U_O\uparrow\rightarrow U_F\uparrow(U_F>U_R)\rightarrow u_{o1}\downarrow$（为低电平）$\rightarrow T_{on}\downarrow$（$u_{o2}$输出高电平变窄）$\rightarrow U_O\downarrow$，从而使输出电压基本不变。

反之，若 $U_O\downarrow\rightarrow U_F\downarrow(U_F>U_R)\rightarrow u_{o1}\uparrow$（为高电平）$\rightarrow T_{on}\uparrow$（$u_{o2}$输出高电平变宽）$\rightarrow U_O\uparrow$，同样使输出电压基本不变。

综上所述，调整管 T_1 处在开关工作状态，由于二极管 D_1 的续流作用和 L、C 的滤波作用，负载上可以得到比较平滑的直流电压，而且可以通过调节占空比系数来调节输出电压 U_o，从而实现稳压。

6.7.3　并联型开关稳压电路

1. 主电路的工作原理

图 6.26(a)是并联型开关稳压电路的主电路。输入直流电压 U_I为直流供电电压，晶体管 T 为开关管，u_B为矩形波，电感 L 和电容 C 组成滤波电路，D 为续流二极管。

当基极电压 u_B为高电平时，晶体管 T 饱和导通，U_I通过 T 给电感 L 充电储能，充电电流几乎线性增大；D 因承受反压而截止；滤波电容 C 放电为负载提供电流，等效电路如图 6.26(b)所示。

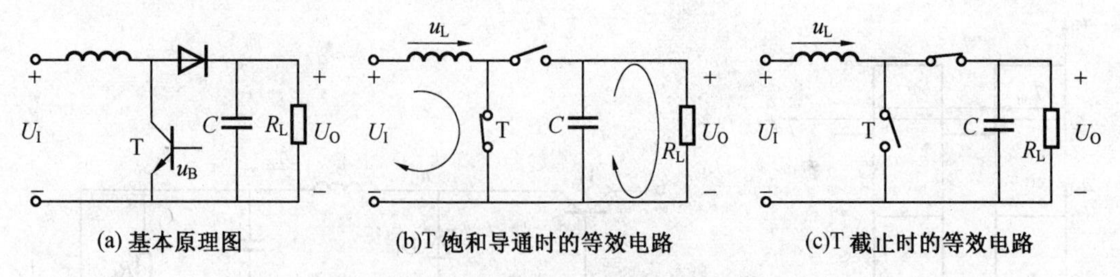

图 6.26　并联型开关稳压电路及其等效电路

当基极电压 u_B 为低电平时，晶体管 T 截止，电感 L 产生反向电动势，其方向为阻止电流的变化，即与 U_I 同方向，两个电压叠加后通过 D 对电容 C 充电，同时向负载提供电流，等效电路如图 6.26(c)所示。

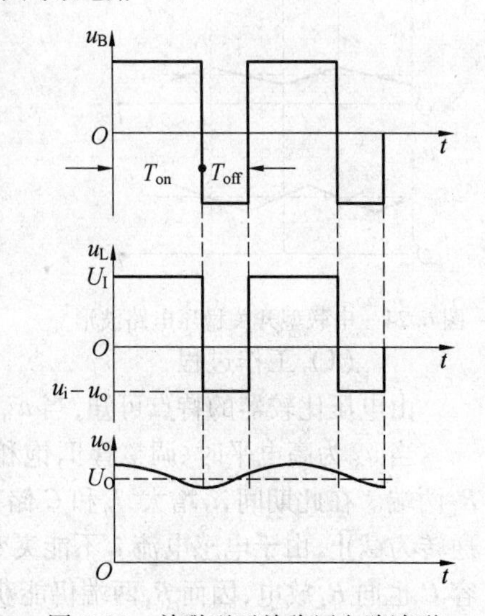

图 6.27　并联型开关稳压电路波形

电路工作的波形如图 6.27 所示。在 L、C 足够大的情况下，才可能向负载提供足够大、脉动性小的电流；当 u_B 的周期不变时，其占空比越大，输出的电压就越高。

2. **PWM 并联型开关稳压电路**

图 6.28 所示为升压式并联型开关稳压电路方框图。PWM 控制电路与图 6.25 一样由取样电路、基准电压电路、比较放大电路、三角波发生器和电压比较器组成。

当基极电压 u_B 为高电平时，晶体管 T 饱和导通，原边电流线性上升，变压器补充磁场能，副边电感产生的反电动势使二极管 D 截止，电容向负载放电。

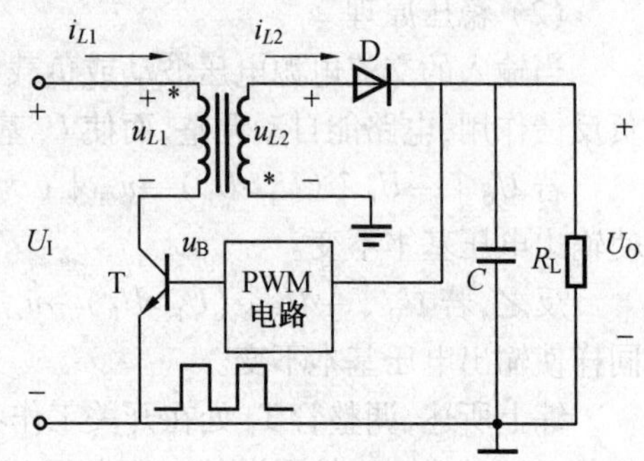

图 6.28　并联型开关稳压电路方框图

当基极电压 u_B 为低电平时，晶体管 T 截止，原边电流减小到零；副边电感产生的反电动势使二极管 D 导通，变压器释放磁场能，向电容和负载提供电流。

当晶体管 T 在 u_B 的作用下又进入饱和导通时，电容 C 再一次向负载放电，以后 T 又截止，电容 C 又充电，如此循环往复。

设变压器原边和副边的等效电感分别为 L_1 和 L_2，输出电压的直流分量为

$$U_O=\frac{L_2}{L_1}\frac{T_{on}}{T-T_{on}}U_I \tag{6.40}$$

电感与线圈匝数的平方成正比，调整原边匝数 N_1 或副边匝数 N_2，即可调节输出电压。调整管导通的时间，也可以改变输出电压，导通时间越长，输出电压越大。改变原边匝数 N_1 和副边匝数 N_2，可以改变线圈的电感量，从而实现降压输出或升压输出。

6.7.4　开关集成稳压器

PWM 电路易于集成，已有单片集成电路的产品，有的产品甚至将调整管和续流二极管都

集成在一起，由 Fairchild 公司推出的小功率开关稳压电源电路 FSD200 就是其中的经典之作，在家电电路中应用广泛。

1. **开关集成稳压器** FSD200

（1）FSD200 的特点

图 6.29 所示是开关集成稳压器 FSD200 原理方框图，内部集成了 PWM 控制及功率 MOS 管，并有过热、过负荷保护、欠压锁存、软启动、电流限止等功能，适用于升、降压型开关稳压电路（并联开关稳压电路）。采用 Fairchild 公司推出的小功率单片开关电源 FSD200，它在 230 V±17% 时输出功率为 7 W，双列直插封装，价格低廉，外围线路十分简单。FSD200 有以下显著特点：

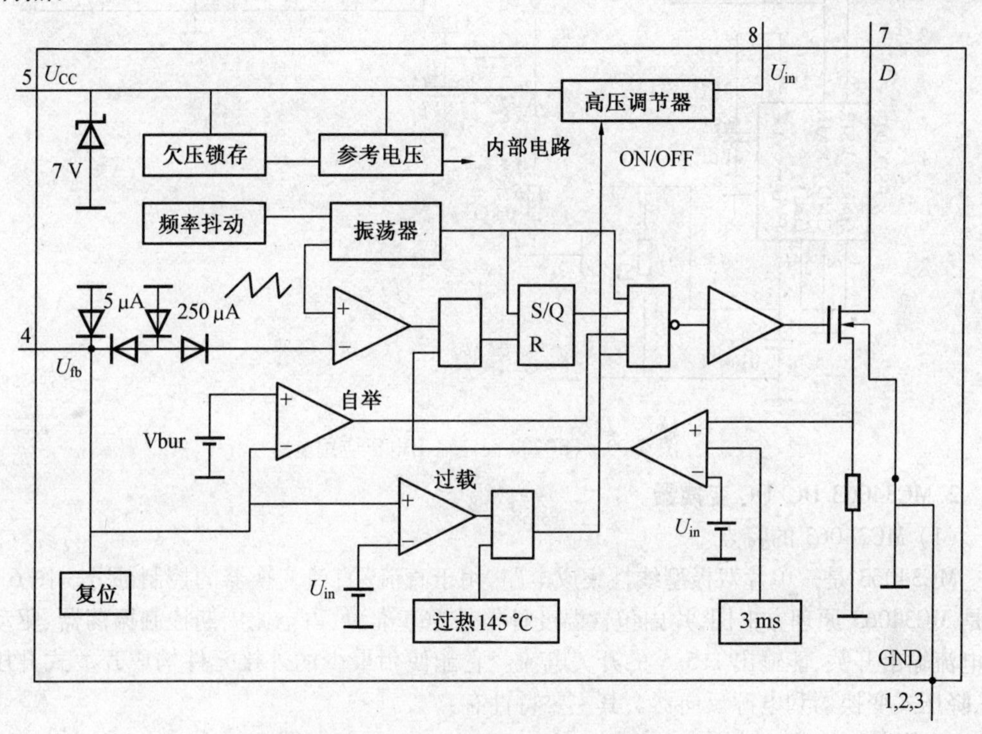

图 6.29　开关集成稳压器 FSD200 原理方框图

①开关频率能在 4 ms 内从 130 kHz 变到 138 kHz，这种将开关频率在一定波段内抖动的方法，可将谐波能量分散，有效抑制采用固定开关频率带来的高次谐波所产生的干扰。这不仅减少了电磁干扰，而且可用低成本的电感来代替开关电源通常使用的进线滤波器。

②不需反馈绕组。FSD200 通过与直流母线相连的 Vstr 引脚，将外部高压送入内部的高压调节器变到 7 V，作为芯片的控制电压，省去了反馈绕组。其他还有过负荷保护、过热关断、软启动、在待机状态时减少开关损耗的自举操作方式等。

（2）FSD200 应用电路

图 6.30 所示是采用 FSD200 设计的一种单片开关电源电路，输入电压为交流 220 V±20%，+18 V是主输出电路，+5 V 是辅助输出电路，总功率为 7 W。线路采用典型的反激式功率变换电路。这种线路不需要额外的电感存储能量，图中变压器 T 可同时实现直流隔离、能量存储和电压变换的功能。在图 6.30 中，稳压管 D_Z 与 Q_6 组成了常见的直接反馈电路，Q_6 的

输出直接与 FSD200 的反馈电压输入端 FVB 相连,省去了反馈绕组。当+18 V 输出电压发生波动时,经 D_Z、Q_6 的电流产生相应变化,由此调节了 FSD200 输出的占空比,最后使 +18 V 不变,达到稳压目的。

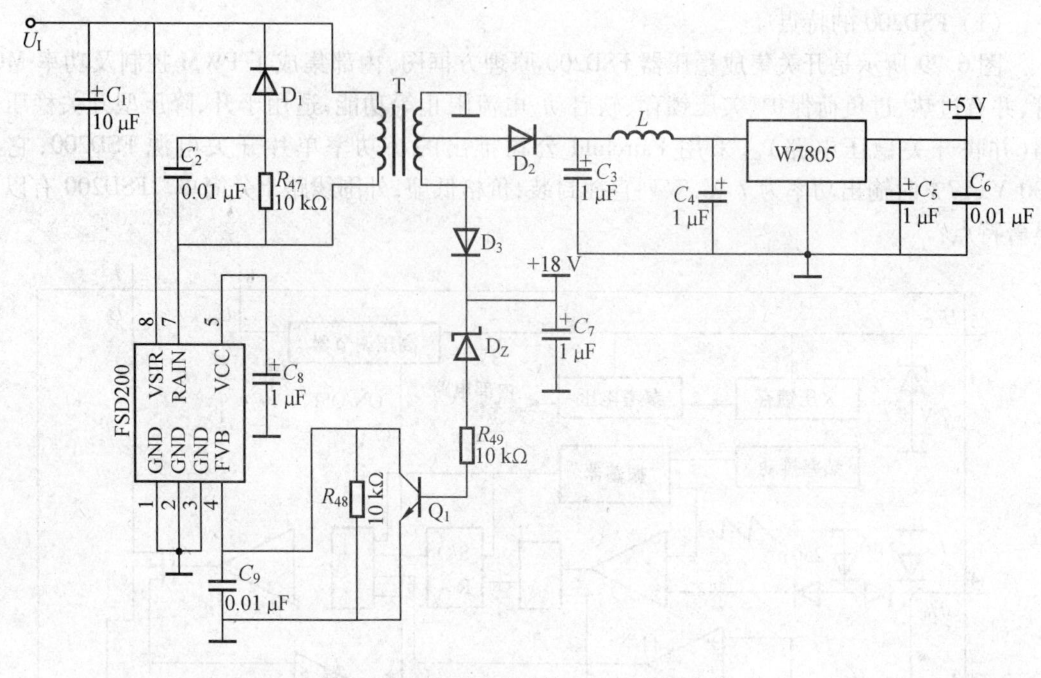

图 6.30 FSD200 固定输出电压应用电路

2. MC34063 DC/DC 变换器

(1) MC34063 的特点

MC34063 是一单片双极型线性集成电路,用于直流-直流变换器的控制部分。图 6.31 所示是 MC34063 原理方框图,片内包含温度补偿带隙基准源、占空比周期控制振荡器、驱动器和大电流输出开关,能输出 1.5 A 的开关电流。它能使用最少的外接元件构成开关式升压变换器、降压式变换器和电源反向器。其主要特性有:

① 能在 3 ~40 V 的输入电压下工作;

② 短路电流限制;

③ 低静态电流;

④ 输出开关电流可达 1.5 A(无外接三极管);

⑤ 输出电压可调;

⑥ 工作振荡频率从 100 Hz 至 100 kHz;

⑦ 可构成升压降压或反向电源变换器。

(2) MC34063 的工作原理

如图 6.31 所示,振荡器通过恒流源对外接在 CT 管脚(3 脚)上的定时电容不断地充电和放电,以产生振荡波形。充电和放电电流都是恒定的,所以振荡频率仅取决于外接定时电容的容量。与门的 C 输入端在振荡器对外充电时为高电平,D 输入端在比较器的输入端(5 脚)电平低于阈值电平时为高电平。当 C 和 D 输入端都变成高电平时,触发器被置为高电平,输出开关管导通。反之,当振荡器在放电期间,C 输入端为低电平,触发器被复位,使得输出开关管

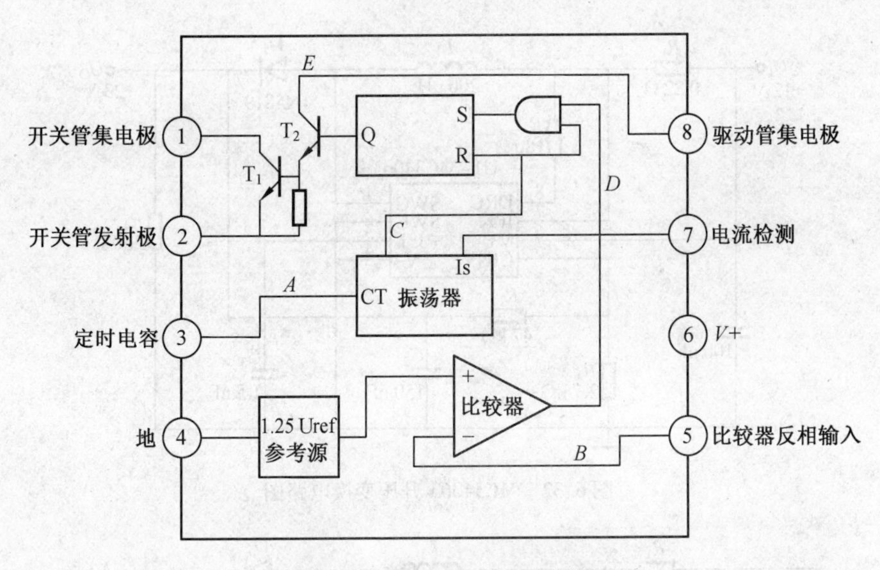

图 6. 31　MC34063 原理方框图

处于关闭状态，或者是当比较器输入端（7 脚）电平高于阈值电平时，D 输入端为低电平，触发器也被复位，同样使得输出开关管处于关闭状态。

限制 Is 检测端（5 脚）通过检测连接在 V+和 5 脚之间电阻上的压降来完成功能。当检测到电阻上的电压降将超过 300 mV 时，电流限制电路开始工作。这时通过 CT 管脚（3 脚）对定时电容进行快速充电，以减少充电时间和输出开关管的导通时间，结果是使得输出开关管的关闭时间延长。

（3）MC34063 应用电路

图 6. 32 所示是采用 MC34063 设计的一个 DC/DC 变换电路，输入直流电压是+12 V，输出是+23 V。线路采用典型升压变换电路形式，这种线路实际上是一种开关并联型稳压电路。在图 6. 32 中，C_1、C_2 分别是输入、输出的滤波电容，L_1 是储能器件，R_1 是短路电流限制的检测电阻，当检测到电阻上的电压降将超过 300 mV 时，电流限制电路开始工作，R_3 是驱动管集电极限流电阻，D_1 是开关二极管，当开头管导通时，D_1 截止，C_2 为负载提供电能，当开关管截止时，电感 L_1 释放能量，由于其两端的电动势极性与电源极性相同，相当于两个电源串联，通过 D_1 给电容 C_2 充电，3 脚上的 C_3 为定时电容，用于决定稳压电路内部振荡器的振荡频率，R_2、R_5 组成取样电路，为稳压器 5 脚提供电压，其中，输出电压 $U_0=1.25\left(1+\dfrac{R_2}{R_5}\right)$，由公式可知输出电压 U_0 仅与 R_2、R_5 数值有关，因 1. 25 V 为基准电压，恒定不变。若 R_2、R_5 阻值稳定，U_0 亦稳定。图 6. 33 为 MC34063 升压变换电路仿真演示结果。

应用实例：康宝某型号电磁炉的主板电源就是采用以 FSD200 为主控模块的开关稳压电源电路，电路结构如图 6. 32 所示，其中的 C_1 是 10 μF/450 V，C_2 是 102/500 V，C_3 是 100 μF/16 V，C_4 是 47 μF/16 V，C_5 是 47 μF/16 V，C_6 是 104，C_7 是 100 μF/25 V，C_8 是 47 μF/16 V，C_9 是 104，电感 L 用 10 Ω/2 W 电阻代替，电阻 R_{47} 是 100 kΩ/2 W，R_{48} 是 680 kΩ，R_{49} 是 10 kΩ，D_1、D_2、D_3 均采用 UF4007，稳压二极管的参数是 18 V/0. 5 W，三极管 Q_1 是 9014，三端稳压器是 78L05。

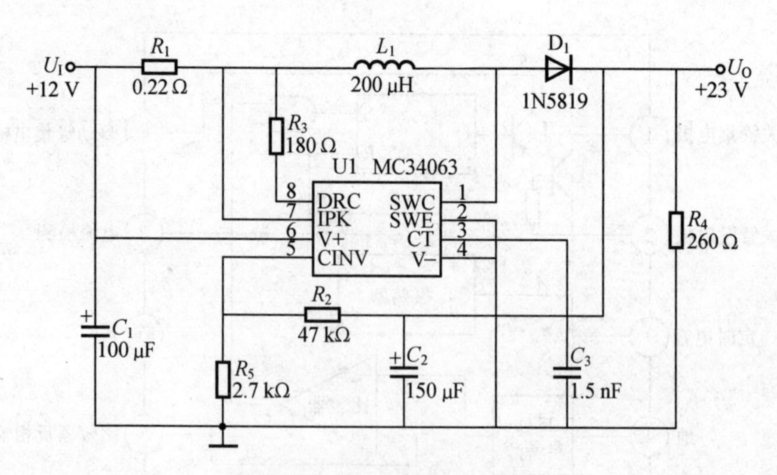

图 6.32 MC34063 升压变换电路图

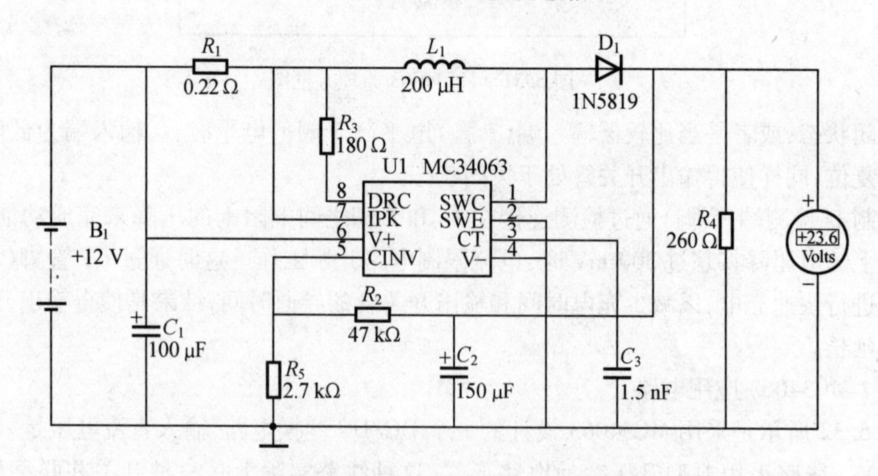

图 6.33 MC34063 升压变换电路仿真演示结果

*6.8 电路仿真实例

【例 6.4】 仿真分析一个直流稳压电源电路。

解 利用 Proteus 软件仿真分析图 6.34 所示电源电路,观察输出结果。

分析步骤如下:

(1)分析降压电路的输入、输出电压的变化,电路和仿真分析结果如图 6.35 所示。

(2)接上桥式整流电路,如图 6.36 所示。仿真分析结果如图 6.37 所示。

(3)接入电容滤波电路,如图 6.38 所示。

如果把开关 K_2 断开,开关 K_1 和 K_3 接通,这时电路是桥式整流电容滤波电路,滤波电容 C_1 为 200 μF,滤波电容足够大,电路仿真输出的结果如图 6.39 所示。

如果把开关 K_3 断开,开关 K_1 和 K_2 接通,这时电路是桥式整流电容滤波电路,滤波电容 C_2 为 10 μF,滤波电容不够大,电路仿真输出的结果如图 6.40 所示。

如果把开关 K_1 和 K_2 断开,开关 K_3 接通,这时电路是半波整流电容滤波电路,滤波电容 C_1 为 200 uF,滤波电容足够大,电路仿真输出的结果如图 6.41 所示。

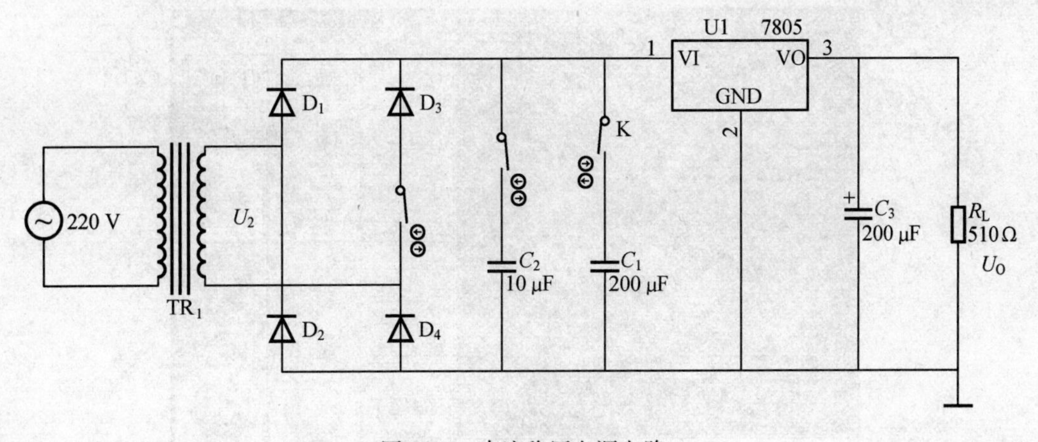

图6.34　直流稳压电源电路

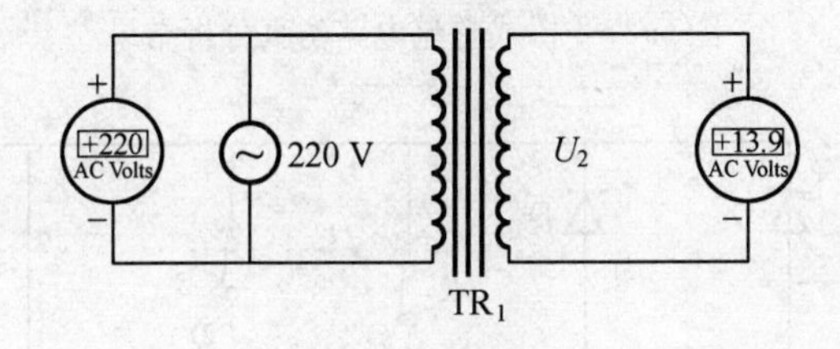

图6.35　降压电路

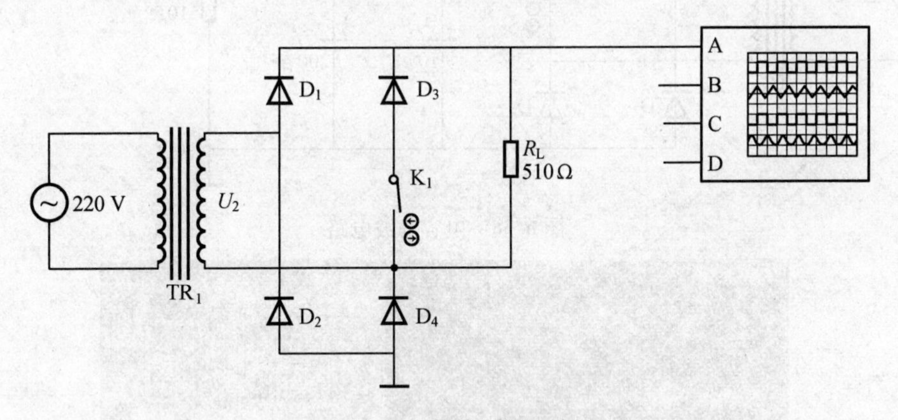

图6.36　桥式整流电路

如果把开关 K_1 和 K_3 断开，开关 K_2 接通，这时电路是半波整流电容滤波电路，滤波电容 C_2 为 10 μF，滤波电容不够大，电路仿真输出的结果如图6.42所示。

(4)接上三端集成稳压器件，电路图和仿真分析结果如图6.43所示。

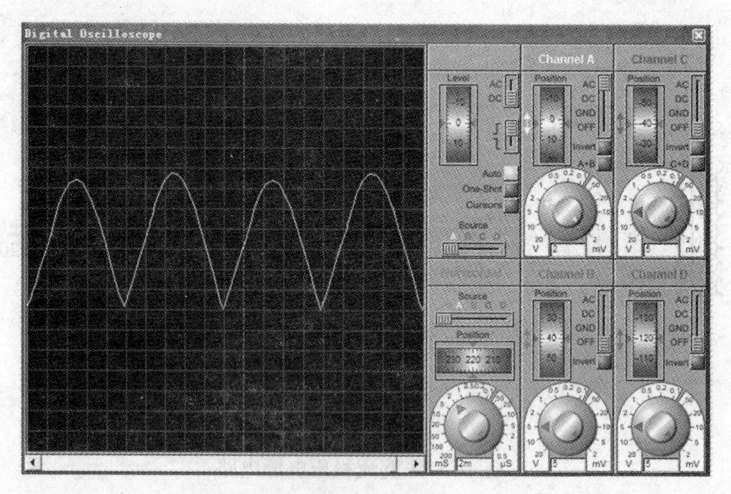

图 6.37　桥式整流电路仿真分析结果

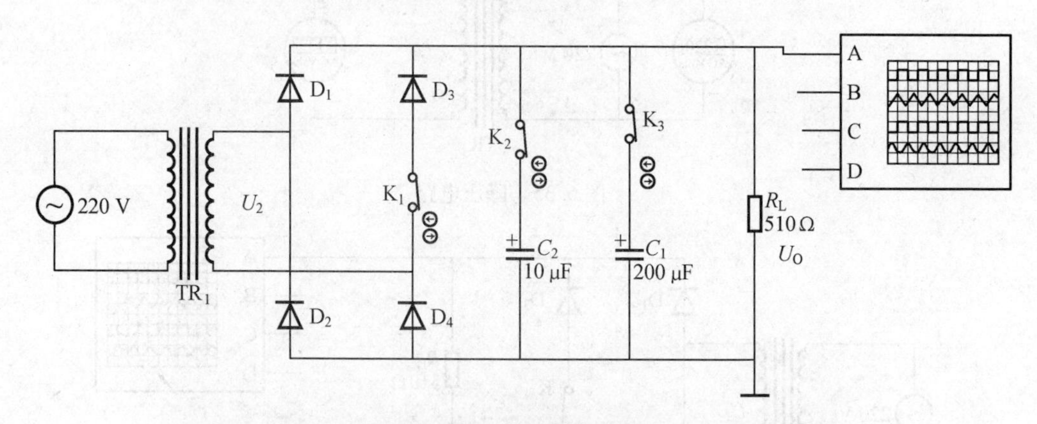

图 6.38　电容滤波电路

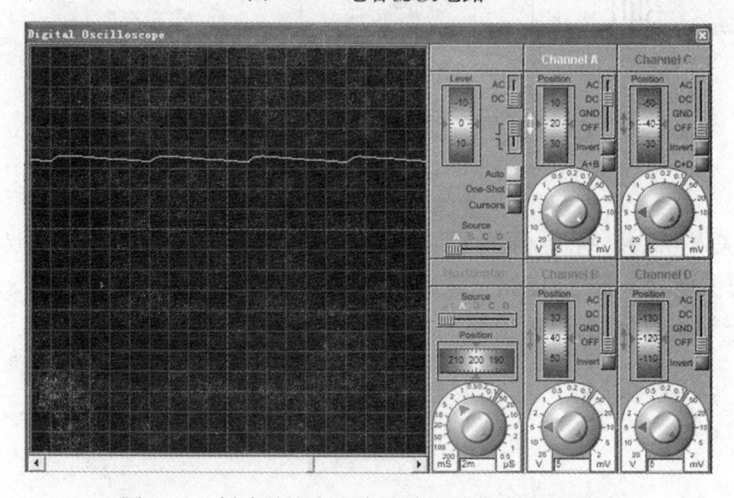

图 6.39　桥式整流大电容滤波电路仿真分析结果

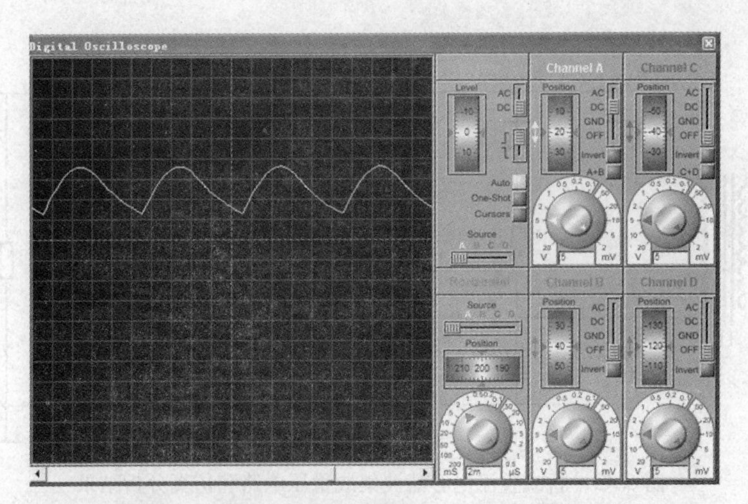

图 6. 40　桥式整流小电容滤波电路仿真分析结果

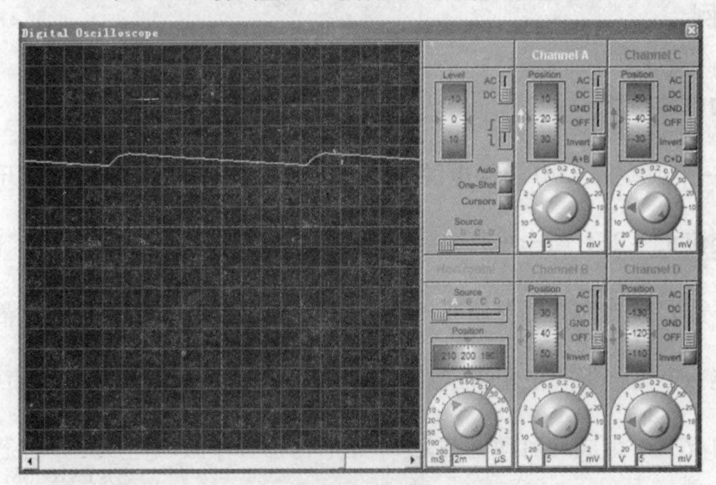

图 6. 41　半波整流大电容滤波电路仿真分析结果

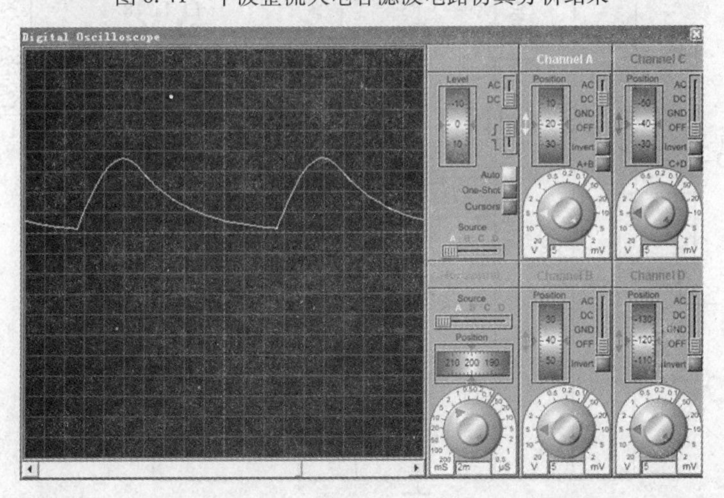

图 6. 42　半波整流小电容滤波电路仿真分析结果

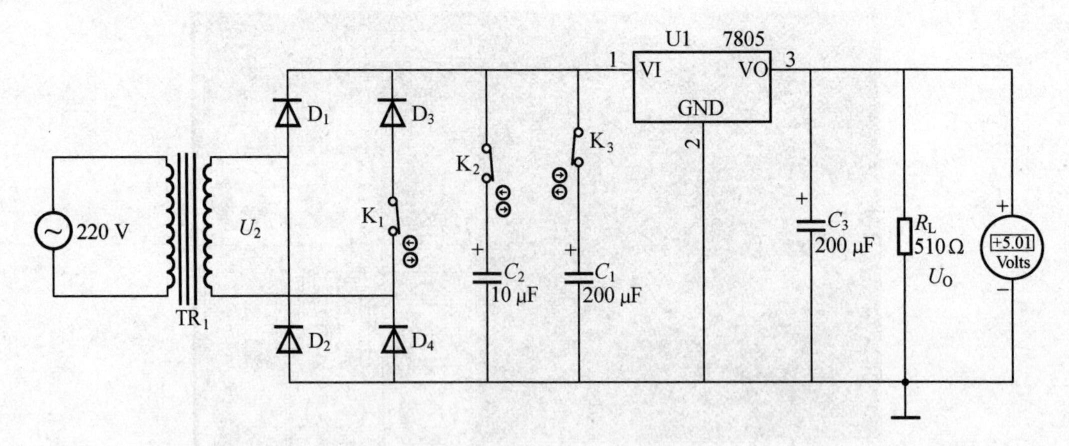

图 6.43 桥式整流电容滤波集成稳压电路和仿真分析结果

◆应用实例

1. LED 驱动电源电路

图 6.44 是一个典型的 LED 驱动电源电路。电路由 CRM6122 芯片组成开关稳压电源，适用于输入电压交流 85 ~ 264 V，全电压范围的输出功率为 7 W，具有恒流驱动、高低压隔离等特点。这种线路不需要额外的电感存储能量，图中变压器 T_1 可同时实现直流隔离、能量存储和电压变换的功能。市电经保险电阻 R_0 输入，通过整流桥和 C_1 滤波，将交流市电转换为相对平滑的直流电。由 R_1、R_7 组成的启动电路为 C_3 充电，直到 C_3 两端电压足以让芯片启动为止，芯

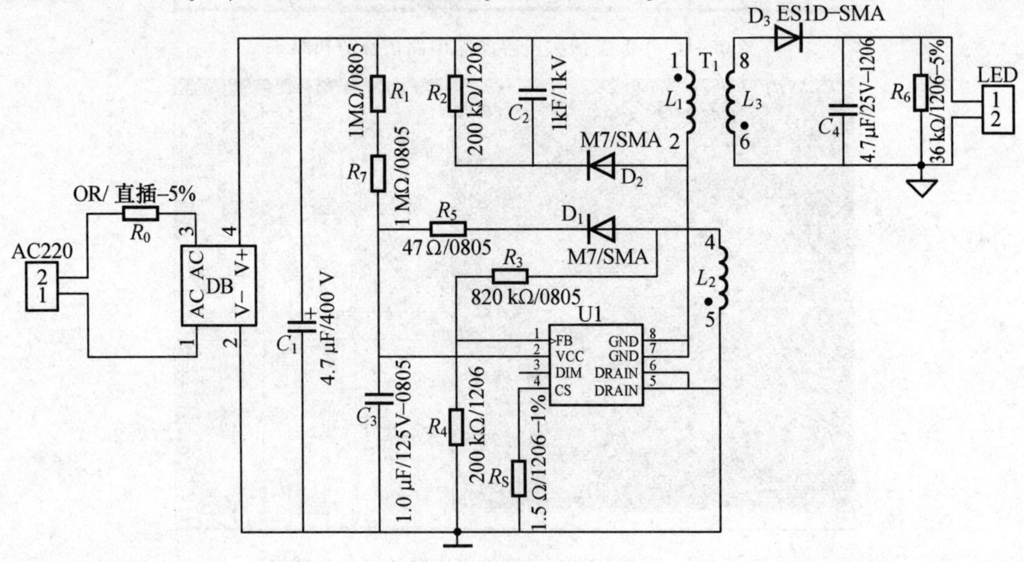

图 6.44 LED 驱动电源电路

片启动后供电转为由辅助线圈 L_2、R_5 和 D_1 提供，同时启动电路失去作用，其中 D_1 为整流二极管、R_5 为限流电阻。R_2、C_2、D_2 组成初级线圈 L_1 的泄放回路，同时吸收由变压器漏感产生的尖峰电压，避免对芯片内置 MOS 管造成损坏。由 R_3、R_4 组成的辅助线圈电压检测电路，可将检测到的电压通过分压后接入芯片的 1 脚（FB 为电压反馈脚），当输出端短路时，该电路通过的采样电压可以被迅速检测到，IC 唤醒短路保护模式，另外适当地调整 R_3 可以对线损有一定的补偿作用。R_S 是初级电流取样电阻，接入芯片的 4 脚（CS 为采样管脚），将检测到的初级线圈峰值电流通过电压形式反馈给芯片，芯片将分压与内部基准做比较，并输出调节信号，调节 MOS 管的开关频率来调节初级线圈的峰值电流，即同时调节了电路的输出电流，起到了恒流的作用。变压器次级线圈 L_3、快恢复二极管 D_3 和电容 C_4 组成直流输出电路，其中 D_3 起整流作用，C_4 起滤波作用。R_6 是 LED 输出的假负载，为避免 IC 在空载时进入间歇模式导致输出电压不稳定而设置。

2. 某品牌 KFR-20GW 分体壁挂式空调控制电路原理图

由图 6.45 可知，某品牌 KFR-20GW 分体壁挂式空调控制电路由电源电路、微电脑处理系统、外围电路、驱动控制电路及保护电路组成。其中电源电路的元器件作用和电路的工作原理分析如下：

电源电路由电源变压器 T，整流二极管 $D_7 \sim D_{14}$，滤波电容 $C_{21} \sim C_{30}$，集成稳压器件 7806 和 7812 以及隔离二极管 D_{15} 组成。

220 V 交流电经 3 A 保险管到电源变压器初级，经电源变压降压后输出两组电压分别是 13 V和 6.3 V 的交流电压，然后再经过由 $D_7 \sim D_{14}$ 组成的两个桥式整流和相关的电容滤波后得到两路平滑的直流电输出，再分别经三端集成稳压器 7812 和 7806 稳压和相关的电容二次滤波后分别输出+12 V 和+6 V 直流电压。其中+12 V 给反相器和控制继电器供电，+6 V 直流电压经过二极管 D_{15} 降压，C_{29}、C_{30} 滤波后，输出平稳的+5 V 直流电压提供给各个集成电路。

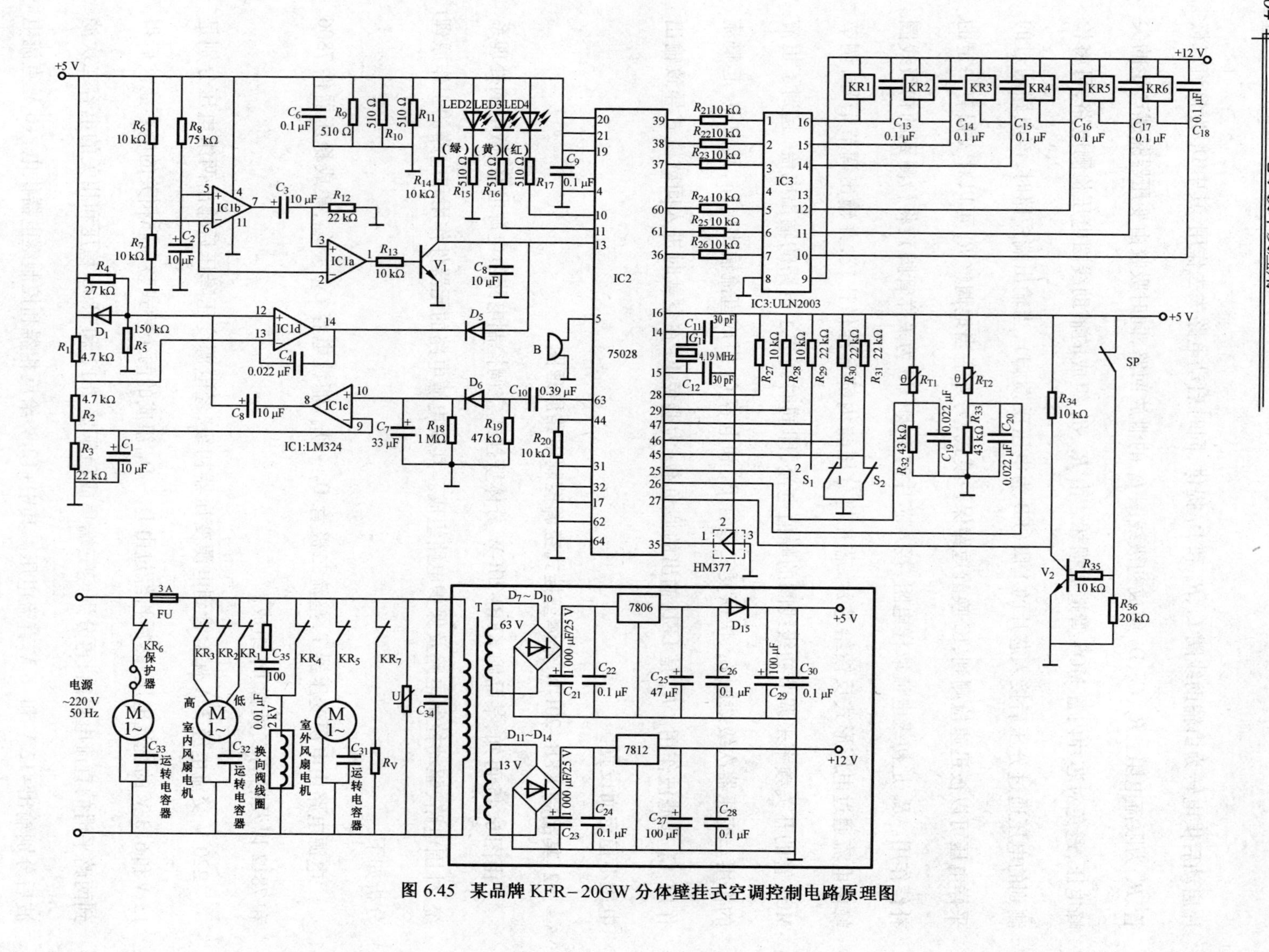

图 6.45 某品牌 KFR-20GW 分体壁挂式空调控制电路原理图

实践技能训练:直流稳压电源的测试

一、实训目的

(1)研究整流电路、滤波电路和串联稳压电路的工作原理;

(2)观察整流、滤波和稳压电路的输出电压波形;

(3)掌握整流、滤波和稳压电路参数的测试方法。

二、主要仪器和设备

双踪示波器、万用表、模拟电子实验箱。

三、实训内容

(1)分别用万用表和示波器测出如图6.46所示半波整流电路输入、输出的电压大小,用示波器观察电路输入、输出的波形,将结果填入下表并与理论值比较。

(2)在如图6.47和6.48所示桥式整流电路中重复上述一步实验,并将结果填入表6.3并与理论值比较。

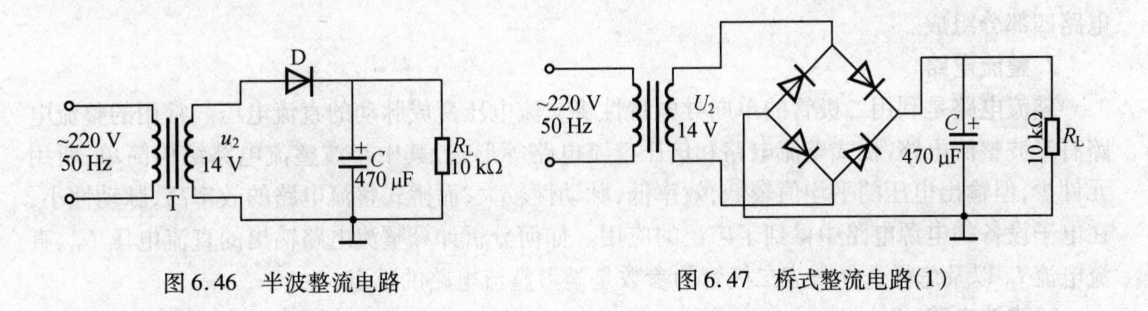

图6.46　半波整流电路　　　图6.47　桥式整流电路(1)

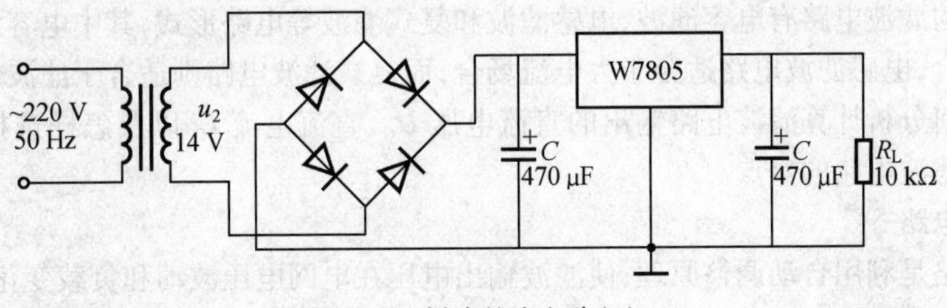

图6.48　桥式整流电路(2)

表 6.3 实验数据表

测试点	输入交流电压 u_2	半波整流输出 U_O		桥式整流输出 U_O		稳压电路输出 U_O
		有滤波电容	无滤波电容	有滤波电容	无滤波电容	
测试点的电压的波形						
测试点的电压大小/V						
测试点电压理论值/V						

本章小结

1. 直流稳压电源的组成

小功率直流稳压电源的种类很多，它们一般都由电源变压器、整流电路、滤波电路和稳压电路四部分组成。

2. 整流电路

整流电路是利用二极管的单向导电特性将交流电压变成脉动的直流电压。常用的整流电路有半波整流电路、桥式整流电路和倍压整流电路等形式，其中半波整流电路结构简单，所用元件少，但输出电压的平均值较低，效率低，脉动性较大；而桥式整流电路的效率高，脉动性小，在电子设备的电源电路中得到了广泛的应用。如何分析计算整流电路输出的直流电压 U_O、直流电流 I_O 以及怎样选择整流二极管的参数是学习整流电路的重点。

3. 滤波电路

滤波电路的作用是将整流输出的脉动直流电压中的交流成分滤掉，输出比较平滑的直流电压。常用的滤波电路有电容滤波、电感滤波和复式滤波等电路形式，其中电容滤波电路适合于小电流场合，电感滤波电路适合于大电流场合，而复式滤波电路则适合于滤波效果要求较高的场合。如何分析计算滤波电路输出的直流电压 U_O、直流电流 I_O 以及怎样选择滤波电容的参数是学习滤波电路的重点。

4. 稳压电路

稳压电路是利用自动调整原理，使滤波输出电压在电网电压波动和负载变化时保持稳定。常用的稳压电路有并联型稳压电路、串联型稳压电路、集成稳压电路和开关稳压电路。并联型稳压电路结构简单，其输出电压调节不方便，仅适用于输出电压固定、负载电流小的场合。串联型稳压电路输出电流较大，输出电压可以调整，适用于稳压精度要求高、对效率要求不高的场合。集成稳压电路分为固定输出三端稳压器和输出可调三端稳压器，其外围电路简单，具有完善的保护功能，被广泛应用于输出小功率场合。开关稳压电路中的调整管工作于开关状态，因而功耗小，效率高；体积小，质量轻；稳压范围宽，实现稳压方法多，滤波效率高，被广泛应用于输出大功率的场合。如何计算、选择并联稳压电路元器件的参数和怎样灵活应用三端集成稳压器组成特定的电压输出直流稳压电源是学习稳压电路的重点。

习　题

6.1　填空题

(1) 常用的直流稳压电源一般由________、________、________和________四部分组成。

(2) 整流电路常用的三种形式为________、________和________。

(3) 整流二极管选择的主要参数是________和________。

(4) 桥式整流电路中,若有一个二极管脱焊,会引起输出电压________。

(5) 常用的滤波电路有________、________和________三种。

(6) 直流稳压电源的电容滤波电路,C 越大,则容抗________,滤波效果________。

(7) 在如图6.49所示的电源电路中,试标出滤波电容 C 的极性是上________下________,并确定输出电压 U_O = ________。

图6.49　题6.1(7)图

(8) 若线性直流稳压电源中,变压器副边输出电压为22 V(有效值),那么桥式整流电容滤波后输出电压平均值应为________。

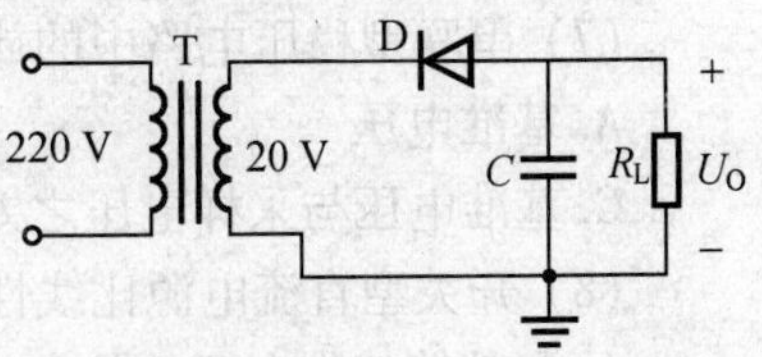

(9) 直流稳压电源整流滤波电路的目的是________。

(10) 并联稳压电路由________和________两个元件组成。

(11) 硅稳压二极管通常应工作于________区。

(12) 三端集成稳压器CW7907的输出电压为________V。

(13) 开关稳压电路中的调整管工作于________状态,因此其本身的________较小。

6.2　选择题

(1) 某单相整流电容滤波电路中,变压器次级电压为 U_2,当负载开路时,整流输出电压为________。

A. $\sqrt{2}U_2$　　B. U_2　　C. $0.47U_2$　　D. $0.9U_2$

(2) 在如图6.50所示的全波整流电路中,通过二极管的电流 I_D 和输出电压 U_O 分别是________。($U_{21}=U_{22}=U_2$)

A. I_O 和 $1.2U_2$　　B. I_O 和 $0.9U_2$

C. $0.7I_O$ 和 $1.2U_2$　　D. $0.7I_O$ 和 $0.9U_2$

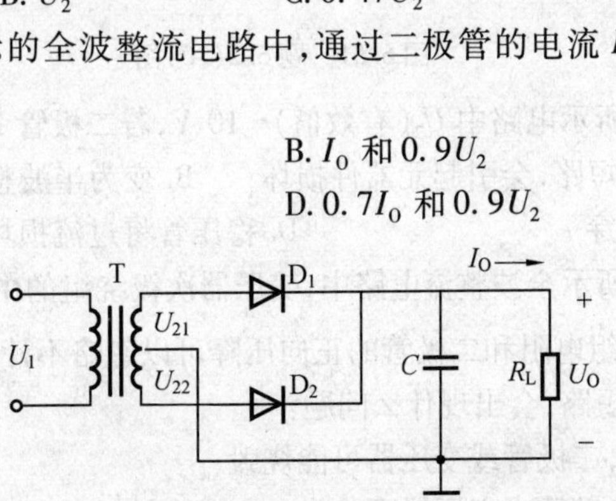

图6.50　题6.2(2)图

(3) 整流的目的是________。

A. 将交流变为直流　　B. 将高频变为低频

C. 将正弦波变为矩形波

(4) 在单相桥式整流电路中,若有一只整流管接反,则________。

A. 输出电压约为 $2U_D$　　B. 变为半波直流

C. 整流管将因电流过大而烧坏

(5) 直流稳压电源中滤波电路的目的是________。

A. 将交流变为直流　　B. 将高频变为低频

C. 将交、直流混合量中的交流成分滤掉

(6) 滤波电路应选用________。

A. 高通滤波电路　　B. 低通滤波电路

C. 带通滤波电路

(7) 串联型稳压电路中的放大环节所放大的对象是________。

A. 基准电压　　B. 采样电压

C. 基准电压与采样电压之差

(8) 开关型直流电源比线性直流电源效率高的原因是________。

A. 调整管工作在开关状态　　B. 输出端有 LC 滤波电路

C. 可以不用电源变压器

(9) 桥式整流电路在接入电容滤波后,二极管的导电角________。

A. 增大了　　B. 减少了　　C. 保持不变　　D. 任意角

(10) 在如图 6.51 所示电路中 U_2(有效值) = 10 V,若电容 C 脱焊,则 $U_{I(AV)}$ = ________。

A. 4.7 V　　B. 9 V　　C. 2 V　　D. 4 V

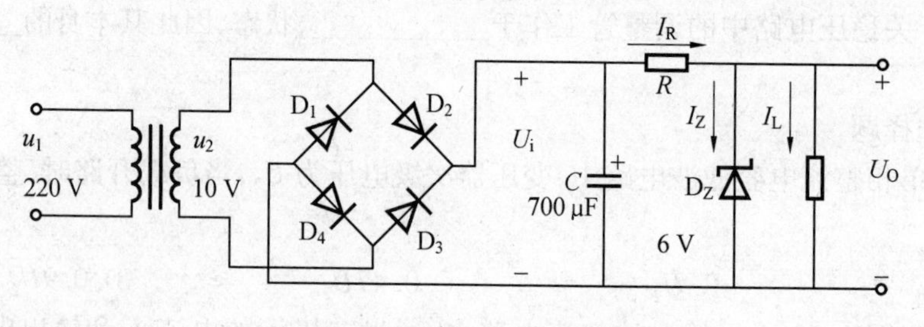

图 6.51　题 6.2(10)图

(11) 在如图 6.51 所示电路中 U_2(有效值) = 10 V,若二极管 D_2脱焊,则________。

A. 变压器有半周被短路,会引起元器件损坏　　B. 变为半波整流

C. 电容 C 将过压击穿　　D. 稳压管将过流损坏

(12) 在如图 6.52 所示全波整流电路中,变压器次级绕组的中心抽头接地,且 $u_{12} = -u_{22} = \sqrt{2}U_2\sin\omega t$,变压器的绕组电阻和二极管的正向压降可以忽略不计。如果 D_2的极性接反,会出现什么问题?若输出端短路,会出现什么问题?

A. 次级绕组被短路,二极管或变压器可能烧毁

B. 输出电流过大,二极管或变压器不工作

C. 输出正半个周期,二极管或变压器可能烧毁

D. 次级绕组被短路,输出负半周期

(13) 在如图6.53所示桥式整流电容滤波电路中，已知 $R_L=70$，$C=1\ 000\ \mu F$，用交流电压表量得 $U_2=20$ V。如果 $U_{O(AV)}$ 有下列几种情况：

①有电容滤波，R_L 开路的状态；

②有负载 R_L，电容 C 开路的状态；

③电路正常；

④电容 C 开路，并且整流电路中有一个二极管开路，即整流电路为半波整流状态。

此时，$U_O=$？

A. 28 V，18 V，24 V，9 V　　B. 18 V，24 V，9 V，28 V

C. 28 V，24 V，18 V，9 V　　D. 9 V，24 V，18 V，28 V

(14) 在如图6.53所示电路中，流过每个二极管的电流 I_D 为________。

A. $\frac{1}{4}I_O$　　B. $\frac{1}{2}I_O$

C. $4I_O$　　D. I_O

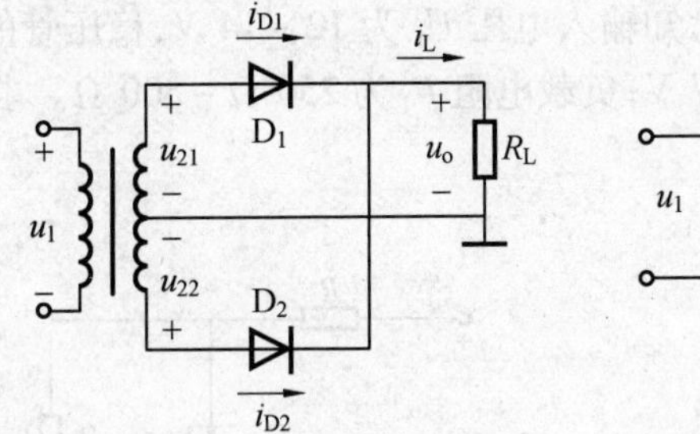

图6.52　题6.2(12)图

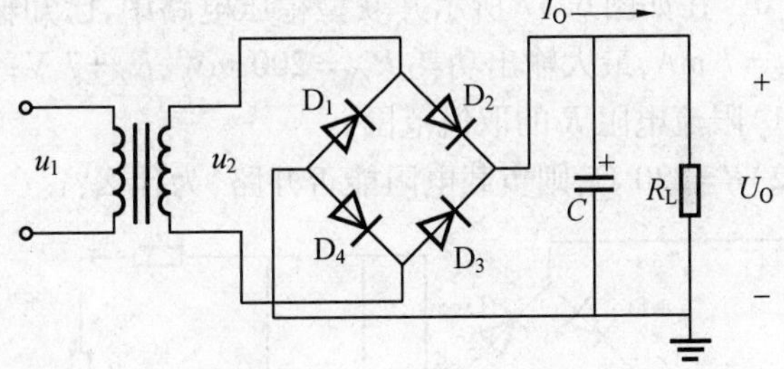

图6.53　题6.2(13)图

(15) 如图6.54所示电路为单相桥式整流滤波电路，u_1 为正弦波，其有效值为 $U_1=20$ V，$f=50$ Hz。若实际测得其输出电压为28.28 V，这是由于________的结果。

A. 开路　　B. C 的容量过小

C. C 的容量过大　　D. R_L 开路

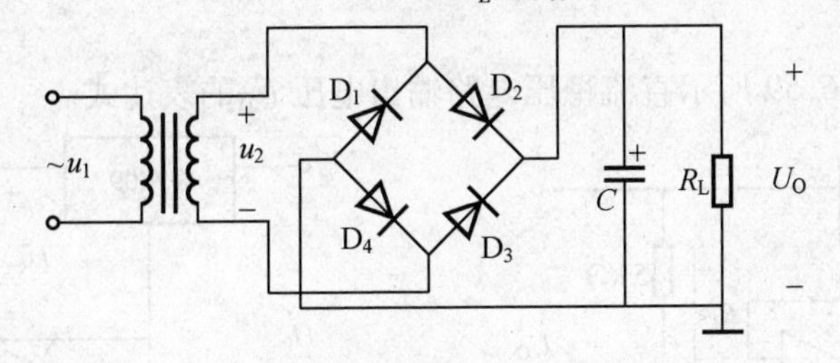

图6.54　题6.2(15)图

计算题

6.3　一单相桥式整流电路，接到220 V，50 Hz的正弦交流电源上，负载电阻 $R_L=70\ \Omega$，负载电压平均值 $U_O=27$ V。求：

(1)流过每个二极管的平均电流；

(2)变压器副边电压有效值；

(3)二极管承受的最高反向电压。

6.4　某稳压电源电路如图6.55所示。试问：

(1)输出电压 U_O 的极性和大小如何?

(2)电容器 C_1 和 C_2 的极性如何?

(3)如将稳压二极管接反,结果如何?

(4)如果 $R=0$,又将产生怎样的后果?

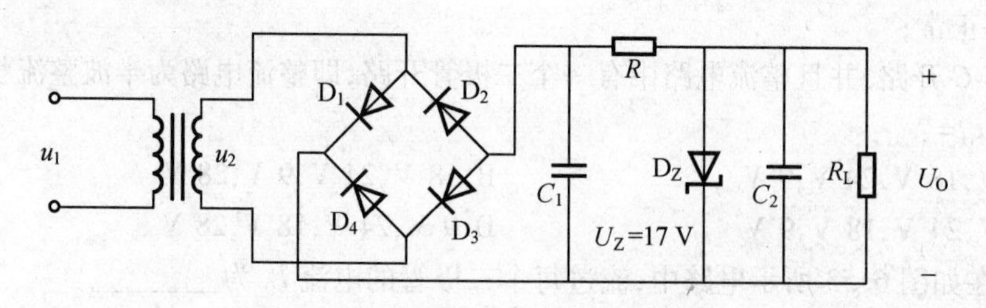

图 6.55　题 6.4 图

6.5　分析如图 6.56 所示电路,指出电路中的错误并改正之。

6.6　在如图 6.57 所示并联型稳压电路中,已知输入电压 U_I 为 12 ~ 14 V,稳压管的稳定电流 $I_Z=7$ mA,最大输出功耗 $P_{ZM}=200$ mW,$U_Z=7$ V;负载电阻 R_L为 250 Ω ~ 500 Ω。求:

(1)限流电阻 R 的取值范围;

(2)$R=220$ Ω,则负载电阻能否开路,为什么?

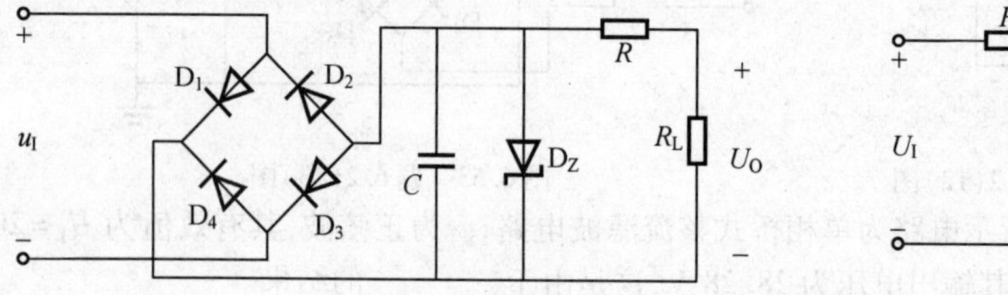

图 6.56　题 6.5 图

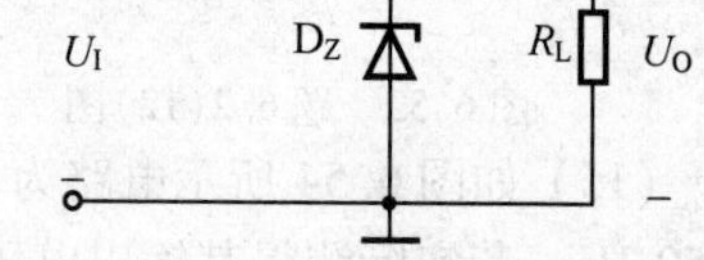

图 6.57　题 6.6 图

6.7　求如图 6.58 所示直流稳压电路输出电压 U_O的表达式,以及最小输出电压 U_{Omin} 和最大输出电压 U_{Omax}。

6.8　写出如图 6.59 所示直流稳压电路输出电压 U_O的表达式。

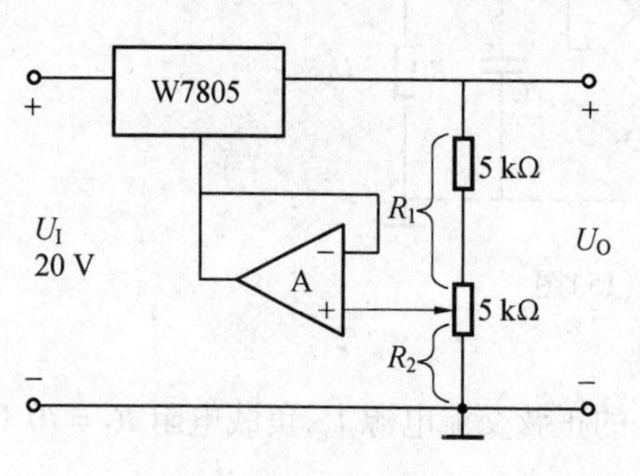

图 6.58　题 6.7 图

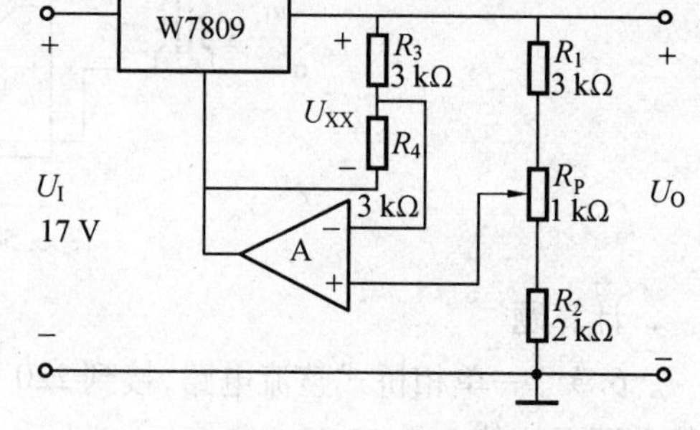

图 6.59　题 6.8 图

6.9　分析如图 6.60 所示电路,说明电路的中各器件的作用。

6.10　利用 Proteus 软件分析如图 6.61 所示并联型开关稳压电路,观察输出结果,并适当修改电路中部分元器件的参数,使电路的输出电压为+18 V。

6.11　试设计一个直流稳压电源,输出电压为±12 V,输出电流为 1 A。要求:

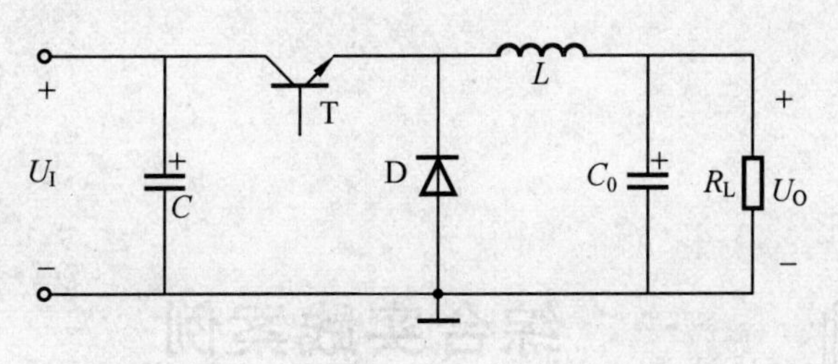

图6.60　题6.9图

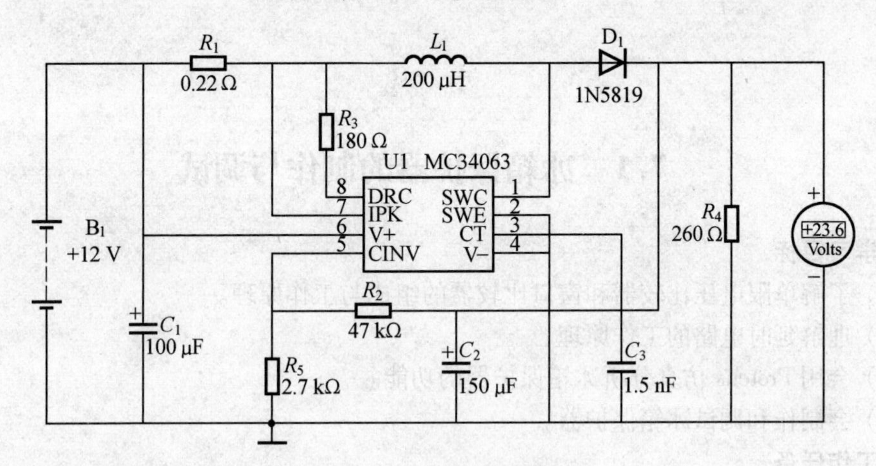

图6.61　题6.10图

（1）画出电路图；

（2）选择集成稳压器、滤波电容器、整流二极管和变压器。

6.12　如图6.62所示电路是利用集成稳压器外接稳压管的方法提高输出电压的稳压电路。若稳压管的稳定电压为$U_Z=7$ V，试问该电路的输出电压U_O是多少？

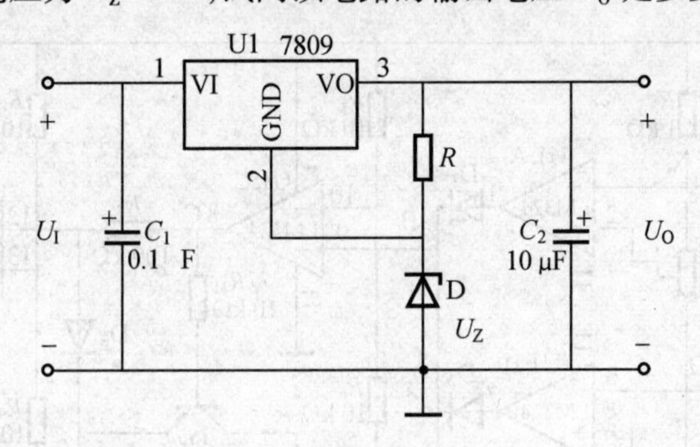

图6.62　题6.12图

第7章 综合实践案例

7.1 冰箱保护器的制作与调试

1. 学习目标

（1）了解单限电压比较器和窗口比较器的组成与工作原理。

（2）理解延时电路的工作原理。

（3）会用 Proteus 仿真分析冰箱保护器的功能。

（4）会制作和调试冰箱保护器。

2. 工作任务

（1）按图 7.1 所示电路进行制作与调试。

（2）分析电路中各元件的作用和电路的工作原理。

（3）电路参数的调整。

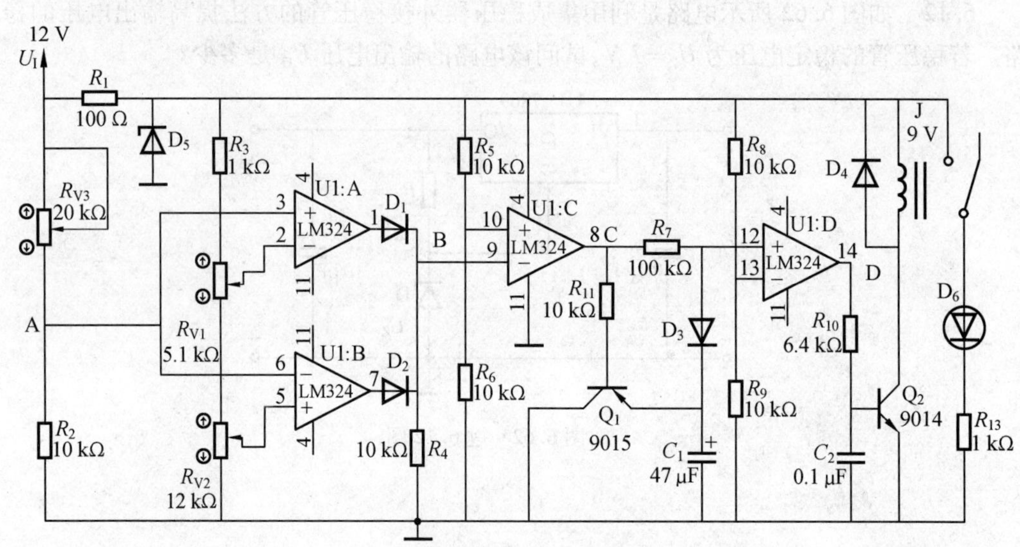

图 7.1　冰箱保护器的工作原理图

3. 理论知识

电冰箱的制冷作用是靠压缩机的工作来实现的，压缩机里面有一个电动机，由于这个电动机是使用交流电的，因此它有一个非常不好的缺点：启动的力量很小（但它在正常转动时，力量是非常大的），所以压缩机如果将制冷剂已经压缩到足够高的压力时，突然由于停电或其他原因导致电动机停止，这时是不能让压缩机通电的，因为这时压缩机在高压下无法启动，而不能转动的电动机如果通上电流，很容易造成电动机烧毁。所以对于电冰箱而言，停电后马上来电是非常危险的。冰箱保护器的功能就是使冰箱停电后重新上电时，先切断电冰箱的电源，延时一段时间（一般5 min），压缩机的压力下降到正常水平后再接通电源，以避免压缩机被烧毁。

停电后重新上电是造成压缩机损坏的一个原因，交流电源的电压过低或者过高同样会危害压缩机的正常工作，所以我们的保护工作还需要对供电电源的电压进行监视，一旦有异常情况就要立即停止供电，以保护电冰箱。

（1）供电电压监视电路

供电电压监视电路由集成运算U1:A、U1:B、二极管D_1、D_2、电位器R_{V1}、R_{V2}、R_{V3}和电阻器R_2 ~ R_3以及稳压电路R_1、D_5组成，供电电压监视电路的任务是监视市电电压，如果过高或过低就输出一个相应的电压信号。电路的工作原理如下：

电路如图7.1所示，首先用变压器将市电进行降压和整流滤波，经过变压器和整流滤波的直流电压从U_1端输入，然后分为两路，一路作为取样电压用于监视，另一路经R_1和D_5稳压后给电路提供电源。

U1:A和U1:B组成两个比较放大器，用于监视电压是否偏高或偏低，其工作原理是，用R_1和D_5提供一个基准电压，再用电阻R_3和电位器R_{V1}、R_{V2}分压得到两个用于比较的基准电压。并将高端基准电压接到U1:A的同相输入端，将低端基准电压接到U1:B的同相输入端，而经过R_2和R_{V3}分压后的A点电压则加在U1:A的反相端和U1:B的同相端。当市电电压正常时，调整R_{V1}和R_{V2}中心抽头的位置，使UA低于U1:A的2脚电压，高于U1:B的5脚电压，B点输出低电平；当市电电压偏高时，使UA高于U1:A的2脚电压，UA高于U1:B的5脚电压，B点输出高电平；当市电电压偏低时，使UA低于U1:A的2脚电压，UA低于U1:B的5脚电压，B点输出高电平。即当市电电压正常时，B点输出低电平，当市电电压不正常时，B点输出高电平。

（2）延时电路

延时电路由R_5 ~ R_{10}、D_3、C_1、Q_1、U1:C、U1:D组成，延时电路应该只对一种情况进行延时，即对压缩机断电后再上电时要电源延时，而对于任何要切断压缩机电源的情况都不需要延时。

当市电停电后马上恢复供电时，B点的低电位与R_5、R_6的分压比较后在U1:C的输出端C点输出高电平，而C点的高电平要经过R_7、D_1对C_1充电，当C_1的电压上升到比R_8和R_9分压高时，U1:D的输出端D点才输出高电平，继电器吸合，压缩机恢复供电，延时时间的长短由R_7和C_1决定。

三极管Q_1的作用：如果停电只是一个很短的时间，停电后U1:C的输出端C点变成了低电平，三极管Q_1通过电阻R_{11}迅速导通，电容C_1上的电压就会瞬间被放掉。当再次来电时，C点的高电平又必须对电容C_1再充电，延时一段时间后才给压缩机供电，这样就避免了停电后马上供电的情况出现，造成压缩机的烧毁。

（3）继电器驱动电路

继电器驱动电路由R_{10}、C_2、D_4、Q_2和继电器J组成，继电器驱动电路的作用是当市电正常时接通压缩机电源，当市电不正常和市电短暂停电时断开压缩机电源。

继电器驱动电路的工作原理是：当 U1:D 的输出端 D 点为高电平时，三极管处于饱和导通状态，继电器 J 得电，常开触点接通，压缩机工作；当 D 点为低电平时，三极管处于截止状态，继电器 J 没有电流通过，常开触点断开，压缩机不工作。

继电器驱动电路中 R_{10} 的作用是作为三极管基极的限流电阻，二极管 D4 的作用是释放三极管从导通变为截止时电感中感应的电流，以避免损坏三极管。

(4)主要元器件的选择

U1 选用集成运算放大器 LM324，内含四个独立的高增益运算放大器，可在单电源状态下工作。$D_1 \sim D_4$ 选用高速开关二极管 1N4148，可以加快对延时电容的充电速度和快速吸收开关电路中的感生电动势，保护三极管免遭破坏。

4. 技能训练

(1)利用 Proteus 进行仿真测试

① 仿真内容。

a. 用电压探针测试电路中相关点的电压，然后改变 R_{V1}、R_{V2} 中心抽头的位置，调整窗口比较器的上限、下限比较电压，使输入电压升高到保护值以上时，U1:A 的 2 脚电压（窗口比较器的上限电压）要低于 A 点的电压，输入电压降低到保护值以下时，U1:B 的 5 脚电压（窗口比较器的下限电压）要高于 A 点的电压，实现冰箱保护器具有过压和欠压保护的功能。

b. 用示波器观察 U1:C 的 8 脚输出电压波形、Q_1 的发射极电压和 Q_2 的集电极输出电压的波形，经比较就可以确定延时电路的延时时长。

c. 在 10 ~ 14 V 之间改变输入电压 U_I 的数值模拟交流供电电压的变化，仿真冰箱保护器具有过压保护、欠压保护和断电延时保护功能。

② 仿真结果。

a. 如图 7.2 所示是窗口比较器的上限、下限比较电压调整仿真显示结果。

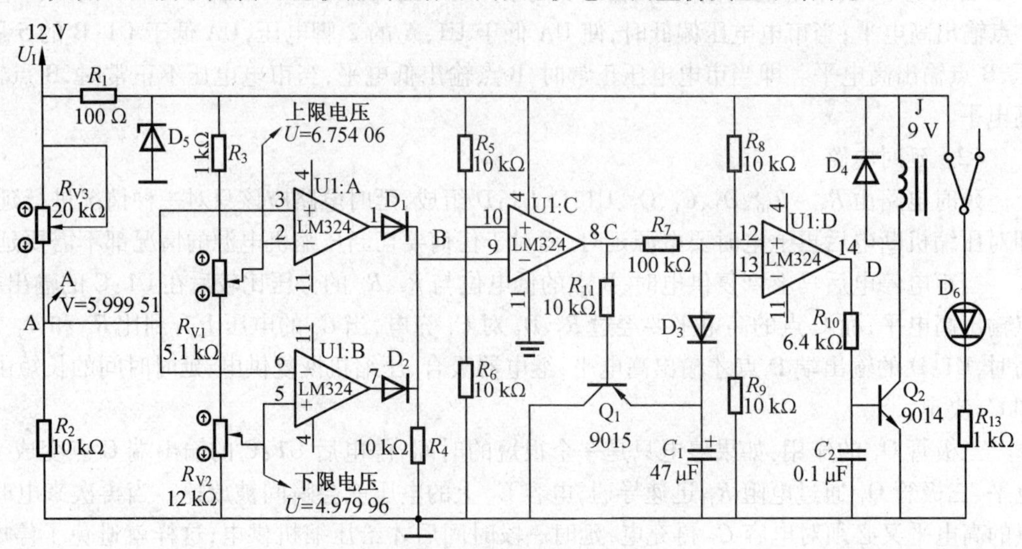

图 7.2 窗口比较器的上限、下限比较电压仿真结果

b. 如图 7.3 所示是延时电路的延时时长调整仿真显示结果。其中自上而下第 1 ~ 3 条曲线分别是 U1:C 的 8 脚输出电压波形、Q_1 的发射极电压和 Q_2 的集电极输出电压的波形，第 1

条曲线的上升沿到第二条曲线的下降沿之间的距离就决定了延时电路的延时时长，由图可见延时电路的延时是26.6 s。

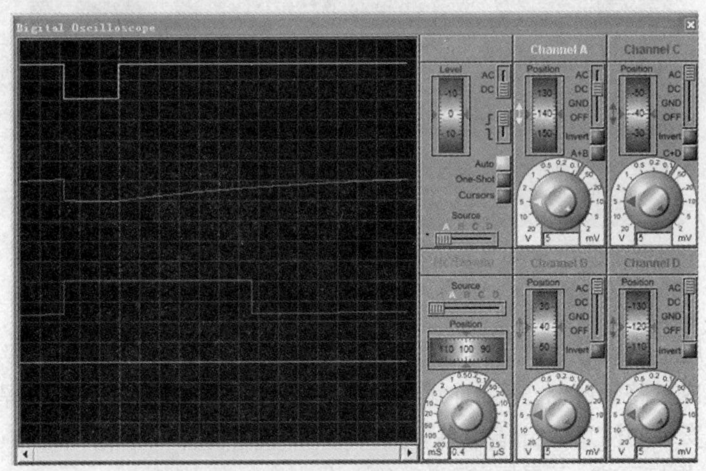

图7.3　延时电路延时时长仿真结果

c. 在10～14 V之间改变输入电压 U_I 的数值模拟交流供电电压的变化，当 U_I 小于等于10 V(欠压)或大于等于14 V(过压)时，继电器立即断开负载 D_6，LED不发光；当 U_I 由欠压或者过压状态回到正常电压状态(10 V<U_I<14 V)时，继电器要延时一段时间(26.6 s)才接通 D_6，LED发光，实现延时保护功能。

(2) 制作与调试

① 电路板制作。

图7.4所示是用DXP 2004设计的冰箱保护器电路的电路板图。

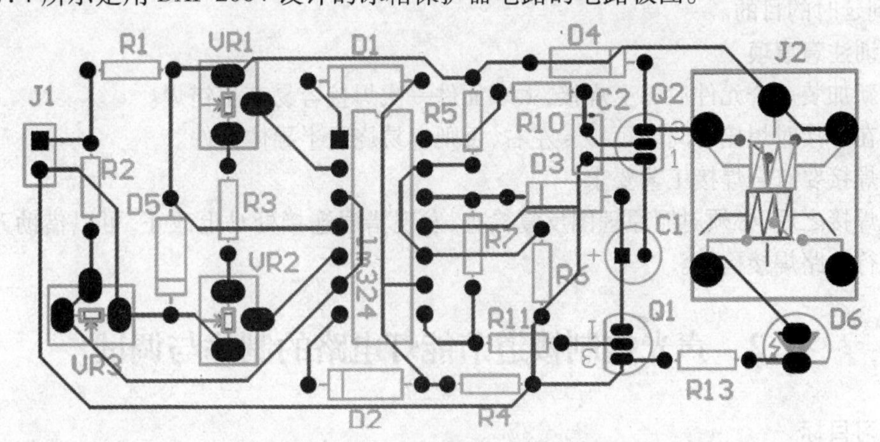

图7.4　冰箱保护器电路的电路板图

② 对电路中使用的元器件进行检测与筛选。

③ 按照装配图进行装配，整机结构如图7.5所示，工艺要求如下：

a. 小功率电阻器采用水平安装方式，电阻体贴紧电路板，大功率电阻器采用悬空安装，电阻器底部离开电路板5 mm，色标法电阻器的色环标志顺序方向一致，数标法电阻器的数字标识向外，便于识别。

b. 二极管采用水平安装方式，二极管体贴紧电路板，注意引脚的极性，二极管标识符向外，

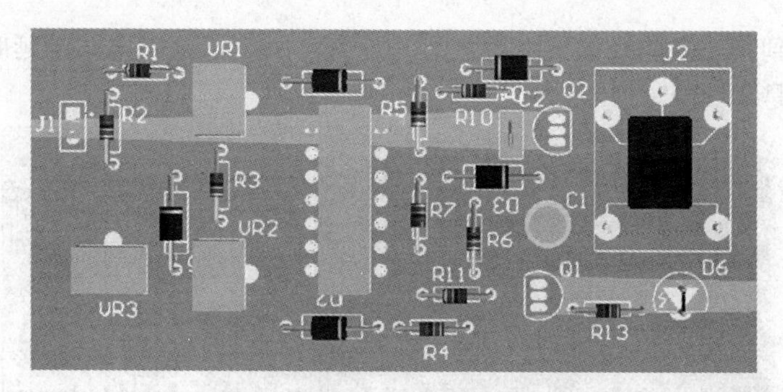

图 7.5 冰箱保护器元器件结构图

便于识别。

c. 三极管采用垂直安装方式，三极管底部离开电路板 10 mm，注意引脚极性。

d. 在焊装集成电路管座时，不能连续焊接相邻的引脚，以避免由于集中焊接热损坏管座。

e. 继电器的安装要注意区分输出端开关的动、静触点引脚，以免接错。

f. 布线正确，焊接可靠，无漏焊、短路现象。

④ 装配完成后进行自检，正确无误后才能进行调试。

⑤ 调试的方法。

a. 把电路变压器的输入端接到自耦变器的输出端，调整自耦变压器使其输出一个大于 220 V（如 240 V）的交流电压，调整 R_{V1} 的位置，使 1 脚输出高电平。

b. 同理把电路变压器的输入端接到自耦变压器的输出端，调整自耦变压器使其输出一个小于 220 V（如 180 V）交流电压，调整 R_{V2} 的位置，使 7 脚输出高电平。

c. 其他电路器件的参数如图 7.2 所示，如果延时时间不够长，可以适当调整 R_7 和 C_1 的大小，以达到延时的目的。

5. 实训注意事项

（1）新加装一个元件后马上焊接，太多元件一次焊接容易产生错焊。

（2）在焊接时焊接时间要短，3 s 左右，否则容易烧毁半导体器件。

（3）焊接要符合焊接工艺要求。

（4）焊接之后，必须对照原理图反复检查，发现错误连接处马上改正，可以借助万用表电阻挡位进行电路焊接检验。

7.2 声光控制楼道节能灯电路的制作与调试

1. 学习目标

（1）了解声光控制楼道节能灯电路的组成与工作原理。

（2）会分析声光控制楼道节能灯电路。

（3）会制作与调试声光控制楼道节能灯电路。

2. 工作任务

（1）按图 7.6 所示电路进行制作与调试。

（2）分析电路中各元件的作用和电路的工作原理。

（3）电路参数的调整。

3. 理论知识

声光控制楼道节能灯电路是无需人管理的全自动楼道节能灯，它采用声、光双重控制，白天自动封闭不会点亮；晚上，当有人在楼梯上走动时，脚步声就会使电子开关动作，电灯点亮；人走后即无声响 30 s 后，电灯就会自行熄灭。采用这种自动照明灯可以给生活带来极大方便。比如：在走廊里送客，谈话声就会使电灯点亮，直至客人走后电灯才熄灭；夜间若有小偷撬门，电灯也会点亮，对盗贼有一定的威慑作用，采用此种照明电路能有效消除楼道的长明灯，节约宝贵的电能。

(1)电路工作原理

分立元件全自动楼道节能灯的电路如图 7.6 所示。图中虚线右部为普通照明线路，左部为自动楼道节能灯电子控制开关，由图可见它与普通开关一样对外有两个引出端子即单线进出，因此它可以直接取代普通开关而不必更改原有照明线路。

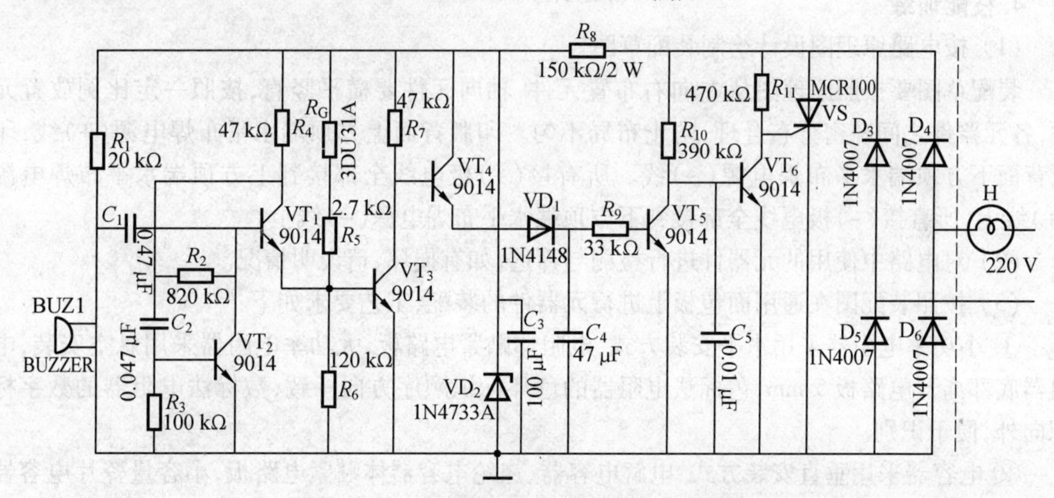

图 7.6　声光控制全自动楼道节能灯电路原理图

$VD_3 \sim VD_6$ 组成桥式整流电路，经 R_8 降压限流，VD_2 稳压，C_3 滤波输出约 9 V 直流电压供三极管 $VT_1 \sim VT_4$ 使用。白天光敏电阻器 R_G 在室内自然光照射下呈低电阻，VT_3 处于导通状态，VT_4 截止。此时 C_4 上无电压，VT_5 截止，VT_6 导通，晶闸管 VS 的门极与阴极被 VT_6 短接，所以 VS 关断，电灯 H 不会点亮。晚上，R_G 因无光线照射呈高电阻，但由于 R_2 的偏置作用使 VT_1 导通，VT_1 发射极电流流入 VT_3 基极，VT_3 仍处于导通状态，所以在安静状态时，电灯仍不会被点亮。

当楼道上有人走路，其脚步声或谈话声经话筒 B 拾取后，就输出相应电信号经 C_1 送至 VT_1 的基极放大，放大后音频信号一方面由 VT_1 发射极注入 VT_3 的基极，另一方面由 VT_1 的集电极输出经由 C_2 耦合到 VT_2 的基极；该信号经 VT_2 放大由其集电极输出再次送入到 VT_1 的基极。由此可见，VT_1 与 VT_2 组成正反馈放大器，它具有极高的电路增益，因而使电路有很高的声控灵敏度；当楼道上有人走路，其脚步声或谈话声经话筒 B 拾取后经 VT_1 放大，VT_1 输出的音频信号的负半周使 VT_1 发射极的电流减小，从而影响 VT_3 的基极电位，使 VT_3 的基极电位降低，VT_3 集电极电位上升，VT_4 导通，9 V 直流电压经 VT_4、VD_1 向 C_4 充电，并经 R_9 使 VT_5 导通，VT_6 截止，解除对晶闸管 VS 门极封锁，VS 门极由 R_{11} 获得正向触发电流，VS 开通，电灯就点亮发光。电灯点亮后，自身光线虽然使 R_G 变成低电阻，使 VT_3 导通封锁，但由于某种原

因 C_4 已充满了电荷，C_4 通过 R_9、VT_5 发射极放电，使 VT_5 仍然能保持导通状态，所以电灯能继续点亮。当 C_4 放电完毕，VT_5 截止，VT_6 导通，VS 关断，电灯熄灭。如果再次有声响，电灯又能点亮。电灯每次点亮的时间主要由 R_9、C_4 的放电时间常数决定，图示数据约为 30 s。白天，因 VT_3 封锁，再大的声响都不会使电灯点亮。

(2)元器件选择

VT_1 ~ VT_6 选用 9014 高增益三极管，其穿透电流要小，$\beta>80$。BM 可选用 CN-15E 或阻抗为 1 kΩ 的其他驻极体传声器。光敏器件选用 3DU31A 光敏三极管，光敏三极管的暗阻与亮阻之比越大越好；单向可控硅 VS 选用 MCR100，VD_1 选用 1N4148 高频二极管，VD_2 选用 1N4733A 稳压管，稳压值在 5 ~ 9 V 之间，VD_3 ~ VD_6 选用 1N4007 整流二极管；其余元件均按图中标注的值选取，并无特殊要求。

4. 技能训练

(1) 按电路原理图设计绘制装配草图。

装配草图要按照原理图从左向右布置元件，轴向元件要横平竖直，按照一定比例放置元件，各元器件之间疏密分布合理，防止布局不匀。印版背面上方顶端水平布焊电源(+)线，印版背面下方顶端水平布焊电源(-)线。所有接(+)极电线全部接到上方顶端水平布焊电源(+)线上，所有接(-)极电线全部接到下方顶端水平布焊电源(-)线上。

(2) 对电路中使用的元器件进行检测与筛选，如有损坏，请说明情况。

(3) 按照装配图在通用面包板上进行元器件的装配，工艺要求如下：

① 小功率电阻器采用水平安装方式，电阻体贴紧电路板，大功率电阻器采用悬空安装，电阻器底部离开电路板 5 mm，色标法电阻器的色环标识顺序方向一致，数标法电阻器的数字标识向外，便于识别。

② 电容器采用垂直安装方式，电解电容器、涤纶电容器体贴紧电路板，小容量瓷片电容器底部离开电路板 5 mm，电解电容器安装要注意正负极。

③ 二极管采用水平安装方式，二极管体贴紧电路板，注意引脚的极性，二极管标识符向外，便于识别。

④ 三极管、可控硅、光敏三极管采用垂直安装方式，三极管底部离开电路板 10 mm，注意引脚极性。

⑤ 驻极体传声器 BM 装在两根线上，高度为 10 cm，要注意区分极性，与管壳相连的电极应与地线相连。

⑥ 布线正确，焊接可靠，无漏焊、短路现象。

(4) 装配完成后进行自检，正确无误后才能进行调试。

(5) 调试的要求和方法。

① 在白天或晚上的灯光照射下，VT_1、VT_3 处于放大状态，且 VT_3 的集电极电压应小于 2.1 V，VT_4、VT_5 处于截止状态，VT_6 处于放大或者饱和状态，使 VT_6 的集电极电压小于可控硅 VS 的触发电压，VS 的触发电压一般在 1 ~ 5 V 之间，VS 关断。

② 在晚上或光敏器件被遮挡不受光照的情况下，VT_1、VT_3 处于放大状态，且 VT_3 的集电极电压应高于 2.1 V，VT_4、VT_5 处于导通，VT_6 截止，使 VT_6 的集电极电压大于可控硅 VS 的触发电压，VS 触发导通。

5. 注意事项

(1) 新加装一个元件后马上焊接,太多元件一次焊接容易产生错焊。

(2) 尽量利用元件脚进行焊接,长度不够可用导线连接。

(3) 灯泡连线必须包扎电工胶布,防止触电。

(4) 在焊接时焊接时间要短,3 s 左右,否则容易烧毁半导体器件。

(5) 焊接要符合焊接工艺要求。

(6) 焊接之后,必须对照原理图反复检查,发现错误连接处马上改正,可以借助万用表电阻挡位进行电路焊接检验。

(7) 电源插头必须经过隔离变压器,否则将造成触电。

6. 实训思考

分析声光控制全自动楼道节能灯电路原理,可否用集成电路实现,设想其他方案。

7.3　电容降压式 LED 电源的仿真测试

1. 学习目标

(1) 了解电容降压式 LED 电源的组成与工作原理。

(2) 会用 Proteus 仿真分析电容降压式 LED 电源的参数。

2. 工作任务

(1) 分析图 7.7 所示电容降压式 LED 电源电路中各元件的作用和电路的工作原理。

(2) 用 Proteus 仿真测试电容降压式 LED 电源电路的工作情况。

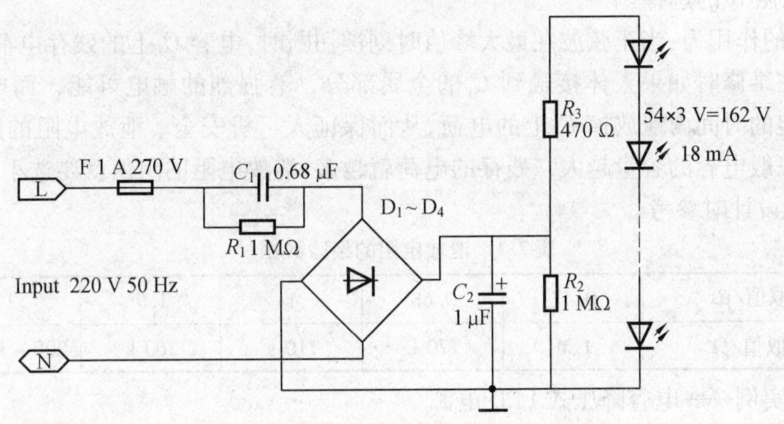

图 7.7　电容降压式 LED 电源电路

3. 理论知识

将交流市电转换为低压直流的常规方法是采用变压器降压后再整流滤波,当受体积和成本等因素的限制时,最简单实用的方法就是采用电容降压式电源。

(1) 电路工作原理

电容降压式简易电源的基本电路如图 7.8(a)所示,C_1 为降压电容器,VD_2 为半波整流二极管,VD_1 在市电的负半周时给 C_1 提供放电回路,VD_3 是稳压二极管,R 为关断电源后 C_1 的电荷泄放电阻。在实际应用时常常采用的是图 7.8(b)所示的电路。

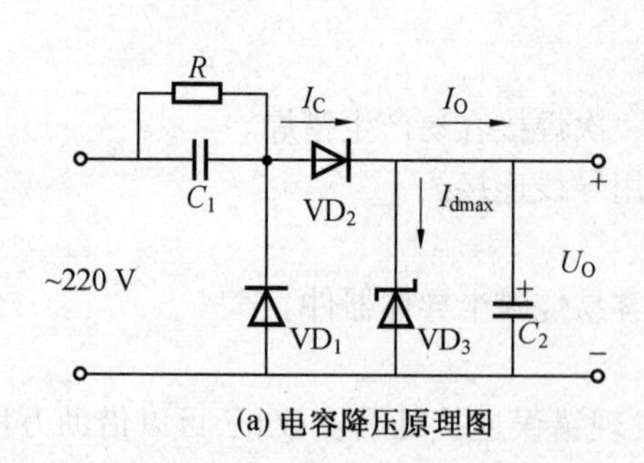

(a) 电容降压原理图

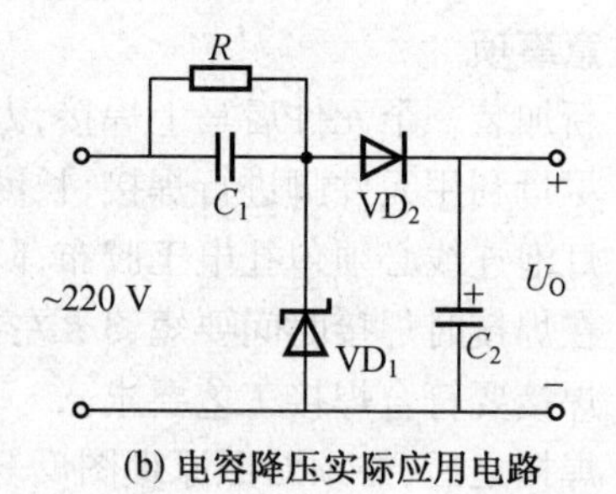

(b) 电容降压实际应用电路

图 7.8　电容降压电路

整流后未经稳压的直流电压一般会高于 30 V,并且会随负载电流的变化发生很大的波动,这是因为此类电源内阻很大的缘故所致,故不适合大电流供电的应用场合。

(2) R、C_1的器件选择

① 降压电容的选择。

电路设计时,应先测定负载电流的准确值,然后参考示例来选择降压电容器的容量。因为通过降压电容 C_1向负载提供的电流 I_O,实际上是流过 C_1的充放电电流 I_C。C_1容量越大,容抗 X_{C1}越小,则流经 C_1的充、放电电流越大。通常降压电容 C_1的容量与负载电流 I_O的关系可近似认为

$$C_1 = 14.7 \times I_O$$

式中,C_1的容量单位是 μF,I_O的单位是 A,这个电流指不带负载,电容自成回路时所能提供的最大负载电流。为保证降压电容可靠工作,其降压电容的耐压选择应大于两倍的电源电压。

② 泄放电阻 R 的选择。

泄放电阻的作用为:当正弦波在最大峰值时刻被切断时,电容 C_1上的残存电荷无法释放,会长久存在,在维修时如果人体接触到 C_1的金属部分,有强烈的触电可能,而电阻 R 的存在,保证在规定的时间内泄放掉 C_1上的电荷,从而保证人、机安全。泄放电阻的阻值与电容的大小有关,一般电容的容量越大,残存的电荷就越多,泄放电阻的阻值就要选小些。经验数据见表 7.1,供设计时参考。

表 7.1　泄放电阻的经验数据

C_1取值/μF	0.47	0.68	1	1.7	2
R 取值/Ω	1 M	770 k	710 k	360 k	200 ~ 300 k

(3) 应用实例——电容降压式 LED 电源

图 7.9 所示是电容降压式 LED 电源电路。这是一个利用电容降压的 LED 驱动电路,C_1是降压电容,R_1是泄放电阻,D_1 ~ D_4 是整流二极管,C_2是滤波电容,R_3是限流电阻,R_2是电容 C_2的泄放电阻,起到一定的浪涌保护作用,由 54 个发光二极管组成的支路既是电源电路的负载,也起稳压作用,因此电路中比图 7.8(b)的原理图少了一个稳压支路。

电容降压式 LED 电源是稳压式电源电路,结构简单,成本最低,电源效率比较高(在 LED 数量与电容 C_1 值匹配比较好的情况下,效率可以达到 90% 以上)。通过电容降压,在实际使用时,由于充放电的作用,通过 LED 的瞬间电流极大,芯片容易损坏,故电路设计时既要保证正常照明的亮度也要为 LED 的驱动电流预留一定的余量,尽可能减小冲击。LED 没有过流保护电路,也容易损坏。易受电网电压波动的影响,输入电压适应范围较窄,只可针对单电压设

计,不可以用于宽电压输入(对于部分电网电压波动比较大的地区也不推荐应用),否则易出现危险;电路 P_F 值较低(容性电路,一般 P_F 约为0.4~0.5);电路为非隔离型,容易造成触电危险(所以在LED产品设计上如果采用此电路,则产品设置重点要放在外壳上面,应采用更安全的绝缘材料或更成熟的外壳保护设计);电源纹波比较大,有100 Hz的频闪(人眼相对难分辨,但用数码相机比较容易看出),因此使用此电路设计的照明产品不适合做高品质照明(例如台灯),会对人眼有一定损伤。

4. 技能训练

(1) 用Proteus仿真软件按要求布好电容降压式LED电源电路如图7.9所示。

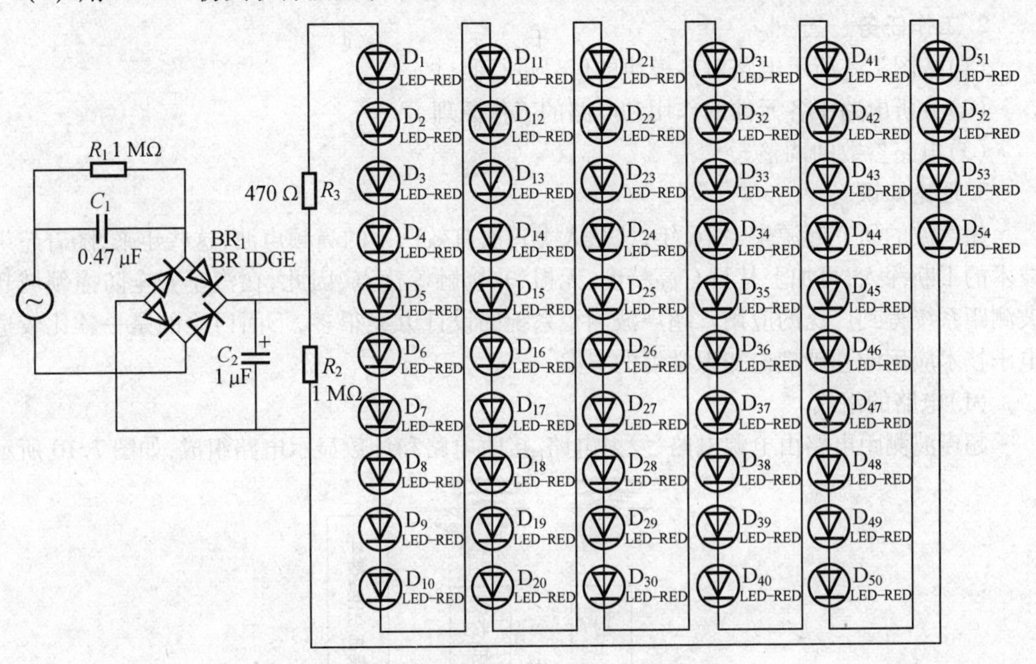

图7.9　电容降压式LED电源仿真电路图

(2) 修改电路中主要器件的参数。普通LED的默认参数压降为2 V,电流为10 mA,应改为光源LED的压降为3 V,电流为18 mA;交流电源的参数——峰值电压和频率也要改成311 V/50 Hz,与日常用电电源的参数一致。

(3) 仿真测试电路的主要参数中输出电流、输出电压如有异常,分析原因并查找错误。

5. 实训注意事项

(1) 电源属于非隔离型,未和220 V交流高压隔离(建议实验电源加入隔离变压器),请注意安全,严防触电。

(2) 对于刚做完实验的电路,断开电源后,不要立即触碰电源的任何地方,避免电容未完全释放完电荷而引起触电。

(3) 限流电容须接于火线,耐压要足够大(大于400 V),并加串防浪涌冲击兼保险电阻和并联放电电阻。

(4) 电源为单电压型,且基于22 V 50 Hz交流电设计,不可接入大于220 V的交流输入电压,否则容易损坏LED。

(5) 电源中的电容 C_1 为无极性电容,切不可使用电解电容或者其他有极性电容替代。

7.4 超声波测距电路的仿真与测试

1. 学习目标

(1)了解超声波测距电路的组成与工作原理。

(2)熟悉集成运放组成的各种应用电路。

(3)会用 Proteus 仿真分析超声波测距电路各功能模块的参数。

(4)会测试超声波测距电路各模块的信号。

2. 工作任务

(1)按图 7.8 所示电路对各模块的信号进行测试。

(2)分析电路中各元件的作用和电路的工作原理。

(3)电路参数的调整。

3. 理论知识

超声波的研究起源于 1876 年,这是人类首次有效产生的高频声波,这些年来,随着超声波技术的不断深入,再加上其具有高精度、无损、非接触等优点,因此,在汽车安全防撞领域超声波测距系统得到广泛的应用。超声波测距系统的设计方案很多,下面讨论的是一款比较适合电子技术应用的基础理论知识学习的方案。

(1)电路的组成

超声波测距电路由电源电路、发射电路、接收电路和计数显示电路组成,如图 7.10 所示。

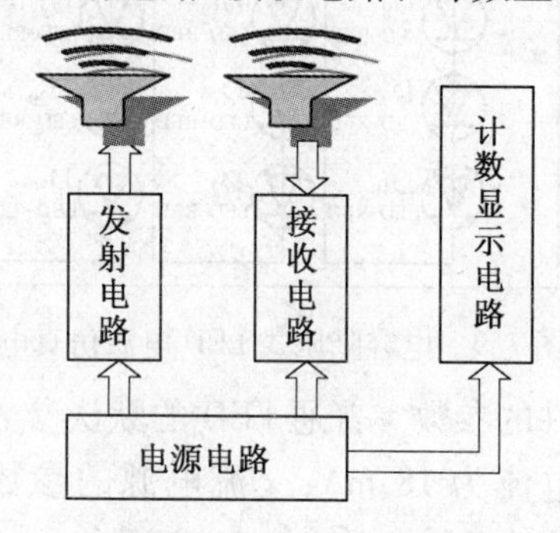

图 7.10 超声波测距电路的方框图

电源电路的作用是为系统各部分提供所需的直流电压;

超声波发射电路由测试脉冲产生电路、超声波发生电路和超声波功率放大电路组成,其作用是为系统测距产生并发射所需的超声波信号;

超声波接收电路由 2 级信号放大电路、2 级带通滤波电路和比较器等电路组成,其作用是接收超声波信号并产生一个测距脉宽信号输出;

计数显示电路由计数脉冲产生电路、计数复位和锁存电路、计数显示电路和显示电路组成,其作用是显示测量的结果。

(2) 电路工作原理

超声波测距电路如图 7.11 所示,其主要电路的工作原理分述如下。

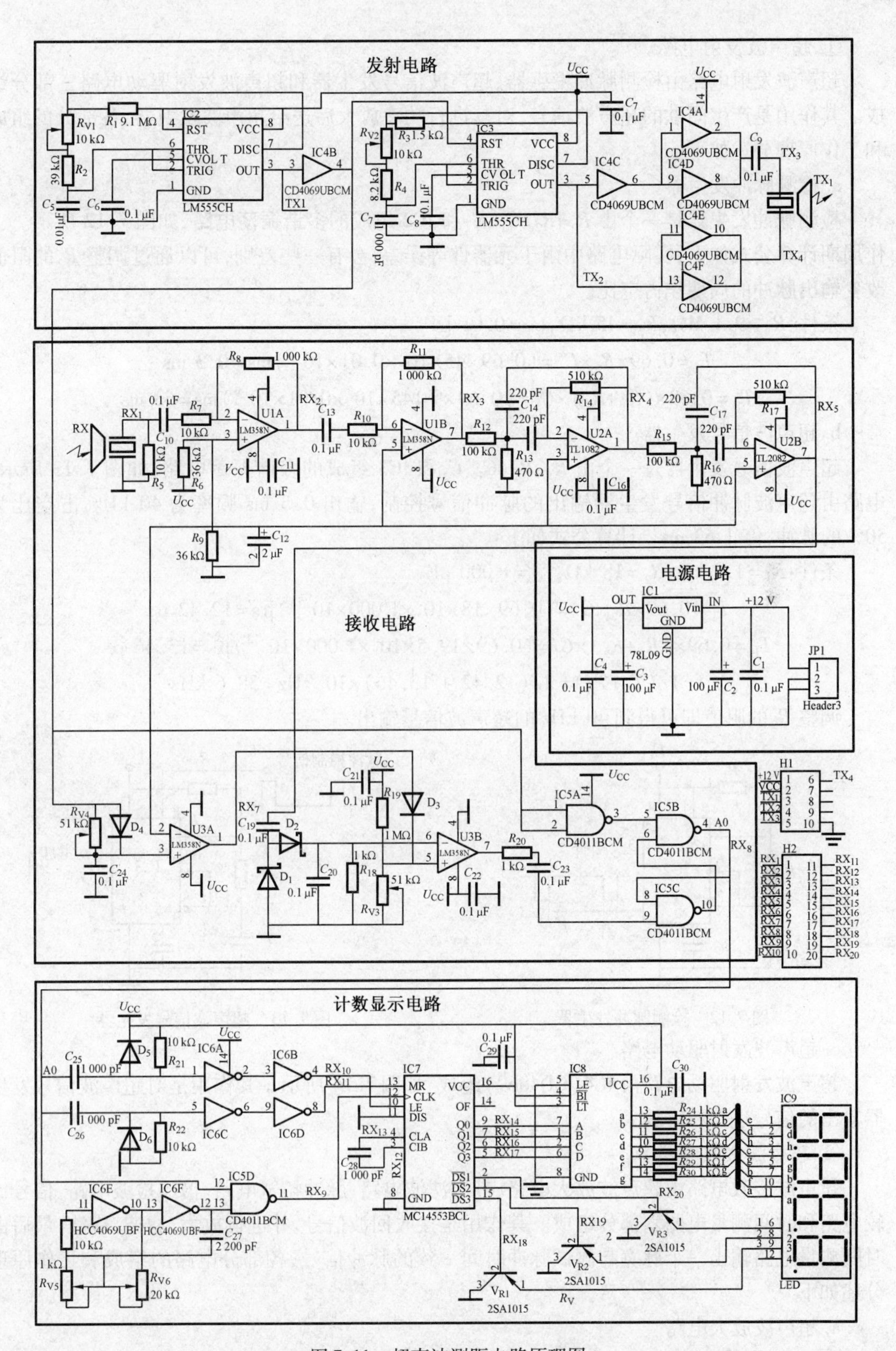

图7.11 超声波测距电路原理图

① 超声波发射电路。

超声波发射电路由检测脉冲发生器、超声波信号发生器和超声波发射驱动电路三部分组成。其作用是产生间歇的超声波信号，对其进行功率放大后送给超声波发射器，各部分的组成和工作原理分述如下。

a. 检测脉冲发生器。

检测脉冲发生器是一个由 R_1、R_2、C_1、C_2 和 IC2 组成的多谐振荡电路，如图 7.12 所示。工作周期计算公式如下，实际电路中由于元器件等误差，会有一些差别，可以通过调整 R_2 的阻值改变输出脉冲的周期作占空比。

条件：$R_1 = 9.1\ \text{M}\Omega, R_2 = 45\ \text{k}\Omega, C_1 = 0.01\ \mu\text{F}$

$$T_L = 0.69\times R_2\times C_1 = (0.69\times 45\times 10^3\times 0.01\times 10^{-6})\ \text{ms} = 0.3\ \text{ms}$$

$$T_H = 0.69\times(R_1+R_2)\times C_1 = (0.69\times 9\ 145\times 10^3\times 0.01\times 10^{-6})\ \text{ms} = 63\ \text{ms}$$

b. 超声波信号发生器。

超声波信号发生器是一个由 R_1、R_2、C_1、C_2 和 IC3 组成的多谐振荡电路，如图 7.13 所示。电路由超声波脉冲信号发生器输出的脉冲信号控制，输出 0.3 ms 频率为 40 kHz，占空比为 50% 的脉冲，停止 63 ms。计算公式如下：

条件：$R_1 = 1.5\ \text{k}\Omega, R_2 = 18\ \text{k}\Omega, C_1 = 1\ 000\ \text{pF}$

$$T_L = 0.69\times R_2\times C_1 = (0.69\times 18\times 10^3\times 1\ 000\times 10^{-12})\ \mu\text{s} = 12.42\ \mu\text{s}$$

$$T_H = 0.69\times(R_1+R_2)\times C_1 = (0.69\times 19.5\times 10^3\times 1\ 000\times 10^{-12})\ \mu\text{s} = 13.46\ \mu\text{s}$$

$$f = 1/(T_L+T_H) = 1/(12.42 + 13.46)\times 10^{-6}\ \text{Hz} = 38.6\ \text{kHz}$$

调整 R_2 的阻值即可得到 40 kHz 的超声波信号输出。

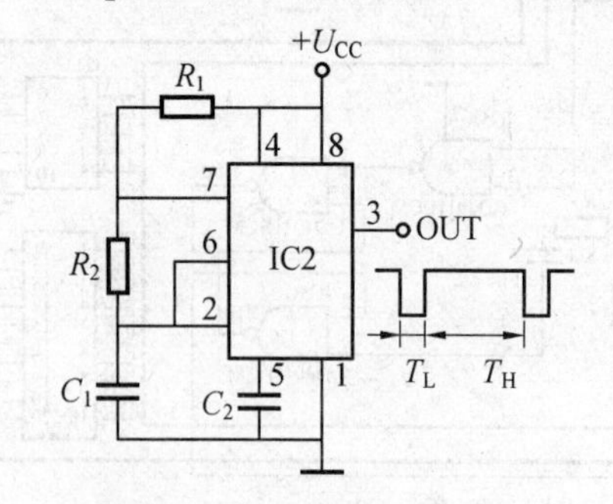

图 7.12 检测脉冲发生器

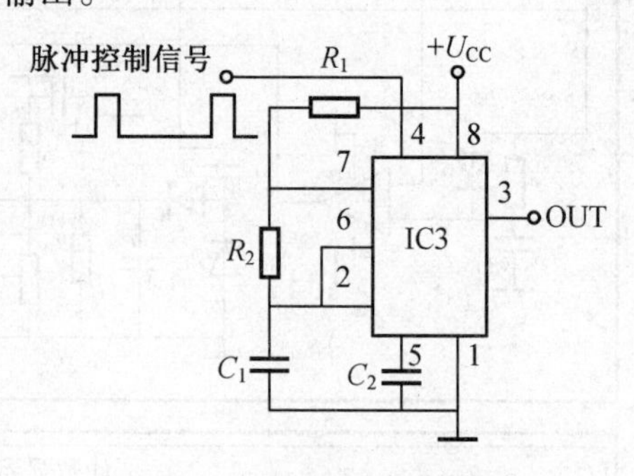

图 7.13 超声波信号发生器

c. 超声波发射驱动电路。

超声波发射驱动电路由 IC4（CD4069）组成，如图 7.14 所示。其作用是对超声波信号发生器输出的信号进行功率放大。

② 超声波接收电路。

超声波接收电路由超声波放大电路、带通滤波电路、脉冲拓宽电路、倍压检波电路、信号比较电路和时间测量电路六部分组成。其作用是接收回波信号，并进行放大、滤波、检波，最后由时间测量电路输出一个脉宽与测试脉冲时间一致的脉冲信号，各部分电路的组成和工作原理分述如下。

a. 超声波放大电路。

由超声波接收头 RX 进行声电转换，输出的超声波信号经 C_8 送入 U1 组成的超声波放大

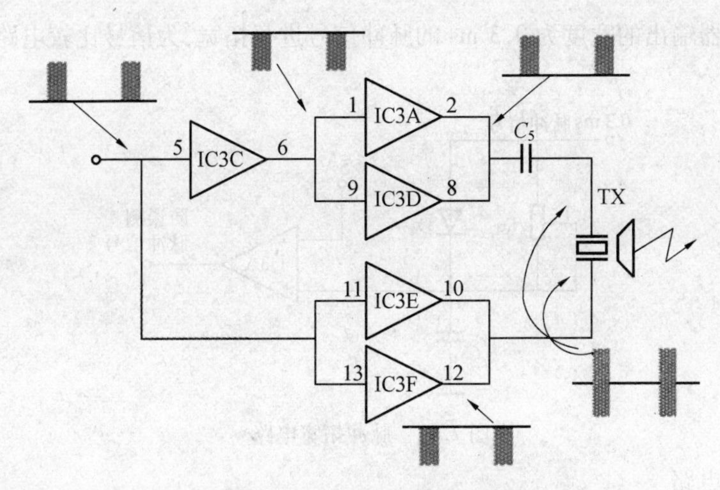

图7.14　超声波发射驱动电路

电路,如图7.15所示。反射回来的超声波信号经U1的两级放大1 000倍(60 dB),第1级放大100倍(40 dB),第2级放大10倍(20 dB)。由于一般的运算放大器需要正、负对称电源,而该装置电源用的是单电源(9 V)供电,为保证其可靠工作,这里用R_{28}和R_{31}进行分压,这时在U1的同相端有4.5 V的中点电压,这样可以保证放大的交流信号的质量,不至于产生信号失真。

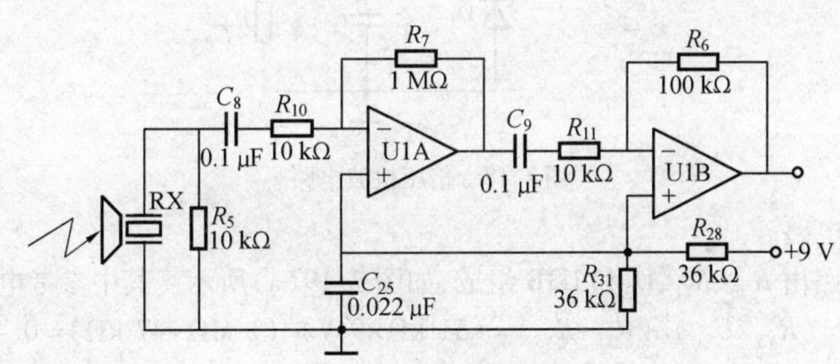

图7.15　超声波放大电路

b. 带通滤波电路。

带通滤波电路由两级无限增益多路反馈式带通滤波器组成。它的作用是抑制非40 kHz频率成分的信号,允许40 kHz的超声波信号输出,电路如图7.16所示。

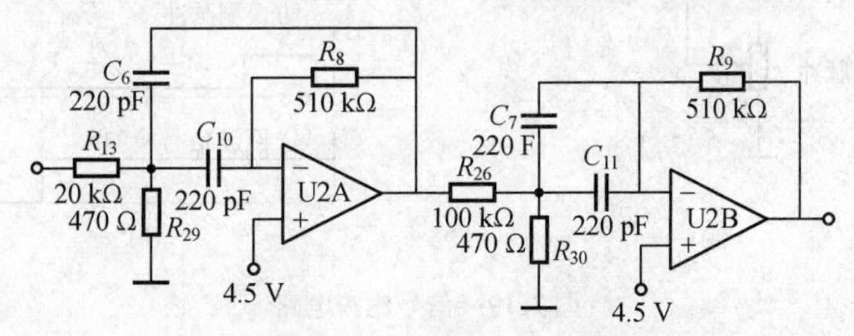

图7.16　带通滤波电路

c. 脉冲拓宽电路。

脉冲拓宽电路由R_{V4}、C_{24}、D_4和集成运放U3A组成,如图7.17所示。它的作用是对超声波脉冲信号发生器输出的宽度为 0.3 ms 的脉冲信号进行拓宽，为信号比较电路提供一个防误测脉冲信号。

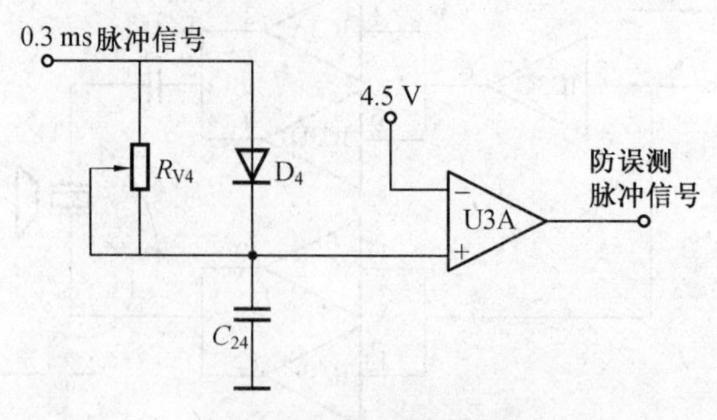

图 7.17 脉冲拓宽电路

d. 倍压检波电路。

倍压检波电路由 C_{19}、C_{20}、D_1、D_2 和 R_{18} 组成。它的作用是将带通滤波电路输出的束波信号进行倍压检波，取出反射回来的超声波信号(回波信号)的检测脉冲信号，如图 7.18 所示。

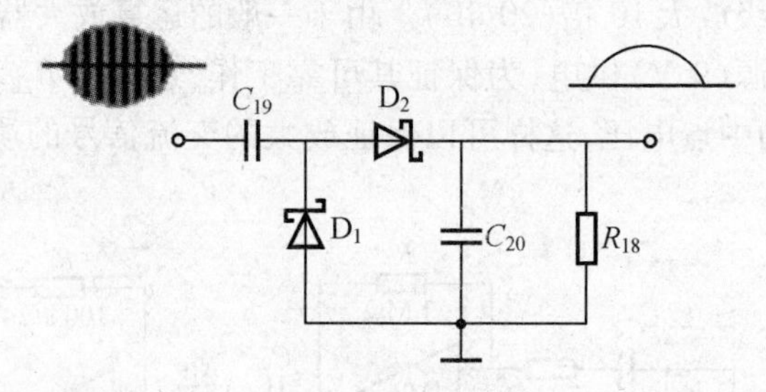

图 7.18 倍压检波电路

e. 信号比较电路。

信号比较电路由 R_{V3}、R_{21}、D_3 和 U3B 组成，如图 7.19(a)所示。其中参考电压 U_{REF} 为

$$U_{REF}=(R_{V3}\times U_{CC})/(R_{21}+R_{V3})=(51\ \text{k}\Omega\times 9\ \text{V})/(1\ \text{M}\Omega+47\ \text{k}\Omega)=0.4\ \text{V}$$

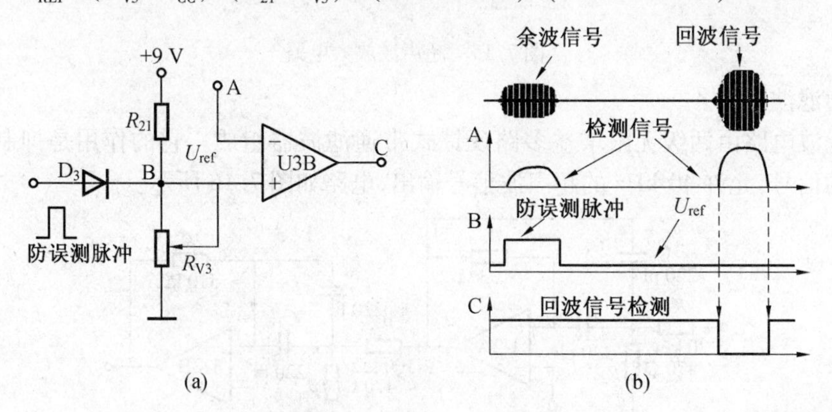

图 7.19 信号比较电路

所以当 A 点(U3B 的反相端)过来的检测脉冲信号电压高于 0.4 V 时，B 点电压将由高电平“1”到低电平“0”。同时注意到在 U3B 的同相端接有二极管 D_3，这是用来防止误检测而设置的。在实际测量时，超声波发射头会有一部分信号直接传播到接收头(即余波信号)而形成

误检测。为避免这种情况发生，这里用 D_3 直接引入防误检测脉冲来适当提高 U3B 比较器的门限转换电压，这样在超声波发射器发出检测脉冲时，由于 D_3 的作用使 U3B 的门限转换电压也随之被提高，可防止这时由于检测脉冲自身的干扰而形成的误检测。由以上可知，当测量距离小到一定程度时，由于 D_3 的防误检测作用，其近距离测量会受到影响。图示参数的最小测量距离在 40 cm 左右。图 7.19(b)是信号比较电路输入、输出信号的波形图。

f. 时间测量电路。

时间测量电路由 IC6 组成的 *RS* 触发器构成，如图 7.20(a)所示。可以看出，在检测脉冲发生器输出检测脉冲时(A 端为高电平)，D 端输出高电平；当信号比较电路检测到回波信号脉冲时，C 端由高变低，此时 D 端变为低电平，因此输出端 D 的高电平时间即为测试脉冲往返时间。图 7.20(b)是时间测量电路各点信号的波形图。

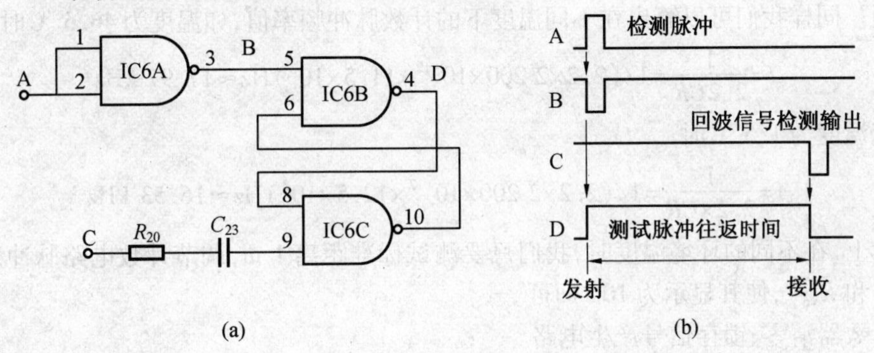

图 7.20　时间测量电路

③ 计数显示电路。

计数显示电路由计数脉冲发生电路、计数器清零、锁存信号产生电路和计数显示驱动电路三部分组成。其作用是检测测试脉冲往返的时间，并转换成测量的距离在数码管上显示出来，各部分电路的组成和工作原理分述如下。

a. 计数脉冲发生电路。

计数脉冲发生电路由 IC6、R_{23}、R_{V5}、R_{V6} 和 C_{27} 组成多谐振荡器构成，如图 7.21 所示。

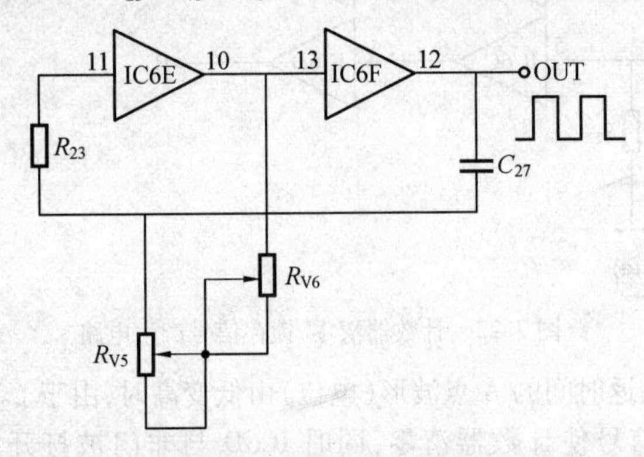

图 7.21　计数脉冲发生电路

电路的工作频率 $f=\dfrac{1}{2.2CR}$，其中 R 是 R_{23}、R_{V5} 和 R_{V6} 的阻值之和。电路频率设计在 17.2 kHz左右。这个频率是根据声波在环境温度为 20 ℃时的传播速度为 343.5 m/s 确定的。

我们知道在不同的环境温度下，声波的传播速度会有所改变，其关系为 $U=331.5+0.6t$，其中 U 的单位为 m/s，t 为环境温度，单位为℃。

有关计算如下：

测量距离为 1 m 的物体时，声波的往返时间为：2 m/343.5(m/s) = 5.82 ms。这时计数器显示应为 100，即 1 m，此时计数电路脉冲发生器的频率 $f=100/(5.82\ \text{ms}\times10^{-3})=17.18\ \text{kHz}$。如电容 C(即 C_{27})为 2 200 pF，此时电阻

$$R=\frac{1}{2.2Cf}=1/(2.2\times2\,200\times10^{-12}\ \text{F}\times17.18\times10^{3}\ \text{Hz})\approx12\ \text{k}\Omega$$

由于在不同的环境温度下，声波的传播速度会不同，为适应不同环境温度下测量的需要，我们要求电阻 R 具有一定的调节范围，这里用 R_{V5}，R_{V6} 进行调节，其中 R_{V5} 为粗调电阻，R_{V6} 为精调电阻。同样我们可以算出在不同温度下的计数脉冲频率值，如温度为 46.5 ℃时

$$f=\frac{1}{2.2CR}=1/(2.2\times2\,200\times10^{-12}\times11.5\times10^{3})\ \text{Hz}\approx17.97\ \text{kHz}$$

环境温度为 1.5 ℃时

$$\text{f}=\frac{1}{2.2\times CR}=1/(2.2\times2\,200\times10^{-12}\times12.5\times10^{3})\ \text{Hz}\approx16.53\ \text{kHz}$$

实际上，在不同的环境温度时，我们只要测试标准距离 1 m，调节计数电路脉冲发生器的频率(R_{V5} 和 R_{V6})，使其显示为 100 即可。

b. 计数器清零、锁存信号产生电路。

计数器清零、锁存信号产生电路由 IC6、R_{21}、C_{25} R_{22} 和 C_{26} 组成，如图 7.22 所示。其工作过程如下：

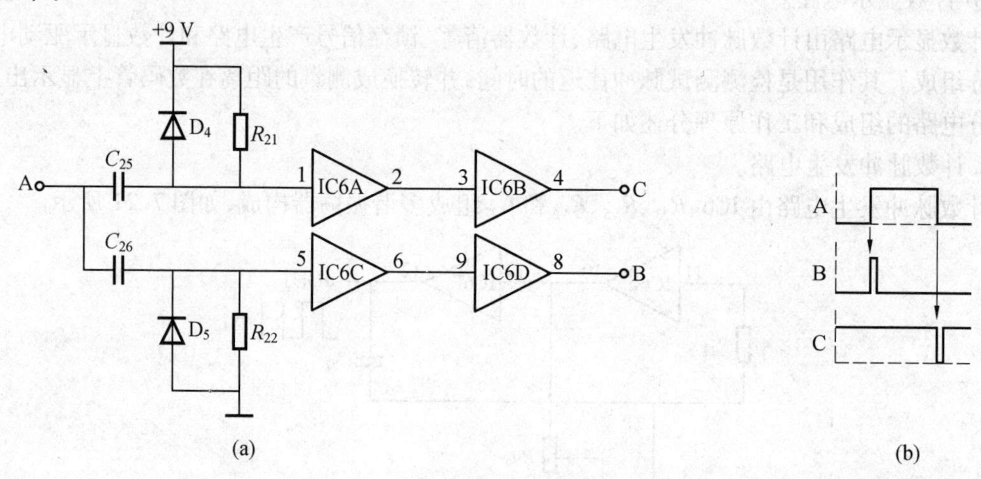

图 7.22　计数器清零、锁存信号产生电路

当代表测试脉冲往返时间的 A 点波形(电位)由低变高时，由于 C_{26} 电压不能突变，故 B 点会产生一个复位脉冲信号使计数器清零，同时 IC6D 与非门被打开，计数器 IC7 开始通过 CLOCK 脚计数；同样当 A 点的波形(电位)由高变低时，由于 C_{25} 电压不能突变，故 C 点会产生一个锁存脉冲信号使计数器数据被锁存，同时 IC6D 与非门被关闭，计数器 IC7 停止计数，完成计数过程，图 7.22(b)所示为电路各点的波形图。

c. 计数显示驱动电路。

计数显示驱动电路由 IC7(CD4553)和 IC8(CD4511)组成,如图 7.23 所示。其中 CD4553 是三位 BCD 计数器,但只有一组 BCD 码输出端,通过分时控制可以形成三位 BCD 码显示。这种设计一方面可以节省译码器,另一方面也大大简化计数电路的逻辑设计。CD4553 的最高工作频率可达 7 MHz,当 C_{28} 为 1 000 pF 时,刷新频率为 1 100 Hz。此外电路还具有闩锁、级联功能,非常适合于作多位十进制计数显示使用。由 CD4511、LED、Q_1 ~ Q_3 组成显示电路。

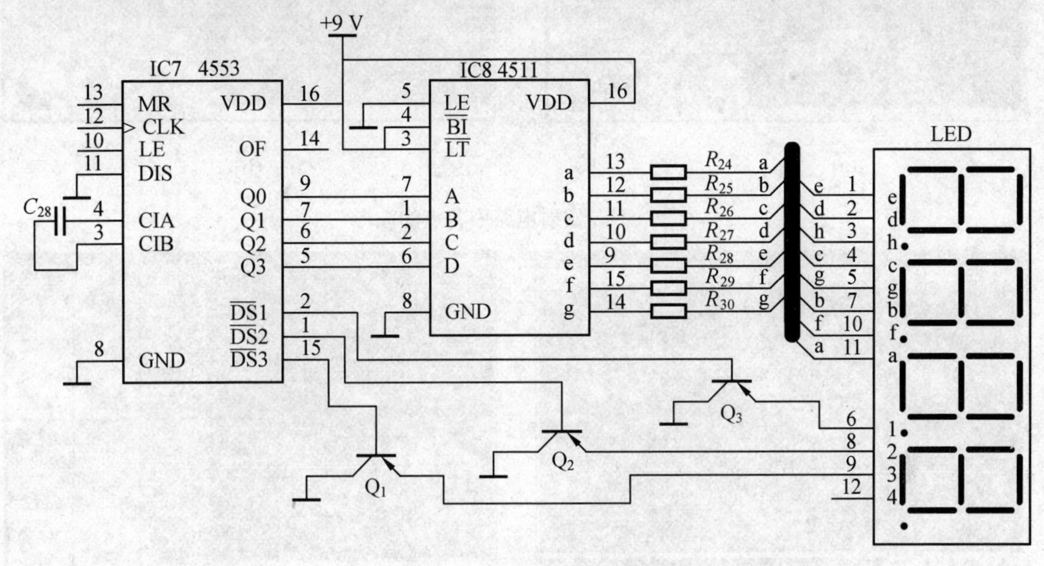

图 7.23　计数显示驱动电路

4. 技能训练

(1) 电路的仿真分析

① 发射电路的仿真分析。

用 Proteus 仿真测试发射电路中各点的波形如图 7.24 所示。图 7.24(a)中自上而下的四路信号波形分别是 IC2 的输出端、IC3 的输出端和超声波发射器的上、下两端的信号波形,由图可见由 IC2 组成的检测脉冲发生器输出的检测脉冲信号脉宽是 0.35 ms,周期为 62 ms,调整 R_{V1} 可以改变检测脉冲信号的脉宽和周期。图 7.24(b)中的各信号与图 7.24(a)中的信号一一对应,由图可见由 IC3 组成的超声波信号发生器输出的超声波信号脉宽是 12.6 μs,周期为 25.7 μs,调整 R_{V2} 可以改变超声波信号的脉宽和周期。

② 接收电路的仿真分析。

用 Proteus 仿真测试接收电路中各点的波形如图 7.25 所示。图 7.25(a)是带通滤波电路的幅频特性曲线,由图可见电路的中心频率是 40.1 kHz,改变电路中的阻容元件的参数可以改变带通滤波电路的中心频率的输出幅度。图 7.25(b) 中自上而下分别是脉冲拓宽电路的输入和输出的波形图,调整 R_{V4} 的阻值的大小,可以改变输出脉冲的宽度,为信号比较电路提供一个合适的防误测脉冲信号,消除余波信号的干扰。

③ 计数显示电路的仿真分析。

用 Proteus 仿真测试计数显示电路中各点的波形如图 7.26 所示。图 7.26(a) 中自上而下分别是计数脉冲发生电路 IC6 的 12 脚、IC6 的 10 脚和 IC6 的 11 脚的输出的波形图,调整 R_{V5} 和 R_{V6} 的阻值的大小,可以分别粗调和微调电路输出脉冲信号的频率,从而提高超声波测距电

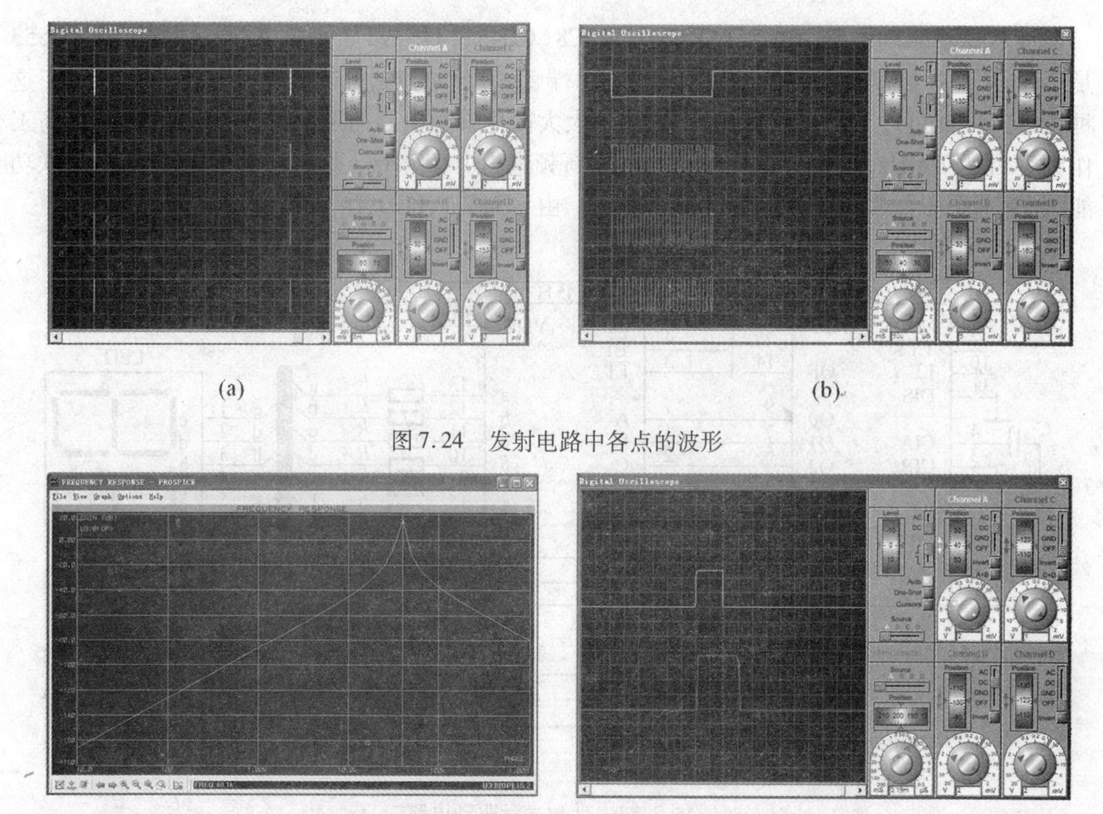

(a) (b)

图7.24 发射电路中各点的波形

图7.25 接收电路中各点的波形

路测量距离的灵敏度。图7.26(b)中自上而下分别是计数器清零、锁存信号产生电路的计数输入脉冲信号、锁存脉冲信号和复位脉冲信号,为计数电路IC7提供准确有效的锁存脉冲信号和复位脉冲信号,确保计数显示电路的正常工作。

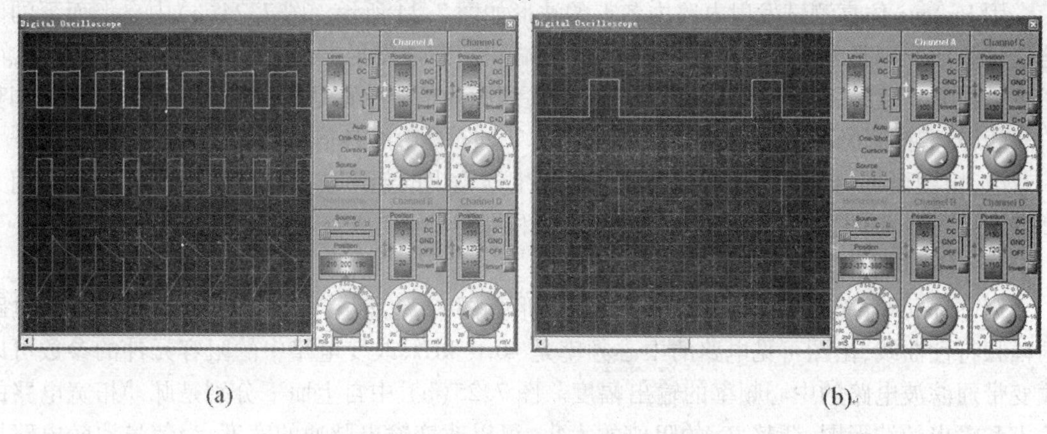

(a) (b)

图7.26 计数显示电路中各点的波形

(2) 电路参数的测试

超声波测距电路的测试面板如图7.27所示。图中在各功能模块上都有测试点,方便学习调整和测试电路参数,给测试板接上+12 V的直流电源后,就可以进行各种参数的测试。

① 电源电路的测试。

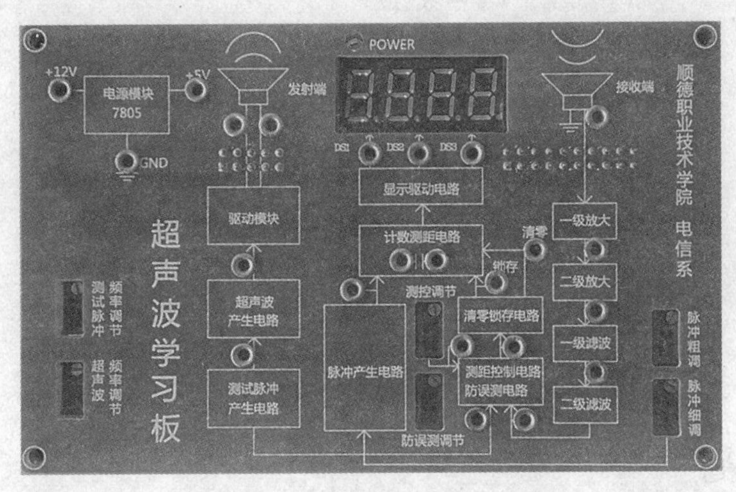

图7.27 超声波测距电路的测试面板

电路接上+12 V直流电源后,测试+5 V测试点的电压是否正常,如有异常,分析原因并调整使+5 V电压正常。

② 发射电路的测试。

用示波器测试发射电路上各测试点的信号波形,并与发射电路仿真分析中的波形进行比较,如信号的参数不正确,可以调整相关微调电位器,使参数符合设计要求。

③ 接收电路的测试。

用示波器测试接收电路上各测试点的信号波形,并与接收电路各部分参数和波形进行比对,如有差异,分析原因并适当调整相关的微调电位器使接收电路正常工作。

④ 计数显示电路的测试。

把电路的超声波发射头和接收头放置于距墙面1 m处,调节脉冲产生电路的粗调和细调电位器,使数码管显示100,以校准测距仪的测试精度。

5. 注意事项

(1) 在仿真分析电路的信号波形时,由于电脑的运行速度有限,不能同时仿真整个电路的运行情况,即使仿真能进行,结果也与实际情况相差较远,因此电路的仿真要分模块进行。

(2)在进行电路的测试时要注意不要让电路短路。

(3)在测试中无论被测物体的远近,测距仪在测试的过程中总是显示一个固定值(如040),这表明测距仪受到自身发出的检测脉冲干扰(即余波干扰),这时只要适当调节防误测电位器即可。

习题参考答案

第1章

1.1　填空题

(1)杂质浓度、温度;(2)大于、变窄、小于、变宽;(3)0.6、0.7、0.1、0.2;(4)1.2 ~2 V、高于、5 ~10;(5)稳压、最大整流电流、反向击穿电压、反向电流、极间电容。

1.2　选择题

(1)A　(2)C　(3)D　(4)C

1.3　判断题

(1)×　(2)√　(3)×　(4)×　(5)×

计算题

1.4　$U_{O1}\approx 2$ V(二极管正向导通);$U_{O2}=0$(二极管反向截止);$U_{O3}\approx -2$ V(二极管正向导通);$U_{O4}\approx 2$ V(二极管反向截止);$U_{O5}\approx 2$ V(二极管正向导通);$U_{O6}\approx -2$ V(二极管反向截止)。

1.5　$U_{O1}\approx 1.3$ V(二极管正向导通);$U_{O2}=0$(二极管反向截止);$U_{O3}\approx -1.3$ V(二极管正向导通);$U_{O4}\approx 2$ V(二极管反向截止);$U_{O5}\approx 1.3$ V(二极管正向导通);$U_{O6}\approx -2$ V(二极管反向截止)。

1.6　如图1.50所示的电路图中,图(a)所示电路,二极管D导通,$U_o=-6$ V;图(b)所示电路,二极管D_1导通,D_2截止,$U_o=-0$ V;图(c)所示电路,二极管D_1导通,D_2截止,$U_o=-0$ V。

1.7　波形如图1所示。

对于如图1.51所示的电路,当$u_i>3$ V时,稳压管D_Z反向击穿,$u_o=u_i>3$ V,当$u_i<3$ V时,稳压管D_Z未击穿,$u_o=0$ V。对于图1.51(b)所示的电路,当$u_i>3$ V时,稳压管D_Z反向击穿,$u_o=U_Z$,当$u_i<3$ V时,稳压管D_Z未击穿,$u_o=u_i$。

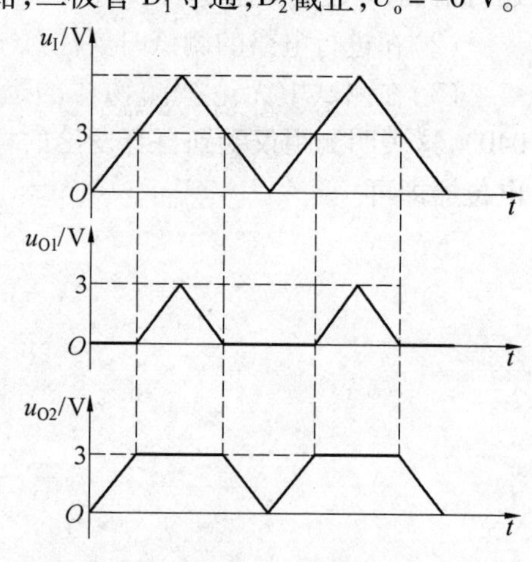

图1　题1.7答案图

1.8　(1)当开关S闭合时发光二极管才能发光。

(2)为了让二极管正常发光,$I_D=5\sim15$ mA,R的范围为

$$R_{\min}=(U-U_D)/I_{D\max}\approx 233\ \Omega$$

$$R_{\max}=(U-U_D)/I_{D\min}=700\ \Omega$$

可以计算得到

$$R=233\sim700\ \Omega$$

第2章

2.1 填空题

(1)输入电阻高、输出电阻低;(2)发射结正向偏置,集电结正向偏置;(3)输入电阻高;(4)输出电阻低;(5)分压式偏置放大;(6)静态工作点;(7)I_B、I_C、U_{CE};(8)集电极;(9)发射极;(10)接近于1;(11)断开;(12)短路;(13)饱和;(14)截止;(15)动态;(16)输入信号为零;(17)输入信号不为零;(18)估算法、图解法;(19)微变等效电路法、图解法;(20)直流电源;(21)提高放大倍数的稳定性,改善非线性失真,拓宽通频带,改变输入、输出电阻;(22)减小;(23)增大,减小;(24)稳定,减小;(25)输入;(26)输入;(27)串联;(28)并联;(29)电压;(30)电流;(31)宽;(32)$A_f=1/F$。

2.2 选择题

(1)C (2)B (3)B (4)A (5)A (6)C (7)B (8)B (9)D (10)B (11)B (12)A (13)B (14)A (15)A (16)C (17)D

计算题

2.3 (1)接入负载电阻 R_L 前:$A_u=-\beta R_C/r_{be}=-40\ \Omega\times4/1\ \Omega=-160$;接入负载电阻 R_L 后:$A_u=-\beta(R_C/\!/R_L)/r_{be}=-40\times(4\ \Omega/\!/4\ \Omega)/1\ \Omega=-80$;(2)输入电阻 $r_i=r_{be}=1\ \text{k}\Omega$;输出电阻 $r_o=R_C=4\ \text{k}\Omega$。

2.4 (1)$I_B=\dfrac{U_{CC}-U_{BE}}{R_B}\approx\dfrac{U_{CC}}{R_B}=\dfrac{12\ \text{V}}{300\times10^3\ \Omega}=0.04\ \text{mA}$,$I_C=\beta I_B=37.5\times0.04\ \text{mA}=1.5\ \text{mA}$

$U_{CE}=U_{CC}-R_CI_C=12\ \text{V}-4\ \text{k}\Omega\times1.5\ \text{mA}=6\ \text{V}$

(2)$R'_L=R_C/\!/R_L=2\ \text{k}\Omega$;$A_u=-\beta\dfrac{R'_L}{r_{be}}=-37.5\dfrac{2\ \Omega}{1\ \Omega}=-75$。

2.5 (1)$A_u=-\beta\dfrac{R_C/\!/R_L}{r_{be}}=-\dfrac{80\ \Omega\times2.5\ \Omega}{1\ \Omega}=-200$

(2)$R_i=R_B/\!/r_{be}=1\ \text{k}\Omega$,(3)$R_o\approx R_C=5\ \text{k}\Omega$。

2.6 $I_B=\dfrac{U_{CC}-U_{BE}}{R_B}\approx\dfrac{U_{CC}}{R_B}=\dfrac{12\ \text{V}}{300\times10^3\ \Omega}=0.04\ \text{mA}$,$I_C=\beta I_B=37.5\times0.04\ \text{mA}=1.5\ \text{mA}$,$U_{CE}=U_{CC}-R_CI_C=12\ \text{V}-4\ \text{k}\Omega\times1.5\ \text{mA}=6\ \text{V}$,$R'_L=R_C/\!/R_L=2\ \text{k}\Omega$

$A_u=-\dfrac{\beta(R_C/\!/R_L)}{r_{be}}=-\dfrac{37.5\times(4\ \Omega/\!/4\ \Omega)}{1\ \Omega}=-75$,$r_i=R_B/\!/r_{be}=300\ \Omega/\!/1\ \Omega=1\ \text{k}\Omega$,$r_o=R_C=4\ \text{k}\Omega$。

2.7 (1)$U_B=\dfrac{U_{CC}}{R_{B1}+R_{B2}}R_{B2}=5.58\ \text{V}$,$I_C\approx I_E=\dfrac{U_B-U_{BE}}{R_E}=\dfrac{5.58\ \text{V}-0.7\ \text{V}}{1.5\ \Omega}=3.2\ \text{mA}$

$I_B=\dfrac{I_C}{\beta}=\dfrac{3.2\ \text{mA}}{6\ \text{mA}}=0.048\ \text{mA}$,$U_{CE}=U_{CC}-(R_C+R_E)I_C=24\ \text{V}-(3.3\ \text{k}\Omega+1.5\ \text{k}\Omega)\times3.2\ \text{mA}=8.64\ \text{V}$

2.8 (1) R_2、R_6和R_9分别是三极管Q_1、Q_2和Q_3放大电路中的局部反馈网络,它们都是交直流电流串联负反馈;R_3、R_7和C_2组成的级间反馈是直流电压串联负反馈;R_2和R_4组成的级间

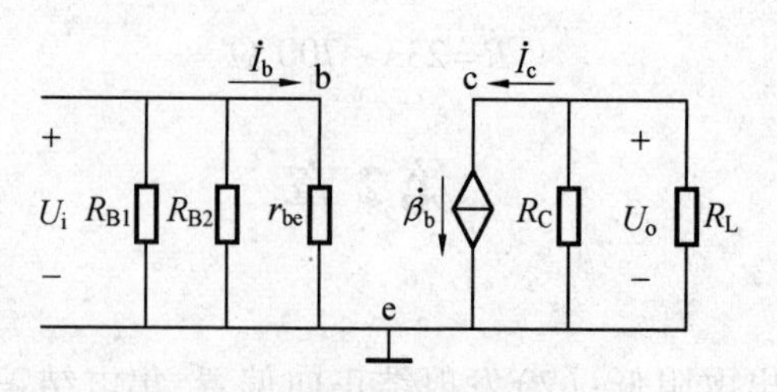

图2 题2.6答案图

反馈是交直流电流串联负反馈。

(2) R_3、R_7和C_2组成的级间反馈是稳压静态工作点，R_2和R_4组成的级间反馈是改善电路的交流参数。

(3) 电路中的C_2起交流旁路作用。

2.9 (1) R_F从Q_2的输出端引到Q_1的发射极，构成电压串联负反馈。

(2)反馈网络可以提高输入电阻，减小输出电阻。

2.10 (1) 应引入电流串联负反馈，反馈电阻R_F从E_3接到E_1；

(2)应引入电压并联负反馈，反馈电阻R_F从C_3接到B_1。

2.11 0.05%

2.12 11，输入电阻很大，输出电阻很小。

第3章

3.1 填空题

(1)输入级、中间放大级、输出级和偏置电路；(2) $u_+ = u_-$，$i_+ = i_- = 0$；(3)虚地现象；(4) $u_+ > u_-$，$u_o = +u_{OM}$，$u_+ < u_-$，$u_o = -u_{OM}$；$i_+ = i_- = 0$；(5) ∞，∞，0，∞；(6)同相比例；(7)反相比例；(8)低通滤波器，高通滤波器，带通滤波器和带阻滤波器；(9)单限，跳变，过零电压；(10)滞回电压；(11)带阻滤波器；(12) 高通滤波器。

3.2 选择题

(1)A (2)A (3)B (4)A (5)B (6)B (7)C

计算题

3.3 −25 mV；

3.5 (a) $u_o = \dfrac{R_2 R_7}{R_1 R_5} u_{i1} - \dfrac{R_7}{R_4} u_{i2} - \dfrac{R_7}{R_6} u_{i3}$ (b) $u_o = -\dfrac{1}{R_1 C}\int u_i \mathrm{d}t$

(c) $u_o = \dfrac{R_4}{R_3}(u_{i1} - u_{i2}) + \left(1 + \dfrac{R_4}{R_3}\right)\dfrac{R_5}{R_4 + R_5} u_{i3} + \left(1 + \dfrac{R_4}{R_5}\right)\dfrac{R_4}{R_4 + R_5} u_{i4}$

(d) $u_o = -\dfrac{1}{R_4 C}\int u_{i2} \mathrm{d}t - \left(1 + \dfrac{R_2}{R_1}\right)\dfrac{1}{R_5 C}\int u_{i1} \mathrm{d}t$

3.6 (a) $u_o = -\dfrac{R_2 + R_3}{R_1}\left(1 + \dfrac{R_2 /\!/ R_3}{R_4}\right) u_i$

(b) $u_o = \left(1 + \frac{R_9}{R_7}\right) \frac{R_{10}}{R_8 + R_{10}} \left(1 + \frac{R_5}{R_6}\right) u_{i2} + \frac{R_9}{R_7} \frac{R_2}{R_1} u_{i1}$

3.7　如图 3 所示。

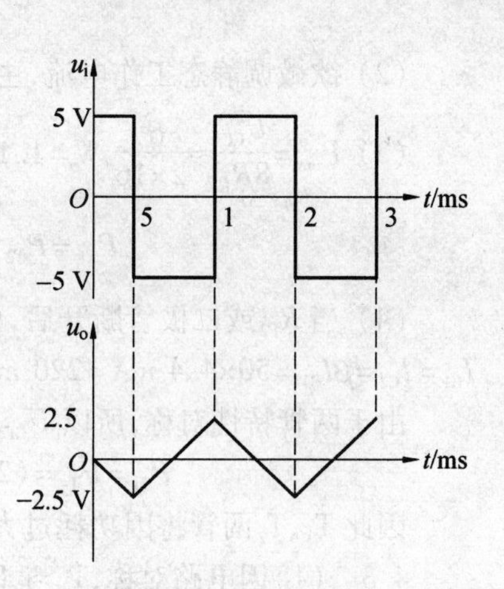

图 3　题 3.7 答案图

3.8　$u_o = 2\frac{R_F}{R_1}u_i$

3.9　(1) $u_o = \frac{1}{R_5 C}\int\left[\left(1 + \frac{R_3}{R_1}\right)\frac{R_4}{R_2 + R_4}u_{i2} - \frac{R_3}{R_1}u_{i1}\right]\mathrm{d}t$

(2) $u_o = -\frac{1}{R_5 C}\int \frac{R_3}{R_1}(u_{i2} - u_{i1})\mathrm{d}t$

3.10　如图 4 所示。

3.11　如图 5 所示。

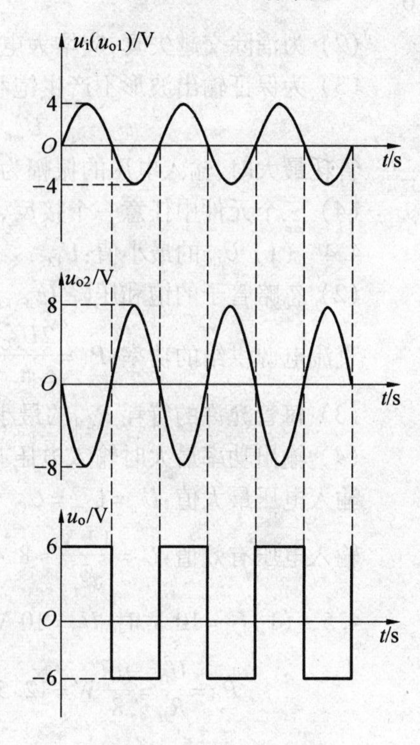

图 5　题 3.11 答案图

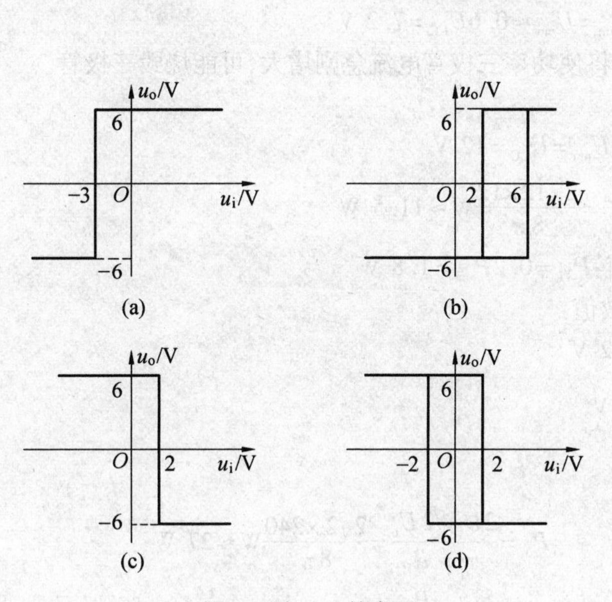

图 4　题 3.10 答案图

第 4 章

4.1　选择题

(1)A　(2)B　(3)A　(4)A　(5)B　(6)B　(7)C　(8)C　(9)A　(10)D　(11)C　(12)A　(13)B　(14)C　(15)C　(16)A　(17)D　(18)B　(19)B　(20)C

计算题

4.2　(1)静态时电容 C 两端电压应等于电源电压的 1/2,即 $U_C = 6$ V。如果偏离此值,应首先调节 R_{P1}。

（2）欲微调静态工作电流，主要应调节 R_{P2}。

（3）$P_{om}=\dfrac{U_{CC}^2}{8R_L}\approx\dfrac{6^2}{2\times16}$ W=1.13 W，$P_V=\dfrac{2(U_{CC}/2)^2}{\pi R_L}=\dfrac{2\times6^2}{\pi\times16}$W≈1.43 W

$$P_{T1}=P_{T2}=\frac{1}{2}(P_V-P_{om})=0.15\ \text{W},\eta=78.5\%$$

（4）当 R_{P2}或二极管断开后，U_{CC}将通过 R_{P1}、R 给 T_1、T_2发射结提供正向偏置，因此可得 $I_{C1}=I_{C2}=\beta I_{B1}=50\times4.4$ mA=220 mA。

由于两管特性对称，所以 $U_{CE1}=U_{CE2}=12$ V/2=6 V，此时，T_1、T_2管所承受的集电极功耗为

$$P_{T_1}=P_{T_2}=(220\times6)\text{mW}=1\ 320\ \text{mW}\gg P_{CM}(220\ \text{mW})$$

因此 T_1、T_2两管将因功耗过大而损坏。

4.3 （1）因电路对称，T_1与 T_2的静态电流相等，所以静态($u_i=0$)时，流过 R_L的电流：$I_L=0$。

（2）为消除交越失真，应增大电阻 R_2。

（3）为保证输出波形不产生饱和失真，则要求输入信号最大振幅为

$$U_{im(max)}\approx U_{om(max)}\approx U_{CC}=12\ \text{V}$$

管耗最大时，输入电压的振幅为 $U_{im}=U_{om}\approx0.6U_{CC}=7.2$ V

（4）三个元件中任意一个接反，都将使功率三极管电流急剧增大，可能烧毁三极管。

4.4 （1）U_{CC}的最小值：U_{CC}

（2）忽略管子的饱和压降 $U_{CE(sat)}$，$U_{om}=U_{CC}=12$ V

直流电源供给的功率：$P_V=\dfrac{2U_{CC}}{\pi}\dfrac{U_{om}}{R_L}=\dfrac{2\times12\times12}{8\pi}$W≈11.5 W

（3）每管允许的管耗 P_{CM}的最小值：$P_{T1}=0.2P_{om}=1.8$ W

（4）输出功率最大时输入电压有效值：

输入电压最大值：$U_m=U_{om}=U_{CC}=12$ V

输入电压有效值：$U_i=\dfrac{12\ \text{V}}{\sqrt{2}}\approx8.49$ V

4.5 （1）$U_I=10$ V 时，$U_O=10$ V，

$$P_O=\frac{U_O^2}{R_L}=\frac{10^2}{8}\text{W}=12.5\ \text{W}\qquad P_V=\frac{2U_{CC}}{\pi}\frac{\sqrt{2}\,U_o}{R_L}=\frac{2\sqrt{2}\times240}{8\pi}\text{W}\approx27\ \text{W}$$

$$P_{T1}=P_V-P_O=14.5\ \text{W}\qquad\eta=\frac{P_O}{P_{DC}}\approx46.3\%$$

（2）最大不失真输出 $U_{om}=24$ V

$$P_{om}=\frac{U_{om}^2}{2R_L}=\frac{24^2}{2\times8}\text{W}=36\ \text{W}$$

$$P_V=\frac{2U_{CC}^2}{\pi R_L}=\frac{2\times24^2}{8\pi}W\approx45.9\ \text{W}$$

$$P_{T1}=P_{T2}=\frac{1}{2}(P_V-P_{om})=4.95\ \text{W}$$

$$\eta=\frac{\pi}{4}=78.5\%$$

第5章

5.1　填空题

(1)$\dot{A}\dot{F}=1$;(2)正反馈放大器,选频网络;(3) $\dot{A}\dot{F}=1$;(4) $|\dot{A}|>3$;(5)$f_0=\dfrac{1}{2\pi\sqrt{LC}}$;(6)串联谐振,并联谐振;(7)等效阻抗为最小,相当于短路;(8)等效阻抗为最大,相当于开路;(9)当$f<f_s$或$f>f_p$时,电抗特性呈容性;当$f_s<f<f_p$时,电抗特性呈感性;当$f=f_s$时,电抗呈纯电阻性;当$f=f_p$时,电抗呈纯电阻性;(10)基本放大电路、正反馈网络、选频网络;(11)$\dot{A}\dot{F}>1$,$\dot{A}\dot{F}=1$。

5.2　选择题

(1) C　(2) B　(3) A　(4) C　(5) A　(6) D　(7) A　(8) D　(9) C

计算题

5.3　(a)不能振荡。根据相位平衡条件,A_1和A_2组成的放大电路应该是同相放大器,而A_1和A_2组成的是反相放大电路。

(b)能振荡。

(c)不能振荡。Q_1、Q_2和Q_3组成的两级放大电路不是同相放大路。

(d)不能振荡。Q组成的共发射放大电路不是同相放大路。

5.4　(a) 变压器初级的下端(三极管集电极)与次级的下端(接地端)同名;

(b)变压器初级的下端(三极管集电极)与次级的上端(非接地端)同名。

5.5　(a) 不能;(b) 能;(c) 不能;(d) 能;(e) 能;(f) 不能。

5.6　(1) $f=30.3$ Hz;(2) 略;(3) 占空比为33.3%。

第6章

6.1　填空题

(1)降压、整流、滤波、稳压;(2) 半波整流、全波整流、桥式整流;(3) 最大整流电流,反向击穿电压;(4) 减小;(5) 电容滤波、电感滤波、复式滤波;(6) 越小,越好;(7) 负,正,-220 V;(8) 26.4 V;(9) 把脉动直流变成平滑直流;(10) 限流电阻,稳压二极管;(11) 反向击穿区;(12) -5 V;(13) 开关工作状态,管耗很小。

6.2　选择题

(1)A　(2)C　(3)A　(4)C　(5)C　(6)B　(7)C　(8)A　(9)B　(10)B　(11)B　(12)A　(13)A　(14) B　(15) D

计算题

6.3　(1)10 mA;(2)26.7 V;(3)37.7 V。

6.4　(1)-17 V;(2) C_1 和 C_2 的极性是上负下正;(3)输出电压减小;(4)稳压管因过流被烧坏。

6.5　限流电阻 R 应接在滤波电容和稳压二极管之间。

6.6　(1)$R=180\sim280\ \Omega$;(2)不能开路,因为当输出电压为最大值14 V时,通过稳压管的电流为41 mA,大于其最大稳压电流40 mA,稳压管会因管耗过大而损坏。

6.7 $U_0=5\times\left(1+\frac{R_2}{R_1}\right)$(V);最小输出电压为5 V;最大电压为10 V。

6.8 $U_0=\frac{R_1+R_P+R_2}{R_1+R_{P下}}\times\left(\frac{R_4}{R_3+R_4}\right)\times9$(V)。

6.9 C是滤波电容,T是调整管,L和C_0组成低通滤波器,开关二极管D起续流二极管作用。

6.10 略

6.11 略

6.12 $U_0=16$ V

参考文献

[1] 童诗白,华成英. 模拟电子技术基础[M]. 北京:高等教育出版社,2003.

[2] 王昊,李昕. 集成运放应用电路设计 360 例[M]. 北京:电子工业出版社,2007.

[3] 康华光,陈大钦. 电子技术基础(模拟部分)[M]. 北京:高等教育出版社,1999.

[4] 何宝祥,朱正伟,刘训非,等. 模拟电子技术及其应用[M]. 北京:清华大学出版社,2008.

[5] 李春林,鲍祖尚. 电子技术(基础篇)[M]. 大连:大连理工大学出版社,2008.

[6] 张虹. 模拟电子技术原理与应用[M]. 北京:北京大学出版社,2009.

[7] 唐治德. 模拟电子技术基础[M]. 北京:科学出版社,2009.